U0386671

基于分解组分分析的 SF_6 气体绝缘装备故障诊断方法与技术

唐　炬　曾福平　张晓星　著

科学出版社

北　京

内 容 简 介

气体绝缘装备分解组分分析故障诊断方法与变压器油中溶解气体分析故障诊断方法一样,前者主要是对 SF_6 气体绝缘设备内部出现的绝缘故障进行分析与诊断,它是一种非常具有工程实用潜力的非电监测法。本书围绕 SF_6 气体绝缘介质在不同属性故障状态作用下的分解特性、分解机理、影响因素及其校正方法、分解组分特征提取与故障诊断方法等关键科学与技术难题展开系统全面的论述,为建立 SF_6 气体绝缘装备分解组分分析绝缘故障监测与诊断体系提供理论和技术方面的指导。

本书可作为从事电器设备研究、SF_6 气体绝缘装备制造和运行维护人员的参考书,也可供相关专业的高等院校研究生参考。

图书在版编目(CIP)数据

基于分解组分分析的 SF_6 气体绝缘装备故障诊断方法与技术/唐炬,曾福平,张晓星著. —北京:科学出版社,2016.8
ISBN 978-7-03-049534-1

Ⅰ.①基… Ⅱ.①唐… ②曾…③张… Ⅲ.①六氟化硫气体—绝缘—机电设备—故障诊断 Ⅳ.①TM213

中国版本图书馆 CIP 数据核字(2016)第 187028 号

责任编辑:张海娜 王 苏 / 责任校对:郭瑞芝
责任印制:吴兆东 / 封面设计:蓝正设计

斜 学 出 版 社 出版
北京东黄城根北街 16 号
邮政编码:100717
http://www.sciencep.com
北京建宏印刷有限公司 印刷
科学出版社发行 各地新华书店经销
*
2016 年 8 月第 一 版 开本:720×1000 1/16
2023 年 8 月第四次印刷 印张:21 1/2
字数:430 000
定价:158.00元
(如有印装质量问题,我社负责调换)

前　　言

在高速发展的现代社会中,一旦电网发生重大事故将会引起大面积的停电,不仅给国民经济发展带来严重影响,而且对人民生活乃至社会公共安全造成严重的危害。因此,电网安全是大中城市运行和国民经济发展的命脉,世界发达与高速发展中国家都高度重视电网的安全运行。从近二十年国内外发生的电网大面积停电事故来看,只有高度重视输变电装备故障导致电网突发性停电事故的基础研究,并从引发电网大面积事故的设备故障源头上建立起第一道防御系统,才能大幅减少因大面积停电给国民经济带来的严重损失。

SF_6 气体绝缘装备(主要包括气体绝缘组合电器、气体绝缘断路器、气体绝缘变压器和气体绝缘管线等)因其占地面积小、运行安全可靠、检修周期长以及电磁污染小等突出优势,被广泛应用于高压、超/特高压输变电系统和大中城市的配电系统中,已成为构建智能电网的首选设备和建设现代变电站的重要标志,其安全可靠运行既是直接保障大中城市供电可靠性的基础,也是直接保障社会稳定的基石。

尽管 SF_6 气体绝缘装备的运行可靠性很高,但国际大电网会议(CIGRE)的统计和我国电力运行公报表明:运行中的 SF_6 气体绝缘装备发生绝缘的故障率远高于 IEC 标准规定的水平,且故障多发生在较高电压等级。SF_6 气体绝缘装备发生的故障,往往是由设备内部的金属遗留物(毛刺)、绝缘子气隙、金属微粒、绝缘子表面污染、接触不良或磁短路等典型缺陷所致。由这些潜伏性缺陷形成的绝缘故障,常以低能量局部放电(partial discharge,PD)或局部过热(partial over-thermal,POT)形式开始,对设备安全运行带来潜在性的危害,称为早期潜伏性绝缘故障。这些早期 PD 或 POT 会不同程度地损伤绝缘材料,绝缘材料的损伤又会加重 PD 或 POT,从而进一步加快绝缘材料的劣化,以致形成恶性循环,最终可能导致设备绝缘击穿或高温烧蚀。因此,本领域将设备内出现对安全性能有严重危害的 PD 或 POT 称为"绝缘肿瘤",若不及早发现并及时治愈,它会由小变大,由弱变强,甚至由局部扩大到整体,逐步发展成为严重的火花放电、局部电弧放电或者局部热烧蚀等引发的突发性绝缘故障,致使设备绝缘能力完全丧失,最终可能导致因设备故障诱发电网大面积停电的严重事故。

虽然 SF_6 气体绝缘装备的主要绝缘介质 SF_6 是一种温室气体,不能随意排放,但作为绝缘和灭弧性能优良的气体介质,目前还不能被绝缘性能更好、灭弧性能更强、环保性能更优的新气体绝缘介质替代。在相当长的时间内,SF_6 气体还会被广泛用作电气设备的气体绝缘。SF_6 气体绝缘介质在设备内部早期潜伏性绝缘故障产生的局部强电磁能及局部高温炽热会使 SF$_6$ 绝缘气体介质发生不同程度的分解,生成各种低氟化物(SF$_x$,x＝1,2,…,5),遇到 H$_2$O 和 O$_2$ 等杂质,还会继续反应生成 SO$_2$F$_2$、SOF$_2$、SO$_2$、HF 和 H$_2$S 等组分的气体。一方面,有些分解组分(HF 或 H$_2$S)会腐蚀设备内固体绝缘及金属部件材料,加速设备内部整体绝缘劣化,导致设备发生突发性绝缘故障。另一方面,在这些众多的分解组分中,某些称为特征组分的含量大小及其变化规律与绝缘故障类型和严重程度有密切关系。因此,可通过对 SF$_6$ 分解生成的特征组分分析,及时发现 SF$_6$ 气体绝缘装备内部的早期潜伏性绝缘故障,并对其绝缘状态进行科学评价,以降低 SF$_6$ 气体绝缘装备发生突发性绝缘故障的概率。同时,由于 SF$_6$ 的分解特性与绝缘故障类型和严重程度关系极为密切,分解组分的变化规律不仅可以反映出故障的性质,还可以反映出故障的产生机理、发展与演变过程。通过揭示 SF$_6$ 在不同故障模式下分解特性的物理化学本质,可以提取出表征 SF$_6$ 气体绝缘装备内部不同绝缘故障产生、发展及演变过程的特征信息或特征量,构建内部绝缘状态综合评价模型,建立 SF$_6$ 气体绝缘装备内部绝缘故障诊断方法与技术。

　　另外,由于该故障诊断方法与技术是基于混合气体色谱分析理论的化学检测法,不受环境噪声和强电磁干扰的影响,而且与脉冲电流法、超声波法和特高频法等相比,其应用优势在于无须对设备本体进行改造或植入复杂的检测元件,气体取样和分析工作可在设备运行时进行,与变压器油中溶解气体分析(dissolved gas analysis,DGA)故障诊断方法一样,建立 SF$_6$ 气体绝缘装备的分解组分分析(decomposedcomponents analysis,DCA)故障诊断法是一种非常具有工程实用潜力的非电检测法。目前,该方法与技术的研究进展倍受国内外同行的广泛关注,国际大电网会议近期特别成立了 WG B3-25(SF$_6$ Gas Analysis for AIS, GIS and MTS Condition Assessment)工作组,以期建立 SF$_6$ 气体绝缘设备的故障组分分析导则,实现对 SF$_6$ 或者混合气体绝缘设备进行绝缘故障诊断和状态评价。

　　本书就最能反映 SF$_6$ 气体绝缘装备内绝缘故障特征与程度的 SF$_6$ 气体绝缘介质故障的分解特性、分解机理、影响因素及其校正理论、分解组分特征提取与故障诊断方法等关键科学与技术难题进行深入分析与探讨。全书分为 15 章:第 1 章综述 SF$_6$ 气体绝缘装备内部常见的绝缘故障及其监测方法;第 2 章分析 SF$_6$ 气体绝缘介质在设备故障状态下的分解机理及其影响因素;第 3 章着重介绍 SF$_6$ 故障分解组分的相关检测技术及方法;第 4 章主要探讨 SF$_6$ 气体绝缘介质在典型绝缘缺陷 PD 作用下的分解特性及其分解机理;第 5 章着重分析 SF$_6$ 在设备局部过热性故障作用下的分解特性及其分解机理;第 6 章研究微量氧气对 SF$_6$ PD 分解过程的影响特性及其作用机制;第 7 章探讨微量水分对 SF$_6$ PD 分解过程的影响特性及其作用机制;第 8 章分析设备内部吸附剂对 SF$_6$ 分解特性的影响规律及作用机制;第 9 章介绍金属材料和气压对 SF$_6$ 分解的影响特性;第 10 章从化学反应动力学的角度着重探讨主要影响因素对 DCA 诊断的影响校正方法;第 11 章介绍以 SF_6 故障分解组分作为主要特征量的故障诊断方法;第 12 章着重围绕 SF_6 分解组分特征比值构造原理、物理意义揭示及其故障诊断方法进行论述,详细讨论利用 SF_6 分解组分特征比值进行故障诊断的方法与技术;第 13 章结合决策树原理探讨 SF_6 分解组分决策树比值诊断方法与技术;第 14 章主要介绍利用模糊聚类原理对 SF_6 气体绝缘装备进行故障诊断;第 15 章详细介绍利用支持向量机原理对 SF_6 气体绝缘装备进行故障诊断,并结合实例探讨如何利用 SF_6 分解组分特征比值对 SF_6 气体绝缘装备进行故障诊断。唐炬负责撰写第 1、2、4、6、7、8、10 和 13 章,并负责全书统稿和各章的修改及审定。曾福平负责撰写第 3、5、9、11 和 12 章,并协助统稿和出版过程中的相关工作。第 14、15 章由张晓星负责撰写。杨东博士负责全书图形、曲线、表格及格式等的编辑。

　　本书是作者及其研究团队近 10 年来对 SF_6 气体绝缘介质在设备内部 PD 或 POT 等潜伏性绝缘故障作用下的分解特性、分解机理、特征提取、故障辨识及评估等关键科学与技术问题系统研究后取得初步成果的总结。在研究过程中,本书得到了国家重点基础研究发展计划(973 计划)项目"防御输变电装备故障导致电网停电事故的基础研究"(2009CB724500)和"电气设备内绝缘故障机理与特征信息提取及安全评估的基础研究"(2006CB708411)、国家自然科学基金重点项目"SF_6 气体绝缘装备分解组分分析的故障诊断理论与方法研究"(51537009)和"SF_6 局放分解特征组分提取及绝缘故障诊断方法研究"(51177181)以及湖北省重大科技创新计划项目"气体绝缘装备故障在线监测与智能诊断系统"(2014AAA015)和重庆大学输配电装备及系统安全与新技术国家重点实验室自主研究经费和武汉大学中央高校自主研究项目等的持续资助。研究团队的刘帆、陶加贵、王邸博和李莉苹等博士以及万凌云、孟庆红、陈长杰、梁鑫、范庆涛、潘建宇和孙慧娟等硕士在课题研究中付出了大量的精力;在成果试用、开发和推广应用过程当中得到了重庆、广东、广西、河南、海南和贵州等省、自治区和直辖市电力公司及有关专家、技术人员的大力支持和资助;同时在本书的撰写过程中,中国南方电网科学研究院的李立涅院士、哈尔滨理工大学的雷清泉院士、华中科技大学的程时杰院士等提出了很多宝贵的建议,并给予了大力的支持和帮助。在此,作者表示诚挚的感谢。同时,本书还引用了国内外同行在本领域研究取得的初步成果,也一并表示谢意。

　　由于作者水平有限,加之 SF_6 气体绝缘装备绝缘在线监测及故障诊断方法与技术正在迅速发展,本书疏漏之处在所难免,敬请广大读者批评指正。

作　者
2016 年 3 月

目　　录

第 1 章 绪   论

1.1 气体绝缘装备分类及特点

中国经济的持续快速发展需要更进一步加快电网建设的步伐。电网建设正朝着远距离、大容量、特高压、智能化方向快速发展。安全、优质和经济供电是现代大电网运行的三大要素,而其中以安全性最为重要。在经济发达国家和新的经济增长体大国,由于电网覆盖面越来越广、结构越来越复杂,一旦发生大面积停电事故,将对各自国家的国民经济、人民生活乃至国家安全造成难以估量的损失。输变电设备既是构建电网的主体,又是引发电网事故的主要源头[1-3]。因此,世界各国都把建设智能电网作为国家发展战略。我国在实施统一坚强智能电网的中长期战略规划中,亟待从工程技术需求的层面上,解决因输变电装备故障引发电网大面积停电事故的挑战性难题。

气体绝缘装备(图 1.1)是指全部或者部分采用六氟化硫(SF$_6$)气体作为主要绝缘介质的电力设备,这些设备主要包括气体绝缘组合电器(gas insulated switchgear,GIS)、气体绝缘断路器(gas insulated breaker,GIB)、气体绝缘电缆(gas insulated cable,GIC)和气体绝缘变压器(gas insulated transformer,GIT)等。与以空气或矿物油作为绝缘介质的传统电气设备相比,气体绝缘装备因其占地面积小、运行安全可靠、电磁辐射小、检修周期长和现场安装方便等突出优势,自 1967 年首次在德国投运以来,便迅速发展,并广泛应用于电力系统的高压和超/特高压领

图 1.1 SF$_6$ 气体绝缘装备

域[3-5]，已逐渐成为现代变电站及城市供电系统的首选设备和重要标志之一。另外，目前正在对城市电网中已有的开放型常规变电站逐步进行改造，取而代之的是以 SF₆ 气体绝缘装备为主的封闭式变电站。

　　常规变电站中，大部分电气设备是暴露在空气中的，占地面积较大。随着我国经济的发展，城市规模不断扩大，用地越来越紧张，建设传统的变电站越来越困难。气体绝缘装备的广泛使用，有效地减少了用地需求，如 110kV 变电站若采用气体绝缘装备，其占地面积仅为传统变电站的 7.6%，500kV 的气体绝缘装备变电站占地面积仅为常规变电站的 2%，电压等级越高，气体绝缘装备与常规变电站相比，占地面积越小。气体绝缘装备是全封闭的，高电压部分被放置于密封的金属外壳之内，采用高气压的 SF₆ 气体作为高强度绝缘介质。因此，设备内绝缘几乎不受外环境的影响：在沿海地区，绝缘不会因盐污而降低；在潮湿地区，绝缘不会因潮气而降低；在化工厂附近，绝缘不会因腐蚀气体而侵蚀。另外，SF₆ 气体绝缘性能和灭弧性能都优于空气，开断大电流的能力强、触头烧蚀较轻，常被用作断路器的灭弧介质。因此，气体绝缘装备故障率低、检修周期长，其主要部件的检修间隔不小于 20 年。此外，气体绝缘装备作为一个整体，可由标准单元（间隔）组合形成，通用性强，现场安装方便，可以大大减少施工费用和施工周期。同时，气体绝缘装备还具有防震性能好、SF₆ 气体不易燃、防火性能好等优点。

1.1.1　气体绝缘组合电器

　　GIS 是由若干相互连接在一起的独立元件单元（如母线、断路器、隔离开关、接地开关、避雷器、互感器和套管等）组合构成，组合后充入 SF₆ 绝缘气体，故称为气体绝缘组合电器。GIS 有单相封闭式和三相封闭式两类不同结构。三相封闭式比单相封闭式的总尺寸小、部件少、安装周期短，但额定电压高时制造困难。所以通常只在 110kV 及以下电压等级采用全三相封闭式，220kV 时常对断路器以外的其他元件采用三相封闭式，330kV 及以上等级则一般采用单相封闭式结构，有时母线也采用三相封闭式结构。GIS 是 20 世纪 60 年代中期才出现的一种电力装备，我国的第一套 110kV 电压等级的 GIS 是 1971 年研制成功，于 1973 年投入运行的。GIS 的问世，对传统的敞开式高压电力装备来说是一次革命，近年来，GIS 的发展非常迅速，其优点得到国内外电力行业的公认。

　　1. GIS 的特点

　　1）占地面积和空间小

　　GIS 既可用于敞开式变电站建设，也可用于封闭式变电站建设。在城市供电系统中往往用作封闭式变电站建设。由于母线、断路器、隔离开关、接地开关、避雷器、互感器和套管等元件被全封闭在金属外壳里，并充以高气压的 SF₆，所以，无论用作敞开式还是封闭式供电系统,都比传统油纸绝缘的高压电气设备占地面积小得多。与常规的敞开式电力设备的占地面积之比可表示为 $k=10/U_n$,其中 U_n 表示设备的额定电压。从中可以看出,电压等级越高,GIS 节约的占地面积越多。GIS 与敞开式电力设备占有的空间之比要比上述面积之比更小。因此,GIS 特别适用于城区供电变电站以及位于深山峡谷的水电站的升压变电站。在上述情况下,虽然 GIS 的设备费用比敞开式高,但若计及土地、土建的费用以及运行维护费用,GIS 则具有更好的综合经济指标。

2) 安全性高

由于 GIS 的带电部分全部封闭在接地的金属外壳内,可完全防止人员及外物体接触带电体。此外,封闭的金属外壳也使设备的运行免受各种大气污染、雨水、雾气和冰雪等不利环境因素的影响,因而 GIS 设备的工作可靠性更高。

3) 电磁环境友好

GIS 的外壳为金属封闭式,能屏蔽来自设备内部产生的强电磁场,可有效避免对人员和环境的电磁辐射。

4) 安装工作量小、检修周期长

GIS 设备由厂家制作成标准单元,运输到现场后再进行组装,各单元替代性强,安装调试较为容易。由于所有元件均被安装在封闭的金属外壳内,不易受外界环境的干扰,故障率较低,检修周期较长。

正是由于 GIS 设备具有上述不可比拟的优势,再加上 GIS 设备技术的快速进步以及电力输送容量剧增的社会需求,自 21 世纪以来,全球电网 GIS 变电站数量明显增多,GIS 设备在中国电网的应用也日益广泛。据 2010 年、2011 年和 2012 年的高压开关行业年鉴统计,550kV、353kV、252kV、126kV 电压等级 GIS 设备的全国市场销售产量见表 1.1。

表 1.1　近三年各电压等级 GIS 设备全国产量统计　　　　（单位:间隔）

GIS 设备	550kV	353kV	252kV	126kV	合计
2010 年	353	82	3013	9212	12720
2011 年	482	121	3732	9882	14217
2012 年	370	72	4212	12031	16685

2. 母线

单相封闭式母线与前面介绍的单芯刚性 GIC 的结构相同,但三相封闭式母线与三芯式 GIC 的导体布置通常并不完全相同,这是三相封闭式母线有分支出线的缘故。在三相封闭式 GIS 中,导管中心分布在同一圆周上,位于底部的一相导管与其他两相导管相差 90°,使底部母线的出线与两边相邻母线有足够的绝缘间距。

3. 气体绝缘断路器

GIB 是在断路器里充入高压力的 SF$_6$ 气体作为绝缘和灭弧介质,故称为气体绝缘断路器。它属于气吹断路器,与空气断路器不同的地方主要表现在:一是工作气压较低;二是在吹弧过程中,气体不排向大气,而在封闭系统中循环使用。由于 SF$_6$ 气体绝缘介质的灭弧性能是空气的 100 倍,并且灭弧后不变质,可重复使用,因此,GIB 具有开断能力强、断口电压较高、允许连续开断次数较多、适用于频繁操作、噪声小、无火灾危险、触点磨损少等优点,是一种性能优异的“少维修”断路器,在高压、超/特高压电网中被极为广泛地应用。

GIB 主要分为双压式和单压式两种。最早的 GIB 是根据压缩空气断路器的气吹灭弧原理设计的。现在的 GIB 通常采用全封闭结构,选择 0.3MPa(压力表)低气压 SF$_6$ 气体作为断路器内部的绝缘介质,在灭弧室内则选择充以 1.5MPa(压力表)高气压 SF$_6$ 气体作为灭弧介质。虽然双压式 GIB 工作性能良好,但其内部必须配置一台气体压缩机,导致该形式的 GIB 结构复杂、价格昂贵。同时,灭弧室内 1.5MPa(压力表)高气压 SF$_6$ 气体的液化温度高,使得 GIB 的工作温度必须保持在 8℃以上,因此,在低温环境中必须采取加热措施,这制约了 GIB 的广泛使用。因此,双压式 GIB 很快就被第二代 GIB 即单压式 GIB 取代。

单压式 GIB 外形上与双压式 GIB 并无多大差别,其内部只有一种压力,一般为 0.6MPa(压力表),并依靠压气作用实现气吹灭弧。与双压式 GIB 相比,具有结构简单、开断电流大、气体压力低、在低温环境中不需要外设加热装置等优点。但在单压式断路器灭弧之前,压气有一定的预压缩过程,故断路器的分闸时间较长。此外,为了满足压气的要求,在分闸过程中,单压式断路器所需要的策动力要比其他断路器大。单压式 GIB 一经问世就受到用户的欢迎。20 世纪 80 年代中期,对断路器气流场和电场的深入研究,使得其额定开断电流和断口的电压得到提升,性能更加优越。目前,额定开断电流最高已到达 80kA,单断口的电压也由早期的 126kV 提高到 360kV、420kV 甚至 550kV。随着我国特高压电网的建设,目前,我国已研制出 1100kV、开断电流达 132kA 的特高压 GIB。

4. 隔离开关

GIS 中的隔离开关为拉动式结构,可以做成三相封闭式或单相封闭式,操作系统可分电动机、电动机-弹簧机构和手动操作等方式。隔离开关应具有表示其分、合闸位置的可靠标识装置,也可根据用户要求设置观察出头位置的观察窗。隔离开关应按需要具备分、合感性小电流和容性小电流以及环流的能力。

5. 接地开关

接地开关是用来保障维修人员人身安全的,它常与隔离开关和电缆终端组合在一起。快速接地开关还具有关、合一定额定电流的能力。当 GIS 内部发生电弧接地故障时,快速闭合接地开关,以减小故障电弧的破坏。装在线路侧的接地开关应有开断临近带电线路产生的感应电流能力。因此,快速接地开关的操作机构应符合交流高压断路器标准中有关操动机构的要求。接地开关应有表示其分、合闸位置的可靠指示装置。若用户要求,应设置可观察触头位置的观察窗。

6. 电压互感器

早期的 GIS 曾采用过电容式电压互感器,但实际使用效果并不理想。后来的 GIS 多采用气膜绝缘的电磁式电压互感器,使得 GIS 的尺寸大大缩小。电磁式电压互感器的高压绕组为宝塔形的多层圆筒式结构。为了改善电场的均匀性,使用了高压屏蔽电极和接地屏蔽电极。为进一步缩小 GIS 的体积并简化制造工艺,在超高压 GIS 中,使用了带电子放大器的电容分压器,以取代传统的电磁式电压互感器。带放大器的分压器额定负载比电磁式电压互感器小,但由于现代电力系统采用数字式继电保护、控制装置以及能耗小的测量装置,这为分压器的应用提供了有利条件。分压器高压臂电容应具有较小值,主要取决于分压器负载和放电器的输入阻抗,一般为几十皮法。带放大器的电容分压器的主要优点是:绝缘简单可靠、体积小和对隔离开关操作引起的暂态电压的响应好等。

7. 电流互感器

GIS 中电流互感器的绝缘技术是比较简单的,通常采用环状铁心式结构。互感器的初级和次级之间的绝缘与 GIS 母线对外壳的绝缘相似,也是完全靠 SF$_6$ 气体绝缘的。有的厂家将电流互感器和电容分压器做在一起,即将接地的屏蔽电极套在一个对地绝缘的非磁性金属套管上,二者之间有薄的绝缘层,这样,高压导体与这一金属管就构成分压器的高压臂电容。环状铁心电流互感器成本低,工作可靠。

8. 避雷器

在 GIS 发展初期,通常将具有火花间隙的碳化硅避雷器安装在 GIS 之外。如果需要在 GIS 里装设避雷器,结构就变得比较复杂。这是因为避雷器间隙在 SF$_6$ 气体中冲击放电电压的分散性很大,所以用于 GIS 的碳化硅避雷器是充氮气的。这种情况下,避雷器的密封性必须非常好,因为 GIS 中的 SF$_6$ 气体只要有少量渗漏到避雷器中,就会使避雷器的放电电压明显提高而失去保护作用。随着氧化锌避雷器的出现,GIS 中的避雷器问题就变得非常简单了。金属氧化物电阻片的非线性特性比碳化硅好得多,在小电流区电阻片具有负的电阻温度系数,在最高运行电压下,流过电阻片的电流仅为数十微安。因此,避雷器中没有串联火花间隙,这对 GIS 非常有利。由于氧化锌电阻片在小电流下具有负的温度系数,在设计时要校核避雷器的热稳定性。

9. 出线端

GIS 的出线有四种方式,即与 GIC 相连、与电缆相连、与架空线相连以及与变压器相连。GIS 与 GIC 相连时不需要套管,只要用盆式支撑绝缘子将两部分隔开即可。GIS 与架空线相连时需用 SF_6/空气套管,在空气部分采用瓷套。GIS 与变压器相连时需用 SF_6/油套管,在套管的接地套筒与变压器油箱之间装有可伸缩的波纹管。

10. 外壳

GIS 的金属外壳应能接地,对接地回路需要考虑通过故障接地电流所产生的热和电的效应。外壳厚度和结构的计算方法可按压力容器设计规定选择,对于未能用计算确定强度的外壳,应进行强度试验。外壳关键部位的焊缝以及两种材料拼接的焊缝需要进行探伤,其他焊缝探伤长度不小于其对接焊缝总长度的 20%。

当 GIS 因内部故障而产生电弧时,外壳内部的气压可能会超过设计值,同时,电弧的高温有可能使外壳穿孔或开裂。为了限制故障电弧对 GIS 的破坏作用,可装设压力释放装置(包括压力释放阀和防爆膜),并采用快速接地开关来限制故障电弧的热效应。在设计 GIS 外壳时,应采取适当的保护措施来限制故障电弧的外部效应。例如,当故障电弧使外壳出现穿孔或开裂时,不能喷射出任何固体材料,以免危及工作人员的人身安全。此外,压力释放装置的布置,应使气体逸出时不会伤害现场工作人员。

1.1.2　气体绝缘电缆

GIC 是以 SF_6 气体为主体绝缘介质的电缆,故称为气体绝缘电缆,也被称为气体绝缘输电线路或气体绝缘输电管线(gas insulated line,GIL)。关于 GIC 的设想早在 20 世纪 40 年代就有人提出过,然而,第一条实验线路直到 20 世纪 60 年代中期才问世。该电缆线路的电压为 275kV,长度为 29m,共分四段,由日本四家制造商分别制造,线路安装在日本电力中央研究所的盐源实验室。第一条 GIC 的工业线路是 1971 年在美国投入运行的,电压为 345kV,长度为 150m。此后,GIC 发展很快,投运的总长度越来越长,电压等级也越来越高。

1. GIC 的特点

1) 充电电容量小

与常规充油式(或交联聚乙烯)电缆相比,由于 SF_6 气体的相对介电常数 $\varepsilon_r \approx 1$,

而充油式电缆中油的介电常数 $\varepsilon_r \approx 3.5$,两种绝缘介质电缆的外皮直径 d_s 与中心导体直径 d_c 的比值差别较大,常规充油式电缆一般为 $d_s/d_c < e$ ($e = 2.718$),而GIC 则一般为 $d_s/d_c \geqslant e$。因此,GIC 的电容量通常只有充电电缆的 1/4 左右,为 $50 \sim 70 \text{pF/m}$。由于 GIC 的充电电流小,所以其临界传输距离比常规电缆长。

2) 损耗小

由于 GIC 的绝缘介质主要是 SF_6 气体,通常用于固定和支撑缆芯导体的绝缘子间距不小于 6m,因此,其介质损耗可忽略不计。常规充油电缆因介质损耗较大而限制其在特高压下的使用,GIC 用于特高压的制造工艺难度远小于常规充油电缆或交联聚乙烯电缆,这是 GIC 用于超/特高压的主要优势。

3) 传输容量大

常规充油式(或交联聚乙烯)电缆因运输、安装和制造等原因,缆芯导体截面一般不超过 2000mm^2,而 GIC 却无此限制。此外,SF_6 绝缘气体的导热性能比油纸(交联聚乙烯)绝缘介质好,且 GIC 的介质损耗可以忽略,缆芯导体的允许温度也较高(耐热性环氧树脂支撑绝缘子的允许工作温度可达 105℃),所以 GIC 的传输容量比常规电缆大。

4) 占地面积小

尽管 GIC 的管径大于常规充油式(或交联聚乙烯)电缆,但 GIC 一般埋于地下(也可以放在地面),与架空线路相比,占地面积小。在线路走廊不够的情况下,可采用 GIC 代替架空线,特别适用于水电站中作为气体绝缘变电站与架空线的连接段。此外,在特高压架空线路的交叉处,将其中一条线路用 GIC 作为连接段也是可取的方案。

2. 单芯刚性 GIC

单芯刚性 GIC 是指管线内装设一根同轴导体,该导体通常采用具有高导电率的铝合金管制成,其管壁厚度一般为 $10 \sim 20 \text{mm}$。外壳的材料也是铝合金,厚度为 $6 \sim 10 \text{mm}$。GIC 一般由直线单元、转角单元、伸缩单元和终端等组合而成,每个运输单元的长度一般为 $12 \sim 18 \text{m}$。每个运输单元在制造厂进行组装,经检验合格后(通常进行工频耐压、局部放电和密封试验)运输到工地安装。各运输单元间导体的连接一般采用插头式结构,外壳的连接采用焊接方法。较长的 GIC 分成若干密封的隔室,用盆式支撑绝缘子兼做隔室间的密封元件。在现场安装完后,再充入 SF_6 绝缘气体。

绝缘最佳选择的理论分析表明,外壳内径与导体外径有一个最佳比值,即 $d_s/d_c \geqslant e$。但在确定外壳内径与导体外径时还应考虑其他因素,即固体绝缘支撑所能承受的最大工频场强和散热性能。GIC 的载流通量通常由多种因素决定,包括导体最高允许温度、外壳最高允许温度等。对于一般支撑的固体绝缘子(环氧树脂),导体最高温度可为 90℃;对于耐热固体绝缘材料,可提高到 105℃;对于铺设在地面上的 GIC,其外壳最高允许温度为 70℃;对于埋设在地下的 GIC,因温度过高会使土壤干燥而热阻变大,故其外壳最高允许温度不高于 60℃。

刚性结构的缺点是要改变线路走向时,需要采用预制的转角元件,而每一运输单元长度不能超过 18m,铺设 GIC 线路需要在现场进行多处连接。另外,铝外壳成本高,通常占整个 GIC 材料费用的 40% 左右。为此,出现了挠性和半挠性结构的 GIC。

3. 挠性和半挠性 GIC

挠性 GIC 的导管和外壳均为波纹管,绝缘支撑的间隔为 1m,这种 GIC 可像常规电缆一样,绕在大木盘上运输,波纹状导管壁厚约为 3mm。若需提高载流量可在导管内再放置多股绞线,或在导管内再套一根波纹导管。波纹外壳的壁厚约为 4mm,SF₆ 气体的充气压力为 0.4～0.5MPa。经济分析表明,挠性结构比刚性结构的 GIC 成本要低。

在半挠性结构中,短段铝管与壁厚较薄的挠性导体元件焊接在一起,形成半挠性的导体结构。每隔 2m 有 3 个相差 120° 的柱式环氧树脂支撑绝缘子固定在一个挠性导体元件上,3 个支撑绝缘子的底部装在一个开槽的铝管内壁上。这一开槽的短铝管起微粒陷阱的作用,波纹外壳的内表面还涂有不干的胶黏剂,使跳入槽孔落在外壳内壁上的微粒不再跳出陷阱。半挠性 GIC 的成本也比刚性 GIC 成本低。

4. 三芯式 GIC

三芯式 GIC 是指管线内装设 3 根互为 120° 的导体,一般采用刚性结构,即将三相导体密封在一个金属外壳中。与刚性单芯结构相比,三芯式 GIC 的优点在于制造成本降低了约 20%,外壳连接处的焊接工作量减少,对于埋入地中的 GIC 而言需开挖土方量减少,运行中的能量损耗相比三相单芯而言小约 20%。三芯式 GIC 的主要缺点是相对地短路故障会发展成相间短路故障。

三芯式 GIC 的设计场强可取与刚性单芯式相同的数据,但三芯式 GIC 的导体对外壳中心是相差 120° 对称布置,其电场计算比较复杂,一般采用模拟电荷法进行数值计算。由于相间绝缘水平一般要求为相对地绝缘水平的 1.5 倍,所以在电场计算时三芯导体的电压标幺值分别取 1、−0.5 和 −0.5,绝缘设计所要确定的参数为导体的外半径 r_c、外壳的内半径 r_s 和导管中心与外壳中心间的距离 r_0。另外,GIC 与全封闭组合电器的母线筒不同,它没有分支出线。

1.1.3　气体绝缘变压器

GIT 是以 SF_6 气体为主体绝缘介质的变压器,故称为气体绝缘变压器。它具有不易燃、不易爆等优点,特别适合于城市人口稠密地区和高层建筑群的供电。早在 1939 年,美国通用电气公司就已制成用于 X 射线设备的 1000kV 氟利昂气体绝缘的变压器。由于氟利昂的液化温度比 SF_6 气体高,且放电时气体分解会形成碳微粒,所以,在 20 世纪 40 年代以后,SF_6 逐渐取代了氟利昂而被广泛用于电气设备的内绝缘。在 20 世纪 50 年代末,美国首先制成 SF_6 气体绝缘的电力变压器,并采用氟利昂冷却技术(变压器箱内封闭冷却管道系统和蒸发冷却两种方式),但工业应用的发展并不迅速。日本后来居上,GIT 的发展超过美国,1982 年,日本研制的 77kV/40MVA 蒸发冷却 GIT 投入运行,1984 年研制的 275kV 电压等级 GIT 开始投入为期一年的运行试验。我国在 GIT 方面的起步较晚,在 1990 年后发展相对较快,目前已能自主生产较大容量的 GIT。

1. GIT 的结构和性能特点

1)铁心结构和绕组

GIT 的铁心结构基本与油浸式变压器相同,由于 SF_6 气体的导热性能远不如液体绝缘油,铁心的磁密度略低于油浸式变压器,对冷却回路的设计要求较高,加上 SF_6 气体的电气绝缘性能在常压力下低于绝缘油。因此,中小型变压器绕组的绝缘距离稍大,冷却气道也要大些,铁心尺寸也要大于油浸式变压器。大型 GIT 的铁心还要增加冷却气道,其绕组形式有圆筒式、回旋式、纠结式和内屏蔽式等,导线采用 E 级、F 级或 H 级绝缘,要求场强均匀,避免有尖端部分存在。

2)主绝缘

主绝缘中最重要的尺寸是高、低压绕组间的距离。在相同的绝缘距离时,0.2MPa 压力下 SF_6 气体的工频击穿电压约为 0.1MPa 压力下空气的 3 倍,约为油浸式变压器的 85%。但在雷电冲击电压下,由于 SF_6 气体的冲击系数小,其击穿电压是油浸式变压器的 65%。试验表明,在适当的位置设置板间屏障,可以有效地提高主绝缘的绝缘性能。此外,采用有一定曲率半径的静电板也可以改善绕组端部的电场分布。对于高压引线,可以外包导电橡胶使电极曲率半径增大,能明显地提高引线的绝缘强度。

3)匝间绝缘和筒式绕组的层间绝缘

可用作匝间绝缘和层间绝缘材料的主要有绝缘纸、聚酯薄膜和聚芳酰胺纸等。从耐温等级来看,聚芳酰胺纸是 H 级(180℃),聚酯薄膜是 E 级(120℃),绝缘纸是 O 级(90℃)。从绝缘强度来看,聚芳酰胺纸的工频击穿场强为 20～30kV/mm,聚酯薄膜的工频击穿场强为 100kV/mm。GIT 一般都采用聚酯薄膜,在选取其他固体绝缘材料时也应保证耐温等级不低于 E 级,尽管聚酯薄膜的短时击穿场强很高,但因为耐电晕性能较差,所以长时加电压下的击穿场强要低得多。

多层圆筒绕组的层间绝缘也是气膜复合绝缘,由于层间电压较高,层间聚酯薄膜的层数比上述铝箔绕组的匝间绝缘的层数要多。筒式绕组层间边缘处电场很不均匀,作用于薄膜绝缘的既有电场切向分量,也有法向分量,通常该处的电晕起始电压比膜间气隙引起的局部放电起始电压要低。此外,试验表明,加大变压器绕组导线的直径,可以有效地降低绕组边缘的场强。

4) 饼式绕组的纵绝缘

GIT 线饼间的工频击穿电压高于油浸式变压器,而冲击击穿电压则明显低于油浸式变压器。由于纵绝缘的尺寸是由雷电冲击耐压值决定的,所以 GIT 的尺寸要比油浸式变压器大。在设计 GIT 时应采取措施,使冲击电压作用下线饼间的电压分布尽可能均匀,并采用保护特性优良的氧化锌避雷器进行过电压防护。

5) 冷却方式

由于气体的冷却效果远不如液体,在 GIT 设计中,解决散热问题显得特别重要。根据变压器的容量,GIT 的冷却一般可采用自冷式、强迫气体循环式、蒸发冷却式和分裂式四种。

自冷却通常使用于容量较小的 GIT,优点是结构简单。由于 SF₆ 气体的导热性能不如变压器油,所以绕组表面与气体的温差和气体与箱体的温差比油浸式大。为了改善箱体内的散热,绕组中的气道宽度不能太小,以免增加气体循环的阻力。此外,为了改善箱体外部的散热条件,需加大冷却后气体与箱体顶部热气体之间的温差,以便增大自然对流的气体流量。另外,改善箱体外部散热条件也可有效地降低绕组的温升。

提高气体的流速能有效地增大 SF₆ 气体的对流换热系数。通常,GIT 在容量超过 3~5MVA 时,需采用强迫气体循环冷却方式。至于变压器的散热器是采用自然空气冷却还是风冷,应取决于变压器容量。通常在容量不大于 20MVA 的情况下,散热器不需要采用强风冷却。

利用绝缘性能优良的冷却液在变压器箱体温度下气化吸热原理,可使 GIT 得到极好的冷却效果。可作为 GIT 蒸发冷却液的有 FC-75($C_8F_{16}O$)和 R113($C_2Cl_3F_3$)。由于 FC-75 在 0.1MPa 时的沸点为 102℃,R113 为 48℃,加上这两种冷却液在气态时的绝缘强度都比 SF₆ 高,气态 R113 的绝缘强度约为 SF₆ 的 2.2 倍,FC-75 蒸气的绝缘强度约为 SF₆ 的 1.7 倍,所以这两种冷却液都可直接喷淋到器身上。冷却液由液泵送到喷淋装置后喷洒到变压器的器身,一部分冷却液吸收器身的热量后变成蒸气,与 SF₆ 气体形成混合气体,混合气体在冷却器中分离,SF₆ 气体由风机送回箱体,而冷却液则流回到液槽中。蒸发冷却式 GIT 的内部气压随变压器的温度而变化,要比单纯 SF₆ 气体绝缘变压器大得多,这是冷却液的蒸气压力随气温迅速增大的缘故。因此,蒸发式冷却变压器的 SF$_6$ 充气压要比非蒸发冷却式低。

还有一种冷却系统是分裂式的冷却系统,即冷却液泵使冷却液流过设置在铁心和绕组中的封闭冷却通道,冷却液吸收热量后,被送达热交换器中冷却,再由液泵送回变压器中的冷却通道。这种冷却方式散热均匀,因而冷却效果好,且可提高 SF$_6$ 气压,有利于设备绝缘,在大容量高电压等级的 GIT 中被采用。

6) 运行中的注意事项

由于 GIT 的工作气压比其他气体绝缘装备要低,所以当 GIT 与气体绝缘装备相连而连接处密封不良时,有可能使 GIT 箱体损坏。在这种情况下,GIT 中必须装设安全阀或防爆隔膜。GIT 箱内气压除随负载大小变化外,当其内部发生放电故障时,气压会升高。为了保证 GIT 的安全运行,气压过高或过低时均应设置报警装置。同时,在绝缘设计时还应考虑到即使 GIT 表压降为零,仍应在额定电压下带 50% 额定负荷而不损坏。

通常要求 GIT 的年漏气率不大于 1%,因此,密封对 GIT 是一个很重要的问题。GIT 的密封比 GIC 和气体绝缘装备难度要大,一般采用将箱体和箱盖焊接在一起的做法。GIT 一般装设指针式温度计监视过负荷温升,气压计监视过负荷和内部故障压力变化,气体密度计监视是否有漏气发生。

2. GIT 的优点和缺点

1) GIT 的优点

与油浸式绝缘变压器相比,GIT 具有防火防爆的特点。在变电站设计时,不需要防火墙和泄油坑,可节约变压器的初次投资成本。如果 GIT 安装在发电厂厂房内,可减少发电机至变压器引线的投资和电力损耗。由于气体传递振动的能力不如液体,所以 GIT 的噪声小于油浸式变压器。试验表明,10MVA 容量的 GIT 比相同容量的油浸式变压器噪声小 8dB。SF$_6$ 气体在 20℃ 和 0.2MPa 时的质量约为变压器油的 1/70,GIT 的质量可比油浸式变压器减轻 20%～30%。SF$_6$ 气体不像矿物油那样容易老化,且 GIT 为全封闭式,其运行维护工作量大大减少。GIT 与气体绝缘装备的连接非常方便,可使整个变电站气体绝缘化。

2) GIT 的缺点

同样,与油浸式绝缘变压器相比,GIT 的过负载能力较差。GIT 的冲击系数较小,一般在 1.25 左右,比油浸式变压器的冲击系数(约 1.7)要低。对于 GIT,宜采用保护性能优良的氧化锌避雷器进行保护。GIT 的绝缘结构较为复杂,制造工艺要求很严,例如,要求卷制和装配车间干净无尘,箱体制造和密封结构的加工要求也较高,生产难度比传统的油浸式变压器要大,制造成本也比传统的油浸式变压器高。但综合考虑基建、维护费用和电能损耗等因素,以及火灾和爆炸事故引起的经济损失,GIT 的综合经济性能要优于传统的油浸式绝缘变压器。

1.2　气体绝缘装备常见的绝缘故障

1.2.1　气体绝缘装备中的常见故障统计

72.5kV 及以上组合电器故障部位统计如表 1.2 所示。

表 1.2　72.5kV 及以上组合电器故障部位统计表

故障部位		故障次数						
		800kV	550kV	363kV	252kV	126kV	72.5kV	小计
按设备功能单元分类	断路器		2		8	12		22
	断路器操动机构				1	15		16
	隔离开关(接地开关)		2	2	5	15		24
	电流互感器		1		2	2		5
	避雷器				1			1
	电压互感器					3	1	4
	进、出线(含母线)				10	7		17
	其他		2		2	6	8	18
按制造厂类别分类	国产		3		19	47	2	72
	合资、进口		4	1	10	13	7	35
总计		0	7	2	29	60	9	107

注:以上数据来自"国家电网公司部门文件"(生变电〔2008〕86 号)。

尽管 SF₆ 气体绝缘装备运行的可靠性要高于普通的电气设备,但其在运行中依然会出现事故。据不完全统计,2003—2008 年,国家电网公司系统 72.5kV 及以上 GIS 设备共发生缺陷 2897 间隔·次,实际消除缺陷 2867 间隔·次,消缺率为99.0%。2005 年以后,共引发 192 次设备自身原因的非计划停运,其中危急缺陷201 间隔·次,共造成设备自身非停 85 次,消缺率为 100%;严重缺陷 452 间隔·次,共造成设备自身非停 103 次,实际消除缺陷 451 间隔·次,消缺率为 99.8%;一般缺陷 2244 间隔·次,实际消除缺陷 2215 间隔·次,消缺率为 98.7%。

而这期间,由于绝缘缺陷引起的国家电网公司系统 72.5kV 及以上组合电器设备故障 107 台次,其中,事故 33 台次,障碍 74 台次。故障主要集中在 126kV 和252kV 电压等级,占 83.2%。从故障设备的投运时间看,约有 34 台次设备于1998—2002 年年间投运,占总数的 73.9%。其中,属于断路器隔室及其操动机构的有 38 次,占 35.5%;属于隔离开关(接地开关)气室或单元的有 24 次,占22.4%;属于电流互感器气室的有 5 次,占 4.7%,属于避雷器气室的有 1 次,占

0.9%,属于电压互感器气室的有 4 次,占 3.7%,属于进、出线或母线气室的有 17 次,占 15.9%,其他情况有 18 次,占 16.8%。按故障部位分布如图 1.2 所示。

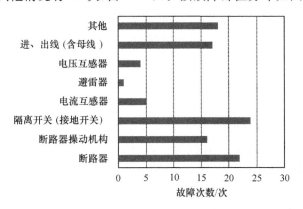

图 1.2　GIS 绝缘故障部位分布

1.2.2　气体绝缘装备放电性绝缘故障及其诱因

按照 SF$_6$ 气体绝缘装备的故障性质,又可以把 SF$_6$ 气体绝缘装备的故障分为放电性故障、过热性故障和机械性故障。机械性故障常以过热性故障或/和放电性故障的形式表现出来。

SF$_6$ 气体绝缘装备在制造、运输、安装、运行及检修等过程中,由于生产工艺、机械振动、安装疏忽、运动磨损及检修不严等,不可避免地造成 SF$_6$ 气体绝缘装备内出现不同程度和类型的绝缘缺陷。常见的绝缘缺陷有高压导体金属突出物、绝缘子表面污秽、自由金属微粒、绝缘子裂纹及导体接触不良等。在运行中的电应力、各种分解产物造成的化学腐蚀及机械振动等一系列外在因素的作用下,这些绝缘缺陷会不断发展并加剧,直至形成绝缘故障,造成设备停电事故。此类故障甚多,在此不一一举例。在气体绝缘装备内部出现绝缘缺陷的不同时期,会表现出不同形式的放电性故障,如果按照放电性故障的表现形式和严重程度来划分,大致可划分为局部放电、火花放电和电弧放电三大类。局部放电一般是绝缘缺陷的早期表象,火花放电是绝缘缺陷的中期表象,电弧放电则是绝缘缺陷的严重表象。

在发生的 33 次设备事故中,绝缘事故占 24 次,占事故总数的 72.7%,而在 74 台次的设备障碍中,绝缘障碍占 13 次,占障碍总数的 17.6%,可见,绝缘问题是造成气体绝缘装备故障的主要原因。同时,在气体绝缘装备近几年发生的危急和严重缺陷中,绝缘类缺陷的比例也较为突出。

从目前研究形成的共识看,引起放电性绝缘故障主要是由于 GIS 等气体绝缘装备内部存在各种缺陷,这些缺陷畸变了设备内部的电场,最终导致设备发生各种绝缘故障(主要诱发放电性故障)。从缺陷的种类来看,绝缘类缺陷主要包括 SF₆气体泄漏、SF₆ 气体微水超标、自由导电微粒、金属突出物、绝缘子缺陷和悬浮电位体等。

1. SF₆ 气体泄漏

从国家电网公司统计的 2003—2008 年的绝缘缺陷报告中了解到,SF₆ 气体泄漏缺陷所占比例最高,共发生 87 间隔·次,约占严重缺陷的 23%。SF₆ 气体泄漏通常发生在气体绝缘装备的密封面、焊接点、流变端子处和管路接头处,主要是由密封垫老化、紧固螺栓松动或者焊缝出现砂眼引起。SF₆ 气体泄漏基本是气体绝缘装备的共性问题,几乎各制造厂产品都有发生,而大部分发生漏气故障的间隔已运行年数都在 5 年以上,说明密封件的老化和长期运行中的振动对密封的破坏是漏气故障的主要原因。

2. SF₆ 气体微水超标

SF₆ 气体微水超标的主要原因是水分通过密封件缝隙渗入 SF₆ 气体中。水分子呈 V 形结构,其等效分子直径为 SF₆ 分子的 70%,渗透力极强。大气中水蒸气分压力通常为设备中水蒸气分压力的几十倍,甚至几百倍,在这一压力作用下,大气中的水分会逐渐透过密封件进入 SF₆ 气体绝缘装备。对于运行年限较多的设备和有泄漏点的设备,应加强水分监测,做到防微杜渐。

3. 自由导电微粒

自由导电微粒是气体绝缘装置中最常见的缺陷,它是导致气体绝缘装备绝缘故障的主要原因。这些微粒可能是制造或装配过程中未清洗干净而产生的遗留物,也可能是机械装置动作过程中金属摩擦而产生的金属粉末。自由导电微粒的形状有粉末状或片状或大尺寸固体颗粒等,它们能够在外电场作用下感应电荷以获得足够的电场能量,并在电场力的作用下发生跳动或位移。如果电场足够强,自由导电微粒获得的能量足够大,就完全有可能越过外壳和高压导体之间的间隙或移动到有损绝缘的地方。金属微粒运动的程度既取决于材料和形状,又取决于外电场的强度和作用时间等因素。当金属微粒接近而未接触到高压导体时,最容易表现的电气特征是产生局部放电(PD)现象。同时,金属微粒在迁移过程中或附着在绝缘子表面时也会产生 PD 现象,只是不同的运动形式所产生的 PD指纹谱图各异。

4. 金属突出物

金属突出物通常有两种存在形式:一是金属突起毛刺,二是金属微粒附着在固体绝缘表面。它是因加工不良、机械破坏或装配时的相互擦刮而产生的,通常异常尖锐,以致在尖头突出部位形成绝缘气体中的高场强区。在稳态工作条件下,这些高场强区所产生的电晕有时显得较为稳定,不一定会引起击穿。然而,在快速暂态过电压下,如在操作过电压或雷电过电压下,往往会引发故障。另外,绝缘子表面吸附的固体金属微粒,若是暂时粘贴在绝缘子表面,通常会移动到低场强区而不发生 PD,但在某些情况下会长期地固定在绝缘子表面,作为固定金属微粒,它粘贴在绝缘表面的作用类似于金属突起物。

5. 绝缘子缺陷

绝缘子缺陷有可能发生在绝缘子表面或内部。表面缺陷是由其他缺陷类型引起的二次效应,如 PD 产生的分解物、金属微粒或者绝缘气体中可能过多的水蒸气引起的破坏。在现场测试时,闪络产生的树痕,在某种情况下也可以被视为绝缘表面缺陷。内部缺陷通常很小,常常是一些在制造过程中形成但又很难检测到的缺陷,如在制造过程中渗入的金属微粒,环氧树脂在固化过程中的收缩以及环氧树脂和金属电极不同的热膨胀系数而出现的内部空隙或层离;由于装配误差,导体的机械运动也可能给绝缘子造成损伤。

6. 悬浮电位体

在气体绝缘装备内部,被广泛地用来改善危险部位电场分布的屏蔽电极与高压导体或接地导体间的电气连接,通常是所谓轻负载接触(即连接部分只传输很小的容性电流),然而,一些连接部件在最初安装时虽然接触良好,但随着开关电器操作所产生的机械振动会导致移位或随时间推移带来的老化,都有可能造成静电屏蔽体的接触不良,从而出现浮动电位。同时,静电屏蔽体或导体连接点机械上的不良接触又会加剧因静电力引起的机械振动,从而进一步导致接触不良,最终出现电极电位浮动。对于大多数电位浮动的电极所形成的等效电容,在充电过程中会产生 PD,并伴有较强的电磁辐射和超声波,同时放电还会形成腐蚀性的分解物和微粒,从而加速缺陷的恶化,甚至污染附近的绝缘表面,严重时会导致绝缘故障的发生。

1.2.3　气体绝缘装备机械性故障及其诱因

SF_6 气体绝缘装备内部有大量的操作执行机构,这些操作执行机构相互之间通过螺丝、铰链等机械结构连接。而为了保证动作的可靠性,实际运行中要求操作机构的动作时间准确,因此其机械应力极大。在长期的运行中,由于集中机械应力的作用,会引起连接机构的松动甚至脱落,造成 SF₆ 气体绝缘装备动作不正常的机械性故障,如动作不及时、不到位,甚至拒动等故障形式。

气体绝缘装备中的机械故障主要体现在断路器上。断路器最常见的机械故障类型有拒分、拒合、误分、误合等。在操动机构和传动机构上具体表现为机构卡涩,部件变形、位移或损坏,分合闸铁心松动、卡涩,轴销松断,脱扣失灵等。在电气控制及辅助回路上表现为二次接线接触不良、端子松动、辅助开关切换不灵、操作电源故障等。该类故障具体表现及可能原因如表 1.3 和表 1.4 所示[6]。机械性故障常以过热性故障或/和放电性故障的形式表现出来。例如,2011 年 8 月 14 日,某500kV 变电站中的 220kV GIS 设备由于设备制造厂装配工艺把关不严,C 相母线静触头座在出厂装配时未按规定紧固,导致固定螺栓仅有 1 颗螺栓起固定作用,长期运行过程中,在电动力的作用下不断发生抖动、放电,最终使母线脱落,同时,该螺栓与底座放电形成的金属离子充满整个气室,致使气室内部整体绝缘性能下降,引起 B、C 相母线导体在盘式绝缘子连接根部处发生短路,进而发展成三相短路,最后导致母差保护动作,220kV 母联 212、分段 224 开关跳闸。

表 1.3　电磁操动机构常见异常现象及原因

现象分类		异常现象	可能原因
拒动	拒分	铁心不启动	1. 线圈端子无电压 (1)二次回路连接松动 (2)辅助开关未切换或接触不良 (3)直流接触器接点被灭弧罩卡住或接触器吸铁被异物卡住 (4)熔丝熔断 (5)直流接触器电磁线圈断线或烧损 2. 线圈端子有电压 (1)合闸线圈引线断线或线圈烧损 (2)两个线圈极性接反 (3)合闸铁心卡住
		铁心启动、连板机构动作	(1)合闸线圈通流时端子电压太低 (2)辅助开关调整不当,过早切断电源 (3)合闸维持支架复归间隙太小或某种原因未复位 (4)合闸脱扣机构未复归锁住 (5)滚轮轴合闸后扣入支架深度少或支架端面磨损变形扣不稳定 (6)分闸脱扣板扣入深度少或端面磨损变形扣不牢 (7)合闸铁心空行程小、冲力不足 (8)合闸线圈有层间短路 (9)开关本体传动机构卡涩

现象分类		异常现象	可能原因
拒动	拒合	铁心不启动	1. 线圈端子无电压 (1)二次回路连接松动或接触不良 (2)辅助开关未切换或接触不良 (3)熔丝熔断 2. 线圈端子有电压 (1)铁心卡住 (2)线圈断线或烧损 (3)两个线圈极性接反
		铁心启动、脱扣板未动	(1)铁心行程不足 (2)脱扣板扣入深度太深 (3)线圈内部有层间短路 (4)脱扣板调整不当,无复归间隙
		脱扣板已启动	机构或本体传动机构卡涩
误动	合后即分		(1)合闸维持支架复位太慢或断面变形 (2)滚轮轴扣入支架深度太少 (3)分闸脱扣板未复归,机构空合 (4)脱扣板扣入深度太少,未扣牢 (5)二次回路有混线,合闸同时分闸回路有电 (6)合闸限位止钉无间隙或合闸弹簧缓冲器压得太死无缓冲间隙
	无信号自分		(1)分闸回路绝缘有损坏造成直流两点接地 (2)扣入深度小,扣合面磨损变形,扣合不稳定 (3)分闸电磁铁最低动作电压太低 (4)继电器接点因振动误闭合

表 1.4　弹簧操动机构常见异常现象

现象分类		异常现象	可能原因
拒动	拒合	铁心未启动	1. 线圈端子无电压 (1)二次回路接触不良,连接螺丝松动 (2)熔丝熔断 (3)辅助开关接点接触不良或未切断 2. 线圈端子有电压 (1)线圈断线或烧损 (2)铁心卡住

续表

现象分类		异常现象	可能原因
拒动	拒合	铁心已启动,四连杆未动	(1)线圈端子电压太低 (2)铁心运动受阻 (3)铁心撞杆变形,行程不足 (4)四连杆变形,受力过"死点"距离太大 (5)合闸锁扣扣入牵引杆深度太大 (6)扣合面硬度不够变形,摩擦力大,"咬死"
		四连杆动作,牵引杆不释放	(1)牵引杆过"死点"距离太小或未出"死区" (2)机构或本体有严重机械卡涩 (3)四连杆中间轴过"死点"距离太小 (4)四连杆受扭变形
	拒分	铁心未启动	1. 线圈端子无电压 (1)熔丝熔断 (2)二次回路连接松动,接点接触不良 (3)辅助开关未切换或接触不良 2. 线圈端子有电压 (1)线圈烧坏或断线,引线尤其容易折断 (2)铁心卡住
		铁心已启动,锁钩或分闸四连杆未释放	(1)线圈端子电压太低 (2)铁心空程小、冲力不足或铁心运动受阻
		锁钩或四连杆动作,但机构连板系统不动	机构或本体严重机械卡涩
误动	储能后自动合闸		(1)合闸四连杆受力过"死点"距离太小 (2)四连杆未复位,可能复归弹簧变形或整劲 (3)扣入深度少或扣合面变形 (4)锁扣支架支撑螺栓未拧紧或松动 (5)L 形锁扣变形锁不住 (6)电动机电源未及时切换 (7)牵引杆越过"死点"距离太大,撞击力太大
	无信号自分		(1)二次回路有混线,分闸回路两点接地 (2)分闸锁钩扣入深度太少,或分闸四连杆中间轴过"死点"距离太小,或锁钩端部变形扣不牢 (3)分闸电磁铁最低动作电压太低 (4)继电器接点因某种原因闭合

续表

现象分类	异常现象	可能原因
误动	合后即分	(1)二次回路有混线,合闸的同时分闸回路有电 (2)分闸锁钩扣入深度太小,或分闸四连杆中间轴过"死点"距离太小,或锁钩端面变形、扣合不稳定 (3)分闸锁钩不受力时复归间隙调得太大 (4)分闸锁钩或分闸四连杆未复位

1.2.4 气体绝缘装备过热性故障及其诱因

正常运行的 SF_6 气体绝缘装备在电流和电压作用下会不断产生热量,主要有电流效应发热和电压效应发热(主要为设备内部介质损耗和磁性损耗)。国家标准 GB/T 11022—2011《高压开关设备和控制设备标准的共用技术要求》规定,SF_6 气体绝缘装备内在环境温度不超过 40℃,如果触头部分的材质为铜、铜合金、表面镀银或表面镀镍时,温升不得超过 105℃ 的最高允许运行温度;如果触头部分的材质为表面镀锡时,温升不得超过 90℃ 的最高允许运行温度。金属壳体在正常操作可被触及部位的温升不得超过 70℃,不可被触及部位的温升不得超过 80℃。

SF_6 气体绝缘设备在运行等过程中,其内部不可避免地会存在接触不良、磁路饱和、磁短路以及各种放电等缺陷,这些缺陷如果得不到及时的处理,在缺陷部位的热稳定性将被破坏,造成 SF_6 气体绝缘装备 POT 现象,严重时可能引起局部过热性故障。这些早期 POT 会不同程度地损伤绝缘材料,绝缘材料的损伤又加重局部过热,从而进一步加快绝缘材料的劣化,以致形成恶性循环,最终可能导致绝缘击穿或烧蚀。例如,2008 年 3 月 21 日,北京电网某 220kV 变电站停电事故[7],由于安装不当致使电缆终端气室内 GIS 本体与电缆连接处所用滑动触头与导体接触不良,导致长期过热运行,使绝缘劣化,发生热击穿,导致 220kV 站全站停电,其所带的 3 座 110kV 变电站全停。其他 2 座 220kV 变电站、4 座 110kV 变电站设备自投相继成功动作。事故造成部分地区停电,涉及 16 座开闭站和 2 个重要用户,损失负荷约 78MW。2006 年,某 330kV 变电站 GIS 母线由于在安装时没有严格按照装配要求[8],内部绝缘支持台和导体母线连接处没有安装定位止钉,由于长期运行过程中的不同工况使导体发生移动,进而造成导体相对于绝缘支持台的位置异常,触指与静触头接触不良,使得接触点过热,绝缘支持台在长期过热作用下,加速绝缘支持台的绝缘老化,最终接连两次引发母线筒被击穿。

导致设备发生 POT 的主要原因可以归纳为如下几个方面。

1. 过载

近年来,随着经济建设的加速,用电量急剧增长,一些供电设施由于在设计之初设计不合理而长期处于满载甚至过负荷状态,导致设备接触部位发生过热现象。

2. 电阻损耗

电阻损耗增大的发热属于电流效应引起的发热,主要是由 SF₆ 气体绝缘装备中大量使用的接头接触电阻所致,导体引流接点的接触电阻产生的发热功率以热的形式散发出来,并向周围传递、散发,其效率与材料的热阻系数相关。正常情况下,输电回路中的各种连接件和接头接触电阻均远低于相连导体部分的电阻,那么连接部位的损耗发热不会高于相邻载流导体的发热;一旦某些连接件因连接不良将会使接触电阻增大,造成该连接部位与周围导体部位相比,有更多的电阻损耗和更高的局部温升,出现 POT 故障。国际大电网会议[5]和 Istad 等[9]对挪威 36 年来运行的 SF₆ 气体绝缘装备故障的统计分析显示在所有的 SF₆ 气体绝缘装备故障类型中,接触不良占据的比例最高,如图 1.3 所示。

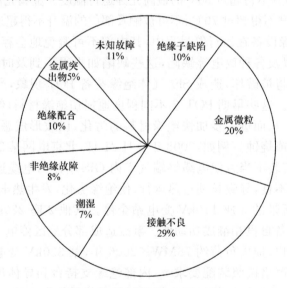

图 1.3　典型绝缘缺陷类型分布

运行实践表明引起不良连接的主要原因如下。

(1) 设计不合理,一般是选配设备容量小或不匹配。

(2) 安装施工不严格,不符合工艺要求。如连接件表面未除净氧化层及其他污垢,焊接质量差,紧固螺母不到位,未加弹簧垫圈,由于长期运行引起弹簧老化,或者是由于连接件内导体不等径等。

（3）周期性过载及环境温度的周期性变化,也会使部件周期热胀冷缩,引起连接松弛。

（4）触头表面氧化、触头间残存有机物或碳化物。SF₆气体绝缘装备内部触头表面氧化,多次分合后在触头间残存有机物或碳化物,触头弹簧断裂或退火老化,或因触头调整不当,或因分合闸电弧的电腐蚀与等离子体蒸气对触头的磨损及烧蚀,造成有效接触面积减小或接触不良,进而使得设备连接处的接触电阻增大。

（5）制造工艺不合格。主要是由于工艺不严格或者不合格,造成触指耐电性差、易烧损、接触面凸凹不平或接触面小、弹簧易疲劳造成夹紧力不够、触指镀银层过薄容易脱落,导致现行的国产刀闸一般只能在其 70% 的额定负荷下可靠运行。

这些原因都会造成 SF₆ 气体绝缘装备中大量使用的母线接头、电缆接头、刀闸触头、设备出线压头、断路器动静触头等接触部分的接触电阻增大,致使在运行中电阻损耗增加产生局部过热,温度增高必然会加速接触金属表面的氧化,进一步增大接触电阻从而形成恶性循环,最终导致 POT 的发生,若长期得不到有效的解决,终将威胁整个电网的安全可靠运行。

3. 介质损耗

在电场作用下,没有能量损耗的理想电介质是不存在的,实际电介质中总有一定的能量损耗,包括由电导引起的损耗和某些有损极化（如偶极子极化、夹层极化等）引起的损耗。介质损耗增大的发热属于电压效应引起的发热。介质损耗的大小除了与介质种类的性质有关,还与温度、电压及频率有复杂的关系,其关系如下:

$$P = \gamma E^2 = A e^{-\frac{B}{T}} E^2 \tag{1.1}$$

式中,A、B 为常数,与介质的特性有关;γ 为介质的电导率;T 为热力学温度。由式（1.1）可知,电介质的电导率随温度的升高按指数规律增加,温度越高,介质电导损失就越大。

4. 铁心磁路损耗

磁性材料在磁化过程和反磁化过程中有一部分能量不可逆地转变为热,所损耗的能量称为磁损耗。磁损耗包括涡流损耗、磁滞损耗以及其他磁弛豫引起的剩余损耗。在一般情况下,GIT 的铁心损耗主要是涡流损耗和磁滞损耗。铁心磁路故障主要表现为磁路回路不正常及引起的磁滞涡流损耗增大发热等,引起铁心磁路损耗的主要原因如下。

（1）设计不合理、形成局部漏磁和涡流损耗增大造成的发热。

（2）矽钢片绝缘受损或机械损伤造成局部磁短路的发热。

（3）电网中高次谐波或过电压影响,形成的过励磁引起铁心发热。

（4）由于在设计时,磁密取值太高,铁心工作在磁饱和状态下造成的发热等。

5. 放电致热

在 GIT 中,绝缘材料的材质不佳、运行中的老化以及各种绝缘缺陷都会引起各种放电。在放电的过程中同样也产生一定的热量;或者因老化、开裂、脱落等引起绝缘性能劣化或进水受潮,也会引起 SF₆ 气体绝缘装备不同程度的发热。

6. 加热器故障致热

SF₆ 是分子量较大的重气体,容易液化,当温度低于 $-18℃$ 时,就需要考虑 SF₆ 气体的液化问题,因此在严寒地区,必须给 SF₆ 气体绝缘装备加装电热装置对设备进行加热,防止 SF₆ 液化而使其绝缘强度降低。但是,当加热器故障时,也会导致局部温度过高致使 SF₆ 分解,例如,2008 年 1 月,北方地区普降大雪,强冷空气造成河西地区最低温度达到 $-35℃$,该地区某 110kV 变电站 GIS 因加热器结构设计存在隐患,导致加热管局部严重过热,造成 SF₆ 气体分解;SF₆ 分解后与加热管反应生成 FeF_3,生成的 FeF_3 微粒随气流漂移附着在盆式绝缘子上,使 SF₆ 气体的绝缘性能降低,最终导致断路器盆式绝缘子发生沿面闪络而形成相间短路[10]。

1.3　气体绝缘装备故障诊断方法

气体绝缘装备使用越来越广泛,电压等级也越来越高,其在电力系统中的重要性日益突出。然而,SF₆ 气体绝缘装备在设计、制造、运输、安装、运行和检修等环节中,其内部不可避免地会出现各种不同程度的绝缘缺陷,这些绝缘缺陷可使设备在运行过程当中逐渐演变成绝缘故障,进而给设备乃至整个电网的安全可靠运行带来不同程度的潜在威胁。由这些潜伏性缺陷形成的绝缘故障常常以低能量的 PD 或 POT 形式开始,给设备安全运行带来潜在性的危害,称为早期潜伏性绝缘故障。这些早期 PD 或 POT 会不同程度地损伤绝缘材料,绝缘材料的损伤又会加重 PD 或 POT,从而进一步加快绝缘材料的劣化,以致形成恶性循环,最终可能导致设备绝缘击穿或高温烧蚀。因此,本领域将设备内出现对安全性能有严重危害的 PD 或 POT 称为"绝缘肿瘤",若不及早发现并及时治愈,它会由小变大,由弱变强,甚至由局部扩大到整体,逐步发展成为严重的火花放电、局部电弧放电或者局部热烧蚀等突发性绝缘故障,致使设备绝缘能力完全丧失,最终可能导致因设备故障诱发电网大面积停电的严重事故。

由此可见,只有在对各种早期潜伏性绝缘故障的发展规律进行系统研究的基础上,获取能反映设备内早期和突发性绝缘故障的特征信息,才能创立设备内绝缘运行状态在线监测与故障诊断及状态评估的理论及方法,并为建立 SF₆ 气体绝缘装备状态维修体系提供科学理论与关键技术支撑。只有深入研究 SF₆ 气体绝缘装备内的绝缘故障机理及特征信息提取、识别与预测预防的理论及方法,才能解决由 SF₆ 气体绝缘装备自身故障导致的大面积停电事故的基础科学问题。因此,需要对 SF₆ 气体绝缘装备绝缘故障发生、发展的物理过程及表现形式进行大量的试验研究和系统机理分析,寻找反映设备故障类别、发展阶段和危险程度的特征信息,特别是如何获取表征早期潜伏性绝缘故障和向突发性绝缘故障演变过程的特征状态信息,并在此基础上,创立安全预警理论及方法,建立 SF₆ 气体绝缘装备绝缘故障在线监测与故障诊断、绝缘状态综合评价与预警体系,从引发电网大面积停电事故的源头上建立第一道防御系统,为大中城市群安全可靠供电方面提供科学理论和关键的技术支撑。

1.3.1　现场交接试验故障诊断方法

GIS 等气体绝缘装备在现场安装调试完毕并完成所有的连接后,应进行现场交接验收试验,以检验 GIS 是否因运输、储存或安装而有所损坏,验证设备在装配和现场安装过程中的正确性,复核各元件的机械性能和绝缘性能。在可能的条件下进行现场开合空载长线、空载变压器和电磁兼容性等现场试验。现场交接试验是运行单位在设备投运前对设备进行的最后一次性能和质量的检测,是判断设备能否投运的重要技术安全措施,必须严格按照相关标准和订货技术条件中的项目和参数进行试验。

多年的运行经验和事故教训证明,要保障组合电器设备的运行安全,运行单位需要大力加强设备的全过程管理。因为设备的质量水平和技术性能、安装调试质量,在很大程度上已经决定了设备投运后的运行可靠性,“先天不足”的设备一旦投运,将“后患无穷”。因此,“运行部门”一定要提前进入安装现场,参与设备安装调试的全过程,充分掌握设备的质量状态和技术性能,为顺利进行交接试验打下基础。

运行单位应严格按照国家电网公司等发布的《气体绝缘金属封闭开关设备技术标准》和 GB 50150—2006《电气装置安装工程电气设备交接试验标准》中的规定进行 GIS 的现场交接验收试验,相关测试数据应作为基础信息录入管理系统,以作为投运后设备检修维护和试验的依据。在交接验收试验中发生设备质量和技术性能不能达标时,必须找出原因彻底解决,重大问题应及时上报。没有通过交接试验的设备不得投运。

1.3.2　放电性故障诊断方法

机械性故障通常会通过放电性故障或者过热性故障体现出来,因此,本节及 1.3.3 节只关注放电性故障和过热性故障的诊断方法。

气体绝缘装备在发生贯穿性的放电故障之前,大多会在绝缘缺陷处首先发生 PD 现象。因此,PD 是由于气体绝缘装备内部因各种绝缘缺陷导致局部电场增强,并使高场强处的绝缘介质局部发生击穿的放电现象。由于气体绝缘装备内部不可避免地存在各种绝缘缺陷,这些缺陷的存在会畸变其周围的电场,使某些部位的电场强度被大大增强,以致超过了该处绝缘介质的击穿场强,从而导致在局部高场强处发生 PD,而 PD 长期存在与发展就可能导致严重的绝缘故障。一方面,PD 是绝缘劣化的征兆,通过检测 PD 可以得知气体绝缘装备的绝缘状况,从而为气体绝缘装备的检修提供参考依据,预防和阻止严重事故的发生。另一方面,PD 也是导致绝缘劣化的重要原因,必须予以重视,检测气体绝缘装备中的 PD,对保证气体绝缘装备的安全可靠运行具有重要的现实意义。气体绝缘装备内部绝缘缺陷的种类并不是单一的,各种绝缘缺陷导致的 PD 对气体绝缘装备的危害也是不同的,有些危害较大必须尽快处理,而有些危害较小,可以暂缓处理或者不作处理继续观察。为了尽可能减少工作量,节约生产成本,就必须对气体绝缘装备内部产生的 PD 类型进行识别,然后根据放电类型采取相关措施,减少不必要的停电和维修,以保证供电的可靠性,获取最大的经济效益,也可为状态检修打下理论和技术基础。

在 SF₆ 气体绝缘装备内部发生 PD 时,往往会伴随着多种物理和化学现象的产生。首先,PD 会发出超声波;其次,在放电中心区域还会产生大量的紫外光和可见光;再次,一部分放电能量还会以电磁波的形式向周围环境辐射,同时,由于放电发生在 SF₆ 气体中,还会使 SF₆ 气体发生分解。对应着这些物理和化学现象,传统的 PD 检测方法主要包括脉冲电流法、声测法、光测法、特高频法和化学分析法。

1. 脉冲电流法

脉冲电流法是 IEC 60270 标准推荐的 PD 测量方法,也是检测 PD 最常用的方法。当有 PD 产生时,设备内部局部绝缘被击穿,其等效电容量会发生微小的变化。当外加电压不变时,设备等效电容储存的电荷会发生快速充放,与设备相连的高压回路中就会产生脉冲电流,脉冲电流通过检测阻抗时会在其两端形成脉冲电压信号,通过测量脉冲电压信号便可对 PD 大小进行检测。

脉冲电流法的测量频率通常小于 10MHz,它可以对视在放电量进行定量标定,测量灵敏度与所采用的耦合电容量和试品电容量的比值大小相关,精度可达到 1pC。若要提高测量精度,测试系统必须进行电磁屏蔽,并需要合适的电容匹配,实验回路中所有组件包括高压引线的固有 PD 水平要小于被试品的 PD 水平。

用脉冲电流法检测到的 PD 幅值与被试品的视在放电量 Q 成正比例,但比例系数不是一个常数,它与测量回路类型以及测量回路中各个元件的参数有关,要得到该比例系数,必须通过实验进行校正。当通过实验校正出比例系数 K_c 后,计算即可得到被试品的视在放电量 Q。

校正比例系数的实验接线如图 1.4 所示,校正实验前先接好线路,将输出可调的校正脉冲发生器 F 并联在被试品 C_x 两端,在被试品 C_x 上施加放电量已知的脉冲电流校正信号,用数字示波器(digital oscilloscope,DOS)来观察并测量检测阻抗 Z_m 两端的脉冲电压信号幅值大小 U。校正实验中,需要由低到高地调节脉冲发生器输出的放电量大小,并记录下测量阻抗两端对应的脉冲信号幅值,以获取检测阻抗两端电压信号 U 与视在放电量 Q 的一组关系数据,用最小二乘法对测量数据进行直线回归,可得到该直线的斜率,即 PD 脉冲电压的幅值与试品视在放电量 Q 之间的比例系数。

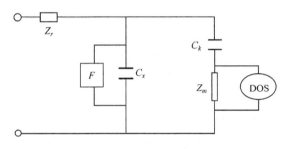

图 1.4　脉冲电流法测量接线原理

脉冲电流法是一种传统的 PD 定量检测方法,具有测量方便、定量容易等主要优点,但该方法容易受到电磁干扰的影响,也不能对放电源进行精确定位,具有一定的局限性,适合在电测干扰小的实验室进行定量测量,对于干扰严重的现场几乎无法使用。

2. 声测法

声波本质上来说是一种机械振动。当 GIS 腔体中发生 PD 时,高速运动的电子与气体分子之间将产生剧烈的碰撞,这种碰撞产生的能量在宏观上表现为一种压力波,也即气体中的声波。通过检测 PD 过程中产生的声波就可以间接地检测 PD,从而得知放电强度的大小以及放电的位置信息,这种检测 PD 的方法称为声测法。

在实际应用中,通常会在 GIS 的外壳上安装或放置超声波传感器,通过传感器来检测 GIS 腔体内部 PD 产生的超声波信号。声测法本质上检测的是机械振动,所以该方法不会受到周围环境中强烈电磁干扰的影响,而且该方法可以对放电源进行定位,因此声测法在实际生产中的应用较为广泛。但是,声测法的灵敏度要低于传统的脉冲电流法,然而在试品电容量较大时,声测法也具有较高的灵敏度,声测法的灵敏度取决于 PD 产生能量的大小,同时因信号在传播中会逐渐衰减,它也会受到信号传播路径的影响。虽然声测法的灵敏度相对较低,但由于声电转换器件的性能取得了较大的发展,相关的滤波放大技术也有较大的进步,声测法也获得了较高的灵敏度,在一些情况下可以达到与其他检测方法相同的灵敏度。声测法的主要优点在于基本不受周围环境中电磁的干扰、适合进行在线监测、对放电源的定位比较方便等。其主要局限性为无法标定 PD 量、无法识别 PD 模式和易受环境噪声影响等。因此,该方法主要作为一种辅助测量方法应用于各种实验。

3. 光测法

GIS 腔体中发生 PD 时,在电场较高的区域,高速运动的电子碰撞 SF₆ 分子使其发生电离,电离后产生的大部分离子在很短的时间内又会复合成 SF₆ 分子,从电离态到复合态的过程中会释放出一部分能量,这部分能量主要以光子的形式辐射出来。实际的 PD 会辐射出多种不同频率成分的光谱,通过对这些光谱进行检测就可以实现对 GIS 腔体中 PD 的检测,这种检测 PD 的方法就是光测法。在采用光测法进行 PD 检测时,需要在 GIS 腔体内部安装光电倍增管等光电传感器,通过这些光电传感器将光信号转换为电信号,再进行分析。PD 产生的光在 GIS 腔体内部传播时,一部分光的能量会被 SF₆ 气体吸收,且 SF₆ 吸收光的能力会随着气体密度的增大而提高,所以光测法的灵敏度较低。而且由于 GIS 的内壁较为光滑,光线会在腔体内部多次反射,对检测结果产生干扰,同时,对于一些光线无法照射到的地方,光测法将无法进行检测。此外,现场的 GIS 是由许多个单独的气室组成的,如果采用光测法进行 PD 检测,需要在每个气室安装一个或多个光电转换装置,安装成本高且不易实现。

4. 特高频法

当 GIS 腔体内部发生 PD 时,除了产生光和声物理现象以外,还会向周围辐射出电磁波,GIS 内产生的 PD 具有极快的时间特性,即持续时间很短,形成的脉冲具有很陡的上升沿,辐射出的电磁波含有极为丰富的频率成分,包含从低频到微波频段。因此,可以在 GIS 设备上装设天线传感器,用于接收 PD 所辐射的特高频电磁波信号,从而实现对 PD 的检测和定位。这种检测 PD 的方法称为特高频法[11-16]。

电力系统在运行时,由于各种原因会产生电晕放电,电晕放电也会向周围辐射出电磁波。相对于 GIS 内产生的 PD,电晕放电脉冲的持续时间较长,脉冲信号的上升沿陡度较低,所包含的频率范围达不到特高频段,其等值频率通常在 150MHz 以下。因此,在用特高频法对 PD 进行检测时,通常会选取截止频率高于 200MHz 以上的天线,从而有效避开电晕放电的频率干扰,以提高检测系统的信噪比。一般来说,特高频法所选择的频率范围为 $300\sim3000\mathrm{MHz}$。

PD 特高频信号在 GIS 腔体内部传播时会发生一定的损耗,这些损耗主要有两种类型:一是介质损耗,即 SF_6 气体和 GIS 腔体内壁对特高频信号有一定的吸收现象;二是存在折反射损耗,因为 GIS 罐体是由一个个气室间隔组成,这些气室间隔通过法兰相互连接形成整体,较为典型的有 L 形结构和 T 形结构等。当特高频信号在罐体中传播时,必然会遇到不同绝缘介质,形成电磁波的折反射,造成信号衰减。由于介质损耗要比折反射损耗小得多,故在各种接头处的折反射是造成特高频信号能量损失的主要原因,如图 1.5 所示。

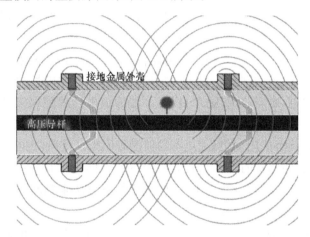

图 1.5 特高频 PD 信号在 GIS 的传播与辐射示意图

特高频法可方便对 PD 源的位置进行判断。在 GIS 设备的不同间隔上安装多个特高频传感器,一旦有 PD 产生,各个传感器将接收到 PD 信号的准确时间,通过计算各个传感器接收到 PD 信号的时间差,并根据电磁波传播的速度,即可得到发生 PD 的准确位置。特高频 PD 信号具有很陡的上升沿,这有利于分辨信号的起始时刻,配合高精度 GPS 时钟,可实现对 PD 源的高精度定位。目前,在所有的 PD 定位方法中,高超频法定位的精确度最高。

特高频法的主要优点如下:采用的特高频段信号,可有效避免电网中很多频率相对较低的强电磁干扰,在实际应用中具有较强的抗干扰能力;可对 PD 源进行较为准确的定位;根据特高频信号含有的丰富信息特征,可以对 PD 类型进行一定的辨识;检测范围较大,所需要安装的传感器个数较少。特高频法的不足在于它还没有完全解决定量检测的问题,即放电量标定问题,同时,对 PD 类型识别的准确性有待进一步提高。

1.3.3　过热故障的诊断方法

当 GIS 内部触头接触不良时,因接触电阻变大,在负载电流流过时会产生发热现象。如果触点或母线过热会引起绝缘老化甚至击穿,从而引发短路造成重大事故。因此,检测和监视设备触点、母线和高压电缆接头的温度,对 GIS 的安全可靠运行具有非常重要的意义。据不完全统计,国内的众多电力公司、发电公司以及大型用电企业所使用的 GIS 设备,其封闭母线、隔离开关、电缆头等部件,均不同程度地出现过因绝缘老化或接触不良造成局部过热而引发事故。为此,电网公司制定专门的技术规范,要求对设备的过热部位进行温度监测,做到温度越限报警,以保障电力设备的安全生产并提高设备运行的可靠性。

气体绝缘装备是全封闭式高压带电设备,发热点处于设备内部,不便检测。同时,由于气体绝缘设备内部发生 POT 时,该类故障不像放电性故障那样在故障过程中伴随有相关电、磁、超声等物理过程,不能像放电性故障那样可以通过放电过程中所激发的相关电、磁、光、超声信号进行实时监测,这就导致气体绝缘装备内部过热性故障存在着潜伏周期更长、更不易监测等困难。目前,在电力系统的运行检修中,还没有一套能够实时、科学、有效监测 SF₆ 气体绝缘装备过热状态的方法或者装置。在一些电力运行企业当中,主要采用如下方法来判断 SF₆ 气体绝缘装备中大量采用的接头部位的温度。

(1) 贴示温蜡片法。此法能根据蜡片是否熔化及变色来判断测试部位是否发热,但所贴蜡片在运行中容易自落且部分接头不易观察到。

(2) 小雨、积雪判断法。此法通过观察接头上部积雪是否融化来判断发热或观察小雨天有无气化现象来判断发热,但此法受季节和天气影响大,且判断准确度低。

(3) 经验判断法。经验丰富的值班人员能通过线夹发热时颜色的轻微变化来判断有无发热。但是,仅凭经验,其准确率低。只有线夹发热相当严重时才有可能发现。

(4) 远红外测温仪测量。当 SF₆ 气体绝缘装备内部发生过热性故障时,GIS等气体绝缘装备的全封闭性导致不能像设备外部可以直接通过红外测量其表面温度来判断过热点温度,只有通过红外间接测温的方法来对热点进行估算。此时,故障表面温度受 SF₆ 气体热阻系数、热源与设备壳体表面距离等的影响,而与设备内部局部过热点处的真实温度差别极大,且可能与炽热源位置不对应,同时,由于受外界复杂多变的环境因素等影响,不能像设备外部那样可以直接通过红外测量其表面温度来判断内部局部过热点温度,但因干扰、距离、气候及价格等原因,尚不能有效普及。

上述方法在一定程度上虽然能判断各部接头发热,但是很难预防和事先控制接头发热问题,运行中往往比较被动,处理接头发热时需要由调度转移负荷或被迫停电处理,一旦发现不及时,缺陷发展就有可能引起设备事故。因此亟待探索和提出一种新的能够直接反映 SF_6 气体绝缘装备过热故障状态的理论和方法。

1.4　基于组分分析的气体绝缘装备故障诊断技术

1.4.1　基于 SF_6 分解组分分析的故障诊断原理

由于 SF_6 气体绝缘装备内部出现早期潜伏性绝缘故障时,常常会伴随不同形式和强度的 PD 或者 POT 物理现象,产生的局部强电磁能及局部高温炽热会使 SF_6 绝缘气体介质发生不同程度的分解,生成各种低氟硫化物(SF_x,$x=1,2,\cdots,$ 5)。如果 SF_6 气体绝缘装备内部同时存在微量的 H_2O 和 O_2 等杂质成分,其分解物还会进一步与之发生反应,生成 SO_2F_2、SOF_2、SO_2、HF、H_2S 等组分气体[17-27]; 如果内部有固体绝缘与金属材料,还会生成 CO_2 和 CF_4 等含碳组分[26,27]。其 SF_6 分解物与 H_2O、O_2 和 C 结合过程的示意如图 1.6 所示。

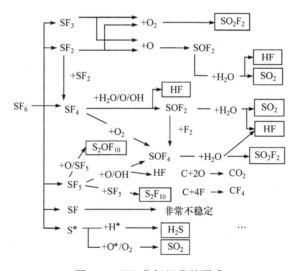

图 1.6　SF_6 分解组分的形成

一方面,有些分解组分(HF 或 H_2S)会腐蚀设备内固体绝缘及金属部件材料,加速设备内部整体绝缘劣化,导致设备发生突发性绝缘故障[17];另一方面,在这些众多的分解组分中,某些称为特征组分的含量大小及其变化规律与绝缘故障类型和严重程度密切相关[11-21],如图 1.7 和图 1.8 所示。因此,可通过对 SF_6 分解生成的特征组分分析来及时发现 SF_6 气体绝缘装备内部的早期潜伏性绝缘故障,并对其绝缘状态进行科学评价,以降低 SF_6 电气设备发生突发性绝缘故障的概率[28]。

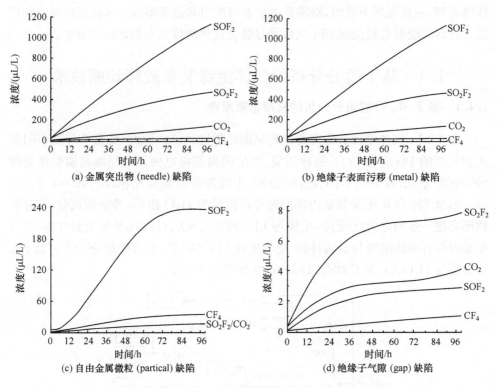

(a) 金属突出物 (needle) 缺陷

(b) 绝缘子表面污秽 (metal) 缺陷

(c) 自由金属微粒 (partical) 缺陷

(d) 绝缘子气隙 (gap) 缺陷

图 1.7　SF_6 在不同绝缘缺陷类型 PD 下的分解特性

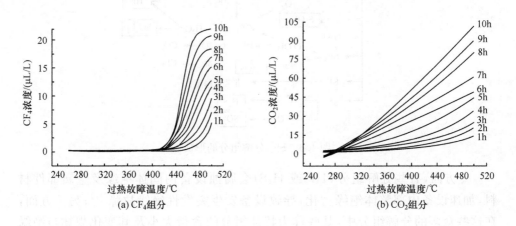

(a) CF_4 组分

(b) CO_2 组分

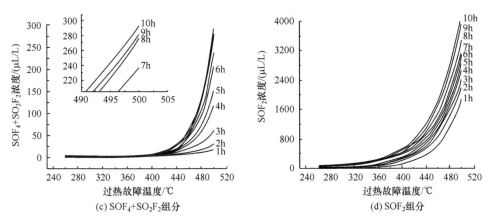

图 1.8 SF$_6$ 在过热状态下特征组分的分解特性

同时,由于 SF$_6$ 的分解特性与绝缘故障类型和严重程度关系极为密切,分解组分的变化规律不仅可以反映出故障的性质,还可以反映出故障的产生机理、发展与演变过程。为此,通过对 SF$_6$ 在不同故障模式下分解特性的系统研究,可以从本质上提取出揭示 SF$_6$ 气体绝缘装备内部不同绝缘故障产生、发展及演变过程的特征信息或特征量,建立内部绝缘状态综合评价模型,最终构建出 SF$_6$ 气体绝缘装备内部绝缘故障诊断与预警体系。

1.4.2 基于 SF$_6$ 分解组分分析的故障诊断方法的地位及应用前景

由于该方法是基于混合气体色谱分析理论的化学检测法,不受环境噪声和强电磁干扰的影响,而且与脉冲电流法、超声波法和特高频法等相比,其应用优势在于不需要对设备本体进行改造或植入复杂的检测元件,气体取样和分析工作可在设备运行时进行,与变压器油中 DGA 故障诊断方法一样,建立基于 DCA 的 SF$_6$ 气体绝缘装备故障诊断方法,是一种非常具有工程实用潜力的非电检测法。该方法已作为各电力行业运检部门对 SF$_6$ 气体绝缘装备运行状态监测所采用的常规必检技术,也是电力行业运检部门对设备运行状态裁决所依靠的最为主要的仲裁指标之一。国家电网公司已发布了企业标准《SF$_6$ 气体分解产物检测技术现场应用导则》、《SF$_6$ 气体分解产物检测仪(电化学传感器)通用技术条件》和《SF$_6$ 气体分解产物气相色谱分析方法》,对设备中 SF$_6$ 气体分解产物现场检测项目、检测方法、检测仪器精度、检测周期、评价标准及安全防护等提出了具体要求和规定。

在利用 SF$_6$ 分解组分监测 GIS 设备绝缘状况方面,已有大量成功的案例,并已成为最终确定故障状态的主要技术手段之一。例如,2009 年,在 1000kV 特高压交流试验示范工程的荆门站有效检测出 T0211B 相隔离开关的 SO$_2$ 含量异常,解体验证缺陷并进行了修复,确保设备可靠运行;2010 年 3~4 月,对 ±800kV 特高压直流输电示范工程复龙换流站 550kV GIS 进行了分解产物检测,成功定位 3 起盆式绝缘子沿面放电缺陷,为工程及时投运提供了保障;2012 年 6 月,在 750kV 白银变电站 7541 罐式断路器中检测到了异常含量的分解产物,更换设备进行了返厂检修,提高了设备运行的可靠性。

目前,该方法的研究进展备受国内外同行的广泛关注,为此 CIGRE 近期也成立了 WG B3-25(SF$_6$ Gas Analysis for AIS,GIS and MTS Condition Assessment)工作组,以期建立 SF$_6$ 气体绝缘设备的故障组分分析导则,实现对 SF$_6$ 或者混合气体绝缘设备进行绝缘故障诊断和状态评价。

总之,可以预测,SF$_6$ 分解组分检测/监测技术及其在气体绝缘装备故障诊断、状态评估及寿命预测等领域中都将有巨大的潜力和良好的应用前景。

参 考 文 献

[1] 孙才新. 重视和加强防止复杂气候环境及输变电设备故障导致电网大面积事故的安全技术研究. 中国电力,2004,37(6):1-8.

[2] 孙才新. 输变电设备状态在线监测与诊断技术现状和前景. 中国电力,2005,(02):1-7.

[3] 唐炬. 防御变电设备内绝缘故障引发电网停电事故的基础研究. 高电压技术,2012,38(6):1281-1291.

[4] Christophorou L G,Olthoff J K,Van Brunt R J. Sulfur hexafluoride and the electric power industry. Electrical Insulation Magazine IEEE,1997,13(5):20-24.

[5] 唐炬. 组合电器局放在线监测外置传感器和复小波抑制干扰的研究. 重庆:重庆大学博士学位论文,2004.

[6] 苑舜. 高压开关设备状态监测与诊断技术. 北京:机械工业出版社,2001.

[7] 袁大陆,李岩军,和彦淼. "3·21"北京电网 220kV 草桥变电站停电事故调查分析. 电网技术,2008,32(18):92-95.

[8] 刘少昌,陈琦,张军,等. 330kV GIS 母线设备内部闪络故障原因分析. 陕西电力,2008,2:60-63.

[9] Istad M,Runde M. Thirty-six years of service experience with a national population of gas-insulated substations. IEEE Transactions on Power Delivery,2010,25(4):2448-2454.

[10] 彭生江,皮霞. GIS 设备故障的原因分析及使用中的注意事项. 电力安全技术,2009,11(7):19-21.

[11] 唐炬,孙才新,张晓星,等. 气体绝缘组合电器局部放电超高频检测装置及方法. CN1673761A,2005.

[12] 杜林,李剑,王有元,等. 超高频局部放电放电量监测采集方法、装置和系统. CN101819246A,2010.

[13] 周湶,唐炬,廖瑞金,等. 局部放电超高频检测分形天线及其制备方法. CN101557035A,2009.

[14] 李剑,杨丽君,杜林,等. 局部放电超高频检测 Hilbert 分形天线阵列. CN201210386206.3,2013.

[15] 唐炬,张晓星,谢颜斌,等.电气设备局部放电超高频定位检测装置及方法.CN101620253,2010.

[16] 张晓星,唐炬,李松辽,等.气体绝缘组合电器局部放电在线检测内置超高频传感器. CN201310104096.1,2013.

[17] 张晓星,姚尧,唐炬,等.SF$_6$放电分解气体组分分析的现状和发展.高电压技术,2008,34(4): 664-669.

[18] Zeng F,Tang J,Sun H,et al. Quantitative analysis of the influence of regularity of SF$_6$ decomposition characteristics with trace O$_2$ under partial discharge. IEEE Transactions on Dielectrics and Electrical Insulation,2014,21(4):1462-1470.

[19] Zeng F,Tang J,Fan Q,et al. Decomposition characteristics of SF$_6$ under thermal fault for temperatures below 400℃. IEEE Transactions on Dielectrics and Electrical Insulation, 2014,21(3):995-1004.

[20] Tang J,Zeng F,Zhang X,et al. Relationship between decomposition gas ratios and partial discharge energy in GIS,and the influence of residual water and oxygen. IEEE Transactions on Dielectrics and Electrical Insulation,2014,21(3):1226-1234.

[21] Tang J,Zeng F,Pan J,et al. Correlation analysis between formation process of SF$_6$ decomposed components and partial discharge qualities. IEEE Transactions on Dielectrics and Electrical Insulation,2013,20(3):864-875.

[22] Tang J,Zeng F,Zhang X,et al. Influence regularity of trace O$_2$ on SF$_6$ decomposition characteristics and its mathematical amendment under partial discharge. IEEE Transactions on Dielectrics and Electrical Insulation,2014,21(1):105-115.

[23] Zeng F,Tang J,Zhang X,et al. Influence regularity of trace H$_2$O on SF$_6$ decomposition characteristics under partial discharge of needle-plate electrode. IEEE Transactions on Dielectrics and Electrical Insulation,2015,22(1):287-295.

[24] Zeng F,Tang J,Zhang X,et al. Study on the influence mechanism of trace H$_2$O on SF$_6$ thermal decomposition characteristic components. IEEE Transactions on Dielectrics and Electrical Insulation,2015,22(2):766-774.

[25] Zeng F,Tang J,Huang L,et al. A semi-definite relaxation approach for partial discharge source location in transformers. IEEE Transactions on Dielectrics and Electrical Insulation, 2015,22(2):1097-1103.

[26] 刘帆.局部放电下六氟化硫分解特性与放电类型辨识及影响因素校正.重庆:重庆大学博士学位论文,2013.

[27] 曾福平.SF$_6$气体绝缘介质局部过热分解特性及微水影响机制研究.重庆:重庆大学博士学位论文,2014.

[28] 张晓星,唐炬,郑新才,等.六氟化硫电气设备绝缘状态综合评估的方法.CN201010504048.8,2011.

第 2 章 SF₆ 气体特性及其分解机理与影响因素

2.1 SF₆ 气体特性及其应用

2.1.1 SF₆ 气体的特性

SF₆ 气体是法国两位化学家 Moissan 和 Lebeau 于 1900 年合成的人造惰性气体。1940 年前后，美国军方将其用于"曼哈顿计划"（核军事）。1947 年提供商用，当前 SF₆ 气体主要用于电力装备行业。

SF₆ 气体分子是由一个硫(S)原子和 6 个氟(F)原子组成的。硫原子居中，氟原子分布在其周围，形成一个八面体，如图 2.1 所示。SF₆ 是一种无色、无味、无毒、不易燃烧的气体，相对密度(水为 1)为 1.67(−100℃)，相对蒸气密度(空气为 1)为 5.11，微溶于水、乙醇、乙醚。其主要特性如表 2.1 所示。

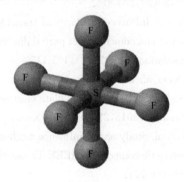

图 2.1 SF₆ 分子结构

表 2.1 SF₆ 气体的性质

特性	参数
密度/(kg/m³)(0.1MPa,20℃时)	6.16
分子量	146.07
分子直径/m	4.56×10^{10}
气体常数/[N·m/(kg·K)]	5.81
临界温度/℃	45.6
介电系数(0.1MPa,25℃时)	1.002
临界密度/(kg/m³)	0.725

续表

特性	参数
熔点/℃	−50.8
导热系数/[W/(m·K)](0.1MPa,30℃时)	0.014
升华点/℃(0.1MPa)	−63.8
绝热系数	1.07
热容量/[J/(kg·K)](0.1MPa,30℃时)	94620
比定压热容/[J/(kg·K)](0.1MPa,30℃时)	650

在常温常压下，SF_6 化学性质稳定，具有良好的理化特性、优异的绝缘和灭弧性能，被广泛用作气体绝缘设备内部的绝缘介质和灭弧介质。尽管其对人体和环境有一定的危害，并为《京都议定书》中被禁止排放的六种温室气体之一，但只要在使用中严格按照有关规定和要求，可以避免或减少其排放量。同时，目前还没有找到一种综合性能与其相当的气体绝缘介质，使得 SF_6 在电力装备行业中还将继续得到广泛的使用。

SF_6 气体的临界压力值为 3.81MPa，作为电气设备绝缘介质时，一般的使用压力为 0.4～0.5MPa，即便用于断路器灭弧，其使用气压一般也只在 0.6MPa 左右，气体绝缘设备腔体中的压力不会超过该临界压力，其气压均小于 SF_6 气体临界压力。因此，在用于气体绝缘设备的绝缘和灭弧介质时不会超过被液化的临界压力。

SF_6 是一种强电负性气体。所谓电负性，就是当有自由电子在气体中运动时，气体分子容易俘获引起碰撞电离的自由电子而形成负离子。根据气体放电理论[1]：减少引起碰撞电离的活跃因素即自由电子数量可以提高气体介质的绝缘性能，因此，SF_6 的绝缘耐电强度很高，其击穿场强可达空气介质的数倍。所以，相比以空气为绝缘介质的电力设备，以压缩 SF_6 气体为绝缘介质的组合电器的体积要小很多。

SF_6 气体具有良好的灭弧性能，熄灭电弧的能力是空气的 100 倍。一方面是因为 SF_6 气体是电负性的气体，SF_6 气体分子吸收自由电子后形成负离子，而电弧中通常存在大量正离子，这些负离子会与其中和，形成不带电的中性分子，致使放电区域的带电微粒数量大大减少，从而加速电弧的熄灭。另一方面，SF_6 气体分子的电离能较高，在发生分解时会吸收大量的能量，对电弧具有较强的冷却作用，有助于电弧的熄灭。

SF_6 气体具有良好的化学稳定性，在常温下一般不会发生化学反应，其热分解温度为 300～400℃，而一般电气设备的最高允许温度小于 150℃，在该温度下，SF_6 分子不会发生分解。在金属铝和铜的催化作用下，当温度超过 300℃时，SF_6 气体会逐渐开始发生分解并与金属发生反应，温度达到一定时，也会与绝缘材料发生缓慢的化学反应。

SF$_6$ 导热性能较好。气体的传热除了靠传导作用以外还有对流,虽然 SF$_6$ 气体的热传导性系数较低,由于 SF$_6$ 气体分子量较大,相同体积和压力的 SF$_6$ 气体比空气重,所以 SF$_6$ 气体的对流散热能力比空气好。

2.1.2　SF$_6$ 气体的应用

1947 年,SF$_6$ 气体开始商用,其主要应用领域为电力装备制造行业。由于 SF$_6$ 是一种无色、无味、无毒、不可燃且无腐蚀性的惰性气体,它还被广泛应用于金属冶炼(如在镁金属的生产过程中作为保护气来防止熔融镁的氧化)、航空航天、医疗(X 射线机、激光机)、化工(高级汽车轮胎)、大气示踪和电子制造等行业。

近年,我国 SF$_6$ 的产量超过万吨,由于超/特高电压输变电技术的建设与发展,其中 80% 的 SF$_6$ 被应用于高电压气体绝缘设备中,并以每年超过 8.7% 的增速递增。随着气体绝缘电气设备的检修和退役,SF$_6$ 废气也逐年增加。同时,中国是最大的金属镁生产国和出口国,在金属镁的生产过程中,作为保护气的 SF$_6$ 的排放量也在不断增加。电子技术的蓬勃发展,使得我国半导体制造业使用的 SF$_6$ 的排放量也在逐渐增加。随着全国 SF$_6$ 气体生产总量越来越大,生产过程中的排放量也会相应增加。目前,我国 SF$_6$ 的年排放量已经超过 2000t,如果不及时采取措施,预计到 2020 年我国的年排放量将超过 4000t[2]。

研究数据表明,全球的 SF$_6$ 排放量总体也是呈上升趋势,导致大气中 SF$_6$ 的浓度也不断增加,如图 2.2 所示。工业化前,全球 SF$_6$ 的大气浓度为 $6×10^{-3}$ pmol/mol,目前已经超过了 7pmol/mol,对全球生态环境造成的威胁不容小觑[3,4]。面对 SF$_6$ 对全球环境造成的破坏和公众环保意识的增强,我国一直致力于降低 SF$_6$ 的排放量。减少 SF$_6$ 的使用量、提高 SF$_6$ 的回收利用率和降解处理 SF$_6$ 气体是减少 SF$_6$ 排放量的主要手段。

目前,国内外不少学者对 SF$_6$ 的替代气体进行了研究,如 SF$_6$ 与 N$_2$ 的混合气体、CF$_3$I 和 c-C$_4$F$_8$ 等气体[5,6]。尽管这些气体被认为是具有潜质替代 SF$_6$ 气体作为新的绝缘介质用于气体绝缘设备中,但在液化温度、绝缘性能和灭弧能力等方面还无法达到 SF$_6$ 水平,难以在电力装备制造工业上大范围推广应用。有研究表明,在半导体制造工业中,选择 SF$_6$ 以外的其他气体来进行蚀刻也是非常困难的。

我国国家电网和南方电网公司于 20 世纪 90 年代初,陆续开展了 SF$_6$ 回收处理设备的研制和管理方式的探讨。目前,国家电网公司的试点单位 SF$_6$ 的回收利用率可达到 95% 以上,但相关回收处理技术还需要进一步改进并推广。同时,现有的回收净化装置价格昂贵、数量少(每个地区级的电力公司一般仅有 1 或 2 套)、重量大(一般大于 1500kg),已建立的 SF$_6$ 回收处理中心一般都位于各省、市电科院或检修公司内,难以实现整个辖区全部气体绝缘设备的废气回收再利用。此外,

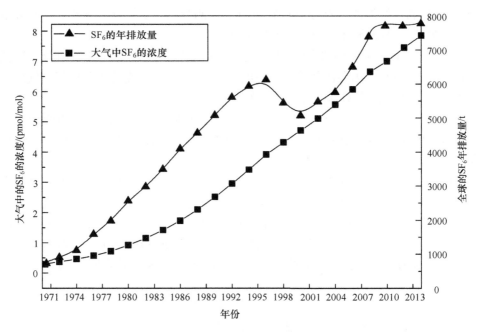

图 2.2　全球 SF$_6$ 的年排放量及大气中 SF$_6$ 的浓度

由于运输不便,一些偏远地区的小型气体绝缘设备的检修废气还是直接排放。更为严重的是,目前绝大部分用量小的其他行业一般都是采用直接排放的方式,故 SF$_6$ 回收处理问题还没有从根本上得到解决,还需要进行相关研究。

2.2　SF$_6$ 气体的分解产物

目前,国内外对 SF$_6$ 在放电作用下的分解进行了一定的研究,主要集中在电弧放电、火花放电及局部放电作用下的分解机理,并取得了初步的成果,而关于 SF$_6$ 在过热状态下的分解特性及分解机理的研究工作,在国内外都鲜有所见。

2.2.1　SF$_6$ 在放电下的分解产物

较早研究 SF$_6$ 气体放电分解的是 Schumb[7],在 SF$_6$ 气体中进行了一次电弧放电,实验电压为 20kV,将放电分解后的 SF$_6$ 气体通过碱性溶液,使一部分放电分解组分被碱性溶液吸收,吸收后的气体分析显示,其某些成分具有氧化特性,实验者认为这些具有氧化特性的成分可能是低氟硫化物,但没有对此做进一步探究。

Edelson 等利用红外技术研究了 SF$_6$ 分解组分的形成过程[8]。采用 60Hz 的电源产生了一个 5kA 的电弧,所使用的电极板材料为铜,让 SF$_6$ 气体在该电弧下分解,然后利用红外技术对分解产物进行了检测分析,认为 SF_2 是最主要的分解组分。另外,还检测到了 SOF_2 和 SiF_4 成分。

Leeds 等研究了断路器中的 SF_6 气体分解组分[9],发现 SF_6 分解组分可以被氧化铝吸收,吸收作用会使断路器气室的气压降低,经测量充分吸收后气室气压降低了约 3%,但并没有对这些分解组分的种类进行测定。

Gerusinov 等对 SF_6-Air 混合气体进行了电弧放电分解实验[10]。电弧能量为 500W,采用红外吸收光谱技术分析分解后的产物,发现产物的主要成分为 SOF_4 和 SO_2F_2,没有发现 SOF_2。

Becher 等利用红外光谱仪分析了 SF_6 分解组分[11]。他在密闭装置中充满 SF_6 气体,然后施加持续时间为 0.23s、电流大小为 5~10A 的交流电弧,其频率为 1Hz,电压为 220V。对放电分解后的气体利用红外光谱仪分析发现,在电弧放电下,SF_6 极易分解产生 SOF_2 和 SF_4,但没有检测到 $S_2F_{10}O$ 和 S_2F_{10}。随后,又进行了 SF_6 气体在火花放下的分解实验,该次实验中检测到了浓度约为 $100\mu L/L$ 的 S_2F_{10}。

Boudene 等对电弧放电下的 SF_6 分解组分进行了详细的研究[12]。实验电压为 60kV,放电电流为 4500A,电弧持续时间为 40~80ms。通过对分解产物的检测发现,当电极材料为 Cu-W 时,SO_2F_2 的产气速率为 150×10^{-9} mol/J,SOF_2 的产气速率则为 90×10^{-9} mol/J,SOF_2 和 SO_2F_2 的产气速率与电弧放电能量大小几乎呈线性关系。

Bartakova 等研究了 SF_6 气体在各种放电类型下的分解产物[13],包括电弧、电晕和火花放电。在这三种放电类型下,进行了大量的 SF_6 分解实验,发现当放电电流较大时,SF_6 的主要分解产物是 SF_4 和 SOF_2。实验中使用气相色谱仪对分解产物进行分析和浓度测量。

Kulsetas 等测量了 SOF_2 在不同电极材料下的生成速率[14]。实验采用电弧放电,放电电流为 3.7~3.8kA,持续时间为 60~200ms。当电极材料为铝时,SOF_2 的生成速率为 90×10^{-9} ~ 500×10^{-9} mol/J,其产气速率为铜电极下的 3~5 倍。Kulsetas 等推测,铝在高温下会发生化学反应释放大量热量,从而导致 SOF_2 的生成速率较高。另外,在实验中还发现,当电弧周围有环氧树脂时,将有大量的 CF_4 出现在分解产物中。

Grasselt 等研究了大电流和小电流电弧下 SF_6 气体的分解产物[15],并对两种电弧下的分解产物进行了对比,用红外吸收光谱法对分解组分进行定性分析,然后采用气相色谱仪对分解组分进行定量检测。研究结果表明:当电弧放电电流较大时,分解产物中完全检测不到 SO_2F_2,在小电流电弧放电下,SO_2F_2 和 CF_4 的产量要比 SOF_2 高得多。

Baker 等研究了强电弧放电下 SF_6 气体的分解产物[16]。电弧电流为 30~

50kA,持续时间为 133ms。结果显示:分解产物中 SOF_2 的含量约占 2%。利用气相色谱方法分析分解产物得知,被检测的 7 组样品中,6 组中没有发现 SO_2F_2,只有一组中含有这种组分,且含量较低,约为 SOF_2 的 1/67。此外,还推测出分解组分含量与放电能量呈线性关系。

Thorburn 研究了火花放电下 SF₆ 气体的分解产物[17],采用针-针钨金属材料电极形成火花放电。实验在 30mL 的容器内进行,火花放电电流为 60mA,放电持续时间约为 2h。采用分光计对分解产物进行检测。实验中检测到有增大的 F^+ 流,还观测到有 SO_2^+、SiF_4^+、SiF_3^+ 和 SF_2^+。研究认为 SF₆ 分子在火花放电的作用下会被分裂,并且不再复合,即这种分裂是不可逆的。

Manion 等也研究了火花放电下 SF₆ 气体的分解产物[18]。其实验装置是一个耐热玻璃容器,体积为 240mL。对分解产物检测发现,产物中含有 SOF_2、SiF_4 和 S_2F_2。分析表明,SF₆ 分解生成的 SF_4 会进一步与玻璃中的 Si 元素发生反应,生成 SiF_4 和 SOF_2,这也是分解产物中能检测到上述组分的原因。

Ermel 研究了 SF₆ 与 N₂ 的混合气体在火花放电下的分解产物[19],其中 SF₆ 的含量为 80%,N₂ 的含量为 20%,放电电流为 10mA,在分解产物中检测到了 NO_x、N_2F_2 和 NF_3。

Chu 等对断路器开断故障时的 SF₆ 分解情况进行了研究[20]。在断路器进行了数百次动作及短时间的火花放电后,从检测到的分解产物中发现含有大量的 SO_2F_2 和 SOF_2,并初步估计出 SOF_2 的生成率约为 5nmol/J。同时,在铜质板电极附近,他们发现了一些固体产物,检测发现该固体产物为 CuF_2,估算其生成速率约为 10mg/kJ。

OakRidge 国家实验室细致地研究了 SF₆ 在火花放电下的分解产物[21-24]。采用火花放电发生器来控制火花放电的能量,每次注入的放电能量为 0.1mJ。电极材料为钨金属,放电气室中的气压为 20~60kPa,放电产生的离子被引入高真空区域并用分光仪进行分析,结果发现分解后的产物中含有正离子和负离子,负离子以含电极材料元素的阴离子为主,正离子主要是 $S_2F_7^+$。

剑桥大学高压实验室[25]研究了火花放电下 SF₆ 气体分解产生的中性分解组分,检测到分解组分含有 SOF_2、SOF_4、SO_2F_2 和 SF_4。由于 SF_4 与 SOF_2 在普通气相色谱仪上的出峰时间非常接近,色谱柱无法对它们进行有效分离。为此,实验采用分光计估测方法,得到当电极材料为不锈钢金属时,SOF_2 的产气率为 1.8nmol/J,当电极材料为钨金属时,SF_4 的产气率为 500nmol/s。

Schumb 等最早进行了 PD 下 SF₆ 的分解实验研究[26]。在一个玻璃容器中放置金属电极,并充满 SF₆ 气体,然后进行 PD 的分解实验,PD 电流为 50~200μA,放电持续时间为 200h,检测到 SF₆ 的分解量约为 30%,通过对分解产物检测分析发现,其中含有 SF_4、SF_2 和 S_2F_2。

Ashbaugh 等为了寻求减缓加速器部件材料腐蚀的方法[27]，对 SF_6 气体在静电加速器中进行了 PD 分解实验研究，所采用的电极为针-板电极，针电极材料为不锈钢，板电极材料为铜。除了电极材料外，放电中还涉及其他一些材料，包括铁屑、铝、透明合成树脂、尼龙和聚乙烯等。在分解产物中，采用分光计除检测到 SOF_3^+、$SO_2F_2^+$ 和 SOF_2^+ 等正离子之外，还检测到了 SO_2F_2、SOF_2 和 SOF_4 等产物。

Bartakova 等研究了 SF_6 在 PD 下的分解产物[28]。实验采用针-板电极来产生 PD，放电电流约为 $25\mu A$。他们在分解产物中检测到了 SF_4、S_2F_{10}、SOF_2 以及 SO_2。通过估算，他们认为 SF_6 总的分解速率约为 $0.07mL/kJ$。

van Brunt 等系统地研究了 SF_6 在 PD 下的分解实验[29-33]。在建立的小电流不锈钢针-板电极模型上产生 PD，对针电极施加直流高电压，功率消耗为 $0.054\sim4.3W$，实验电流为 $1.5\sim64\mu A$，放电气室内气压为 $100\sim300kPa$，在针电极尖端形成了中心放电区域，对分解后的气体采用气相色谱质谱联用仪来进行分析。结果表明：在 PD 下，SO_2F_2、SOF_2 和 SOF_4 是 SF_6 分解生成最多的氟氧化物，其浓度与分解气室中 O_2 和 H_2O 的含量在一个数量级。尽管采用的测量系统灵敏度很高，但是没有发现在分解产物中含有 S_2F_{10} 和 $S_2F_{10}O$ 等组分。

Chu 等也进行了针-板电极产生 PD 下的 SF_6 分解产物实验研究[34]，采用的电极材料为铝，外施高电压为 $60Hz$ 交流，PD 的放电量平均值为 10^3pC，放电重复率为 $2Hz$。检测到分解产物中 SO_2F_2 与 SOF_2 的含量分别为 $1.4nmol/L$ 和 $0.6nmol/L$，两者非常相近，并测量了 SOF_2 和 SO_2F_2 的产气率。

Kusumoto 等在 SF_6 PD 分解产物中首次检测到了 HF[35]，将 SF_6 分解后的气体通入碱液，然后测定了碱液中 H^+ 的量，同时利用红外吸收光谱法进行了 F^- 含量的测定。结果表明，HF 的产量与电极材料和 SF_6 气体的压力无关，但与放电量有关。

作者综合考虑组分的稳定性、易检测性以及对绝缘缺陷表征的有效性等因素，通过比较 SF_6 在局部放电下的众多分解产物，发现选择 SO_2F_2、SOF_2、SO_2、H_2S、CO_2 和 CF_4 作为 SF_6 在 PD 下发生分解生成的特征组分较为合适，其中 SO_2F_2、SOF_2、SO_2 和 H_2S 为含硫化合物，反映了 SF_6 在 PD 下的分解特性，CO_2 和 CF_4 为含碳化合物，反映了固体绝缘材料和金属构件劣化及腐蚀的情况[36-39]。此外，研究还发现，放电类型、放电能量大小、气室中水分氧气含量、吸附剂等因素会影响 SF_6 分解组分种类及其体积分数的大小，掩盖了 SF_6 电气设备早期绝缘缺陷的严重程度，导致对绝缘故障的误判率增加，而需要对其进行研究校正[40-44]。

通过上述研究现状可知，SF_6 在放电下分解可能生成的气体组分有 CF_4、SO_2F_2、SOF_4、SOF_2、SO_2、HF、S_2F_{10} 和 $S_2F_{10}O$ 等，CF_4 是有机绝缘材料存在于放电区域时的分解产物，S_2F_{10} 和 $S_2F_{10}O$ 是火花放电作用下大量出现的分解组分，在

PD 分解组分中鲜有出现。PD 下 SF₆ 分解生成的主要气体组分为 SO_2F_2、SOF_4、SOF_2、SO_2 和 HF 等,各种放电类型下 SF₆ 分解产物种类大体相同。

2.2.2　SF₆ 在过热下的分解产物

20 世纪 60 年代,英国物理学家 Wilkins 通过实验研究发现[45,46]:当温度高达 1500K 时,SF₆ 气体的主要离解产物是 SF_4。

1967 年,Frie 用平衡粒子浓度计算方法近似计算得出了不同温度下 SF₆ 等离子体中的平衡粒子数目[47]。当 SF₆ 温度超过 1500K 时,SF₆ 浓度迅速下降。同时,F 原子及 SF_4 浓度迅速上升。SF₆ 在 1000~3500K 内的平衡粒子浓度和分解产物已经由激波管实验证实,其分解速率也已测得。当温度为 4000K 时,绝大多数的分子已经完全解离,而大多数的电子由于负离子的形成仍然处于束缚状态。当温度超出 15000K 时,大多数的粒子为正离子和电子。上述结论也进一步验证了 Wilkins 的发现。

1975 年,Padma 等在研究 700~900℃ SF₆ 的特性时发现[48]:在此温度范围内,盛放于不锈钢管、铝管及石英玻璃管内的 SF₆ 气体均可检测到分解生成的 SF_4。在石英玻璃管内,可检测到 SF_4 进一步与 SiO_2 反应生成 SiF_4 及 SOF_2。而在不锈钢管及铜管中,检测结果表明 SF_4 为主要的分解产物,且两种材质的管子的分解速率未检测到明显的差异。Padma 等的研究结论进一步佐证了 Wilkins 通过热力学计算得出的温度高达 1500℃ 时 SF₆ 的分解产物主要是 SF_4 的结论。而随后 SF_4 通过进一步反应生成其他分解产物的过程则受气体中及金属表面的 H_2O 及 O_2 的影响。

早期研究者对 SF₆ 的热分解得出的结论是高于 500℃。最早是在 1952 年,Camilli 利用红外光谱技术分析 SF₆ 气体与放置于干净的铜管或石英玻璃管中的螺旋形铜丝高温下反应特性时得出上述结论[49]。之后,人们通过大量的受热实验研究发现:当温度低于 500℃ 时,受热反应后的 SF₆ 气体的红外光谱与受热反应前的纯净 SF₆ 气体没有太大区别,当实验温度高于 600℃ 时,依然没有大规模的反应,但已能检测到 SF_2 和 SF_4 生成组分。另外,SF₆ 与金属的临界反应温度介于 500~600℃。

上述学者的研究主要围绕高温下 SF₆ 气体的分解特性及其与其他物质反应特性。1980 年,Hirooka 等的研究表明[50]:在低于温度 150℃ 的条件下,仍然可以检测到 SF₆ 气体与硅钢发生化学反应,对 SF₆ 与金属反应的临界温度介于 500~600℃ 这一结论进行了挑战。

20 世纪 80 年代初期,Dakin 在研究各种电介质气体使用寿命稳定性时[51],测试了 SF₆ 与聚合物绝缘材料共存时的热稳定性及化学稳定性。通过加速老化实验得出的结论表明:当 SF₆ 气体绝缘设备中的绝缘材料、SF₆ 气体、环氧树脂及铝结构材料被加热至 200℃时,SF₆ 气体 28 天的分解率为 1.3%,而当加热至 225℃时,分解率为 5.5%。当温度为 175℃时,97 天后 SF₆ 气体的分解率不大于 1%。Dakin 利用有限时间内的 SF₆ 分解温度数据,依据阿伦尼乌斯方程估计出在 140℃时,SF₆ 气体分解 5%将需要 10000 天。在 200℃的温度下,环氧树脂被暴露在 SF₆ 气体中 28 天后,其表面将呈现出较暗的颜色。需要注意,Dakin 用来研究 SF₆ 分解情况得到的数据是在一个容积小于正常气体绝缘设备的实验装置中得到的。Dakin 的实验研究表明:SF₆ 气体在与树脂比例较高的情形下,加热温度为 225℃时 SF₆ 气体 28 天内的分解率小于 0.5%,从而表明在低于 100℃的正常工作温度下,SF₆ 具有优良的热稳定性和化学稳定性。应当指出,Dakin 的实验结果是仅在热应力存在情形下的结论,其中未考虑任何形式的电场的作用。

作者研究发现[52-56],SF₆ 并非在 500℃以上才出现分解,而是当温度高于 200℃时,SF₆ 气体还能与许多金属发生反应,进一步实验发现在反应后的金属表面可以检测到金属氟化物及金属硫化物,反应后生成的气体中可检测到 SO_2F_2、SOF_4、H_2S、CO_2、SOF_2、SO_2,如图 2.3 所示,H_2S 是在过热性故障温度达到一定程度(360℃)后才会出现,可将其作为表征过热性故障严重程度的关键特征分解产物,在现场检修和故障诊断时应引起重视。在 SF₆ 气体分解生成 SO_2 的过程中,水分的存在对生成物发挥着至关重要的作用。

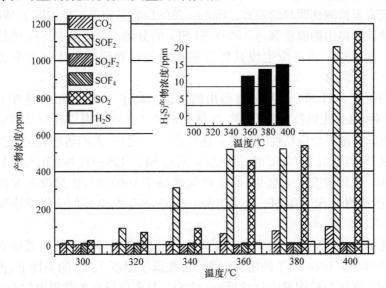

图 2.3　10h 末 SF₆ 不同分解组分随故障温度的变化

Chu 等的研究表明[57]:将铝和铜置于温度为 650℃的 SF₆ 气体中并保持 90h,可检测到 SOF_2、SO_2F_2 及 SO_2 等分解产物的生成。而将不锈钢置于相同环境下时,则未观测到分解产物的形成。其中铝结构材料在此环境下的分解产物中只有

SO_2F_2，而铜材料的最终分解产物中可检测到大约 37000ppmv 的 SO_2 和 2700ppmv 的 SOF_2。实验中检测到大量 SO_2 生成的结果与之前的报道称 SO_2 为主要分解产物的结论相一致。其推测实验装置表面吸附的水分在分解产物生成的过程中发挥了重大的作用。

　　迄今为止，国内外专门对不同温度下 SF₆ 分解特性的研究仍显不足，初步研究表明：SF₆ 在 300℃ 时开始出现比较明显的分解，其主要分解产物有 CO_2、SO_2F_2、SOF_2、SOF_4、SO_2 和 H_2S，且随着温度升高将加剧 SF₆ 气体的分解，但不同分解产物的变化规律各异，H_2S 是故障达到一定程度（360℃）后才会出现的一种特征分解产物。为此，可利用分解产物及其生成特性来诊断 SF₆ 设备的过热故障，H_2S 可作为表征故障严重程度的关键特征产物。但是，由前述的研究现状也能明显看出，很多研究结果相互之间存在矛盾之处，其研究结果还不能完全揭示不同温度下 SF₆ 的分解特性、机理及影响因素。

2.3　SF₆ 气体的分解机理

2.3.1　SF₆ 在放电下的分解机理

　　在放电作用下，促使 SF₆ 气体发生分解的主要因素是高能电子碰撞，即高能电子碰撞 SF₆ 分子，并使其发生分解占主导地位。即便是在放电总能量较低的 PD 中，电子的平均能量也可达到 5～100eV，远远超过了 SF₅—F 的键能（3.5～4eV），足以使 SF₆ 气体分子中的离子键发生断裂。高能电子碰撞 SF₆ 分子将导致其裂解，形成 SF₅、SF₄、SF₃、SF₂、SF₂ 和 SF 等低氟化物（SFₓ），在没有任何杂质存在的情况下，这些 SFₓ 会迅速与 F 原子复合还原成 SF₆ 分子。但当 SF₆ 气体中含有微量的水分（H_2O）、氧气（O_2）等杂质气体和固体有机绝缘材料、金属材料等物质时，形成的 SFₓ 会与其发生反应而进一步生成其他物质，此时 SFₓ 不会还原成 SF₆ 分子。

　　美国国家标准局的 van Brunt 对 SF₆ 在 PD 下的分解机理进行了系统的研究，提出了"区域分解模型"来解释 SF₆ 在 PD 下的分解机理，用针-板电极作为放电物理模型，形象地阐述了 SF₆ 在 PD 下的区域分解过程[58,59]，如图 2.4 所示。

　　该区域分解模型将反应区域划分为辉光放电区、离子扩散区以及主气室区三个部分。辉光放电区指 PD 产生的高能放电中心区域，离子扩散区为辉光放电区至地电极之间的弱场强区域，其他区域为主气室。3 个区域发生的化学反应各不相同，辉光放电区电场集中且最强，自由电子在此获取的能量最高，在该区域中，SF₆ 分子被高能电子撞击，使 S—F 键发生断裂，生成各种 SFₓ，如式（2.1）所示：

$$e+SF_6 \longrightarrow SF_x+(6-x)F+e, \quad x=1,2,\cdots,5 \tag{2.1}$$

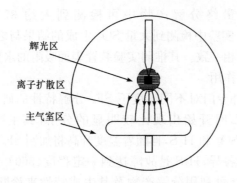

图 2.4   SF₆ 气体在 PD 下的区域分解模型

与此同时,该区域中的微量 H_2O 分子和 O_2 分子也会因高能电子碰撞被裂解生成 O 和 OH,如式(2.2)和式(2.3)所示。辉光放电区是产生各种离子最集中的区域。

$$e+O_2 \longrightarrow O+O+e \tag{2.2}$$

$$e+H_2O \longrightarrow O+OH+e \tag{2.3}$$

这些粒子(SF_x、O 和 OH)在从离开高能放电中心区域进入离子扩散区后,由于电场能量的降低,电子碰撞电离减弱,离子之间的化合能力增强,通过许多复杂的反应生成一系列化合产物,其主要的化合反应式如(2.4)~式(2.12)所示:

$$SF_5+OH \longrightarrow SOF_4+HF \tag{2.4}$$

$$SF_5+O \longrightarrow SOF_4+F \tag{2.5}$$

$$SF_4+OH+F \longrightarrow SOF_4+HF \tag{2.6}$$

$$SF_3+O \longrightarrow SOF_2+F \tag{2.7}$$

$$SF_3+OH \longrightarrow SOF_2+HF \tag{2.8}$$

$$SF_2+O \longrightarrow SOF_2 \tag{2.9}$$

$$SF_2+OH+F \longrightarrow SOF_2+HF \tag{2.10}$$

$$SF+O+F \longrightarrow SOF_2 \tag{2.11}$$

$$SF+OH+2F \longrightarrow SOF_2+HF \tag{2.12}$$

在离子扩散区还有一些带电离子与其他物质发生的反应,其化学反应式如式(2.13)~式(2.15)所示,这些反应对分解组分的最终形成影响不大:

$$SF_6^-+SF_4 \longrightarrow SF_5^-+SF_5 \tag{2.13}$$

$$SF_6^-+SOF_4 \longrightarrow SOF_5^-+SF_5 \tag{2.14}$$

$$SF_6^- + SO_2 \longrightarrow SO_2F^- + SF_5 \qquad (2.15)$$

离子扩散区反应生成的一些不稳定组分如 SF_2、SF_4、SOF_4 和 SOF_2 等，进一步扩散至主气室区后，将继续与微量的 H_2O 和 O_2 分子发生化合反应生成更为稳定的组分，其主要化学反应式如式(2.16)~式(2.19)所示：

$$SF_2 + O_2 \longrightarrow SO_2F_2 \qquad (2.16)$$

$$SF_4 + H_2O \longrightarrow SOF_2 + 2HF \qquad (2.17)$$

$$SOF_4 + H_2O \longrightarrow SO_2F_2 + 2HF \qquad (2.18)$$

$$SOF_2 + H_2O \longrightarrow SO_2 + 2HF \qquad (2.19)$$

此外，当辉光放电区涉及有机固体绝缘材料或金属(不锈钢)材料时，O_2 可能会与材料在高电场下释放出的 C 原子反应生成 CO_2，F 原子还可能与 C 原子反应生成 CF_4，如式(2.20)~式(2.23)所示：

$$epoxy + F \longrightarrow CF_4 \qquad (2.20)$$

$$epoxy + O_2 \longrightarrow CO_2 \qquad (2.21)$$

$$C + 4F \longrightarrow CF_4 \qquad (2.22)$$

$$C + O_2 \longrightarrow CO_2 \qquad (2.23)$$

由于目前的色谱和质谱分析仪检测组分有限，在上述放电情况下，还有许多硫酰组分未被有效地定量检出。

2.3.2　SF₆ 在过热下的分解机理

SF_6 在 POT 作用下会发生分解并生成大量的分解特征产物[60-63]，并会促使 SF_6 气体绝缘设备的绝缘介质发生进一步劣化。一旦出现 POT 性故障，SF_6 杂质含量很快就会超出设备安全可靠运行所必需的最大杂质含量水平，而设备内部 POT 性故障又很常见，加上缺乏行之有效的过热性故障监测方法。但是，目前有关 SF_6 在 POT 作用下的微观分解机制还是一片空白，因此，亟须深入研究 SF_6 在过热状态下的分解机理。为此，作者对实验后的不锈钢热电极进行了射线能谱(EDX)扫描，如图 2.5 所示，分析发现其表面出现了大量的 S，这与 Dervos 等[64]通过采用 EDS 研究 GIS 设备故障后的表面残留物的结论一致。

同时，Dervos 还采用了四级杆 GC/MS 测量分析方法初步分析了 SF_6 在过热性故障温度为 385℃和 450℃时的气体分解产物。研究发现，此时 F 和 F_2 会大量增加，同时，会产生大量的 SOF_2、SO_2F_2 和 SO_2。结合 SF_6 在放电性故障作用下的分解过程[65-67]，可以初步确定 SF_6 在过热性故障作用下会发生分解，并且首先生成低氟硫化物 SF_5、SF_4、SF_3 和 SF_2 等，这些低氟硫化物再与混杂在其中的杂质如

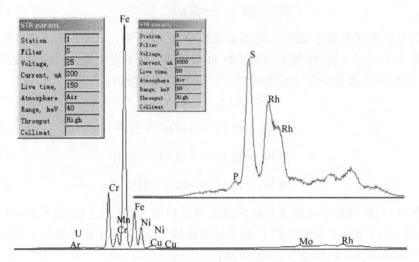

图 2.5　POT 物理缺陷模型表面 EDX 分析

H_2O 和 O_2 发生反应,生成 SOF_2、SO_2F_2 和 SO_2。其可能的分解过程大致如下:

$$SF_6 + M \xrightarrow{\text{高温}} MF_{(6-x)} + SF_x \tag{2.24}$$

$$SF_6 + M \xrightarrow{\text{高温}} (6-x)MF + SF_x \tag{2.25}$$

$$2F + H_2O \longrightarrow 2HF + O \tag{2.26}$$

$$SF_2 + O_2 \longrightarrow SO_2F_2 \tag{2.27}$$

$$SF_4 + H_2O \longrightarrow SOF_2 + 2HF \tag{2.28}$$

$$4SF_5 + 2H_2O + O_2 \longrightarrow 4SOF_4 + 4HF \tag{2.29}$$

$$SOF_4 + H_2O \longrightarrow SO_2F_2 + 2HF \tag{2.30}$$

$$SOF_2 + H_2O \longrightarrow SO_2 + 2HF \tag{2.31}$$

$$SF_6 \xrightarrow{\text{高温}} S^* + 6F \tag{2.32}$$

$$S^* + 2H \xrightarrow{\text{高温}} H_2S \tag{2.33}$$

由于目前关于 SF₆ 在 POT 状态下分解情况的研究甚少,即 SF₆ 气体过热分解是通过式(2.24)发生分解的呢,还是通过式(2.25)分解的,或者是二者同时存在? SOF_2、SO_2F_2 和 SO_2 中的 O 是来自 H_2O 呢,还是来自 O_2,或者同时来自二者? 影响因素对 SF₆ 过热分解特性的影响规律,以及 H₂S 的生成过程和相关反应的反应速率等,现在还不得而知。为此,如何根据 SF₆ 过热分解特性建立有效的过热性故障监测装置,构建利用 SF₆ 分解特性的过热性故障诊断方法,作者在已取得的初步研究成果基础上给予介绍,有的工作还在持续不断地开展研究。

2.4　影响 SF₆ 气体分解的主要因素

由上述 SF₆ 在 PD 下的分解机理可知,其分解与生成物的产生过程极其复杂,涉及多方面的物理特性和复杂的化学反应,分解产物的最终形成会受到各种因素的影响,从而导致 PD 下 SF₆ 分解生成组分的种类、含量以及产气率等方面也受到各种因素的影响,归纳起来,这些影响因素主要包括 PD 能量、PD 类型、过热温度、微水分含量、微氧含量、电极材料和吸附剂等。

2.4.1　放电能量

对于气体绝缘设备中出现的各种放电性故障,其主要形式有电弧放电、火花放电和 PD,SF₆ 气体的分解总量和组分含量都与放电能量、放电时间大致成正比,即放电能量越高、持续时间越长,SF₆ 气体的分解量就越多,所产生的分解组分也越多。2009 年,中国电力科学研究院高电压实验室按照 1:1 的比例设计制作了一个 110kV 电压等级的 GIS 模拟装置[68],用于研究 PD 强度对 SF₆ 气体分解物的影响,在该设备上进行了两次 PD 实验,实验电压均为 90kV,但放电量大小不同,其中,放电较强时的放电量为 50~70pC,放电较弱时的放电量为 30pC。实验研究结果初步表明:分解产物的浓度与放电所持续的时间以及放电强度成正比,与放电气室内的 SF₆ 气体的总质量成反比,放电强度 Q 与放电气室内 SF₆ 气体的总质量以及分解产物浓度的关系可表示为

$$Q = km\Delta p/\Delta t \tag{2.34}$$

式中,m 为分解气室内 SF₆ 气体质量总和;Δp 为产物含量在 Δt 时间内的增加量;k 为比例系数,通过实验确定。式(2.34)说明,如果在 GIS 设备内检测到了 SF₆ 分解产物,且分解产物的浓度在不断增长,则说明所检测的气室有 PD 发生,通过对分解产物浓度跟踪测量,如果发现分解产物浓度的增长速率在增大,则说明该气室内 PD 活动在增强,放电量在增大。通过研究初步认为,PD 能量每增加 50%,分解产物的生成量会提高一倍。

图 2.6 所示为不同强度 PD 下 SO₂F₂ 与 SOF₂ 含量随时间的变化趋势。在不同强度 PD 下,SO₂F₂ 与 SOF₂ 的含量有明显差异,各自的含量增长曲线没有出现交叉或者会合,且不同曲线的切线斜率随 PD 强度的变化而明显变化。这表明 SO₂F₂ 与 SOF₂ 含量及生成速率均与表征 PD 强度的放电量有着极其密切的内在联系,可将这两种特征产物作为判定 PD 强度的主要关联特征量[60,61]。

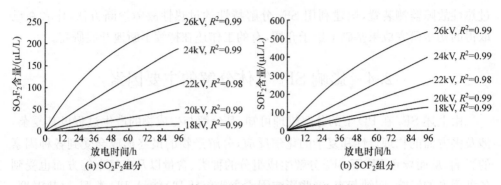

图 2.6　特征组分含量随时间的变化趋势

2.4.2　放电类型

众所周知,气体绝缘设备中故障类型不同,产生的 PD 特性也不同,有的放电脉冲陡度高且频率高,可导致 SF_6 分解形成的组分类别也有所差别,同时各种分解组分含量在所有分解产物中所占的比例也不同。国内外学者对 SF_6 气体在电弧放电、火花放电和 PD 下的分解组分进行了大量研究[8-35],结果表明:在电弧放电下,SO_2F_2 的含量很低甚至没有,由于放电能量较高,SF_6 气体的分解量较大,其中含量最多的稳定分解组分是 SOF_2,同时还会出现大量其他放电类型下很少出现的气体成分,如 SF_4 和 CF_4 等,其中 CF_4 是当电弧放电周围存在有机绝缘材料时出现的。在火花放电下,分解产物中的 SOF_2 也是含量最多的成分,SO_2F_2 的含量有所增加。此外,研究还发现,火花放电时分解物中含有 S_2F_{10} 和 $S_2F_{10}O$,这两种分解产物在其他放电下很少出现,火花放电下各种稳定分解组分按含量排序为 $SOF_2 > SOF_4 > SiF_4 > SO_2F_2 > SO_2$。在 PD 下,通常,$SOF_2$ 仍然是含量最多的分解组分,但在不同 PD 类型下,SOF_2 与 SO_2F_2 含量比值会有所不同。由于 PD 的放电能量相对其他放电来说较小,所以,SF_6 气体的分解量较少,分解物的总生成量一般也较低,但是若放电长期、持续地进行,分解产物的含量不断累积也会达到一个较高的水平。

2.4.3　过热温度

由于 SF_6 在 POT 作用下发生分解所形成的分解特征产物众多,而形成这些分解产物所需要的能量是不同的,这主要取决于 POT 故障点处的能量。由 SF_6 在 POT 作用下的分解特性[52-55]可知,在 POT 作用下,SF_6 发生分解所形成的含硫特征分解产物的出现顺序是 $SO_2 \rightarrow SOF_2 \rightarrow SOF_4 + SO_2F_2 \rightarrow H_2S$,含碳分解产物的出现顺序为 $CO_2 \rightarrow CF_4$。根据化学反应热力动力学中的阿伦尼乌斯定律可知,化学反应速率取决于温度、浓度和催化剂,其中温度是关键,它与反应速率常数呈指数关系。图 2.7 所示为 SF₆ 在 POT 作用下,各种分解组分生成量(取对数)与故障温度之间的关系曲线[55],图中 c 为各种分解组分的生成量。

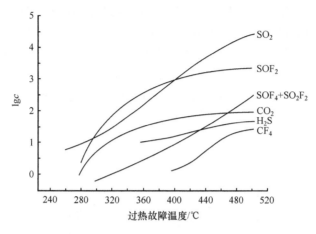

图 2.7　特征组分含量与 POT 严重程度的关系(无 epoxy)

从图 2.7 清晰可见:SO₂ 和 SOF₂ 的生成量大,且与温度相关性强,而且在温度为 420℃时,SO₂ 的生成速率会有一个质的飞跃;SOF₄＋SO₂F₂ 与温度相关性较好,明显可见的是,H₂S 在故障温度高于 340℃时才会生成,而且与温度具有极强的依赖性;CO₂ 要在故障温度为 300℃时才会开始大量生成,而 CF₄ 在 POT 涉及有机固体绝缘材料时大约在 360℃时开始生成,而没有有机固体绝缘材料的时候大约要在 400℃时才会产生,二者对温度都有一定的相关性。

2.4.4　水分和氧气含量

由于 SF₆ 分子中只含有硫元素和氟元素,如果是在不含任何杂质纯净的 SF₆ 气体中发生放电分解,其分解的产物可通过逆反应复合还原成 SF₆,而不会生成含氧元素的分解产物。如果 SF₆ 气体中含有水分或者氧气等杂质,水分或者氧气在放电下也会发生分解生成各种 O、H 原子或者 OH 离子,它们将阻碍分解后的产物复合还原成 SF₆,同时也会参与反应,形成各种分解产物[62,63]。

与此同时,在 PD 或 POT 故障形成初期,由于气室内 H₂O 和 O₂ 含量相对充足,各分解组分随着放电或过热的进行会持续增长(将此过程称为"过渡过程"),而当放电或过热进行到一定程度后,随着气室内部的 H₂O 或者 O₂ 等反应物逐步被消耗,各分解组分含量将不再继续增长而逐步趋于动态平衡状态,但每种组分从过渡过程至平衡状态所需的具体过渡时间、组分平衡时的含量却与组分种类、放电强度、故障点温度、吸附剂种类和含量、微量 H₂O 和 O₂ 含量等密切相关,如图 2.8 所示。而且在实际运行中,设备内部的 H₂O 和 O₂ 含量也不是无限的,IEC 60376—

2005 和我国电力行业标准 DL/T 596—2005《电力设备预防性试验规程》均明确规定了投运的 SF_6 气体绝缘装备主气室中 H_2O 最大不能超过 500ppm,空气含量不超过 1%。所以当设备内部出现早期潜伏性绝缘故障时,SF_6 分解产生的各组分含量将先随放电和过热的持续作用时间而不断增长,然后增长速率逐步变缓,最终处于一个动态平衡状态直至故障进一步恶化加重而再增长。各分解特征组分含量的动态平衡时间、动态稳定含量与故障严重程度之间的关联关系,对 SF_6 气体绝缘装备绝缘故障诊断就显得极其重要,对 SF_6 分解过渡过程的系统研究,有助于了解 SF_6 在绝缘故障作用下的分解机理。

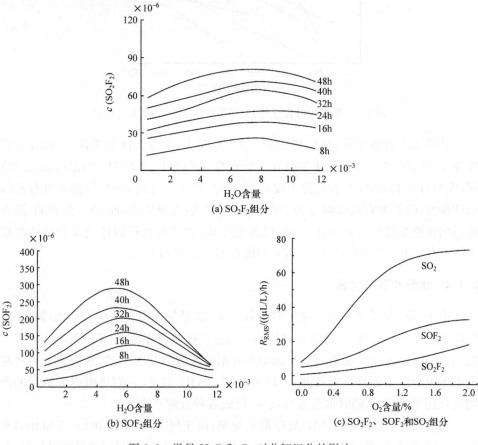

图 2.8　微量 H_2O 和 O_2 对分解组分的影响

2.4.5　电极材料

电极材料对分解产物的含量也有影响。当放电条件相同时,电极材料不同,分解产物的含量会有一定的差异,电极材料对分解产物的影响如表 2.2 所示[65]。此外,在电极裸露时,分解产物中一般没有 H_2S,但当电极材料为 Cu 且放电电流大于 8kA 时,分解产物中会出现较多的 H_2S,表明 H_2S 的含量与放电能量大小关系较大,高能放电时较容易出现 H_2S,在低能量放电下,一般检测不到 H_2S。表 2.2 为不同电极材料下 SF_6 分解产物的含量,WF_n 为金属氟化物。

表 2.2　不同电极材料下 SF_6 分解产物的含量

分解组分	含量/%			
	铜	银	Cu-W	不锈钢
SOF_2	0.0200	0.0010	0.2200	0.0600
SO_2F_2	0.0012	0.0008	0.0030	0.0020
SOF_4	0.0008	0.0010	0.0006	0.0008
WF_n	0	0	0.1950	0
HF	痕迹	痕迹	0.1350	痕迹

归根结底,SF_6 在不同金属材料电极产生的 PD 下的分解情况存在差异。金属材料的化学活性越强,则其与 SF_6 初级分解物发生反应的速率就越快,对 SF_6 分解的促进作用越强,进而使得 SO_2F_2 和 SOF_2 等主要稳定含硫分解产物的生成量更大。

2.4.6　吸附剂的影响

法国 Paul Sabatier 大学的 Belmadani 等的研究发现[66],在 FP-62 断路器中放置一块 88cm³ 的 13X 的分子筛吸附剂时,断路器开断大电流产生的 SO_2F_2 可在 24h 内被完全吸附;当电弧能量为 28.5kJ 时,SOF_2+SO_2 可在 114h 内完全吸附,当电弧能量为 113kJ 时,114h 后只剩下少量 SO_2。加拿大的 Lussier 等研究发现[67-69],13X 的分子筛吸附 SOF_2 的饱和容量大概为 6mol/kg,活性氧化铝吸附 SOF_2 的饱和容量大概为 1.44mol/kg。另外,还发现分子筛可以催化 SOF_2 与 H_2O 反应生成 SO_2,吸附在分子筛上的 CO_2 分子可被 SOF_2 取代。

西安高压电器研究所对比了国内外典型吸附剂吸附 SF_6 分解组分的效果[70],发现活性氧化铝吸附 SO_2 的效果差,5A 分子筛吸附 SOF_2、SO_2 的效果不佳,4A 分子筛吸附 SOF_2 和 SO_2 最差,并且吸附 $S_2F_{10}O$ 和水分的效果也不如其他吸附剂。另外,还发现把 13X 分子筛的焙烧温度从 200℃ 提高到 550℃,可显著提高其对 SOF_2 和 SO_2 的吸附效果。

2.5　气体绝缘设备正常运行下的组分含量

关于气体绝缘设备在运行情况下因 PD 导致 SF_6 发生分解而生成的组分含量值还没有相关标准明确规定。目前,标准只规定了气体绝缘设备在使用 SF_6 新气时,其杂质含量的允许值,只是 IEC 标准在考虑人身安全和 GIS 防腐的方面,分别提出(SOF_2＋SO_2)＜12ppmv 和 HF＜25ppmv 作为含量允许值。

SF_6 气体中含有的杂质主要为氟化硫的化合物(如 SF_2、S_2F_2、SF_4、S_2F_{10} 等)、H_2O、O_2、C、硫化物(如 SOF_2、SO_2F_2、SOF_4、$S_2F_{10}O$、HF、SO_2、COS、CS_2 等)以及全氟烃类(如 CF_4、C_2F_6 等)。这些杂质主要来自制造厂,SF_6 气体在出厂前要经过水洗、碱洗、热解、吸附剂吸净等一系列净化过程,检测合格后才能出厂。SF_6 填充气的质量由 IEC 和各国制定其标准来保证,我国要求按照 GB/T 11022—2011《高压开关设备和控制设备标准的共用技术要求》的标准执行,如表 2.3 所示。

表 2.3　各国 SF_6 气体的标准

杂质名称	IEC	日本旭硝子公司	美国 ASTMP	中国 GB/T 11022—2011
空气(氮、氧)/%	＜0.05	＜0.05	＜0.05	≤0.05
CF_4/%	＜0.05	＜0.05	＜0.05	≤0.05
水分/ppmw	＜15	＜8	露点－50℃	≤8
酸度/ppmw(以 HF 计)	＜0.3	＜0.3	＜0.3	≤0.3
可水解氟化物/ppmw(以 HF 计)	＜0.1	＜5	—	≤0.1
矿物油/ppmw	＜10	＜5	＜5	≤10
纯度/%	—	＜99.8	99.8	≥99.8
毒性生物试验	无毒	无毒	无毒	无毒

经过净化处理达到要求的 SF_6 新气杂质含量很低,其影响基本可忽略不计。但 SF_6 新气在填充、运输和安装过程中,如果操作不当会混入杂质。工业级 SF_6 气体中的杂质主要有 CF_4、N_2、空气和水。表 2.4 给出了新气规格(表中含量单位均为 $\mu L/L$)、美国测试与材料委员会(ASTM)制定的新气标准以及 GIS 内气体的典型浓度。由此不难看出:充入 GIS 后的 SF_6 中杂质浓度明显高于新气和标准中的浓度。SF_6 气体使用情况的调查显示,空气的平均含量为 $2500\mu L/L$,杂质的平均含量为 $500\mu L/L$,除了以气态形式存在的杂质,还有被电极和固体绝缘材料以及 GIS 设备中的吸附剂吸收或溶解的杂质(主要是水和氧气),在运行过程中,慢慢向外释放。在放电期间,水分和氧气将被释放出来与 SF_6 的主要分解产物发生反应。实际的 GIS 环境中,杂质含量为 $100\sim1000\mu L/L$ 属正常情况。

表 2.4　SF_6 气体中的杂质

指标	新气	ASTM 标准	GIS 中典型值
纯度/(wt%)	99.9	99.8	未测定
空气	2500	2500	1000~10000

续表

指标	新气	ASTM 标准	GIS 中典型值
H_2O	11	71	100~500
氟氧化物	800	640	100~500
油	5	5	N/A

参 考 文 献

[1] 杨津基. 气体放电. 北京：科学出版社，2001.

[2] Fang X, Hu X, Janssens-Maenhout G, et al. Sulfur hexafluoride (SF₆) emission estimates for China: an inventory for 1990—2010 and a projection to 2020. Environmental Science & Technology, 2013, 47(8): 3848-3855.

[3] Rigby M, Mühle J, Miller B R, et al. History of atmospheric SF₆ from 1973 to 2008. Atmospheric Chemistry and Physics, 2010, 10(21): 10305-10320.

[4] Bielewski J, Šliwka I. Variation of CFCs and SF₆ concentration in air of urban area, Kraków (Poland). Acta Physica Polonica A, 2014, 125(4): 895-897.

[5] Okubo H, Yamada T, Hatta K, et al. Partial discharge and breakdown mechanisms in ultra-dilute SF₆ and PFC gases mixed with N₂ gas. Journal of Physics D: Applied Physics, 2002, 35(21): 2760.

[6] Taki M, Maekawa D, Odaka H, et al. Interruption capability of CF₃I gas as a substitution candidate for SF₆ gas. IEEE Transactions on Dielectrics and Electrical Insulation, 2007, 14(2): 341-346.

[7] Schumb W. Preparation and properties of sutfar hexafluoride. Industrial & Engineering Chemistry, 1947, 39(3): 421-423.

[8] Edelson D, Bieling C A, Kohman G T. Electrical decomposition of sulfur hexafluoride. Industrial & Engineering Chemistry, 1953, 45(9): 2094-2096.

[9] Leeds W M, Browne T E, Strom A P. The use of SF₆ for high-power arc quenching. Transactions of the American Institute of Electrical Engineers, 1957, 76(3): 906-909.

[10] Gerasinov B A, sidorkina T D. Removal of impurities formed by electric discharge from sarfur Hexafluoride. Zhurnal Pariklednoi Knimii, 1964, 37: 2063-2066.

[11] Becher W, Massonne J. Contribution to the study of the decomposition of SF₆ in electric arcs and sparks. ETZ-A, 1970, 91(11): 605.

[12] Boudene C, Cluet J L, Keib G, et al. Identification and study of some properties of compounds resulting from the decomposition of SF₆ under the effect of electrical arcing in circuit-breakers. Revue Generale Electricity, 1974, 1: 974.

[13] Bartakova B, Krump J, Vosahlik V. Effect of electric partial discharge in SF₆. Electro-Technichy Obzor, Prague, 1978, 67(4): 230-233.

[14] Kulsetas J, Rein A, Holt P A. Arcing in SF₆-insulated equipment decomposition products

and pressure rise. AIM, Liege, 1979:25-29.

[15] Grasselt H, Ecknig W, Polster H J. Applications of gas chromatography for the development of SF_6 insulated switchgear and equipment. Elektrie, 1978, 32:369-371.

[16] Baker A, Dethlefsen R, Dodds J, et al. Study of arc by-products in gas-insulated equipment. Final Report Gould-Brown Boveri, Greensburg, 1980.

[17] Thorburn R. Permanent dissociation of SF_6 in corona discharge. Nature, 1955, 175:423.

[18] Manion J P, Philosophos J A, Robinson M B. Arc stability of electronegative gases. IEEE Transactions on Electrical Insulation, 1967, (1):1-10.

[19] Ermel M. Pas N_2-SF_6-Gas gemisch alsliermittel dev hochspannunqstevnik. ETZ Arch, 1975, 96:231-235.

[20] Chu F Y, Stuckless H A, Braun J M. Generation and effects of low level contamination in SF_6 insulated equipment. Fourth International Symposium on Gaseous Dielectris, Knoxville, 1984.

[21] Frees L C, Sauers I, Ellis H W, et al. Positive ions in spark breakdown of SF_6. Journal of Physics D: Applied Physics, 1981, 1:1629-1642.

[22] Sauers I, Christophorou L G, Frees L C, et al. Aspects of environmental effects of dielectric gases. Oak Ridge National Lab. TN(USA), 1980.

[23] Sauers I, Ellis H W, Frees L C, et al. Studies of spark decomposition products of SF_6 and SF_6 perfluorocarbon mixtures. Gaseous Dielectrics III, 1982:387-401.

[24] Sauers I, Christophorou L G, Spyrou S M. Negative ion formation in SF_6 spark by-products. NASA STI/Recon Technical Report N, 1984:84.

[25] Hirooka K, Shirai M. Thermal characteristics of SF_6. Chem. Soc. Japan, 1980, 1:165-169.

[26] Schumb W C. Tramp J, Priest G. Effect of high voltage electrical discharge on SF_6. Industrial & Engineering Chemistrg, 1949, 41:1348-1351.

[27] Ashbaugh D G, McAdam D W, James M F. Sutphur Hexafcuoride-its properties and use as a gaieous insulator in van de Graaff Aclerators. IEEE Transactions on Nuclear Science, 1965, 12(3):266-269.

[28] Bartakova B, Krump J, Vosahlik V. Effect of electric partial discharge in SF_6. Electrotechnichy Obzor, 1978, 1:230.

[29] van Brunt R J, Leep D A. Corona-induced decomposition of SF_6//Christophorou L G, Pace M O. Gaseous Dielectrics IV. NewYork: Pergamon Press, 1982:402-409.

[30] van Brunt R J, Mashikian M. Mechanisms for inception of DC and 60Hz AC Corona in SF_6. IEEE Transactions on Electrical Insulation, 1982, (2):106-120.

[31] van Brunt R J, Misakian M. Role of photodetachment in initiation of electric discharges in SF_6 and O_2. Journal of Applied Physics, 1983, 54(6):3074-3079.

[32] van Brunt R J, Lazo T C, Anderson W E. Production rates for discharge generated SOF_2, SO_2F_2 and SO_2 in SF_6 and SF_6/H_2O mixtures//Christophorou L G, Pace M O. Gaseous Dielectrics IV. NewYork: Pergamon Press, 1984:276-285.

［33］van Brunt R J. Production rates for oxy-fluorides SOF$_2$, SO$_2$F$_2$ and SOF$_4$ in SF$_6$ Corona discharge. National Bureau of Standards of Research, 1985, 1: 229-253.

［34］Chu F Y, Stuckless H A, Braun J M. Generation and effects of low level contamination in SF$_6$ insulated equipment. Fourth International Symposium on Gaseous Dielectris, Knoxville, 1984.

［35］Kusumoto S, Itoh S, Tsuchiya Y, et al. Diagnostic technique of gas insulated substation by partial discharge detection. IEEE Transactions on Power Apparatus and Systems, 1980, (4): 1456-1465.

［36］刘帆. 局部放电下六氟化硫分解特性与放电类型辨识及影响因素校正. 重庆: 重庆大学博士学位论文, 2013.

［37］唐炬, 任晓龙, 谭志红, 等. 针-板缺陷模型下局部放电量与 SF$_6$ 分解组分的关联特性. 高电压技术, 2012, 38(3): 527-534.

［38］Tang J, Zeng F, Zhang X, et al. Relationship between decomposition gas ratios and partial discharge energy in GIS, and the influence of residual water and oxygen. IEEE Transactions on Dielectrics & Electrical Insulation, 2014, 21(3): 1226-1234.

［39］唐炬, 胡瑶, 裘吟君, 等. 2 种局部放电类型下 SF$_6$ 分解组分检测及特性分析. 重庆大学学报, 2013, 36(1): 55-61.

［40］唐炬, 梁鑫, 姚强, 等. 微水微氧对 PD 下 SF$_6$ 分解特征组分比值的影响规律. 电机工程学报, 2012, 32(31): 78-84.

［41］Tang J, Liu F, Zhang X, et al. Partial discharge recognition based on SF$_6$ decomposition products and support vector machine. IET Science Measurement Technology, 2012, 6(4): 198-204.

［42］唐炬, 任晓龙, 张晓星, 等. 气隙缺陷下不同局部放电强度的 SF$_6$ 分解特性. 电网技术, 2012, 36(3): 40-45.

［43］胡瑶. 针-板缺陷模型下 SF$_6$ 的电晕放电分解特性及其影响因素研究. 重庆: 重庆大学硕士学位论文, 2014.

［44］唐炬, 曾福平, 梁鑫, 等. 两种吸附剂对 SF$_6$ 分解特征组分吸附的实验与分析. 中国电机工程学报, 2013(31): 211-219.

［45］Wilkins R L. Theoretical evaluation of chemical propellants. Journal of American Chemical Society, 1964, 86(21): 4738.

［46］Wilkins R L. Thermodynamics of SF$_6$ and its decomposition and oxidation products. Aerospace Corp EL Segundo CA Lab Operations, 1968.

［47］Frie W. Berechnung der gaszusammensetzung und der materialfunktionen von SF$_6$. Zeitschrift Für Physik, 1967, 201(3): 269-294.

［48］Padma D K, Murthy A R. Thermal decomposition of SF$_6$. Journal of Fluorine Chemistry, 1975, 1: 181-194.

［49］Camilli G, Gordon G S, Plump R E. Gaseous insulation for high-voltage transformers. Power Apparatus and Systems, Part Ⅲ. Transactions of the American Institute of Electrical Engineers,1952,71(1):348-357.

[50] Hirooka K,Shirai M. Thermal characteristics of SF₆. Journal of The Chemical Society Japan,1980,1:165-169.

[51] Dakin T. Thermal aging of dielectric gas//Christophorou L G. Gaseous Dielectrics II. New York:Pergamon Press,1980:283-293.

[52] Zeng F,Tang J,Fan Q,et al. Decomposition characteristics of SF₆ under thermal fault for temperatures below 400℃. IEEE Transactions on Dielectrics and Electrical Insulation, 2014,21(3):995-1004.

[53] Zeng F,Tang J,Zhang X,et al. Study on the influence mechanism of trace H₂O on SF₆ thermal decomposition characteristic components. IEEE Transactions on Dielectrics and Electrical Insulation,2015,22(2):766-774.

[54] 唐炬,曾福平,孙慧娟,等. 微 H₂O 对过热故障下 SF₆ 分解特性的影响及校正. 中国电机工程学报,2015,35(9):2342-2350.

[55] 曾福平. SF₆ 气体绝缘介质局部过热分解特性及微水影响机制研究. 重庆:重庆大学博士学位论文,2014.

[56] 唐炬,潘建宇,姚强,等. SF₆ 在故障温度为 300～400℃ 时的分解特性研究. 中国电机工程学报,2013,33(31):202-211.

[57] Chu F,Massey R. Thermal decomposition of SF₆ and SF₆-air mixtures in substation environments//Christophorou L G. Gaseous Dielectrics III. New York:Pergamon Press,1982: 410-419.

[58] van Brunt R J,Herron J T. Fundamental processes of SF₆ decomposition and oxidation in glow and Corona discharges. IEEE Transactions on Electrical Insulation, 1990, 25 (1): 75-94.

[59] van Brunt R J,Herron J T. Plasma chemical model for decomposition of SF₆ in a negative glow Corona discharge. Physica Scripta,1994,1994(T53):9.

[60] Tang J,Zeng F,Zhang X,et al. Relationship between decomposition gas ratios and partial discharge energy in GIS,and the influence of residual water and oxygen. IEEE Transactions on Dielectrics and Electrical Insulation,2014,21(3):1226-1234.

[61] Tang J,Zeng F,Pan J,et al. Correlation analysis between formation process of SF₆ decomposed components and partial discharge qualities. IEEE Transactions on Dielectrics and Electrical Insulation,2013,20(3):864-875.

[62] Tang J,Zeng F,Zhang X,et al. Influence regularity of trace O₂ on SF₆ decomposition characteristics and its mathematical amendment under partial discharge. IEEE Transactions on Dielectrics and Electrical Insulation,2014,21(1):105-115.

[63] Zeng F,Tang J,Zhang X,et al. Influence regularity of trace H₂O on SF₆ decomposition characteristics under partial discharge of needle-plate electrode. IEEE Transactions on Dielectrics and Electrical Insulation,2015,22(1):287-295.

[64] Dervos C T,Vassiliou P,Mergos J A. Thermal stability of SF₆ associated with metallic con-

ductors incorporated in gas insulated switchgear power substations. Journal of Physics D-Applied Physics,2007,40(22):6942-6952.

[65] Rochefort A,Lussier T,Frechette M F,et al. Dynamic decomposition of arced SF₆ by-products on activated alumina. IEEE 1996 Annual Report of the Conference on Electrical Insulation and Dielectric Phenomena,1996,2:634-639.

[66] Belmadani B,Casanovas J,Casanovas A M,et al. SF₆ decomposition under power arcs. I. physical aspects. IEEE Transactions on Electrical Insulation,1991,26(6):1163-1176.

[67] Lussier T,Frechette M F,Rochefort A,et al. Interaction of SOF₂ with alumina and zeolite 4A:a comparative study. IEEE 1996 Annual Report of the Conference on Electrical Insulation and Dielectric Phenomena,1996,2:640-644.

[68] 刘有为,吴立远,弓艳朋. GIS 设备气体分解物及其影响因素研究. 电网技术,2009,33(5):58-61.

[69] Lussier T,Frechette M F,Larocque R Y. Interactions of SOF₂ with molecular sieve 13X. IEEE 1997 Annual Report,Conference on Electrical Insulation and Dielectric Phenomena,1997,2:616-619.

[70] 侯慧娥,赵龙飞,梁集贵. F-03 吸附剂与国内外典型吸附剂的吸附性能研究. 高压电器,1986,1:19-27.

第3章　SF_6分解组分检测方法

SF_6 气体在 PD 或 POT 等状态下,分解生成的产物成分复杂,且不为常见气体,同时其含量也低,对应的检测技术属于痕量分析(trance analysis)领域。所谓痕量分析是指物质或混合物中低含量物质(即痕量组分,浓度为 $10^{-6} \sim 10^{-9}$)的测定。在痕量气体分析中,由于被测成分的分子数在所抽取的样本中是非常少的,主组分(SF_6 气体)和所要测定的痕量组分浓度差别很大,因此要求分析仪器必须有极高的灵敏度和稳定性。目前,用于 SF_6 气体分解组分痕量检测的方法主要有色谱检测法、色谱质谱联合检测法、红外光谱检测法、光声光谱检测法和气敏传感器检测法等,其中前三种方法为 IEC 60480—2004 标准所推荐的方法[1]。

3.1　SF_6 分解组分的色谱检测法

3.1.1　色谱检测法的原理

气相色谱法(gas chromatography,GC)是 20 世纪 50 年代出现的一种集分离与检测为一体的技术,在工业、农业、国防、建设和科学研究中都得到了广泛应用。色谱法中通常有两相,一相是流动相,另一相是固定相。在色谱检测技术中,流动相为气体的被称为气相色谱,为液体的被称为液相色谱。本章仅介绍气相色谱工作流程,如图 3.1 所示。

图 3.1　色谱分析流程图

被测样品在气化室气化后被惰性气体(即载气,也叫流动相)载入色谱柱,柱内有液体/固体固定相。被测样品中各组分沸点、极性或吸附性的差异,使得其在流动相(载气)和固定相间的分配系数不同,由于载气的流动,被测样品中各组分在两相间反复多次分配、吸附和解吸,从而在固定相和流动相之间形成分配、吸附平衡,经过在色谱柱中一定长度的流动后,结果是在载气中分配浓度大的组分先流出色谱柱,在固定相中分配浓度大的组分后流出色谱柱,如图 3.2(a)所示[2]。

被分离后的组分流出色谱柱后,按先后次序经过检测器。检测器将流动相中各组分的浓度大小变化转变为相应电信号的变化。电信号的大小与被测组分含量或浓度大小成比例,用记录仪将变化的电信号记录下来形成信号的时间响应曲线,即所谓的色谱信号图,如图 3.2(b)所示。

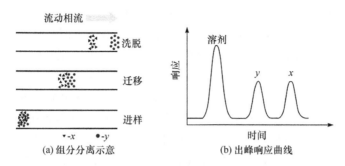

(a) 组分分离示意　　　　(b) 出峰响应曲线

图 3.2　被测样品组分色谱测试

3.1.2　SF₆ 分解组分的色谱检测系统

由于 SF₆ 分解组分的检测属于痕量分析领域,因此要求分析仪器必须有极高的灵敏度和稳定性。虽然气相色谱法具有分离能力强、灵敏度高、定量准确等优点,特别适用于痕量气体分析,但是气相色谱法要准确可靠地检测出痕量组分,并不是一件容易的事情,这其中涉及如色谱柱型号的选择、工作条件的优化、标准试样的使用、载气纯度的净化、主组分与待测痕量组分的分离以及高灵敏度的检测方法等诸多因素,其都影响检测结果,需要引起足够的重视。

在使用色谱检测时,首先要了解所用色谱仪能够检测出哪些主要气体组分,其次考虑能够达到的检测精度是否满足要求。本书选用瓦里安 CP-3800 气相色谱仪,如图 3.3 所示。该色谱仪采用反吹技术,可有效消除高浓度背景气体 SF₆ 对其他组分的干扰,独特的气路系统设计易于检查与维护,同时可灵活地支持复杂的多阀、多柱、多检测器的系统配置。其主要组成部分如下。

图 3.3　CP-3800 气相色谱仪

1. 色谱柱

所谓色谱柱就是用一种固体细管内填固态材料且具有分离混合组分的柱管，它是色谱系统的核心部件。固体细管常用玻璃、不锈钢或铜质材料。管内的固态填充材料称为固定相。固定相对被测组分气体有不同的吸附和解吸附作用。当待测的混合样品气体被载气(流动相)携带进入色谱柱后，气体分子和固定相分子之间就会发生吸附和解吸附的相互作用，从而使混合气体各组分的分子在两相之间进行分配。由于 SF_6 各分解组分的物理和化学性质均不同，各组分在两相(固定相和流动相)之间的相对运动速率不相同，使得不同组分通过色谱柱的时间产生差异，从而使混合气体分离为不同时段的单一组分。通常用分配系数 k 来表征色谱柱分离混合气体的能力，分配系数 k 又称为平衡系数，指某种物质在两相间分配达到平衡时，分配在两相中浓度的比值，即

$$k = \frac{\text{固定相中物质的浓度}}{\text{流动相中物质的浓度}} \tag{3.1}$$

式中，k 值越大的分解组分被固定相吸附的量就越大，即留在固定相中的时间就越长，k 值的不同就造成各分解组分在色谱柱中运动的相对速度各不相同。当通过适当长度的色谱柱后，由于这种分配反复进行多次，即使各 SF_6 分解组分的 k 只有微小的差异，也会因为运动速度的不同而逐步被拉开距离，最后会按速度快慢顺序，先后从色谱柱移出，进而完成对 SF_6 分解混合组分的分离[2]。

由于色谱柱固定相对混合气体组分的分离起着决定性的作用，不同性质的固定相适用不同的分离对象，因此应根据分离对象的性质来选择固定相材料。在选择固定相时，要求待测气体的各组分在固定相上的分配系数有一定的差别，并且热稳定性和化学稳定性要好，不能与被测组分发生化学反应。固定相选定之后，所分离的气体组分及各组分流出色谱柱的先后次序也就随之确定不变了。

在分离混合气体时，通常对色谱柱的基本要求主要是分离高效、选择性好和分离速度快等。在选择色谱柱时不仅要考虑色谱柱的固定相，而且要考虑到色谱柱的内径、膜厚及柱长，具体如表 3.1 所示。本书使用对象为 SF_6，其分解生成的各组分含硫化合物的活性较高，具有吸附性、光催化氧化和金属催化氧化特性，这就不可避免地会发生吸附、催化反应以及与其遇到的物质进行反应等复杂问题，为此，在选择色谱柱时必须加以考虑。另外，由于 SF_6 的主要含硫分解组分 SO_2F_2、SOF_2、SO_2 和 H_2S 中的大部分气体为非极性或弱极性分子，仅 H_2S 为极性分子，根据相似相溶原则，综合考虑大多数分解组分的极性，色谱柱柱芯选用非极性固定相材料为佳，并考虑到 SF_6 分解组分含量为痕量水平，因此选择专用挥发性痕量硫化物分析的 CP Sil 5 CB 毛细色谱柱，其固定相为 100％二甲基聚硅氧烷固定相。同时，针对 SF_6 分解生成的各含硫化合物具有吸附性等难题，还必须采用特

殊手段对色谱柱进行惰性处理。此外,由于 SF₆ 分解组分种类较多,研究其分解机理要求检测系统具有较高的灵敏度,因此色谱柱柱长定为 60m,其内径为 0.32mm,膜厚为 $4\mu m$。

表 3.1　色谱柱各参数及其主要应用对象[3]

色谱柱	参数	特性
柱长	5～15m	分离少于 10 个组分(不包含难分离物质对)的简单试样或用于快速分析
	25～30m	分离 10～50 个组分的中等至复杂混合物
	50～60m	要求最高分辨率的应用,分离大于 50 个组分或包含有难分离物质对的复杂试样
内径	ϕ0.53mm	具有近似填充柱的负荷量,总柱效远远超过填充柱,达到同样的分离度时,0.53mm 大口径柱的分析时间明显快于填充柱,可方便地采用柱上进样或直接进样技术,适合于分析不太复杂的样品,是填充柱的理想替代柱
	ϕ0.32mm	柱效稍低于 0.25mm 的常规柱,负荷量大于常规柱的 60%,用特制注射针可进样
	ϕ0.25mm	最常用内径规格的常规柱,有较高的柱效,负荷量低,必须分流或无分流进样,用于复杂多组分试样的分析
	ϕ0.20mm	柱效高,负荷量低,流失较小,适合于质谱等高灵敏检测器联用
膜厚	0.1～0.2μm(薄液膜)	低负荷量,高温下流失较小,适用于高沸点化合物的分析,适合配质谱等高灵敏检测器
	0.25～0.33μm(标准液膜)	一般商品柱的标准液膜
	0.5～5.0μm(厚液膜)	较高的试样负荷量,在高温下流失较大,适合于分析低沸点样品

在 SF₆ 气体绝缘装备中,当故障涉及有机固体绝缘材料和含碳金属构件时,还会产生 CF_4 和 CO_2 等含碳特征组分。而 CP Sil 5 CB 毛细色谱柱不适合检测这些物质,需要采用其他色谱柱,如 Porapak QS 填充柱可检测到这类含碳组分。因此,在检测 SF₆ 气体绝缘装备故障状态下的组分含量时,采用 CP Sil 5 CB 毛细色谱柱和 Porapak QS 填充柱并联工作的方式,并各自配备一个检测器来实现。其中 Porapak QS 填充柱采用不锈钢柱管,填充料为 Porapak QS,填充料孔径为 80～100 目,柱内径为 3mm,柱长 3m,其对 CF_4 和 CO_2 等含碳类物质具有良好的分离效果。

2. 检测器

检测器是色谱检测系统的另一个关键部件,无论多么高效的色谱柱,如果没有良好的检测器就"看"不到分离结果。目前,常用的 SF₆ 气体分析检测器为热导检测器(TCD)和火焰光度检测器(FPD)。TCD 的检测限一般大于 $100\mu L/L$,FPD 对含 S 的化合物响应较高,但对 O_2、CF_4 和 H_2O 等没有响应,二者均不能完全满足对 SF₆ 分解气体组分检测分析的要求。

脉冲式氦离子化检测器(pulsed discharge helium ionization discharge detector,PDHID)是一种灵敏度极高的通用型检测器,对几乎所有无机和有机化合物均有很高的响应,特别适合高纯气体的分析,是唯一能够检测至 ppb 级的检测器[4]。该检测器的基本工作原理是利用 He 中稳定和低功率的脉冲放电作为电离源,使被测组分 A 电离产生信号,其主要电离过程如下:

$$He + e^- \longrightarrow He^+ + 2e^- \tag{3.2}$$

$$He^+ + He \longrightarrow He_2^* \tag{3.3}$$

$$He_2^* \longrightarrow 2He + h\nu(12\sim21eV) \tag{3.4}$$

$$h\nu + A \longrightarrow A^+ + e^- \tag{3.5}$$

该检测器的主要优势在于几乎对所有气体(常压常温下不冷凝的气体)均有正响应,响应的线性范围宽,灵敏度高(可达 ppb 级),而且基线及响应稳定,使用寿命长等。因此,可采用 PDHID 作为 SF₆ 分解组分检测系统的检测器。经测试,采用的 PDHID 几乎对所有 SF₆ 特征分解产物都有响应,且同时满足精度的要求。

3. 记录系统

记录系统包括放大器、记录仪和数据处理工作站,主要完成对检测器的输出信号滤波、放大、采集、平滑、存储、判峰、基线校正、确定峰高、保留时间和计算峰面积等工作,最后输出含有定性定量结果以及其他信息的分析报告。色谱工作站主要包括硬件系统和软件系统两大部分。硬件部分包括一台通用个人计算机(图 3.4)、数据采集接口以及打印机等。软件部分包括数据采集、图谱处理、定性定量分析、色谱图和分析报告的打印等。

图 3.4　数据处理用计算机

4. 载气

色谱分析有很高的灵敏度,对载气中各种杂质极其敏感,纯度不够的载气会导致色谱出峰图基线漂移等问题。一般应采用高纯 He(99.999%)作为载气,可使分析系统的本底保持在一个很低的水平,保证检测的灵敏度。载气由高压气瓶出来后经装有活性炭的净化器(分别用于除去 He 中的 O_2、H_2O 和烃)以及一个装有分子筛的 Getter(除去 He 中其他可能被色谱柱吸附的杂质),载气进气流速由高压气瓶的分压阀控制。Getter 的工作温度为 400℃,因此在分析样品之前应首先打开 Getter 以确保载气充分净化。

5. 进样

进样方法是关系到检测数据准确与否的关键技术。对于痕量组分检测,一般选用带有定量环的阀门取样进样。一般检测系统配备的是六通进样阀,如图 3.5 所示。进样时,样品首先由进样口充入定量环中,进样完毕后,阀体转动 60°,这样就使定量环接入载气流路中,同时定量环中的样品由载气带入色谱柱,并经色谱柱分离。分析完成后,阀体再反向转动 60°,复位到进样前的状态。

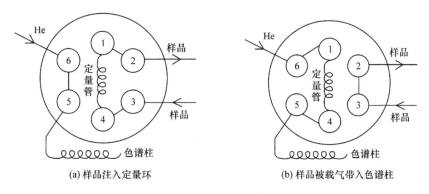

(a) 样品注入定量环　　　　　　　(b) 样品被载气带入色谱柱

图 3.5　六通进样阀

6. 柱箱温度调控

柱箱温度调控合理与否直接影响色谱柱的分离效果。在色谱仪其他设置条件保持不变的情况下,柱箱温度越高(也即色谱柱温度越高),色谱柱出峰图峰高越高,但是峰与峰之间的间距会越小。反之,温度越低,峰高越低,峰之间的间距越大。所以,需要对柱箱温度进行合理调控,使得峰高与分离度达到一个最合适的效果。CP-3800 型色谱检测系统柱箱工作温度可调范围为 4～450℃,最大升温速率为 100℃/min,冷却速率可调范围为 11～90℃/min,柱箱温度调控精度为 1℃,可提供准确的温度控制、快速加热和冷却功能,可大大提高分析效率。

3.1.3　SF$_6$ 分解组分的色谱定性检测方法

　　良好的色谱柱效率和分离度是检测准确性的前提,要测定 SF$_6$ 气体在 PD 下的分解组分含量,首先要将混合组分进行有效的分离,获得最短分析时间内符合要求的分离结果。在某种意义上讲,用色谱法分析气体的过程就是寻找气体组分的分离优化过程。在色谱分析中,色谱工作条件的选择对色谱分离度有较大影响。所以,在判定色谱柱分离能力之前,有必要对气相色谱的工作条件进行优化。

　　为了定性获取所构建的色谱检测系统对 SF$_6$ 在 PD 下生成的主要分解特征组分的分离和检测效果,需要对色谱工作条件进行优化调试,首先要配制出 SF$_6$ 主要特征分解组分的标准气体。标准气体配置如表 3.2 所示,其中,编号 1～7 为特定浓度的单一组分标准气体,用来确定每种组分的出峰保留时间及色谱定量使用,8 号为五种分解气体的混合标气,用于测试色谱的混合样品分离效果。

表 3.2　SF$_6$ 主要分解特征组分标准气体配置表

编号	组分	浓度/ppm	背景气
1	CF$_4$	20	He
2	CO$_2$	500	N$_2$
3	CO	500	N$_2$
4	H$_2$S	500	N$_2$
5	SO$_2$	500	N$_2$
6	SO$_2$F$_2$	20	He
7	SOF$_2$	20	He
8	SO$_2$F$_2$、SOF$_2$、SO$_2$、CF$_4$、H$_2$S	各 10	SF$_6$

　　表 3.3 为色谱系统默认的工作条件,在此条件下注入 8 号混合标气,得到 CP Sil 5 CB 毛细色谱柱的分离效果如图 3.6(a)所示。可以看出,该工作条件下,色谱柱对各分解组分的出峰数量少,分离效果差。图 3.6(b)为经反复调试优化后的色谱分离图。可以看出,此时的工作条件可以使 CP Sil 5 CB 毛细色谱柱对 SF$_6$ 主峰后的组分实现良好的分离,但是对 Air、CF$_4$、CO$_2$ 的分离能力相对较差,这与该色谱柱的固定相有关,此时的工作条件为表 3.4。

表 3.3　未经优化的色谱工作条件

载气流速	载气压力	升温方式	初始温度	最终温度	升温速度	进样量	分流比
2mL/min	0.4MPa	程序升温	60℃	180℃	5℃/min	1mL	10∶1

表 3.4　经优化后的色谱工作条件

载气流速	载气压力	升温方式	初始温度	最终温度	升温速度	进样量	分流比
2mL/min	0.4MPa	恒温	40℃	220℃	15℃/min	1mL	10∶1

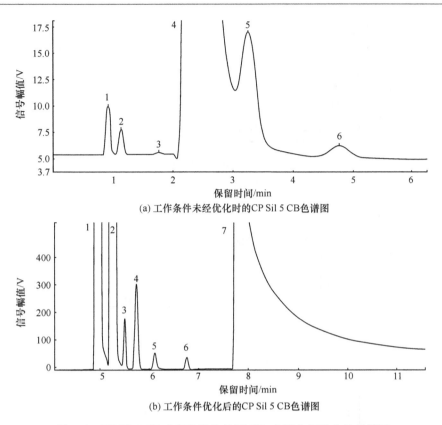

(a) 工作条件未经优化时的 CP Sil 5 CB 色谱图

(b) 工作条件优化后的 CP Sil 5 CB 色谱图

图 3.6　CP Sil 5 CB 毛细色谱柱检测 SF₆ 主要分解组分的色谱图

为了与标准 IEC 60480—2004[1] 所推荐的 Porapak QS 填充柱进行对比,在优化色谱工作条件后,注入 8 号混合标气,得到 Porapak QS 填充柱对混合标气的出峰图如图 3.7 所示。测量结果显示,在该工作条件下,Porapak QS 填充柱对 Air、CF_4、CO_2 气体可以做到基线分离,分离度良好,但对 SF₆ 主要的分解产物 SO_2F_2、SOF_2 和 SO_2 完全没有分离能力。图 3.8 所示为 IEC 60480—2004 中提供的 SF₆ 气体色谱图。对比图 3.7 和图 3.8 还可以看出,虽然色谱检测系统和 IEC 60480—2004 标准中推荐的色谱柱都为 Porapak QS 填充柱,但由于工作条件不一样,所得到的色谱图有很大的区别。

综上所述,采用 Porapak QS 和 CP Sil 5 CB 并联柱方式,并各自独立配备一个 PDHID,在工作条件为载气流速 2mL/min、柱温 40℃ 恒温、进样量 1mL 的情况下,可以实现互补,即 Porapak QS 填充柱可以对 Air、CF_4 和 CO_2 等组分进行很好的分离,CP Sil 5 CB 毛细柱可以对 SOF_2、SO_2F_2、H_2S 和 SO_2 等含硫组分进行很好的分离,从而达到实验所需的检测要求[5]。为了后面方便叙述,将与 Porapak QS 填充柱相连的 PDHID 称为“前检测器”,将与 CP Sil 5 CB 毛细柱相连的 PDHID 称为“后检测器”,将二者在优化工作条件下的色谱图重画如图 3.9 所示。

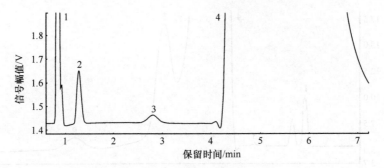

图 3.7 Porapak QS 色谱分离图

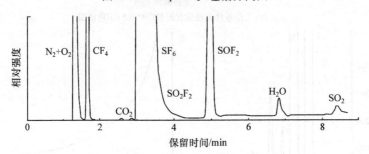

图 3.8 IEC60480—2004 给出的出峰图

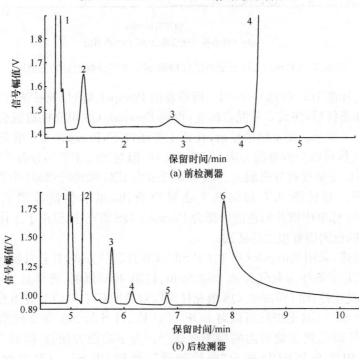

(a) 前检测器

(b) 后检测器

图 3.9 混合标气色谱出峰图

　　根据色谱分析理论[2]，同一物质在相同的色谱条件下具有相同的保留值。可以通过在相同的色谱条件下分别注入 1～7 号标准物质，并对照混合标气的色谱图，利用保留时间(RT)对各分解组分进行色谱定性分析，所得的主要特征分解组分的保留时间如表 3.5 所示。

表 3.5　气体组分的保留时间

组分		SF_6	Air	CF_4	CO_2	CO	H_2S	SO_2	SOF_2	SO_2F_2
前检测器	编号	4	1	2	3	覆盖	—	—	—	—
	RT/min	—	0.82	1.26	2.76	4.93				
后检测器	编号	6	1,2	—	—	—	5	6	4	3
	RT/min	5.25					6.73	7.73	6.32	5.90

　　从表 3.5 可知，通过对色谱柱的工作柱温和其他参数的优化，最终得到了 SF₆ 分解组分色谱检测的相对最优工作条件即检测分析方法。

3.1.4　SF₆ 分解组分的色谱定量检测方法

　　色谱定量检测的目的是确定样品中各组分的准确含量。根据检测器的响应值与被测组分的含量在某种条件下呈正比的关系实现定量测定。在进样条件固定时，所测组分 i 的质量(m_i)或其在样品中的浓度(c_i)与检测器的响应值(色谱图上表现为峰高 h_i 或峰面积 A_i)成正比，计算公式为

$$m_i = f_i A_i \tag{3.6}$$

式中，f_i 为组分 i 的响应因子，它与检测器的种类、色谱操作条件以及组分性质等因素有关。

　　采用标准曲线法也称为外标法进行色谱定量[2]。在色谱定量分析中，它是一种简便、快捷的绝对定量方法。首先将已知浓度的标准样品，在与待测组分相同的色谱条件下等体积进样，得到标样的峰面积或峰高，利用峰面积/峰高绘制样品浓度的标准工作曲线。选用峰面积外标法对各组分进行单点标定，标准工作曲线是通过原点的直线。定量检测时，首先测得组分色谱峰的峰面积，然后由该组分的标准工作曲线算得其在样品中的浓度，定量公式如下：

$$c_i = \frac{c_{s,i}}{A_{s,i}} A_i = K_i A_i \tag{3.7}$$

式中，A_i、$A_{s,i}$ 分别为样品、标样中第 i 组组分气体峰面积；c_i、$c_{s,i}$ 分别为样品、标样中第 i 组组分气体含量；K_i 是校正曲线的斜率即绝对校正因子。相应的绝对校正因子如表 3.6 所示(SO₂ 受烃类影响出峰异常，目前暂时无法定量)。

表 3.6　组分绝对校正因子

组分	CF_4	CO	CO_2	SOF_2	SO_2F_2	H_2S	SO_2
K_i	0.169101×10^{-4}	0.999600×10^{-5}	0.999300×10^{-5}	0.384704×10^{-4}	0.238260×10^{-4}	0.240859×10^{-4}	—

通过 SF_6 分解组分的分离检测特点,结合色谱检测系统各个功能部件的选择,并对工作条件进行优化,得到了 SF_6 分解组分色谱检测的相对最优工作条件即检测分析方法,并在此基础上采用外标法利用标准气体对色谱进行定量标定。采用该方法,可以实现对 SF_6 分解组分的有效定性定量检测。

3.2　SF_6 分解组分的色谱-质谱联合检测法

气相色谱-质谱(gas chromatography/mass spectrometry,GC/MS)联合检测法自 20 世纪出现,至今已经经历了半个世纪的发展和完善,现在已经发展成为一门非常成熟的样品分离检测技术,在各行各业中得到了广泛应用。

3.2.1　色谱-质谱的基本工作原理

自 1919 年英国科学家弗朗西斯·阿斯顿制成第一台质谱仪至今,质谱(MS)检测技术已经经历了一个世纪的发展和完善,在工业、农业、国防科技、基础建设和科学研究等各行各业中都得到了广泛应用。质谱分析的本质是测量样品电离得到的离子的荷质比(电荷-质量比)的一种分析方法。其基本原理是利用离子源使待分析样品中各组分发生电离,得到其离子碎片。由于电离程度的不同,各种离子碎片所带电荷的极性及电量各不相同,筛选出其中带正电的离子碎片进入下一步的分析环节,经筛选得到的带正电荷的离子,经加速电场及聚焦磁场的共同作用形成高速的离子束,然后被引导进入质量分析器。在质量分析器中,利用不同荷质比的离子在电场和磁场作用下会发生速度色散的特性,对其分别聚焦得到质谱图,从而确定其质量,并依据碎片离子的质量及分布情况对待分析样品进行定性[6]。

GC/MS 联用法究其实质而言,相当于用 MS 作为 GC 的检测器,即首先利用 GC 实现对混合样品的分离(色谱柱采用与气相色谱仪相同的色谱柱,即 CP Sil 5 CB 毛细柱),然后将分离得到的单一样品组分逐一经 GC/MS 接口进入 MS,由 MS 完成对组分的定性及定量分析工作。GC/MS 联用系统的分析流程如图 3.10 所示,混合样品经 GC 分离后得到单独的样品组分,如图 3.10(b)所示,各组分在色谱图上表现为单独的色谱峰,然后分别经 MS 分析后得到其粒子碎片分布,如图 3.10(c)所示。

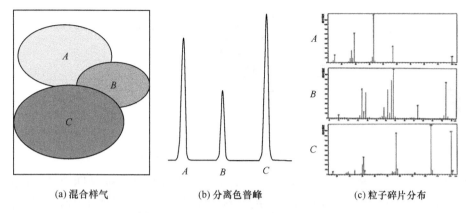

(a) 混合样气　　　　　(b) 分离色普峰　　　　　(c) 粒子碎片分布

图 3.10　GC/MS 联用系统分析流程图

质谱分析技术涉及高真空技术、质量分析技术和样品离子化技术等一系列的关键技术,其核心分析工作为质量分析。目前常用的质量分析器有单聚焦磁偏转质量分析器、双聚焦质量分析器、飞行时间质量分析器和四极杆质量分析器等几种。本书选用岛津 GCMS-QP2010 Ultra 气相色谱质谱联用仪(图 3.11),其采用四极杆质量分析器进行质量分析工作,其结构示意图如图 3.12 所示。

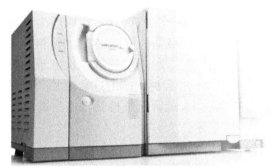

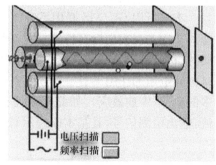

电压扫描
频率扫描

图 3.11　岛津 GCMS-QP2010
Ultra 气相色谱质谱联用仪

图 3.12　四极杆质量分析器结构示意

四极杆质量分析器是由两对相互平行且与中心轴等间隔的横截面为双曲线或圆形直杆电极构成的正负两组电极,通过在电极上施加固定的直流电压 U 和射频电压 $V_0\cos\omega t$,从而可以得到动态的电场,即四极场,其电极排列如图 3.13 所示。在四极场中,两杆之间电位差为 $U\pm V_0\cos\omega t$。

由于四极场的存在,离子源产生的正离子在射入四极杆范围之后,将在极性相反的相邻两极之间做振荡运动,其运动规律符合典型的马绍(Mathieu)方程。满足马绍方程稳定解的离子具有稳定的振荡,可以顺利通过四极场区域,而不满足马

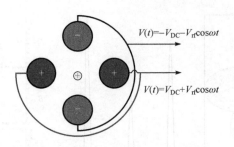

图 3.13　四极杆质量分析器电极排列

绍方程稳定解的正离子会由于振荡幅度的不断增大而最终碰撞到四极杆,且不能通过四极场区域。因此,可通过精确地控制四极场的变化,也即精确控制四极杆上所加电压的变化,使特定荷质比的离子通过四极场区域到达检测器。在某一瞬间,只有与电压值相对应的特定荷质比的正离子可以顺利通过,从而实现了对质量的筛选,因而被称为"质量筛选器"。

此外,由于在大多数色谱柱工作条件下,其出口压力为一个大气压(1.01×10^5Pa),而质谱仪的正常工作气压不高于 10^{-3}Pa,两者相差 8 个数量级,因而需要加接合适的连接装置,将色谱柱出口气体样品压力降至 10^{-3}Pa 以下,并将待检测组分送至质谱仪中。

本书所用 GC/MS 联用系统的检测器为二次电子倍增管,其工作原理为当高速离子撞击在表面涂有特殊材料(通常为铯等逸出功极低的材料)制作的涂料的金属片(称为打拿极)上时,会引起打拿极的电离,产生二次电子,这些二次电子在打拿极间电压的作用下有一个向下打拿极加速运动,然后再次撞击打拿极并产生更多的电子(雪崩效应),如此反复使得信号得到放大,最后通过检测倍增后的电子流,输出检测信号,其基本原理示意如图 3.14 所示。

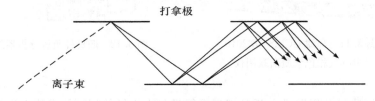

图 3.14　电子倍增管原理图

对于 MS 输出信号,为了处理数据的方便,需要对其进行归一化处理,常见的处理方法有基峰法和总离子流百分数法等。本书采用便于分析谱图的基峰法,此方法是以质谱图中最强峰作为参比用的基峰,并将其强度记为 100,然后用基峰的百分数或是相对丰度来表示其他峰的强度,然后根据各离子峰的强度关系等特征,在质谱库中搜索相似物质,进而完成物质的定性检测工作,最后由定量标准曲线根据出峰面积或峰高对样品物质进行定量测定。

3.2.2　SF₆ 分解组分的 GC/MS 联合定性检测法

为了充分发挥 GC/MS 联用仪的检测能力,实现对 SF₆ 分解组分的有效检测,需要采用合适的分析方法,即对仪器的参数进行调试及合理的优化。经过大量的调试工作,采用如下检测方法可以对 SF₆ 分解组分进行有效的定性检测[7],具体如下。

1. 色谱分析方法

(1) 载气:选择纯度高于 99.999% 的高纯氦气,并利用载气过滤器(包括氦气过滤器及 RP 油过滤器),滤除载气中可能对色谱柱造成影响的、干扰实验结果的气体杂质。

(2) 进样体积:300μL。

(3) 柱箱温度:本书设计的分析方法采用程序升温方式,在 0～7min 内保持40℃恒温,7min 开始以 15℃/min 的升温速率升温至 220℃,然后保持 220℃恒温至分析结束。

(4) 进样口温度:200℃。

(5) 进样模式:分流进样模式。

(6) 分流比:10∶1。

(7) 流量控制方式:恒线速度控制。

(8) 进样口压力:56.1kPa。

(9) 柱流量:1.2mL/min。

(10) 吹扫流量:3.0mL/min。

2. 质谱分析方法

(1) 载气:也选择与色谱分析方法相同纯度的高纯氦气。

(2) EI 离子源温度:200℃。

(3) 进样接口接口温度:220℃。

(4) 灯丝开关时间:开始检测后,在 2.9～4.02min 时间段内打开,4.02～4.26min 时间段内关闭,4.26～7min 时间段内打开。

(5) 溶剂延迟时间:0.1min。

(6) 微扫描宽度:0u。

(7) 检测器电压:0.1kV(相对调谐结果)。

(8) 噪声阈值水平:100。

(9) 检测器开关时间:由于本书中 GC/MS 联用仪所选择的检测器采用的是

二次电子倍增管,当离子大量出现时,多次倍增之后的电子过多,当大量的电子撞击打拿极时,会引起检测器饱和或过热,质谱仪的自动保护功能将开启,并暂时关闭检测器。由于此时检测器的关闭过程不可控,会影响对目标组分的检测,并可能影响质谱仪的寿命,因而在检测过程中,只在几个有目标组分出现的时间段内打开检测器,其具体开关方案为:开始检测后,在 2.9~4.02min 时间段内打开,4.02~4.26min 时间段内关闭,4.26~7min 时间段内打开。

（10）检测器采集方式:SIM。

（11）采集离子峰:采集质荷比(m/z)为 69、50、119、44、83、102、105、86、67、48、34、33、64、66 的离子峰。

为了定性和定量测定 SF$_6$ 的分解组分,必须获取 GC/MS 联用仪检测相关组分的标准图谱。表 3.7 所示为 GC/MS 检测几种 SF$_6$ 重要特征组分采用的参考离子及其标准气体配置表,以及在上述 GC/MS 检测方法所设定的工作条件下所得到的相应组分的出峰保留时间。图 3.15 所示为 GC/MS 检测标准气体的 TIC 图。

表 3.7　参考离子选择及标准气体配置表

组分	参考离子	保留时间/min	浓度/ppm
C$_2$F$_6$	119	3.985	98.4
CF$_4$	69	3.875	113.5
CO$_2$	44	4.360	105.5
SO$_2$F$_2$	83	4.560	97.7
SOF$_4$	105	4.580	102.2
SOF$_2$	67	4.870	102.0
H$_2$S	34	5.400	22.6
SO$_2$	64	6.290	110.0

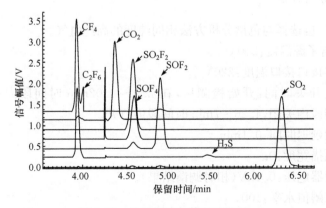

图 3.15　检测标准气体的 TIC 图

利用所设计的方法对 SF₆ 分解组分的详细检测过程如下。进样完毕后由 GC 对样品组分进行分离,然后所分离的单一组分逐一进入 MS 中,由 MS 对分解组分进行检测。其出峰过程如下:CF_4 及 C_2F_6 在时间段 2.9～4.02min 内出现,待 4.02～4.26min 时间段内 SF₆ 出峰完毕后,重新打开灯丝和检测器,依次对4.26～7min 时间段内出峰的 CO_2、SO_2F_2、SOF_4、SOF_2、H_2S、SO_2 等气体进行检测。

此外,为了进一步提高 GC/MS 检测 SF₆ 分解组分的可靠性,在 MS 检测器扫描过程中,同步利用保留时间和参考离子来完成对化合物的识别工作,设定保留时间偏移范围为 ±0.069min,设定参考离子相对强度偏差值为 80%。这样既保证了检测的可靠性,又可以防止大量无关离子干扰实验结果。

3.2.3　SF₆ 分解组分的 GC/MS 联合定量检测法

GC/MS 联用检测系统,采用外标法进行定量标定,其定量方法与色谱定量方法的原理一致,在此不再累述。

一般采用标准曲线法也称为外标法来对 SF₆ 分解组分进行 GC/MS 联合定量分析。与 GC 检测的外标定量法一样,首先将已知浓度的标准样品在与待测组分相同的色谱条件下等体积进样,得到标样的峰面积或峰高,利用峰面积/峰高来绘制样品浓度的标准曲线,再选用峰面积外标法对各组分进行定量标定。为了获取较为准确的标准曲线,可采用 3 个不同浓度的标准气体进样,获得 3 个已知不同浓度所对应的 3 个峰面积,并用非强制过零点线性拟合的方法来获取 SF₆ 各分解组分的标准曲线。根据出峰图通过积分得到出峰面积,再由标准曲线计算出待检测分解组分含量,其定量公式如下:

$$c_i = \frac{c_{s,i}}{A_{s,i}} + b_i = K_i A_i + b_i \tag{3.8}$$

式中,A_i、$A_{s,i}$ 分别为样品、标样中第 i 组组分的气体峰面积;c_i、$c_{s,i}$ 分别为样品、标样中第 i 组组分的气体含量;K_i 是校正曲线的斜率即绝对校正因子;b_i 为校正曲线过零点。获得的 SF₆ 各分解组分标准曲线如表 3.8 所示。

表 3.8　各分解特征组分的标准曲线[7]

组分名称	标准曲线公式	适用范围
CF₄	$Y = 19388X$	峰面积＞550000(单点)
	$Y = 23840.55X - 122993.1$	130000＜峰面积＜550000
	$Y = 14732.08X - 28078.09$	28000＜峰面积＜130000
	$Y = 8585.267X - 4837.693$	峰面积＜28000

组分名称	标准曲线公式	适用范围
H₂S	$Y = 17118.38X - 8080$	峰面积>280000
	$Y = 21399.59X - 80869.12$	53000<峰面积<280000
	$Y = 10454.43X - 13308.5$	10000<峰面积<53000
	$Y = 3695.804X - 2223.581$	峰面积<10000
SO₂	$Y = 29056.57X - 465942.0$	峰面积>420000
	$Y = 17050.13X - 99954.24$	190000<峰面积<420000
	$Y = 13943.57X - 49990.96$	52000<峰面积<190000
	$Y = 8078.72X - 7151.022$	13000<峰面积<52000
	$Y = 5837.711X - 1486.692$	峰面积<13000
SO₂F₂	$Y = 42226.34X - 634372.8$	峰面积>430000
	$Y = 19737.83X - 66297.5$	61000<峰面积<430000
	$Y = 12300.48X - 17868.21$	峰面积<61000
SOF₂	$Y = 12176.84X - 72196.41$	峰面积>73000
	$Y = 7707.577X - 18541.48$	峰面积<73000
SOF₄	$Y = 4918.778X - 32328.58$	

根据上述分析检测方法，获取了各种目标化合物的定量分析检测下限如表 3.9 所示。

表 3.9　SF₆ 分解产物定量分析检测下限

气体组分	CF₄	CO₂	SO₂F₂	SOF₄	SOF₂	H₂S	SO₂
最低检限/ppm	0.6	0.1	1.5	6.6	2.4	0.6	0.3

注：C₂F₆ 暂无标准气体定量。

3.3　红外检测法

中红外区段早在 1800 年就被发现，但是，当时受光谱仪性能和信息提取技术条件的限制，红外技术并没有得到广泛的应用。随着计算机技术的高度发展和化学计量学科的诞生，中红外与之结合并产生了现代中红外光谱分析技术。近年来，尤其是近 10 年，中红外在仪器、软件和应用技术上得到了高度发展，以高效、快速的特点异军突起，曾被誉为分析巨人。与传统分析方法相比，中红外光谱仪具有耗量少、耗时小、不消耗任何试剂、标准物质和设备零件极为经济等优点[8]。因此，红外检测技术也是一种适合于 SF₆ 放电分解组分的检测[9-11]。

当一束红外光穿过样品物质时，由于物质对红外光的吸收，光强将被削弱，透过的光与发射的光的光强比值对波长的函数就构成了样品物质的红外吸收光谱，光谱图中吸收峰的峰值、峰面积、形状与该物质浓度之间呈线性关系，这是红外吸收光谱法的检测原理。红外吸收光谱法只能对具有红外活性的物质生成光谱图，也就是说对单原子分子、偶极矩不发生变化的分子无法检测。特定气体的红外吸收光谱将在该气体的特定吸收频率处表现出尖峰，峰的大小、形状、峰面积、出峰位置都能反映气体的组分和浓度情况。该方法具有检测速度快、对检测样品不需要调制处理和可长期反复使用等优点。红外吸收光谱法能够检测到 10^{-6}（ppm）量级的 SO_2、SO_2F_2、SOF_2、SF_4、SOF_4、H_2O、HF、H_2S 和 CF_4 等分解组分。它的不足之处在于，因 SF_6 本身是电负性气体，容易吸收红外光，检测时与其他分解气体组分有一定的重叠，这会影响其他分解组分的检测精度。

3.3.1　红外检测原理

常温下，一切分子都是处于运动状态的，分子运动服从量子力学规律，按照量子力学的 Born-Oppenheimer 近似，分子的总能量如式（3.9）所示，其中平移运动是连续变化的，而转动、振动和电子运动都是量子化的。当一束红外光穿过气体样品组分时，具有特殊频率的光子将被气体分子进行选择性的吸收，选择依据为式（3.10），其中 $\hbar = 6.624 \times 10^{-34} J \cdot s$，$\nu^{\cdot}$ 为光子的频率。吸收了特定频率光子的气体分子将从低能级跃迁至高能级，同时，使穿出气体样品分子的红外光光强变弱，这一现象便称为红外吸收[12]。

$$E = E_平 + E_转 + E_振 + E_电 \tag{3.9}$$

$$\Delta E = E_2 - E_1 = \hbar\nu^{\cdot} \tag{3.10}$$

根据量子力学的选律定律，当且仅当偶极矩发生变化的分子才会产生红外吸收，此种分子称为红外活性分子。分子转动吸收的红外光区段为远红外，其波长范围为 $25 \sim 1000 \mu m$；振动吸收的红外光区段为中红外，其波长范围为 $2.5 \sim 25 \mu m$；波长范围在 $0.77 \sim 2.5 \mu m$ 的红外线光谱称为近红外波段，该波段的红外光谱主要用于 N—H、O—H 及 C—H 键的倍频吸收研究。多原子分子存在纯的转动吸收光谱，但是纯的振动吸收光谱是得不到的，振动吸收伴随着转动吸收。按照麦克斯韦-玻耳兹曼分布定律，绝大多数的振动能级跃迁都是从电子基态 $n=0$ 向 $n=1$ 跃迁，由此可以得出双原子分子振动的经典方程为式（3.11），其中，ν 为波数，c_0 为光速，k 为振动力常数，μ 为折合质量。

$$\nu = \frac{1}{2\pi c_0}\sqrt{\frac{k}{\mu}} \tag{3.11}$$

$$\nu_{振\text{-}转} = \nu_振 + B[J'(J'+1) - J(J+1)] \tag{3.12}$$

多原子分子的红外吸收为式（3.12），其中，$\nu_{振\text{-}转}$ 为振动-转动波数，B 为转动常数，J 为转动量子数。基团振动时，若偶极矩变化平行于基团对称轴，则 $\Delta J = J' -$

$J=\pm 1$；若偶极矩变化垂直于基团对称轴，则 $\Delta J=0, \pm 1$。由于 ΔJ 的取值不一，同一吸收波数附近会出现几条吸收线，所以得到的红外吸收光谱图不是一条单一的吸收线，而是一个吸收谱带。

红外吸收峰有特征峰和相关峰之分。分子振动本质上归因于化学键的振动，因此，化学键的振动对红外光谱的特征性表现起着重要的作用。凡是能够鉴定原子基团的存在并表现出较高强度的吸收峰被称为特征峰，对应的频率称为特征频率。该基团其他振动形式产生的相互依存而又可以相互佐证的吸收峰，习惯上被称为相关峰。同一类型的化合物分子由于含有相同的化合基团，而表现出极其相似的振动特性，产生的特征吸收峰可能会分布在同一范围内，造成比较严重的吸收峰重叠现象。

SF₆ 分解气体组分红外吸收光谱法定量分析的理论基础是朗伯-比尔定律(Lambert-Beer's law)[12]，其基本内容为当一束红外光通过检测样品时，红外光被吸收的强度与检测样品中各组分的浓度成正比，与光程长成反比，关系表达如式(3.13)所示，其中，A 表示吸光度值，I_0 为背景光强，I_t 为采样光强，T 为透射率，a 是吸收系数，b 代表气体池的测量光程，c 为气体的浓度值。当温度和压强一定时，吸光系数通常认定为常数。因此，用同一台仪器对 SF₆ 分解气体组分进行测量时，气体池的光程长决定了其检测精度和最低检测限，这也是选择气体池光程长的理论依据。

$$A=\ln(I_0/I_t)=\ln(1/T)=abc \qquad (3.13)$$

3.3.2　检测 SF₆ 分解组分的长光程气体池的设计

由于气体池的光程长决定了红外光谱检测 SF₆ 分解组分的检测灵敏度和最低检测限，同时，IEC 60376—2005 和 IEC 60480—2004 标准规定的气体绝缘设备中 SF₆ 分解组分含量很低，如表 3.10 所示，因此，要求所用红外光谱要有高的检测灵敏度和低的检测限。

表 3.10　IEC 标准对 SF₆ 分解组分含量的规定[1,13]

IEC 60376—2005		IEC 60480—2004		
组分	最大允许值	组分	最大允许值	
			额定气压<0.2MPa	额定气压>0.2MPa
Air	1%体积分数	Air 和/或 CF₄	3%体积分数	3%体积分数
CF₄	4000ppm	H₂O	750ppm	200ppm
H₂O	200ppm	总的分解产物量	总量 50ppm 或者 12ppm (SO₂＋SOF₂) 或者 25ppm HF	
总的酸值(以 HF 计)	7.3ppm			

　　图 3.16 为利用 0.1m 光程长气体池检测 99ppm 的 SO_2 标准气体和 22ppm 的 SO_2F_2 标准气体得到的标准红外吸收光谱图。这两种标准气体的吸收峰并不是十分明显,检测效果不佳。为此,必须增加气体池的光程长来提高红外检测的检测精度和最低检测限。

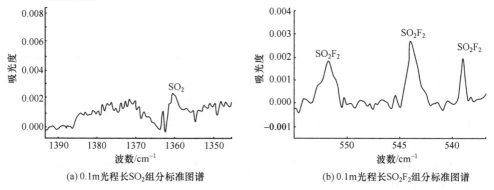

(a) 0.1m光程长SO_2组分标准图谱 　　　　 (b) 0.1m光程长SO_2F_2组分标准图谱

图 3.16　0.1m 光程长气体池测得标准图

　　本书利用怀特池原理[14]设计长光程气体池,可使其具有低的检测限,能够对各种红外活性气体实现高灵敏度检测,只要被测气体不与反射球面镜发生反应即可。怀特池的原理主要是依靠 3 个球面反射镜实现光路的往返反射,如图 3.17 所示,M_1、M_2 和 M_3 三镜系统中,M_1 和 M_2 为物镜,两物镜位于气体池的一端,M_3 为场镜,位于气体池的另一端。三球面反射镜的曲率半径相同,两物镜的曲率中心在场镜的前反射表面(CA,CA')上,场镜的曲率中心位于两物镜(O)正中间,前反射表面可以关于 O 对称分布,也可以不对称分布。对称分布时,场镜 M_3 上的像点是均匀分布的,相反场镜上的像点非均匀分布。该系统在反射面之间构成了一个共轭系统,由 M_1 上任意一点发射的光经 M_3 聚焦到 M_2 上,M_2 上相应的点又经 M_3

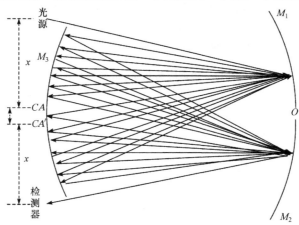

图 3.17　怀特池光路图

聚焦到 M_1 上的起始点,同样,M_3 上出射到 M_1 或 M_2 上的光会被聚焦到 M_3 上,像点有一定的偏移,偏移的大小由两物镜曲率中心间的距离来确定。由反射球面镜的特殊光线可知,入射光线和反射光线关于球面镜主光轴对称,而球面镜上任意点到曲率中心的连线都为主光轴,由球面镜成像原理可知,入射光点与像点关于相应球面镜的曲率中心对称分布。

入射光线通过 KBr 窗片进入气体池的三镜系统,入射光线首先被 M_1 反射到 M_3 上,再被反射到 M_2 上,M_2 上的反射光再次入射到 M_3 上,再到 M_1 上,如此反复的反射便可有效提高光程长。调节光程长主要是通过改变物镜曲率中心间的距离和场镜 M_3 的几何尺寸来实现的。气体池的内体积与反射次数相互限制,所以必须综合取值,如式(3.14)所示,其中,x 为场镜 M_3 的半长,n 为反射次数,a 为两物镜曲率中心间的距离。随着反射次数的增加,x 变大,故场镜 M_3 的尺寸增大,气体池体积增大,红外光在反射时的能量衰减也增大。为此,要选择最佳的反射次数和气体池内体积。

$$x = \frac{n}{2}a \tag{3.14}$$

因入射光线与反射光线关于主光轴对称,所以各镜的入射点与像点关于其曲率中心对称,也就是说 M_1 上的像点对应 M_2 上的像点,M_3 上的像点发出的光经 M_1 或 M_2 反射后在原像点附近形成一个像点,同排相邻像点之间的间距为物镜曲率中心距离的 2 倍,由式(3.14)可知,通过调节两球面物镜曲率中心间距离和球面场镜的尺寸大小可以确定总的反射次数,在此也需要考虑场镜 M_3 上红外光斑自身的大小,反射次数可以通过球面场镜 M_3 上的像点来判定,计数方式如式(3.15)所示,n 为物镜上像点数,N 为反射次数:

$$N = 2n + 2 \tag{3.15}$$

按浓度光程积不变,换算到检测限为 0.5ppm 时,气体池所需光程长如表 3.11 所示,SO_2 相对 SO_2F_2 需更长的光程。因为 SO_2 是 SF₆ 分解的重要生成物之一,设计时必须考虑其检测能力,所以气体池光程长确定为 20m。

表 3.11　检测限为 0.5ppm 所需光程长

标气	0.1m 检测限/ppm	0.5ppm 所需光程长/m
SO_2	99	20
SO_2F_2	22	4.4

球面反射镜作为气体池中最为关键的光学元件,一般采用在反射面镀膜的方法来提高反射率。反射膜在本设计中异常重要,反射膜定义为将入射光几乎全部反射回去的薄膜。在应用于红外线中的反射膜有金属膜和介质膜两类。研究发现,在该区段金属反射膜的性能优于介质膜,所以本设计考虑用金属反射膜镀膜。

由于镀铝膜容易蒸发,镀银膜时与基片的黏附性不高,易受硫化物的影响,此外,铝和银的反射镜对红外波段的反射率小于 95%,又因 SF₆ 的部分分解组分有腐蚀性,所以本书采用在红外波段反射率高达 98% 的黄金镀膜。反射膜的最佳反射次数由式(3.16)决定,其中,T 为窗片材料的透过率,R 为反射材料的反射率,n 为反射次数,e 为自然常数。气体池窗片采用 KBr 材料,其透过率大于 92%。由式(3.16)计算得反射 40 次达到最佳效率,为此取三镜的曲率半径为 500mm,反射次数为 40 次,便可实现光程长 20m。

$$T^2 R^n = e^{-1} \tag{3.16}$$

用于检测 SF₆ 分解组分气体池的设计结构[15]如图 3.18 所示,气体池最下端为金属外壳基底,其上表面有两个圆穿孔,主要是用于透射红外光线,其直径为 29.6mm,孔深为 6mm,红外光线通过一个穿孔入射到气体池内,经另一穿孔将光线引出气体池。球面场镜的中心距金属外壳基底上表面中心位置 4.16mm,球面场镜的长为 89mm,宽为 52mm,球面场镜两边的小缺口长为 26mm,宽为 15.6mm,球面物镜长为 60mm,宽为 25mm,再加 13mm 的弧垂,两物镜的长直边距气体池顶部金属外壳中心 4.16mm。

由上述可知,气体池的主体部分采用硼硅玻璃材料,且需要进行密封设计。实验中必须先抽真空以排除气体池内的残余气体,再注入不超过一个大气压的被测气体进行红外分析,因此只需考虑承受负压时的受力情况,承受负压气体池壁厚的计算公式如式(3.17)所示,式中,S_0 为容器的壁厚(mm),D 为容器的中间面直径(mm),P_{cr} 为临界压力(N/m²),E 为使用材料的弹性模量(N/m²)。硼硅玻璃的 E 为 67kN/mm²,在承受一个大气压时壁厚 $S_0 = 4$mm。实际中,绝对的真空是无法达到的,临界压力小于一个大气压,所以要求的壁厚应该小于 4mm,但是 SF₆ 气体分解物具有一定的腐蚀性,所以在此基础上要加一定的强度裕度,壁厚取 4mm 合适。

$$S_0 = D \sqrt[3]{\frac{P_{cr}}{2.2E}} \tag{3.17}$$

3.3.3　SF₆ 分解组分的红外定性定量检测

由 3.3.1 节叙述可知,朗伯-比尔定律是 SF₆ 分解气体组分红外吸收光谱法定量分析的理论基础,其关系表达如式(3.13)所示,且当温度压强一定时,吸光系数通常认定为常数。在红外吸收光谱分析中主要的干扰源是 CO_2 和 H_2O,它们的吸收峰主要分布在中红外波段,其吸收峰很多且与 SF₆ 分解组分的吸收峰有重叠,在其出峰波段不能用于组分分析,所以进行 SF₆ 分解组分红外检测时要避开或减小其干扰。SF₆ 分解组分红外检测分析中可选择 SF₆ 或者对红外无吸收的高纯 N_2 作为背景气体,分别采用这两种背景气体的 SF₆ 分解气体红外吸收谱图如

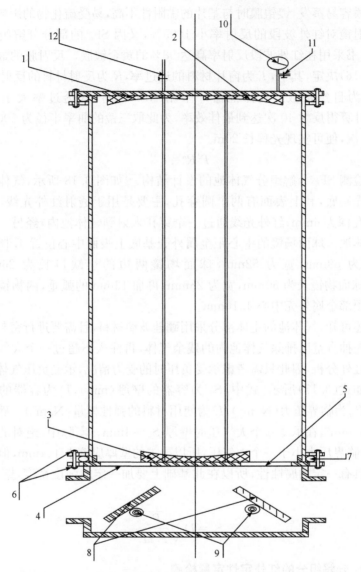

图 3.18　气体池设计结构图

1-M_1 镜；2-M_2 镜；3-M_3 镜；4、5-KBr 窗片；6-内六角螺钉和螺母；7-密封圈；

8-入射、出射镜；9-调节螺母；10-真空表；11-出气阀门；12-进样阀门

图 3.19 所示。图中 4 个吸收峰分别为特征组分 SO_2F_2 和 SOF_2 的吸收峰[14,16]，图中可见，以 SF_6 作为背景气体得到的光谱图与以 N_2 作为背景气体得到的光谱图相比有如下优点：基线漂移小、受 CO_2 和 H_2O 的干扰峰影响小（图 3.19 中以 N_2 作为背景气体测得的红外吸收光谱图中的小峰均为 H_2O 的吸收峰）、信噪比高、峰的对称性好、可以准确地进行组分定量分析。为此，本书用于定量分析的红外吸收

光谱图均以纯 SF₆ 作为背景气体测得。

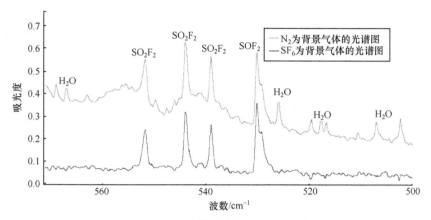

图 3.19　不同背景气体的吸收光谱

每一种物质都有其特定的吸收波数(或者吸收特征频率)。SF₆ 气体及部分放电分解组分的吸收峰波数如表 3.12 所示,可以看出,吸收峰的波数位置大都处在 $2000 \sim 480cm^{-1}$ 内。

表 3.12　SF₆ 及部分分解组分的典型吸收波数

组分种类	波数/cm⁻¹
SOF_2	530、1330、1340
SO_2F_2	539、544、552
SOF_4	752、829.7
SO_2	1132、1167、1360
SF_4	746
CF_4	1280、1283
HF	3644
CO	2169
SF_6	610、946、1270、1595、1720

由表 3.12 可看出,SF₆ 存在较多的吸收峰。由式(3.11)可知,多原子分子红外吸收谱图是分子转动吸收和振动吸收共同作用的结果,光谱形状为一个吸收谱带而不是一条吸收线。在上述 $610cm^{-1}$、$946cm^{-1}$、$1270cm^{-1}$ 等几个波数为中心处,SF₆ 存在着密集的吸收带,导致这些波段不能用于其他气体的红外分析,因此红外检测分解组分时应尽量避开 SF₆ 吸收带的影响。

此外,实验室采用标气,测得 SF₆ 几种主要分解特征组分(SO₂F₂、SOF₂、SO₂和 CO)的标准红外吸收光谱图[17]如图 3.20 所示。图 3.20 中的小图均为大图中圆圈部分的放大图,图 3.20(a)和(b)中除圆圈外的其他吸收峰为 SF$_6$ 吸收峰,这是标气制作过程中残余的 SF$_6$ 造成的。其中,SO$_2$F$_2$ 和 SOF$_2$ 的吸收光谱、吸收峰清晰可辨,能够比较直观地获取谱图信息;SO$_2$ 与 CO 的吸收谱图是一系列线状吸收峰,区分不太明显,SO$_2$ 吸收谱带比 CO 稍微稀疏,容易观察。

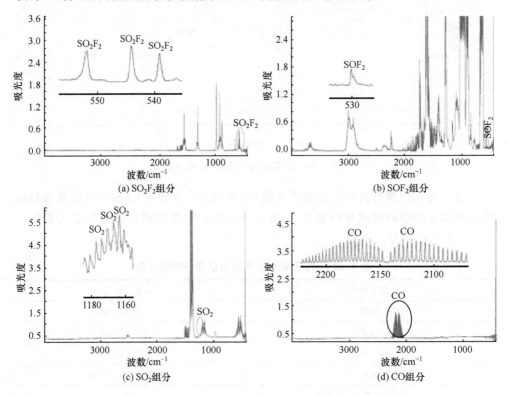

图 3.20　SO$_2$F$_2$、SOF$_2$、SO$_2$ 和 CO 组分标准红外光谱图

　　红外检测定量主要是依据其特征吸收峰值或峰面积与气体浓度之间具有良好的线性特性,只要保证朗伯-比尔定律的吸光系数为常数,便可很好地进行组分的定量分析。一种物质不只在一个波长处出现红外吸收,因此对应有多个红外吸收系数,在定量计算时需要选取一个最优特征峰来计算其吸光系数,其要求是吸收峰有很好的独立性和对称性,即峰无重叠现象,吸收峰两侧对称。基于此原则,选取 SO$_2$F$_2$、SOF$_2$、SO$_2$、CO 四种气体的最优峰频率分别为 544cm^{-1}、530cm^{-1}、1169cm^{-1}、2169cm^{-1}。由朗伯-比尔定律式(3.13),可得吸光系数的计算过程为

$$a = A/(bc) \tag{3.18}$$

　　吸光系数是波长、气压、温度的函数[18-20]。在 3 个不同温度下，检测气压为 100kPa 时，对浓度为 22ppm 的 SO_2F_2 标准气体进行红外检测，每一温度下测 4 组光谱图，计算得 SO_2F_2 最优峰的峰值和面积，如表 3.13 所示。

表 3.13　不同温度下红外检测误差

温度/℃	面积和峰值	1 组	2 组	3 组	4 组	相对误差/%
25	面积	0.131	0.131	0.133	0.134	1.3
	峰值	0.544	0.541	0.551	0.556	1.5
27	面积	0.130	0.131	0.129	0.130	0.8
	峰值	0.544	0.534	0.539	0.538	1.0
29	面积	0.129	0.130	0.129	0.130	0.4
	峰值	0.537	0.541	0.537	0.538	0.5

　　比较发现，在同一温度和检测气压条件下，用最优峰的面积和峰值作为特征量进行定量，相对误差均小于 1.5%，且利用吸收峰面积定量时的误差小于利用吸收峰峰值定量。因此，采用最优峰面积来进行定量计算，选取实验定量温度为 27℃，此时相对误差小于 0.8%。

　　利用上述四种标准气体的浓度，根据式（3.18）计算出 SO_2F_2、SOF_2、SO_2 和 CO 在 4 个最优频率处的吸光系数分别为 2.909×10^{-4}、1.039×10^{-4}、4.004×10^{-5} 和 2.715×10^{-5}。利用计算出的四种特征组分的吸光系数和红外吸收光谱图中对应最优峰的峰面积便可以计算出相应 SF₆ 分解组分的浓度。图 3.21 所示为采用红外吸收光谱法检测的 SF₆ 在 5 个不同局部放电量作用下发生分解所生成的分解特征组分 SOF_2、SO_2F_2、SO_2 和 CO 浓度随放电时间的变化趋势图。

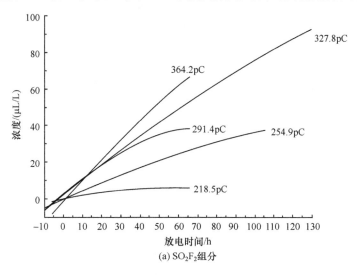

(a) SO_2F_2 组分

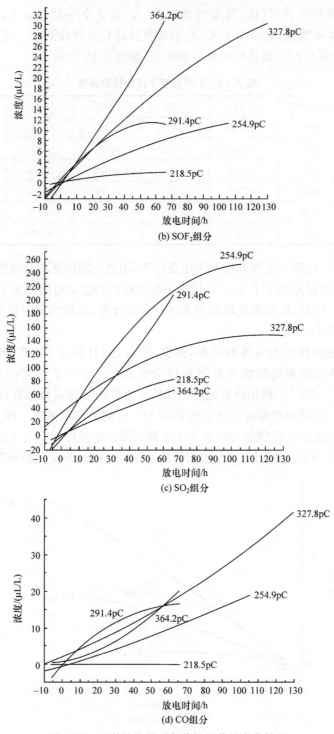

图 3.21 五种放电量下各分解组分的变化情况

综上所述,利用红外吸收光谱法可以实现对 SF₆ 分解组分进行定性定量检测,且该方法具有检测速度快、可检测组分种类多、检测精度高、抗干扰能力强、使用寿命长、样品不需要前处理、吸光度和组分浓度线性特性好等优点。

3.4　光声光谱检测法

光声效应由贝尔(Bell)于 1880 年发现[21]。但之后由于光源技术及声传感器技术的不足,发展一度陷入停滞状态。直到 20 世纪 60 年代,随着激光器和高灵敏度微音器的出现,该技术才得到了较快的发展。气体光声光谱(photoacoustic spectrometry,PAS)检测技术是一种基于光声效应的微量气体检测技术,它具有高灵敏度、多组分检测、检测快速、精度高、不消耗样气、抗干扰能力强、适合在线检测等优点,在 SF₆ 分解组分在线监测领域有着广阔的应用前景。

3.4.1　光声光谱检测的基本原理

SF₆ 分解组分光声光谱检测法是利用 SF₆ 分解组分光声效应检测其组分浓度的一种光谱技术[22]。光声池内的气体分子吸收红外光被激发到高能态,由于高能态不稳定,被激发的气体分子会通过自发辐射跃迁或无辐射跃迁回到低能态。在后一个过程中,气体分子的能量可转化为分子的平动和转动动能,宏观上表现为气体温度的上升。当体积一定时,温度升高会使气体压力增大。如果对入射光源进行调制,使其强度呈周期性的变化,光声池内的气体温度会以相同的频率变化。从而使得气体压力呈现同样周期的变化。当调制频率在声频范围内时,便会产生声信号。气体光声信号的检测过程如图 3.22 所示,主要包括以下四步。

(1) 气体分子吸收特定波长的红外光,由基态跃迁至激发态。

(2) 处于激发态的气体分子通过无辐射的弛豫现象,即分子间的碰撞,将吸收的光能量转换为分子的平动动能,宏观上表现为气体温度上升。当气体体积一定时,温度上升,气体压强会增大。

(3) 如果以一定的频率对入射光强度进行调制,气体压强便会出现与调制频率一致的周期性变化。当调制频率处于声频范围内时,就会产生声信号。

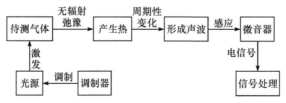

图 3.22　气体光声信号的检测过程

(4) 通过高灵敏度的微音器接收声信号,并转换为与声压成正比的电信号输出,供外部分析处理。

由此可见,气体光声信号的产生和检测是一个复杂的光、热、声、电等有机结合的能量变换过程,气体分子对光强的吸收遵循朗伯-比尔定律,不同波长光线的照射下产生的光声信号强度不同,反映光声信号强度与光线波长关系的谱图称为光声光谱。因此,深入分析气体分子光声效应的能量转换机制,对光声池的设计、分析光声信号的影响因素和提高光声检测灵敏度是至关重要的。气体分子光声效应的产生过程(包括热的产生和声场的激发)分如下两个步骤。

1. 热的产生

气体分子的无辐射弛豫过程产生的热 H 可以用基于能级粒子数密度的方法来分析和推导[23],结果如下:

$$H = N\sigma I_0 = \alpha I_0 \tag{3.19}$$

式中,$\alpha = N\sigma$ 是气体分子的吸收系数;I_0 表示入射光光强。

式(3.19)是光声光谱学中研究一般条件下热产生的基本公式,它适用于光调制频率为千赫兹左右。在特定入射光波长下,如果吸收截面 σ 已知,则可通过 H 的强弱来确定气体的浓度 N。

2. 声场的激发

在密闭的光声腔中,气体分子吸收调制光能形成热功率密度源 H。根据气体定律[24],该功率密度源将激发出声波。假设腔内气体为理想气体,不考虑光声池中声能的损耗,则由 H 所激励的理想气体在时域中的含源波动方程为

$$\nabla^2 p(\boldsymbol{r},t) - \frac{1}{v^2}\frac{\partial^2 p(\boldsymbol{r},t)}{\partial^2 t} = -\frac{(\gamma-1)}{v^2}\frac{\partial H(\boldsymbol{r},t)}{\partial t} \tag{3.20}$$

式中,$\boldsymbol{r}$ 为位移矢量;v 为光声池内的气体声速;$\gamma = C_p/C_v$ 为气体的热容比,其中 C_p、C_v 分别为定压摩尔热容和定容摩尔热容。

对于一个长度为 L_c、半径为 R_c、两端开口的圆柱形光声池,考虑其边界条件可得简正模式 $p_j(\boldsymbol{r})$ 的表达式为[25,26]

$$p_j(\boldsymbol{r}) = {}^{\cos}_{\sin}(m\theta) J_m\left(\frac{\pi\alpha_{mn}}{R_c}r\right)\sin\left(\frac{q\pi}{L_c}z\right) \tag{3.21}$$

式中,简正模式 $p_j(\boldsymbol{r})$ 的简正频率 f_j 可表示为

$$f_j = f_{qmn} = \frac{\omega_j}{2\pi} = \frac{v}{2}\sqrt{\left(\frac{\alpha_{mn}}{R_c}\right)^2 + \left(\frac{q}{L_c}\right)^2} \tag{3.22}$$

J_m 为第一类贝塞尔(Bessel)函数;α_{mn} 为第 m 阶贝塞尔函数的第 n 个根;q、m、n 分别称为简正模式 $p_j(\boldsymbol{r})$ 的纵向、角向、径向特征值[27],这些特征值刻画了光声池中

声场的分布特征。图 3.23 给出了两端开口圆柱形光声池中几个低阶简正模式 $p_j(\boldsymbol{r})$ 的声场分布情况。

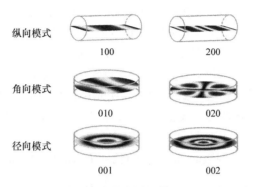

图 3.23　圆柱形光声池各谐振模式下的声场分布

　　考虑声能损耗后,通过进一步的简化和推导,优化光声池的结构设计,当使得光声池工作在简正模式 $p_j(\boldsymbol{r})$ 上,即调制角频率 ω 与简正角频率 ω_j 相等时,在光声池的 $\boldsymbol{r}_M$ 处的声场为

$$p(\boldsymbol{r}_M, \omega_j) = -(\gamma-1)\frac{Q_j}{\omega_j}\frac{L_c}{V_c} I_j p_j(\boldsymbol{r}_M)\alpha P_0 \tag{3.23}$$

式中,$-(\gamma-1)\dfrac{Q_j}{\omega_j}\dfrac{L_c}{V_c} I_j p_j(\boldsymbol{r}_M)$ 与光声池的品质因数、调制角频率、大小等因素有关,与气体分子的吸收系数、入射光功率无关,故可把这部分看成光声池的一个特性参数,称为池常数 C_{cell}:

$$C_{\text{cell}} = -(\gamma-1)\frac{Q_j}{\omega_j}\frac{L_c}{V_c} I_j p_j(\boldsymbol{r}_M) \tag{3.24}$$

式中,Q_j 为简正模式 $p_j(\boldsymbol{r})$ 的品质因数。品质因数 Q 是光声池常数的一个重要参数,从能量的角度来看,它的大小反映了光声池中声能积累与散失的能力,Q 值越大,光声池对声波的共振性能就越强[28]。影响 Q 值的主要因素是被测气体的黏滞性与导热性共同引起的体损耗和面损耗[29],其表达式为

$$\frac{1}{Q} = \frac{1}{Q_{\text{suf}}} + \frac{1}{Q_{\text{vol}}} \tag{3.25}$$

式中,Q_{suf} 为面损耗引起的品质因数,可表示为

$$Q_{\text{suf}} = \frac{R_c}{d_v + (\gamma-1)d_h(1+2R_c/L_c)} \tag{3.26}$$

式中,d_v 为黏性边界层厚度,又可称为黏滞系数;d_h 为热边界层厚度,又可称为热传导系数。

　　Q_{vol} 为体损耗形成的品质因数,可表示为

$$\frac{1}{Q_{vol}}=\frac{\omega}{2v^2}\left[\frac{4\eta}{3\rho_0}+(\gamma-1)\frac{K}{\rho_0 C_p}\right] \tag{3.27}$$

式中,ω 为光调制角频率;η 为黏滞系数;ρ_0 为光声池内气体的密度;K 为导热率。

对于纵向共振光声池,当池中气压不小于 $0.01\mathrm{MPa}$ 时,Q_{vol} 要比 Q_{suf} 小两个数量级,因而 $Q\approx Q_{suf}$。光声信号 S 的表达式可以简化为

$$S=S_m p(r_M,\omega_j)c=(S_m C_{cell}P_0\alpha)c \tag{3.28}$$

式中,S_m 是微音器的灵敏度。式(3.28)表明光声信号幅值与气体分子的吸收系数 α、入射光功率 P_0、气体浓度 c 成正比,是气体光声光谱检测的重要公式。

由于光声池工作于共振模式时,一定会存在端部效应[30]。在理论上,计算光声池的谐振频率和品质因数时,谐振腔的长度 L_c 需要进行如下修正:

$$L_{eff}=L_c+\frac{16}{3\pi}R_c \tag{3.29}$$

3.4.2　光声检测装置的研制与参数测试

1. 光声光谱检测系统的构成

红外气体光声检测系统包括单色光源、斩波器、光声池、微音器及信号处理单元。实验室构建的光声检测装置如图 3.24 所示。其中红外光源可发射 $0.6\sim 25\mu m$ 的宽频红外光,斩波器用于调制入射光使其强度周期性变化,滤光片轮由步进电机控制,每个滤光片用于过滤一种待测气体特征频率的红外光,光声池是光声转换的场所,微音器将声信号变换为电信号并输出,锁相放大器 SR830 提取微音器输出电信号中特定频率(斩波器调制频率)信号,滤除其他频率信号(包括噪声)。

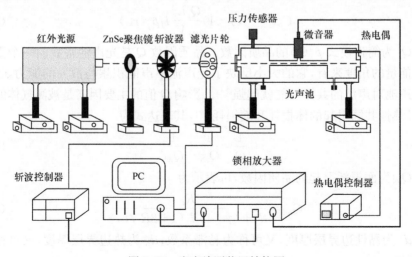

图 3.24　光声检测装置结构图

2. 光源的选择

利用光声技术检测微量气体浓度,要求使用单色光源且功率足够大。单色光源可以是带宽极窄的激光光源,也可以用连续光谱光源配合滤光器件实现。选择光源时需要遵循的原则是入射光波长必须与被测气体的吸收谱线一致,并且要求避开其他组分吸收谱线的重叠区域。

红外光源包括激光光源和宽频红外光源,激光光源功率大且单色性良好,在痕量气体检测中的应用非常广泛,但 SF_6 放电分解组分的红外吸收谱线主要集中在 $2\sim20\mu m$ 的中红外区域,详见表 3.14。目前常用激光器输出波长通常在 $2\mu m$ 以下,难以满足检测要求,故本书采用宽频红外热辐射光源,能够提供满足检测要求的宽频红外光谱和入射光功率。宽频红外光源型号为 GY-3 型,发光光谱频带的范围为 $0.6\sim25\mu m$,可覆盖 SF_6 分解组分吸收峰的范围。此外,GY-3 型宽频红外光源采用特殊的线绕红外发光体,并在其表面涂有稳定性较好的膜层材料,不仅增强了系统的稳定性和可靠性,也有效地延长了使用寿命,其主要参数见表 3.15。

表 3.14　SF₆ 及其分解组分的典型吸收峰

气体种类	波长/μm
SO_2	7.352、18.881
CF_4	4.574、7.794
SOF_2	7.463、18.868
CO_2	4.267、4.292
SOF_4	13.298、17.544
HF	2.708、2.744
SF_6	6.410、7.936、10.526、11.628、16.393

表 3.15　GY-3 型红外光源主要参数

型号	工作电压/V	工作电流/A	焦距/mm	光面温度/℃	光谱范围/μm
GY-3	5	11	130	1150	0.6~25

3. 滤光片的选择

由于 SF_6 分解组分种类繁多,绝大多数组分为不常见气体且含量较低。于是在利用光声光谱检测 SF_6 分解组分时,要求系统具有良好的选择性。由于不同物质的红外吸收特征峰不同,而为红外辐射光源产生的是连续光谱,所以需要在检测不同组分时,选择该组分所对应的特征频率的滤光片进行分光,以达到检测的目的。

根据 HITRAN2004 数据库[31] 绘制出了 SF_6 主要分解特征组分 SO_2、CO_2、CF_4 以及 SF_6 背景气体的主要红外吸收光谱图,如图 3.25 所示。

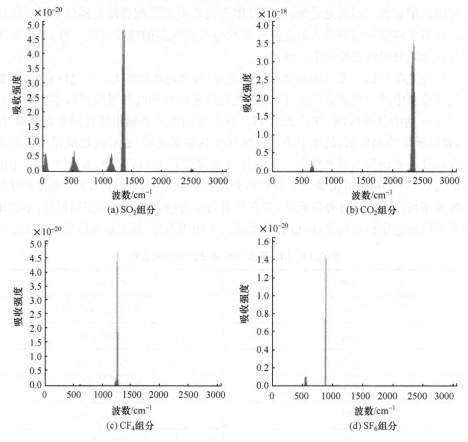

图 3.25　SF_6 主要分解特征组分的主要红外吸收光谱图

由图 3.25 可见,各气体在波数 $500\sim2500\mathrm{cm^{-1}}$ 范围内都有若干吸收频带,每个吸收频带中都包含多个吸收峰。SF_6 的吸收频带与各特征气体的吸收频带重叠部分较少,使得在以 SF_6 为背景气体进行光声检测实验时,特征气体的光声信号不会受到太大的影响。但是 SO_2 与 CF_4 在波数 $1000\sim1500\mathrm{cm^{-1}}$ 频带内有部分重叠,SO_2 与 CO_2 在波数 $2000\sim2500\mathrm{cm^{-1}}$ 频带内有部分重叠,故三种气体在光声检测时,会存在一定的交叉响应问题。综合考虑各特征气体的红外光谱吸收特性,以吸收系数尽量大、吸收频带重叠尽量小为原则,本书选取 SO_2、CO_2 和 CF_4 气体特征吸收峰如表 3.16 所示。根据所选定各 SF_6 分解组分的特征峰,确定相应的滤光片,表 3.17 给出了对应各分解组分的滤光片参数。

表 3.16　SF₆ 局部放电下分解组分特征频谱

特征气体	分子量	特征波数/cm⁻¹	特征波长/μm
SO₂	64	1360	7.353
CO₂	44	2347	4.260
CF₄	88	1283	7.794

表 3.17　滤光片参数

待测气体	中心波长/nm	半宽/nm	透过率/%	截止范围/nm
SO₂	7350	120	>85	400~11000
CF₄	7780	120	>85	400~11000
CO₂	4260	120	>80	400~11000

4. 光声池的结构设计与参数测试

光声池是产生光声效应的场所,也是整个检测装置的关键部件,其性能优劣直接决定了系统的检测灵敏度[32],故必须结合实际应用背景,对光声池的材质、结构和尺寸等参数等进行优化设计。一般光声腔分为非谐振式和谐振式。非谐振式光声腔将气体密封在腔室中,腔内声压分布与空间位置无关,同一时刻各处压力相等,此类光声腔需要密封并且灵敏度较低。在谐振式光声腔中,当入射光的调制频率和光声腔的谐振频率相同时,光声腔内将形成驻波,使光声信号得到谐振增强,其腔体不需要密封,且较高的调制频率可有效抑制低频噪声的影响,信噪比更好。由于谐振式光声腔具有制作简单、实用、灵敏度高等特点,在痕量气体分析和泛频测量等应用中,多采用谐振式光声腔。

常见的声学谐振腔有赫姆霍兹谐振腔、空穴式谐振腔和一维谐振腔。其中赫姆霍兹谐振腔的谐振放大倍数小,不适合气体检测,通常用于消声器和扩音器。空穴式谐振腔的截面尺寸与声波波长相当,其驻波形式和谐振频率依靠腔体的形状和尺寸。一维谐振腔的截面尺寸远小于声波波长,声波信号只沿谐振腔长度方向变化。

设计用于多组分气体检测的光声池主要需要考虑以下几点。

(1) 大的信噪比,光声池与外界环境噪声尽量隔绝以保证在噪声环境下测量的可行性。

(2) 池壁对气体的吸附与解析率要小,减小入射光与光声腔内表面的直接作用,以减小背景噪声。

(3) 可以测量连续流动的气体。

(4) 体积越小越好(但必须考虑组装问题),以增加光声信号的强度。

(5) 密封性好,以便长期实验,涉及接触密封圈的部分要尽量光滑,以利于气体密封。

　　基于光声效应的基本原理,以提高光声信号的信噪比为目的,设计出了用于检测 SF₆ 分解组分的光声池[33],其内部具体结构如图 3.26 所示。本书设计的光声池采用纯铜材料,为一阶纵向共振光声池,由式(3.22)、式(3.24)和式(3.26)可知,光声池谐振腔的长度和半径直接影响光声池的共振频率、池常数和品质因数。综合考虑各因数,进行最优化设计,本书谐振腔的长度和半径分别选择为 100mm 和 4mm。为减小池内壁吸收红外光产生的噪声,对光声池内部进行了抛光处理。谐振腔两端为缓冲室,用来减小窗口片吸收红外光产生的噪声,理论研究表明,缓冲室的长度为谐振腔长度的 1/2 且半径大于谐振腔半径的 3 倍时,有最好的去噪效果[34],故缓冲室长度设计为 50mm,直径为 40mm。

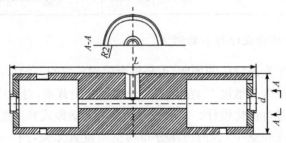

图 3.26　光声池剖面示意图

　　光声池的参数测试包括共振频率和品质因数的测试。光声池共振频率的测试方法是向光声池中充入 990×10^{-6} 的 SO₂ 标准气体(各标准气体背景气体都为 SF₆,故共振频率相同,这里以 SO₂ 为例进行测试),保持光声池内 20℃ 恒温和 0.1MPa 气压,锁相放大器积分时间设定为 1s,然后调节斩波频率,在不同频率下进行光声检测实验,当光声信号(PAS)达到最大时,此时的斩波频率即为共振频率。

　　将实验所得的数据采用洛伦兹线性函数拟合,结果如图 3.27 所示。由此可得,共振频率为 1036Hz,与用式(3.22)计算出的理论值 1120Hz 相比,其相对误差为 7.5%。共振频率的实测值与理论值存在误差的原因主要在于光声池在加工过程中,其结构尺寸不可避免地存在误差,声波的传播速度会受到温度、湿度等因素的影响,理论计算所采用的声速与实际声速存在误差。

　　因为本书设计的光声池为一阶纵向共振光声池,且实验中光声池气压为 0.1MPa,故品质因数 Q 主要由面损耗引起,其理论计算式如式(3.26)所示,计算出的品质因数理论值为 50.3。品质因数 Q 的实际值可利用频率响应曲线计算[35]:

$$Q = \frac{f_0}{\Delta f} \tag{3.30}$$

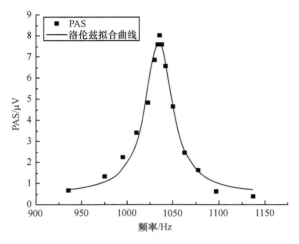

图 3.27　频率响应曲线

式中，f_0 是谐振峰值所对应的频率；Δf 是 $1/\sqrt{2}$ 谐振峰高处的全线宽。根据图 3.27 所示的曲线，光声池的一阶纵向共振频率 $f = 1036\,\mathrm{Hz}$，全线宽 $\Delta f = 22\,\mathrm{Hz}$，计算可得光声池的品质因数实际值 $Q = 47.1$。实测值不同于理论值的原因在于光声池在加工过程中，结构尺寸存在误差，光声池的内壁抛光不够理想，增加了声能损耗。

3.4.3　SF₆ 分解组分的光声检测定量检测

1. 光声信号与气体体积分数的关系

配置一定数量不同体积分数的 SO_2、CO_2 和 CF_4 标气，依次对各气体进行检测，对获取的数据进行一元线性回归拟合，得到的气体体积分数与光声信号幅值的关系如图 3.28 所示。由此可以看出，三种特征气体光声信号幅值与体积分数遵循线性关系，与式(3.28)表示的光声信号幅值与气体体积分数的关系相符。当气体体积分数为 0 时，光声信号值并不为 0，其原因在于光声检测过程中实验平台背景噪声和实验背景气体微弱红外吸收的影响。

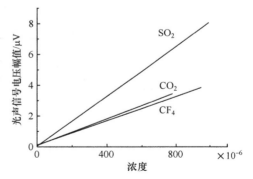

图 3.28　光声信号与特征气体体积分数关系

2. SO₂、CO₂ 和 CF₄ 的最低检测限

光声光谱技术检测气体组分的最低检测限主要受系统背景噪声和背景气体微弱红外吸收的限制。背景噪声的主要来源有斩波器振动、窗口片和池内壁光吸收所引起的相干噪声、电磁噪声、气体分子布朗运动噪声和环境噪声等。对于背景气体的红外吸收可看作固定噪声来处理。

为测定光声检测系统的噪声水平,本书在光声池内充满高纯度 SF₆ 气体的条件下进行实验,其他实验条件与前述相同,具体做法是在 3min 内每隔 10s 读数一次,对该段时间范围内的系统噪声测量结果进行统计分析,所得噪声水平用均值和方差表示,如表 3.18 所示。当信噪比 SNR＝1 时,利用 SO₂、CO₂、CF₄ 的光声信号与体积分数的线性关系计算得到特征气体最低检测限如表 3.18 所示[33]。

表 3.18　三种组分的最低检测限

特征气体	噪声均值/μV	噪声方差	最低检测限(×10⁻⁶)
SO₂	0.08	0.008	3.6
CO₂	0.12	0.012	5.7
CF₄	0.15	0.025	7.6

3.4.4　温度对 SF₆ 分解组分光声光谱检测特性的影响及其数学校正

1. 光声检测装置的改进

搭建的 SF₆ 分解组分光声检测系统能有效地检测出 SO₂、CO₂ 和 CF₄ 组分。为研究温度变化对光声检测的影响,本书改进了该系统的关键部件光声池[36],实现了温度自动控制,如图 3.29 所示。

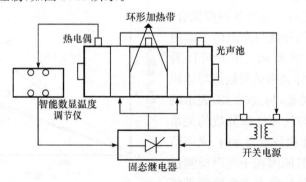

图 3.29　光声池自动控温系统图

光声池用环形加热带包裹,直流开关电源为其提供电源,根据光声池内所需实验温度设定加热回路开断的控制值,用热电偶温度传感器、智能数显温度调节仪、固态继电器组成的控制回路来自动控制环形加热带,以保证光声池内的温度稳定

在设定值。

2. 温度对共振频率和光声信号的影响

实验中向光声池内冲入 0.1MPa 的被测气体,将锁相放大器的积分时间设置为 1s,调节温度控制系统使光声池内的温度依次保持为 30℃、40℃和 50℃,同时分别将斩波器的斩波频率调节到 3 个温度下各特征气体的光声池共振频率,如表 3.19 所示。

表 3.19　三种特征气体不同温度下的光声池共振频率

特征气体	光声池共振频率/Hz		
	30℃	40℃	50℃
SO_2	1058	1075	1097
CO_2	1056	1078	1093
CF_4	1055	1074	1092

由式(3.22)可知,光声池的共振频率与光声池的大小和声传播速度有关。在光声池大小不变的情况下,声传播速度直接决定了共振频率的大小。当温度上升时,声波在气体中的传播速度会变大,即使光声池的共振频率增加。由表 3.19 中的实验室数据可看出,SO_2、CO_2 和 CF_4 的共振频率都随着温度的上升而增加,与理论分析相符,说明温度对光声池的共振频率影响较大。因此,在进行不同温度下的光声检测时,必须调制好光源的频率,使其与实验温度下光声池的共振频率相符,才能确保光声检测信号达到最大值,以提高检测灵敏度。

依次在 30℃、40℃和 50℃下对不同体积分数的 SO_2、CO_2 和 CF_4 标准气体进行光声检测实验,对实验获得的光声信号数据采用一元线性回归拟合,得到了气体体积分数与光声信号幅值的关系曲线随温度变化的情况[37],如图 3.30 所示。由此可以看出,光声信号值随着温度的上升而下降,说明气体组分的光声信号值具有负温度特性。

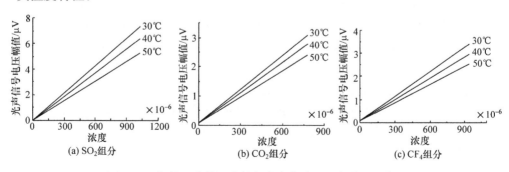

图 3.30　气体组分体积分数与光声信号随温度变化的特性

3. 光声信号温度影响特性的理论分析

式(3.28)表明光声信号值与微音器灵敏度、光声池常数、入射光的功率、气体吸收系数和气体体积分数有关。当微音器灵敏度、入射光功率和气体体积分数一定时,温度对光声信号的影响表现在其对光声池常数和气体吸收系数的影响。

1) 温度对光声池常数的影响

从前面的分析可知,光声池常数 C_{cell} 是光声池的一个重要特征参数。根据式(3.24)可知它的大小与光声池的体积、光调制角频率、品质因数等有关,而与被检测气体吸收系数和入射光功率无关,其中与光调制角频率成反比,与品质因数 Q 成正比。由于实验中光声池内的气压为 0.01MPa,故影响 Q 值的主要因素是检测气体的黏滞性与导热性共同引起的面损耗,其表达式为式(3.26)。由此可知,温度的变化将影响光声池的黏滞系数和热传导系数。当温度上升时,黏滞系数和热传导系数会增大,当温度下降时,黏滞系数和热传导系数会减小。根据式(3.26)可得出品质因数 Q 与温度呈反比关系,即温度越高,品质因数越低;同时,温度越高,光声池的共振频率越高,也即光调制角频率越高。故综合考虑其影响,温度越高,C_{cell} 越小,即光声池常数具有负温度特性。

2) 温度对气体吸收系数的影响

气体吸收系数 α 是体现气体分子对红外光吸收强弱的重要参数,也是反映气体分子在外界能量激发下分子转动、原子振动和电子运动等状态改变的外在特征,与分子结构和温度密切相关。因此,要讨论吸收系数与温度的关系,必须知道具体的分子吸收谱线和温度变化范围。由光谱学和量子力学理论可知[38,39],单位体积内气体单根吸收谱线的吸收系数 $\alpha(v)$ 可表示为

$$\alpha(v) = S(T)g(v)N_L P_a \frac{296}{T} \tag{3.31}$$

式中,v 为光吸收谱线波数;$S(T)$ 是与温度有关的线强度函数;N_L 为 Loschmidits 系数;P_a 为气体压强;T 为热力学温度;$g(v)$ 为光吸收谱线归一化的线性函数。

不同气体分子的线强度函数不同,温度对其吸收系数的影响也不相同,并且对于同一种气体分子,在不同的温度范围内,其吸收系数受温度的影响变化状况也不尽相同,式(3.31)中吸收系数的函数关系很复杂,且气体分子在某一波长的吸收系数是由相互重叠的 n 条谱线在该波长处的共同作用的叠加,故直接根据式(3.31)要准确计算出吸收系数很困难。本书根据气体分子热运动理论,对温度影响气体分子吸收系数情况进行了假设性的推断,即温度越高,气体分子之间的碰撞越激烈,可以使一些气体分子的电子被激发到高能态,以致不能再吸收红外光,也就是说单位体积的气体分子能吸收红外光的分子数减少,即温度升高,气体分子的吸收系数变小,也具有负温度特性。

总之,在 $30 \sim 50℃$ 的温度范围内,光声池常数和 SO_2、CO_2 和 CF_4 在本书所选择红外吸收谱线上的吸收系数都具有负温度特性,从而使得三种气体组分光声信号值随着温度的增加而减小[37]。

4. 光声信号温度影响的校正模型

在利用光声检测法对 SF_6 分解组分进行实测时,光声池内部温度往往会不同,只有对温度的影响做必要校正,才能将不同温度下的检测数据进行相互比较,从而实现对 SF_6 气体绝缘设备内部故障的正确判断。

根据光声信号随温度变化的规律和基于最小二乘法的拟合原则,构建出一种微量气体的光声检测信号温度校正模型,对获取的实验数据用迭代算法进行校正计算[37]。为此,首先建立微量气体体积分数与光声信号之间的关系式,其次,建立光声信号随温度变化的趋势与气体体积分数的关系。

1) 构建校正模型

温度校正模型是以 $30℃$ 时的气体光声信号与体积分数的关系直线为基础,将其他温度下所检测的光声信号变换到此温度下的对应值,从而计算出气体体积分数。在 $30℃$ 时,气体体积分数与光声信号值呈线性关系,可表示为

$$C = g(V_p) = a_1 V_p + a_0 \tag{3.32}$$

式中,a_1 和 a_0 是由实验数据拟合得到的常数。

根据图 3.30 中的实验数据,当气体体积分数一定时,随着温度的升高,气体光声信号逐渐减小,且近似呈线性关系,其变化的斜率记为 k_c。当气体体积分数发生变化时,由于温度对气体光声信号的影响不同,故 k_c 会随气体体积分数的变化而变化,通过对 k_c 与气体体积分数 C 之间关系的数据拟合,可以得到,k_c 与 C 之间也近似呈线性关系,即

$$k_c = f(C) = b_1 C + b_0 \tag{3.33}$$

式中,b_1 和 b_0 可由实验数据的拟合结果确定。

因环境温度的变化导致气体光声信号产生的变化量可用如下所示的数学模型来表示:

$$\Delta V_{pt} = V_{pt} - V_p = k_c(t - t_0) = f(C)(t - t_0) \tag{3.34}$$

式中,t_0 为参考温度;t 为实测时的环境温度。

温度校正模型的关键是将实测的光声信号 V_{pt} 修正到参考温度下的光声信号 V_p,再通过式(3.32)计算出实际气体体积分数。

由式(3.34)可知,要计算 ΔV_{pt} 就必须知道气体体积分数,但气体体积分数未知,故只能采用迭代法求解以得到修正后的结果。迭代求解过程如图 3.31 所示。

图中迭代初值 V_1 为光声信号实测值 V_{pt},V_2 为校正后光声信号值 V_p。当满足迭代精度 e 的要求时,即可得到修正后的光声信号值 V_p,通过式(3.32)可计算

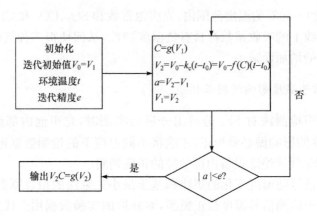

图 3.31　温度校正模型流程图

出气体体积分数。迭代算法的应用原理在于如果校正后的 V_1 在数值上是参考温度下的光声信号值,则 C 就是气体体积分数的真实值,根据式(3.34)计算出的 V_2 也是光声信号值,此时 $V_1=V_2$,故 $V_1=V_2$ 是判断校正结果是参考温度下的标准值的必要条件。为此,首先根据光声信号实测值计算出一个初始气体体积分数,然后由该体积分数计算出第一次校正后的信号值,通过不断循环校正计算,当前后两次校正结果的差值在迭代精度范围内时,可近似得到 $V_1=V_2$,此时的校正结果近似等于参考温度下的标准信号值。

　　2)SO_2、CO_2 和 CF_4 的模型参数获取与验证

　　通过对图 3.30 中的实验数据进行拟合,得到温度校正模型所需的各种参数如表 3.20 所示。

表 3.20　气体组分温度校正模型参数

特征气体	a_1	a_0	$b_1(\times10^{-5})$	$b_0(\times10^{-4})$
SO_2	140.85	−5.57	−9.85	−16.2
CO_2	258.40	−22.03	−4.35	−9.84
CF_4	284.90	−27.99	−4.55	−3.09

　　为了验证该模型的可信性,本书对未知体积分数的 SO_2、CO_2 和 CF_4 气体在任意三种温度下(本书选取 35℃、45℃、55℃)进行光声检测实验,将检测结果输入上述温度校正模型,并用上述提出的迭代算法进行校正计算,要求迭代精度 e 不大于 10^{-5},再把校正计算结果与参考温度 30℃ 时的检测结果相对比,如表 3.21 所示。从表 3.21 中可以看出,经过温度校正模型的校正,任意温度下,SO_2、CO_2 和 CF_4 微量气体的光声信号与参考温度下标准光声信号的误差最大不超过 4%,这一结果说明该温度校正模型是有效的,能够应用于受温度变化影响的光声信号

校正[37]。

表 3.21　气体组分的温度校正效果

组分	实测温度/℃	标准信号/μV	实测信号/μV	校正信号/μV	误差/%
SO_2	35	1.96	1.79	1.93	1.53
	45	1.96	1.58	2.02	3.06
	55	1.96	1.23	1.92	2.04
CO_2	35	1.33	1.24	1.31	1.50
	45	1.33	1.08	1.29	3.00
	55	1.33	0.99	1.38	3.76
CF_4	35	2.31	2.19	2.34	1.30
	45	2.31	1.83	2.25	2.59
	55	2.31	1.56	2.27	1.73

3.5　气敏传感器检测法

　　虽然气相色谱法、气相色谱/质谱联用法、红外检测法和光声光谱检测法在测量 SF₆ 分解组分含量时具有较高的精度和灵敏度,但是,其也存在着一定的缺点,如造价高、需要进行色谱分离、系统复杂等问题。而利用化学气敏器件来检测 SF₆ 分解气体组分则不存在这些问题,它具有检测速度快、效率高,可以与计算机配合使用从而实现自动在线检测诊断等突出优点。传统的气敏传感器大致可以分为半导体气敏传感器、接触燃烧式气敏传感器和电化学气敏传感器等,其中常用于检测 SF₆ 分解组分的是电化学气敏传感器。

　　随着工业生产和环境检测的迫切需要以及纳米技术的发展,纳米气敏传感技术成为传感技术领域的研究热点。纳米技术的发展为传感器提供了优良的敏感材料,如零维的纳米粒子、一维的纳米管、二维的纳米薄膜等。其中纳米管(包括碳纳米管、二氧化钛 TiO_2 纳米管等)气敏传感器具有丰富的孔隙结构、大的比表面积、优异的吸附性能,对气相化学组分有很强的吸附和解吸能力,作为微型气体传感器得到广泛研究[40-42]。这些为 SF₆ 分解组分的检测都提供了更为广阔的研究思路。

3.5.1　传统电化学气敏传感器检测 SF₆ 分解组分

　　电化学气敏传感器的基本工作原理是被测气体通过与传感电极发生反应并产生与气体浓度成正比的电流信号。该电流会在正极与负极间流动,通过检测该电信号便可确定被测气体的浓度[43]。典型的电化学传感器由传感电极(或工作电极)和反电极组成,并由一个薄电解层隔开。被测气体首先通过微小的毛管型开孔与传感器发生反应,然后通过憎水屏障,最终到达电极表面。采用这种方式使适量气体与传感电极发生反应,以形成充分的电信号,同时可以防止电解质漏出传感器。穿过屏障扩散的气体与传感电极发生反应,被测气体在传感电极发生的反应既可以采用氧化机理,也可以采用还原机理,具体的这些反应主要取决于被测气体。

目前,国内外采用电化学气敏传感器可以检测的 SF₆ 分解气体主要是比较常见的气体如 H₂S、HF 和 SO₂,而对重要的气体组分 SO₂F₂、SOF₂、SF₄、SOF₄ 和 CF₄ 则无能为力。另外,电化学气敏传感器在检测 SF₆ 分解组分时也存在组分间的干扰问题,如 H₂S 传感器会对 SO₂ 有响应,检测 SO₂ 的传感器也会对 SOF₂ 有一定的响应,检测 HF 的传感器使用寿命短等。当前,各电力公司现场检测 SF₆ 分解组分的主要手段就是利用气敏传感器对 H₂S、HF 和 SO₂ 等常见气体进行检测,如要对分解组分进行更深一步的检测则需要现场采集样气,再送回实验室采用气相色谱或气相色谱质谱分析。

文献[44]介绍了一种采用 JH3000-4 型 SF₆ 分解产物检测仪,对 SF₆ 在 GIS 中三类常见的放电模型即金属突出如放电模型、悬浮放电模型以及沿面放电模型 PD 作用下的分解特性进行了测试。JH3000-4 型 SF₆ 分解产物检测仪能够检测 HF 和 SO₂＋SOF₂,其核心传感器为电化学气敏传感器,检测精度为 0.1ppm。由电化学传感器检测得到的 SF₆ 在这三类常见绝缘缺陷模型中的 PD 分解特性如图 3.32 所示。从图 3.32 可知,电化学气敏传感器同样可以实现对 SF₆ 分解特性的检测,可以作为监测 GIS 等 SF₆ 气体绝缘装备的一种检测技术手段,其操作简便、价格低廉,具有一定的实用性。但是,由于对 SF₆ 分解现象的研究还处于起步阶段,检测相应的分解组分的气敏传感器还很少,目前只能检测 H₂S、SO₂ 等,且其自身还存在着一定的缺陷,还有大量的研发工作亟须广大研究人员持续攻关。

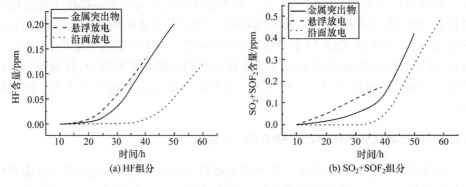

图 3.32　SF₆ 分解组分随放电时间变化趋势图

3.5.2　碳纳米管气敏传感器检测 SF₆ 分解组分

碳纳米管自 1991 年由 Iijima 发现以来[45]，以其独特的结构、优异的性能以及广阔的应用前景而引起科技界的广泛关注。碳纳米管（carbon nanotube，CNT）是由一层或者多层石墨片按照一定螺旋角卷曲而成的、直径为纳米量级的无缝管。仅有一层石墨片卷曲而成的称为单壁碳纳米管（single-wall carbon nanotube，SWNT），而有多层不同直径的单壁碳纳米管以同一轴线套装起来的称为多壁碳纳米管（multi-wall carbon nanotubes，MWNT）。图 3.33 是碳纳米管的结构模型。

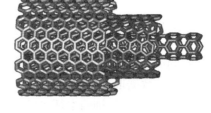

(a) 单壁碳纳米管侧面图　　　　　　　　　　(b) 多壁碳纳米管侧面图

图 3.33　碳纳米管结构模型

1. 碳纳米管气敏传感器的基本原理

单壁碳纳米管具有丰富的空隙结构，大的比表面积使其具有优异的吸附性能。当 SF₆ 分解气体分子被吸附到其表面时，在单壁碳纳米管和气体分子之间会形成杂化轨道，导致其表面能带弯曲，引起电荷的波动和转移，从而改变单壁碳纳米管的电荷分布，在宏观上表现出电阻率、电容等电学性质的改变。通过对电学参数的测定即可检测 SF₆ 分解气体的成分及浓度，因此这些性质使得单壁碳纳米管可作为良好的检测 SF₆ 分解气体微型传感器。针对检测的目标气体，可以采用特殊的修饰和掺杂处理来提高碳纳米管对其的响应程度和灵敏性[46]。单壁碳纳米管气体传感器具有的优点是为庞大的界面提供了大量气体通道，从而大大地提高了灵敏度。同时，传感器工作温度低，能在室温下工作。三是传感器尺寸小，应用方便。

2. 碳纳米管气敏传感器制备

检测 SF₆ 分解组分的碳纳米管传感器以印制电路板作为传感器的基底，基底上铜箔的厚度约为 $30\mu m$，在基底上蚀刻出叉指铜电极，电极间距 1mm，线宽 1mm，如图 3.34(a) 所示。然后将少量的单壁碳纳米管粉末放入无水乙醇中，加入活性剂，用超声振荡器将其分散，得到均匀的悬浊液后，取微量涂布在叉指电极之间，然后放置在烘箱 80℃ 下干燥，如此反复几次，制备出均匀致密、表面平整的单壁碳纳米管薄膜作为气敏膜[47,48]，如图 3.34(b)所示。

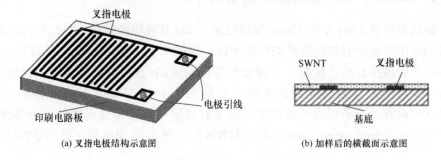

(a) 叉指电极结构示意图　　　　　(b) 加样后的横截面示意图

图 3.34　单壁碳纳米管传感器

3. 碳纳米管气敏传感器的响应特性

对 500ppm 的 SOF_2、SO_2F_2、SO_2 和 CF_4 标气在常温常压下分别进行多次实验，通过对实验数据取平均值，作出了经羟基修饰的单壁碳纳米管 SWNT-OH 气体传感器和未经任何修饰的本征单壁碳纳米管对四种标气在 0～8min 内的气敏响应曲线，横坐标为响应时间，纵坐标为电阻变化率，如图 3.35 所示。不难发现，SWNT-OH 传感器对气体组分的灵敏度比本征 SWNT 传感器的灵敏度高，响应时间短，SWNT-OH 对 SO_2 的灵敏度最高(3.2%)，响应时间最短(2min)且响应曲线呈负值增长。由于 SO_2 与 SWNT-OH 的前线轨道能量差最小，最容易与 SWNT-OH 发生吸附作用，且 SO_2 吸附在 SWNT-OH 表面导致 SWNT-OH 能隙减小，从而提高了 SWNT-OH 表面电子的转移能力，宏观上表现为 SWNT-OH 对 SO_2 的电流变化大，电阻变化率高，如图 3.35 所示。另外，由于 SO_2 分子中的 S 原子与—OH 上的 O 原子的 P 轨道部分趋于杂化，使 SO_2 与 SWNT-OH 之间形成电子输运通道，有利于两者之间的电子转移，进而使得 SWNT-OH 对 SO_2 最敏感[49-53]。

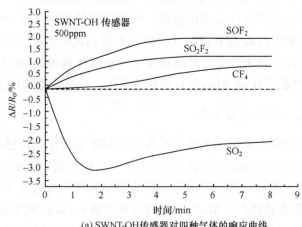

(a) SWNT-OH传感器对四种气体的响应曲线

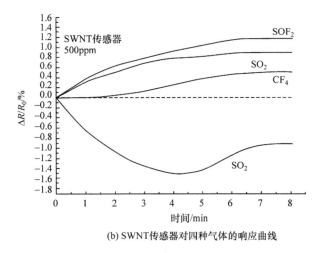

(b) SWNT传感器对四种气体的响应曲线

图 3.35　单壁碳纳米管对四种 SF₆ 分解组分的响应曲线

SWNT-OH 对不同浓度的 SO_2 的响应特性曲线如图 3.36(a)所示。从响应曲线上找出每种浓度对应的最大电阻变化率,即曲线中的最低点,分别约为 0.50%、0.66%、0.96%、1.40% 和 3.20%,然后对其进行线性拟合,拟合曲线如图 3.36(b)所示。图 3.36(b) 的线性拟合函数为 $y = 0.346 + 0.005x$,线性相关系数 $R^2 = 0.972$,说明 SWNT-OH 气体传感器的电阻变化率与 SO_2 的气体浓度之间满足一定的线性关系。根据拟合曲线可以估算 SO_2 组分的浓度。但由于实验中没有考虑到温度、湿度和压力等对传感器的影响以及测量的数据有限等原因,只能定性地说明二者之间的关系,还不能精确表达二者之间的线性关系[49-53]。

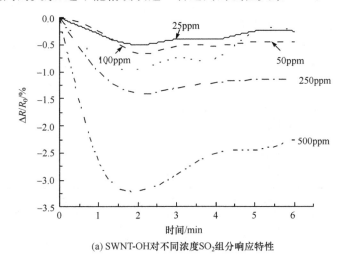

(a) SWNT-OH对不同浓度SO₂组分响应特性

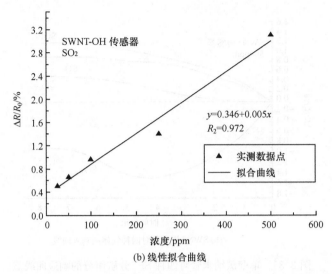

(b) 线性拟合曲线

图 3.36　SWNT-OH 电阻变化率与 SO₂ 组分浓度之间的关系

通过以上论述,碳纳米管气敏传感器可以实现对 SF₆ 主要分解特征组分进行检测。这为将来实现利用 SF₆ 分解特性监测 GIS 等 SF₆ 气体绝缘设备绝缘状态奠定了传感技术基础,也为实现 SF₆ 分解组分在线监测提供了一个新的传感技术途径。但是目前这项研究工作尚处于探索阶段,理论和实验方法还需进一步完善和提高,还有大量的基础研究工作需要开展。

3.5.3　TiO₂ 纳米管气敏传感器检测 SF₆ 分解组分

TiO₂ 纳米管凭借其有序均匀的形貌、定向生长、尺寸可调的阵列结构、大比表面积以及简单的制备方法成为传感领域的一种新功能材料。由于 TiO₂ 在紫外线照射下的光催化特性能够降解污染物并减小脱附时间,从而可以延长以之为基底的传感器的使用寿命(而碳纳米管气敏传感器由于不可逆的化学吸附,导致传感器寿命不长),为传感器的发展开辟了新的道路。图 3.37 为 TiO₂ 纳米管的形貌图。

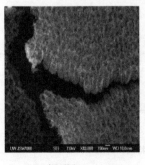

(a) 侧面图

(b) 正面图

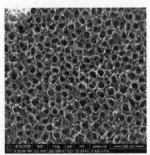

(c) 正面放大图

图 3.37　TiO₂ 纳米管微观形貌 SEM 图

目前,对 TiO₂ 纳米管气敏传感器的研究都局限于 H₂、O₂、NO₂ 和丙酮等常见气体,尚未见国内外报道采用 TiO₂ 纳米管气体传感器检测 SF₆ 绝缘设备中分解气体组分的研究。本书对 TiO₂ 纳米管气体传感器检测 SF₆ 设备中分解气体组分开展了初步研究,采用阳极氧化法制备了 TiO₂ 纳米管[54,55],研制出的 TiO₂ 纳米管传感器如图 3.38 所示,并进行了 SF₆ 主要分解组分的气敏实验,测试结果如图 3.39 所示,取得了较好的效果。

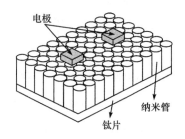

图 3.38　TiO₂ 纳米管气敏传感器示意图

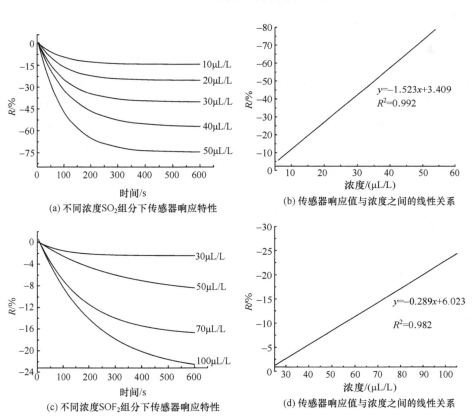

(a) 不同浓度SO₂组分下传感器响应特性

(b) 传感器响应值与浓度之间的线性关系

(c) 不同浓度SOF₂组分下传感器响应特性

(d) 传感器响应值与浓度之间的线性关系

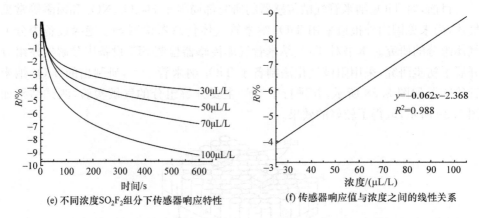

(e) 不同浓度SO$_2$F$_2$组分下传感器响应特性　　(f) 传感器响应值与浓度之间的线性关系

图 3.39　200℃下本征 TiO$_2$ 纳米管气敏传感器对不同浓度 SF$_6$ 分解气体的气敏响应特性

在图 3.39 所示的特性曲线中,横坐标表示通入被测气体后的时间,纵坐标表示传感器的电阻变化率(R)即传感器的响应值。由图 3.39 可以看出,分别通入某一浓度 SF$_6$ 分解组分(SO$_2$、SOF$_2$ 和 SO$_2$F$_2$)气体后,传感器的电阻值急剧下降,如图 3.39 中的(a)、(c)和(e)所示,故传感器的响应值陡增,响应曲线迅速下降。但随着时间的延长,传感器的电阻值逐渐稳定,故传感器的电阻变化率(R)会慢慢稳定在某一数值,此数值为传感器对这一浓度的 SF$_6$ 分解组分的响应值。然后根据各响应值对其进行线性拟合,拟合曲线如图 3.39(b)、(d)和(f)所示。由此可得,在低浓度下,各 SF$_6$ 分解组分的浓度与传感器的电阻变化率呈一定的线性关系,可以通过传感器电阻变化率的大小来计算出被测 SF$_6$ 分解组分的浓度。因此,利用 TiO$_2$ 纳米管气敏传感器对 SF$_6$ 分解组分进行检测也是一种切实有效的办法[56-60]。

但是,由于 SF$_6$ 分解气体是多种气体的混合物,不仅要求 TiO$_2$ 纳米管气体传感器有高的灵敏度,而且需要具备良好的选择性,而目前 TiO$_2$ 纳米管气体传感器的研究集中在单一气体环境,对于复杂的混合气体环境,TiO$_2$ 纳米管的选择性还有待于进一步提高。同时,如何提高 TiO$_2$ 纳米管光催化性能(TiO$_2$ 禁带宽度较宽,在可见光区的吸收范围小,不能很好地降解污染物实现自清洁,只能通过紫外线照射进行脱附),这些都是当前研究的热点。

为了提高 TiO$_2$ 纳米管的灵敏度、选择性和自清洁性,国内外学者提出采用表面修饰、掺杂不同元素和半导体复合等改性方法,在灵敏度得到提高的同时,气敏选择性也得到一定的提高,并拓宽其在可见光区的吸收范围,延长光生载流子的寿命,并提高其导电性能。例如,把 Pt、Au、Pd、Ni 等纳米颗粒沉积到 TiO$_2$ 纳米管阵列上,能降低被测气体化学吸附的活化能,同时掺杂的金属成为催化活性的中心,不同的金属对不同的气体催化特性不一,因而能有效地提高灵敏度、选择性和响应时间[61]。过渡元素或非金属元素如 C、N、B 的掺杂可在 TiO₂ 晶格内形成杂质缺陷,从而降低其禁带宽度,同时使本征纳米管分别变成 p 型和 n 型半导体。载流子的浓度提高,气体分子与纳米管之间的电荷更加容易转移[62,63]。在材料表面加入碱性氧化物或酸性氧化物时,能分别提高材料对 H₂S 和 NH₃ 的敏感性[64]。在 TiO₂ 纳米管上修饰 CdS、CdSe、Fe₂O₃ 等一些窄带半导体也可调节 TiO₂ 的禁带能[64,65],促使吸收光谱红移至可见光区。上述方法对 TiO₂ 纳米管传感器的灵敏度、选择性、自清洁性和抗化学中毒有很好的作用,还有大量的基础研究工作仍在持续的开展中。

参 考 文 献

[1] IEC 60480—2004. Guidelines for the Checking and Treatment of Sulfur Hexafluoride (SF₆) Taken from Electrical Equipment and Specification for its Re-use, 2004.

[2] 汪正范. 色谱定性与定量. 北京:化学工业出版社,2000.

[3] Varian. Varian 气相色谱柱选择指南. http://www.varianinc.com.cn.

[4] Ashworth D, Cai H. 脉冲放电离子化检测器痕量气体分析仪在高纯气体分析中的应用. 全国气体标准化技术委员会、全国半导体设备和材料标准化技术委员会气体分会、全国标准样品技术委员会气体标样工作组四届三次会议、全国气体标准化技术委员会分析分会一届三次联合会议论文集,成都,2012.

[5] 孟庆红. 不同绝缘缺陷局部放电下 SF₆ 分解特性与特征组分检测研究. 重庆:重庆大学硕士学位论文,2010.

[6] 王光辉. 气相色谱与质谱:实用指南. 2 版. 北京:科学出版社,2013.

[7] 曾福平. SF₆ 气体绝缘介质局部过热分解特性及微水影响机制研究. 重庆:重庆大学博士学位论文,2014.

[8] 高闽光,刘文清,徐亮,等. 机载 FTIR 被动遥测大气痕量气体. 光谱学与光谱分析,2006, 26(1):2203-2206.

[9] 任江波,唐炬,姚陈果,等. 六氟化硫气体放电微量组分的红外检测装置及方法. CN 101644670B,2012.

[10] 张晓星,李健,李伟,等. 在线检测 GIS 中 SF₆ 分解组分的内置红外气体传感器. CN103792206A,2014.

[11] 张晓星,李健,李伟,等. 便携式检测 SF₆ 分解组分红外激光气体传感器. CN2014100 88120.1, 2014.

[12] 翁诗甫. 傅里叶变换红外光谱仪. 北京:化学工业出版社,2004.

[13] IEC 60376—2005. Specification of Technical Grade Sulfur Hexafluoride(SF₆) for Use in Electrical Equipment. 2005.

[14] White J U. Long optical paths of large aperture. Journal of the Optical Society of America (1917—1983),1942,32(5):285.

[15] 任江波,唐炬,姚陈果,等. 六氟化硫气体放电微量组分的红外检测装置及方法.

CN101644670B,2012.

[16] van Brunt R J,Sauers I. Gas-phase hydrolysis of SOF_2 and SOF_4. Journal of Chemical Physics,1986,85(8):4377-4380.

[17] 张晓星,任江波,胡耀垅,等. SF_6 局部放电分解组分长光程红外检测. 电工技术学报,2012,27(5):70-76.

[18] Sauers I. Sensitive detection of by-products formed in electrically discharged sulfur hexafluoride. IEEE Transactions on Electrical Insulation,1986,21(2):105-110.

[19] Buchholz B,Wassermann E F,Pepperhoff W,et al. IR spectroscopy on FeNi and FePt invar alloys. Journal of Applied Physics,1994,75(10):7012-7014.

[20] 陈伟根,云玉新,潘翀,等. 变压器油中溶解气体的红外吸收特性理论分析. 中国电机工程学报,2008,28(16):150-155

[21] Bell A G. On the production and reproduction of sound by light. American Journal of Science,1880,(118):305-324.

[22] Sigrist M W. Trace gas monitoring by laser photoacoustic spectroscopy and related techniques(plenary). Review of Scientific Instruments,2003,74(1):486-490.

[23] Meyer P L,Sigrist M W. Atmospheric pollution monitoring using CO_2-laser photoacoustic spectroscopy and other techniques. Review of Scientific Instruments,1990,61(7):1779-1807.

[24] Hao L,Ren Z,Shi Q,et al. A new cylindrical photoacoustic cell with improved performance. Review of Scientific Instruments,2002,73(73):404-410.

[25] Pao Y H. Optoacoustic Spectroscopy and Detection. New York:Academic Press,1977.

[26] Li J,Gao X,Fang L,et al. Resonant photoacoustic detection of trace gas with DFB diode laser. Optics & Laser Technology,2007,39(6):1144-1149.

[27] Schilt S,Thévenaz L,Niklès M,et al. Ammonia monitoring at trace level using photoacoustic spectroscopy in industrial and environmental applications. Spectrochimica Acta Part A:Molecular and Biomolecular Spectroscopy,2004,60(14):3259-3268.

[28] Miklos A. Application of acoustic resonators in photoacoustic trace gas analysis and metrology. Review of Scientific Instruments,2001,72(4):1937-1955.

[29] Karbach A,Hess P. High precision acoustic spectroscopy by laser excitation of resonator modes. The Journal of Chemical Physics,1985,83(3):1075-1084.

[30] Kinsler L E,Frey A R,Coppens A B,et al. Fundamentals of acoustics. 4th Ed. Weinheim:Wiley,1999.

[31] Rothman L S,Jacquemart D,Barbe A,et al. The HITRAN2004 molecular spect roscopic database. Journal of Quantitative Spectroscopy & Radiative Transfer,2005,96(2):139-204.

[32] Kapitanov V A,Zeninari V,Parvitte B,et al. Optimisation of photoacoustic resonant cells with commercial microphones for diode laser gas detection. Spectrochimica Acta Part A Molecular & Biomolecular Spectroscopy,2002,58(11):2397-2404.

[33] 刘帆,唐炬,姚陈果,等. 局放下六氟化硫分解组分的红外光声光谱检测装置及方法. CN101982759A,2011.

[34] Schramm D U, Sthel M S, Silva M G D, et al. Application of laser photoacoustic spectroscopy for the analysis of gas samples emitted by diesel engines. Infrared Physics & Technology, 2003, 44(44):263-269.

[35] Zeninari V, Kapitanov V A, Courtois D, et al. Design and characteristics of a differential Helmholtz resonant photoacoustic cell for infrared gas detection. Infrared Physics & Technology, 1999, 40(1):1-23.

[36] 唐炬, 裴吟君, 张晓星, 等. 六氟化硫分解组分的自动恒温型光声检测装置及实验方法. CN 10414592. 8, 2011.

[37] 唐炬, 范敏, 裴吟君, 等. SF₆ 放电分解组分光声光谱检测的温度特性研究. 高电压技术, 2012, 1:2919-2926.

[38] Fuss S P, Hamins A. Determination of planck mean absorption coefficients for HBr, HCl, and HF. Journal of Heat Transfer, 2002, 124(1):26-29.

[39] Wakatsuki K, Fuss S P, Hamins A, et al. A technique for extrapolating absorption coefficient measurements to high temperatures. Proceedings of the Combustion Institute, 2005, 30(1):1565-1573.

[40] Han C H, Hong D W, Kim I J. Synthesis of Pd or Pt/titanate nanotube and its application to catalytic type hydrogen gas sensor. Sensor Actuators B, 2007, 128(1):320-325.

[41] Banerjee S, Mohapatra S K, Das P P, et al. Synthesis of coupled semiconductor by filling 1D TiO₂ nanotubes with CdS. Chem. Mater. , 2008, 20(21):6784-6791.

[42] Zhang X, Liu W, Tang J, et al. Study on PD detection in SF₆ using multi-wall carbon nanotube films sensor. IEEE Transactions on Dielectrics & Electrical Insulation, 2010, 17(3):833-838.

[43] 胡茜, 葛思擘, 王伊卿, 等. 电化学气敏传感器的原理及其应用. 仪表技术与传感器, 2007, 5:77-78.

[44] 齐波, 李成榕, 骆立实, 等. GIS 中局部放电与气体分解产物关系的试验. 高电压技术, 2010, 36(4):957-963.

[45] Iijima S. Helical microtubules of graphitic carbon. Nature, 1991, 354:56-58.

[46] Yang L, Yang W, Cai Q. Well-dispersed Pt Au nanoparticles loaded into anodic titania nanotubes: a high antipoison and stable catalyst system for methanol oxidation in alkaline media. Journal of Physical Chemistry C, 2007, 111(44):16613-16617.

[47] 张晓星, 唐炬, 张锦斌, 等. 测试碳纳米管传感器气敏温度特性的实验装置及其方法. CN 10246972. 5, 2011.

[48] 张晓星, 唐炬, 谢颜斌, 等. 碳纳米管传感器气敏温度特性测试的实验装置及方法. CN10191139. 8, 2009.

[49] 张晓星, 孟凡生, 李锐海, 等. 羟基修饰单壁碳纳米管对 SF₆ 局部放电分解组分气敏特性的研究. 高电压技术, 2013, 39(5):1069-1074.

[50] 张晓星, 刘王挺, 唐炬, 等. 碳纳米管传感器检测 SF₆ 放电分解组分的实验研究. 电工技术学报, 2011, 11:17.

[51] 张晓星,张锦斌,唐炬,等. 镍掺杂碳纳米管传感器检测变压器油中溶解气体的气敏性. 中国电机工程学报,2011,31(4):119-124.

[52] 张晓星,孟凡生,唐炬,等. 羟基碳纳米管吸附 SF₆ 放电分解组分的 DFT 计算. 物理学报, 2012,61(15):1561.

[53] Zhang X, Liu W, Tang J, et al. Study on PD detection in SF₆ using multi-wall carbon nanotube films sensor. IEEE Transactions on Dielectrics and Electrical Insulation,2010,17(3): 833-838.

[54] 张晓星,唐炬,廖一帆,等. 二氧化钛纳米管传感器气敏特性测试的实验装置及方法. CN 10189766.4,2013.

[55] 张晓星,吴法清,铁静,等. 二氧化钛纳米管气体传感器检测 SF₆ 的气体分解组分 SO₂F₂ 的气敏特性. 高电压技术,2014,40(11):1003-6520.

[56] Zhang X, Yu L, Tie J, et al. Gas sensitivity and sensing mechanism studies on au-doped TiO₂ nanotube arrays for detecting SF₆ decomposed components. Sensors,2014,14(10): 19517-19532.

[57] Zhang X, Chen Q, Tang J, et al. Adsorption of SF₆ decomposed gas on anatase (101) and (001) surfaces with oxygen defect: a density functional theory study. Scientific Reports, 2014,4(4):560.

[58] Zhang X, Tie J, Zhang J. A Pt-doped TiO₂ nanotube arrays sensor for detecting SF₆ decomposition products. Sensors,2013,13(11):14764-14776.

[59] Zhang X, Chen Q, Hu W, et al. A DFT study of SF₆ decomposed gas adsorption on ananatase (101) surface. Applied Surface Science,2013,286:47-53.

[60] Zhang X, Zhang J, Tang J. TiO₂ nanotube array sensor for detecting the SF₆ decomposition product SO₂. Sensors,2012,12(3):3302-3313.

[61] Park J H, Kim S, Bard A. Novel carbon-doped TiO₂ nanotube arrays with high aspect ratios for efficient solar water splitting. Nano Letters,2006,6(1):24-28.

[62] Lu N, Quan X, Li J, et al. Fabrication of boron-doped TiO₂ nanotube array electrode and investigation of its photoelectrochemical capability. Journal of Physical Chemistry C,2007, 111(32):11836-11842.

[63] Chowdhuri A, Gupta V, Sreenivas K. Fast response H₂S gas sensing characteristics with ultra thin CuO islands on sputtered SnO₂. Sensors and Actuators B,2003,93(1/2/3): 572-579.

[64] Kongkanand A, Tvrdy K, Takechi K, et al. Quantum dot solar cells. Tuning photoresponse through size and shape control of CdSe-TiO₂ architecture. Journal of the American Chemical Society,2008,130(12):4007-4015.

[65] Kuang S, Yang L, Luo S, et al. Fabrication, characterization and photoelectrochemical properties of Fe₂O₃ modified TiO₂ nanotube arrays. Applied Surface Science,2009,255(16): 7385-7388.

第4章　局部放电下 SF₆ 分解特性及特征组分

4.1　气体绝缘设备中典型绝缘缺陷物理模型

气体绝缘设备内部的绝缘缺陷具有多种形式,以 GIS 为例,常见的有:金属突出物(突出物),指设备内高压导体或者金属外壳内壁上凸起的异常金属物;自由导电微粒(微粒),指可以在设备金属腔体内自由移动的金属颗粒或碎屑;绝缘子表面污染(污秽),指设备内附着在固体绝缘子表面的各种脏污;绝缘子气隙(气隙),指设备内高压导体与紧密包裹的盆式绝缘子间形成的微小气隙。这些缺陷在 GIS 金属腔体内存在的部位如图 4.1 所示[1]。目前,各厂家生产的 GIS 装置,其高压导体多为铝质或铜质材料,腔体外壳一般采用铝合金或钢材制成,盆式绝缘子的材料主要为环氧树脂。因此,所设计的绝缘缺陷放电模型,高压电极采用铜质材料加工制作,地电极采用不锈钢加工而成,固体绝缘材料采用环氧树脂。

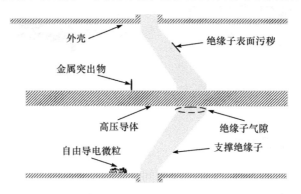

图 4.1　GIS 腔体内绝缘缺陷出现的部位

4.1.1　金属突出物缺陷

所谓金属突出物缺陷[2,3]是指在电极上存在并可使局部电场发生畸变的异常凸起金属物。它可能出现在气体绝缘设备内部不同的金属器件上,这些金属器件包括设备内部的高压导体、设备金属外壳的内壁以及设备内部的其他金属连接构件。金属突出物缺陷通常是由加工工艺、装配损伤、检修遗留及运行摩擦等原因造成。突出物端部的曲率半径小,导致电场畸变,形成局部强电场区域。在额定工作电压下,这些强电场区域会形成稳定的 PD,如果遇到过电压作用,还有可能发展为贯穿性放电,从而引发设备绝缘故障。

　　设备内部高压导体和外壳内壁上的突出物产生的 PD 特征是不同的,处在高压导体上的突出物缺陷产生的 PD,通常发生在工频负半周期,而外壳内壁上的突出物缺陷产生的 PD,则通常发生在工频正半周期。一些尺寸微小的突出物在长期 PD 中,其金属突出部分可能会被逐渐烧蚀,而不会对设备绝缘造成威胁。但一些较大尺寸的突出物会长期存在,产生的 PD 也会由小变大,对设备运行安全构成严重威胁。在实验室研究中,通常采用针-板电极来模拟金属突出物缺陷产生的稳定 PD,如图 4.2 所示,电极表面均进行良好的抛光处理。针电极锥尖角为 30°,曲率半径为 0.3mm;板电极为 Bruce 电极形式。针电极材料可用铝质或铜质材料,用以模拟高压导体上的突起点;板电极材料可用铝或铜或不锈钢材料,用以模拟气体绝缘设备的金属腔体外壳。

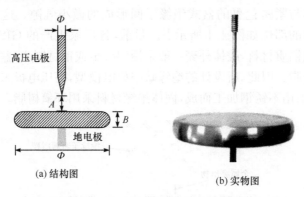

(a) 结构图　　　　　　　　　　　　　(b) 实物图

图 4.2　金属突出物缺陷的物理模型

4.1.2　自由导电微粒缺陷

　　所谓自由导电微粒[4]是指在电极之间存在可在电场作用下自由跳动的金属微粒或碎屑。它一般出现在设备金属腔体与高压导体之间的空间里,即在一个具有高电场的空间里存在大小不一且能够自由移动的金属微粒或碎屑。这些金属微粒通常是由于制造或安装过程中生成而后期又未被清洗干净留下的,且设备在运行过程中因振动使金属镀层脱落或相邻金属部件之间发生摩擦等,也会产生各种金属微粒。这些金属微粒形状各异,有颗粒状、片状、粉末状和尖刺状等,由于这些颗粒是金属的,它们会在电场中会感应出电荷,并且它们的质量很小,在电场力的作用下会发生移位和跳动,这些微粒的运动与电场强度、微粒形状和质量以及一些随机因素相关。如果微粒跳动的范围足够大,数量足够多,就可能在高压导体和外壳之间形成导电通路或者贯穿性的电弧通道,从而造成设备严重的故障[5,6]。因此,这些导电微粒对运行中的设备危害较大。当导电微粒导致腔体内发生贯穿性的放电前,最容易表现的电气特征就是产生 PD。在产生 PD 的过程中,导电微粒在电场作用下的运动路径取决于多种因素,包括外施电压、微粒的形状和大小以及微粒的位置等。

　　实际 GIS 设备的外壳和高压导体之间通常使用同轴圆柱腔体结构,腔体中的电场为稍不均匀电场。为了更加真实有效地模拟外壳和高压导体之间的电场,采用同心球-碗电极的轴心截面电场来模拟同轴圆柱腔体截面电场,如图 4.3 所示,碗电极由不锈钢空心球体切割而成,可以限制自由金属微粒的跳动范围,防止微粒跳出电极而改变放电状态,使 PD 能够持续稳定进行,自由导电微粒的模拟,采用一定目数的金属铝和铜的微粒或碎屑。

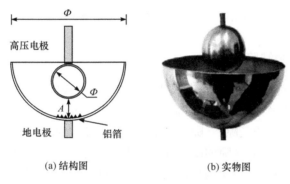

（a）结构图　　　　　　　　　　（b）实物图

图 4.3　自由导电微粒缺陷的物理模型

4.1.3　绝缘子表面污秽缺陷

　　所谓绝缘子表面污秽缺陷[7]是指在固体绝缘表面附着的脏污。它有时会吸附一定数量的金属微粒,这些微粒在电场力的作用下会不断聚集,如果聚集到一定程度会严重畸变固体绝缘表面电场,从而激发 PD。某些微粒由于吸附较为牢固,一般不会发生移动,从而固定在绝缘子表面成为固定金属微粒,即形成绝缘子表面污秽缺陷。这些固定的金属微粒具有以下特点:它会形成表面电荷集聚,这些表面电荷的出现会使原电场发生畸变,导致产生 PD,甚至刷状放电,长此以往会造成固体绝缘子表面损伤,产生表面树痕,最终有可能导致固体绝缘沿面闪络等严重的绝缘故障。

　　针对实际检修时发现的盆式绝缘子表面金属污秽的特征,并考虑模拟实验的稳定性和规律性,采用板电极来模拟 GIS 腔体中的稍不均匀电场,以圆柱形环氧树脂来模拟支撑用的固体绝缘子,在固体绝缘子表面粘贴一定尺寸的金属屑来模拟聚集的金属污染物。为避免电极与绝缘子之间形成气隙,产生气隙放电,圆柱形绝缘子与电极的接触面需要进行抛光处理,并采用环氧树脂胶粘接,其模型如图 4.4 所示,上下板电极采用 Bruce 板电极形状,电极材料为金属铝或铜或不锈钢,圆柱形绝缘子材料为环氧树脂。

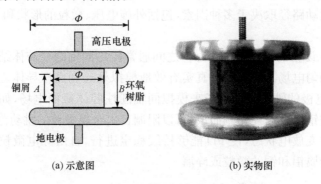

(a) 示意图   (b) 实物图

图 4.4   绝缘子表面污秽缺陷的物理模型

4.1.4   绝缘子气隙缺陷

所谓绝缘子气隙缺陷[8]是指在固体绝缘与高压电极间存在的小气隙。由于金属电极和粘接固体绝缘子的环氧树脂热膨胀系数不同,绝缘子与电极之间可能会因热胀冷缩形成微小的气隙,气隙介质常数 ε 比固体绝缘材料小,在串联介质中使气隙中分担的电场大,而气隙的耐受强度要小于固体绝缘材料,往往导致气体局部击穿而形成 PD。由于绝缘子内部缺陷导致的 PD 不会引起 SF₆ 发生分解,因此本章主要研究绝缘子与高压导体之间气隙形成的缺陷。

设计的绝缘子气隙缺陷模型如图 4.5 所示,采用板电极来模拟 GIS 腔体中的稍不均匀电场,以圆柱形环氧树脂来模拟支撑的固体绝缘子,环氧树脂与接地电极之间采用环氧树脂胶紧密粘接,高压板电极下表面与环氧树脂上表面交界处留有大约 1mm 厚的缝隙,用以模拟高压导体与支撑绝缘子之间存在的气隙,该气隙与外界连通,以保证气隙中充的是 SF₆ 气体。上下板电极采用 Bruce 板电极形状,电极材料为金属铝或铜或不锈钢,圆柱形绝缘子材料为环氧树脂。

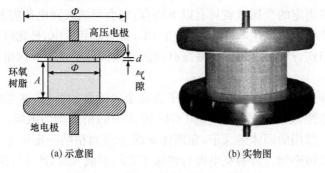

(a) 示意图   (b) 实物图

图 4.5   绝缘子气隙缺陷的物理模型

4.2　SF_6 分解特征组分选择及特征组分含量比值

4.2.1　SF_6 特征分解组分选择及物理意义

在选择表征 SF_6 PD 分解的特征分解产物时,一方面要考虑到该分解组分所代表的物理含义,另一方面还要考虑实际工程应用中的现实意义,即现有的现场和实验室检测技术是否能够很方便地检测到该特征分解产物[9]。

根据 SF_6 在放电下的分解机理,SF_6 分解生成的主要稳定气体组分有 SO_2F_2、SOF_4、SO_2、SOF_2、CF_4、CO_2、H_2S 和 HF 等。其中,HF 是强酸性物质且化学性质极其活跃,很容易与固体绝缘材料和金属部件材料发生化学反应,其生成量极不稳定,加之目前在现场不易准确测量,因此不太适合作为 PD 检测的特征分解组分[10]。但是,只要 SF_6 气体发生故障分解,就会伴随产生 HF 这种特征分解产物,从这一点来说,可将其作为快速定性判断设备内部存在故障与否的特征产物;SO_2 是 SOF_2 等产物与气室内部的微量 H_2O 发生水解反应生成的三级分解产物,同时,SO_2 是一种常见的大气污染物,其检测方法已经成熟,也是目前市面上便携式检测设备中能够定量检测的气体分解物,因此可将其作为 PD 特征分解组分;SOF_4 极易水解生成 SO_2F_2,其生成量受设备内水分含量的影响较大,不适合作为 PD 特征分解组分进行监测;虽然 SOF_2 也存在水解反应,但其与水的反应非常缓慢,性质相对稳定,可以作为特征分解组分;SO_2F_2 是一种较为稳定的含硫生成物,能够长期存在于放电气室中,同时,在各类放电性故障当中,SF_6 只有在 PD 故障下才会生成大量的 SO_2F_2,因此 SO_2F_2 非常适合作为表征 PD 特征的分解产物;H_2S 是高能电子撞击 SF_6 分子使其断裂全部 S—F 键后所形成的分解特征产物,可表征高能 PD 的特征分解产物,H_2S 也是一种常见的气体物质,其检测方法已非常成熟,在目前各电力公司所使用的便携式组分检测仪器中,基本能够检测该分解组分,因此宜将该分解产物作为表征 SF_6 PD 分解的特征产物之一。此外,在第 2 章中已经阐述,当放电涉及有机固体绝缘材料或者含碳金属时,在其分解产物中会产生一定量的含碳产物如 CO_2 或者 CF_4,因此也将该分解产物作为表征 PD 性质的分解特征产物之一[9-11]。

综上所述,在当前适合现场方便使用的色谱或质谱分析测试仪下,选择 SO_2F_2、SOF_2、SO_2、H_2S、CO_2 和 CF_4 作为 SF_6 在 PD 下发生分解生成的特征组分较为合适,其中 SO_2F_2、SOF_2、SO_2 和 H_2S 为含硫化合物,反映了 SF_6 在 PD 下的分解特性,CO_2 和 CF_4 为含碳化合物,反映了固体绝缘材料和金属构件劣化及腐蚀的情况。

4.2.2　特征组分含量比值选取及其物理意义

在 PD 下,虽然只选择了四种稳定的 SF_6 分解组分,但这四种组分的含量可构成多种比值。为提高对 PD 的识别效率,方便识别过程的使用,必须选择几种最具有代表性的特征比值作为模式识别的特征量。通过分析各种比值对不同绝缘缺陷的区分度以及所代表的物理意义,选择 $c(SO_2F_2)/c(SOF_2)$、$c(CF_4)/c(CO_2)$ 和 $c(SOF_2+SO_2F_2)/c(CF_4+CO_2)$ 三组组分含量比值作为识别四种典型绝缘缺陷的特征量,因为这三组组分含量比值在大小上有明显的区分度,且 $c(SO_2F_2)/c(SOF_2)$ 能够表征局部放电能量的大小,$c(CF_4)/c(CO_2)$ 能够代表绝缘缺陷的结构与性质,用来识别不同类型的绝缘缺陷,$c(SOF_2+SO_2F_2)/c(CF_4+CO_2)$ 可以用来反映固体绝缘材料和金属材料的劣化程度,因而具有明确的物理意义(详见 12.2 节)[11-15]。

4.3　不同绝缘缺陷类型的 SF_6 分解特性

采用上述四种绝缘缺陷物理模型,进行了局部放电下的 SF_6 分解实验,利用气相色谱仪检测了分解产物中特征分解组分(此处仅以 SO_2F_2、SOF_2、CF_4 和 CO_2 这四种分解特征组分为例)的含量,分析了特征分解组分含量及特征组分含量比值的变化规律,对比了不同绝缘缺陷下特征分解组分含量及特征组分含量比值的特点[12-15]。

4.3.1　分解组分含量变化规律

金属突出物缺陷下,SF_6 发生分解生成的各种特征组分含量的变化规律如图 4.6 所示。在这种缺陷产生的 PD 下,四种特征组分都有生成,但各种特征组分含量差别较大。通过 96h 的实验,SOF_2 含量高达 $1114.5\mu L/L$,SO_2F_2 含量为 $471.2\mu L/L$,CO_2 含量为 $124.8\mu L/L$,CF_4 含量仅为 $3.8\mu L/L$。各种特征组分按含

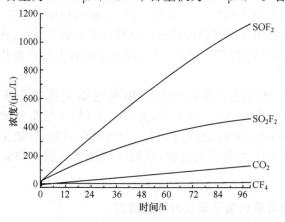

图 4.6　金属突出物缺陷下特征组分含量的变化规律

量大小排序为 SOF$_2$＞SO$_2$F$_2$＞CO$_2$＞CF$_4$。SOF$_2$、SO$_2$F$_2$ 和 CO$_2$ 三种特征组分的含量几乎是随时间呈线性增长,这表明金属突出物缺陷所形成的 PD 较为稳定,在实验结束前的数十小时内,产气速率有一定的下降,初步推测是因为气室内的水分和氧气经过实验消耗后含量有所降低,导致各种化学反应速率相应减慢。从检测结果来看,CF$_4$ 的含量虽然总体上是增加的,但增长较为缓慢[16]。

　　自由导电微粒缺陷下,SF$_6$ 发生分解生成的各种特征组分含量的变化规律如图 4.7 所示。在这种缺陷产生的 PD 下,四种特征分解组分也都有生成,各种特征组分含量与变化规律差别较大。通过 96h 的实验,SOF$_2$ 含量可达到 238.9μL/L,SO$_2$F$_2$ 含量为 15.82μL/L,CO$_2$ 含量为 16.63μL/L,CF$_4$ 含量为 32.68μL/L。各种特征组分按含量大小排序为 SOF$_2$＞CF$_4$＞CO$_2$＞SO$_2$F$_2$。在前 48h 实验里,各种特征组分含量随着时间几乎呈线性增长,SOF$_2$ 增长幅度很大,但从 48h 后,增长速率逐渐变缓,开始出现饱和增长现象,到 84h 后,各种特征组分含量已达到饱和,几乎停止增长,甚至还有微小下降。导致这种现象的主要原因在于自由导电微粒缺陷所形成的 PD 是不稳定的,因为自由微粒质量较小,在强电场力的作用下会发生跳跃和移动,当其移动到有利于放电的位置时,可能就会导致 PD 加剧,反之 PD 可能会减弱。另外,自由微粒电场中的运动又具有一定的随机性,于是便导致 PD 时而剧烈发生,时而几乎停止。因此,在特征组分含量变化上表现为饱和性增长,且有较大的分散性[16]。

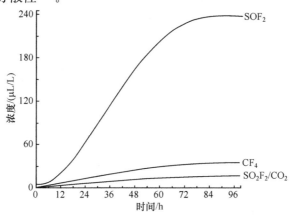

图 4.7　自由导电微粒缺陷下特征组分含量的变化规律

　　绝缘子表面污秽缺陷下,SF$_6$ 发生分解生成的各种特征组分含量的变化规律如图 4.8 所示。在这种缺陷产生的 PD 下,各种特征组分含量虽然具有一定的差别,但相比金属突出物缺陷却要小得多。通过 96h 的实验,SOF$_2$ 含量为 42.78μL/L,SO$_2$F$_2$ 含量为 14.95μL/L,CO$_2$ 含量为 2.18μL/L,CF$_4$ 含量为 6.18μL/L。各种特征组分按含量大小排序为 SOF$_2$＞SO$_2$F$_2$＞CF$_4$＞CO$_2$。SOF$_2$ 和 SO$_2$F$_2$ 含量随着时间逐步增长,但其增长速率越来越慢,特别是 SO_2F_2 含量。在实验结束时,几乎停止增长,原因是绝缘子表面污秽被 PD 产生的局部高温逐渐烧蚀,导致放电强度逐渐减弱。CF_4 含量随时间基本上呈线性增长。CO_2 含量总体上在增加,但增长幅度较小。

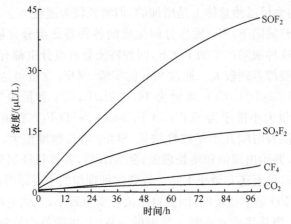

图 4.8　绝缘子表面污秽缺陷下特征组分含量的变化规律

　　绝缘子气隙缺陷下,SF_6 发生分解生成的各种特征组分含量的变化规律如图 4.9 所示。在这种缺陷产生的 PD 下,四种特征组分的含量都较低,通过 96h 的实验,SOF_2 含量为 $3.71\mu L/L$,SO_2F_2 含量为 $7.57\mu L/L$,CO_2 含量为 $6.37\mu L/L$,CF_4 含量为 $1.01\mu L/L$。各种特征组分按含量大小排序为 $SO_2F_2 > CO_2 > SOF_2 > CF_4$。四种特征组分含量的增长没有明显的规律性,增长速率时而较快时而较慢,主要是由于气隙缺陷产生的 PD 稳定性较差,有时放电较为集中,有时又停止放电,且总体放电重复率不高,导致分解产物的总体浓度不高,且在 96h 后 SO_2F_2 和 CO_2 又出现增长的趋势。

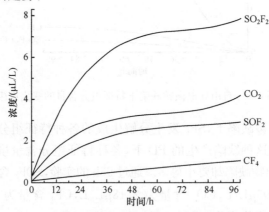

图 4.9　绝缘子气隙缺陷下特征组分含量的变化规律

在四种典型绝缘缺陷产生的 PD 下,各特征组分的含量对比如图 4.10 所示。若以 SOF_2 与 SO_2F_2 含量之和来反映 SF₆ 的分解总量,并以 SF₆ 的分解总量来表征绝缘缺陷可能导致故障发生的严重程度,则四种绝缘缺陷的排序为金属突出物缺陷、自由导电微粒缺陷、绝缘子表面污秽缺陷和绝缘子气隙缺陷。由于金属突出物缺陷绝和缘子表面污秽缺陷产生的 PD 较为稳定,其特征组分含量的增长也较为稳定,而在自由导电微粒和绝缘子气隙缺陷产生 PD 下,其特征组分的增长规律不明显,表明两种缺陷产生的 PD 稳定性较差,且放电重复率时高时低,放电的强度差异也较大。

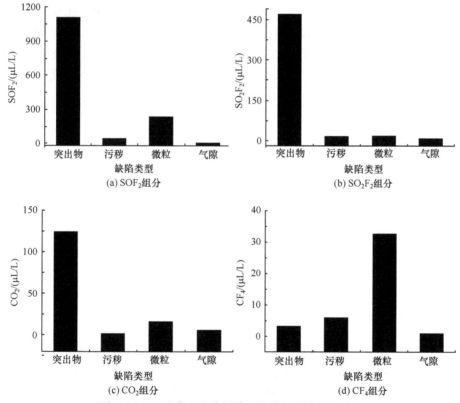

图 4.10　四种典型绝缘缺陷下的特征组分生成含量

此外,不同绝缘缺陷下的分解特征组分含量也有明显的差异,如金属突出物缺陷、自由导电微粒缺陷和绝缘子表面污秽缺陷下,SOF_2 含量要高于 SO_2F_2 含量,但 SOF_2 与 SO_2F_2 浓度的比值并不相同;而气隙缺陷下,SO_2F_2 含量要高于 SOF_2 含量。CF_4 和 CO_2 的含量随缺陷的不同也不相同,在金属突出物缺陷产生的 PD 下,生成了较多的 CO_2,而 CF_4 只有少量生成。在自由导电微粒缺陷产生的 PD 下,CF_4 和 CO_2 均有生成,但 CF_4 的含量高于 CO_2。在绝缘子表面污秽缺陷产生的 PD 下,生成了较多的 CF_4,而 CO_2 只有少量生成。在绝缘子气隙缺陷产生的

PD下,CF$_4$ 和 CO$_2$ 均有生成,但 CO$_2$ 的含量高于 CF$_4$。由以上分析可知,在四种绝缘缺陷产生的 PD 下,SF$_6$ 的分解特性存在明显差异,因此可以利用 SF$_6$ 在典型绝缘缺陷 PD 作用下的分解特性来辨识绝缘缺陷的类型。

4.3.2 特征组分含量比值

在四种典型绝缘缺陷产生的 PD 下,$c(SOF_2)/c(SO_2F_2)$ 比值随时间变化的情况如图 4.11 所示。对于绝缘子气隙缺陷下的 $c(SOF_2)/c(SO_2F_2)$ 比值,其变化范围为 0.3~0.5,对于绝缘子表面污秽缺陷下的 $c(SOF_2)/c(SO_2F_2)$ 比值,其变化范围为 2~3,对于金属突出物缺陷下的 $c(SOF_2)/c(SO_2F_2)$ 比值,其变化范围为 1.5~2.5,对于自由导电微粒缺陷下的 $c(SOF_2)/c(SO_2F_2)$ 比值,其变化范围为 6~16。按照 $c(SOF_2)/c(SO_2F_2)$ 比值从大到小排序,四种典型绝缘缺陷下的 $c(SOF_2)/c(SO_2F_2)$ 比值排序为自由导电微粒>绝缘子表面污秽>金属突出物>绝缘子气隙。

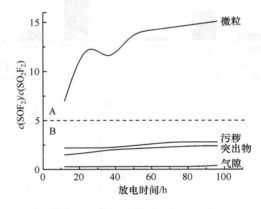

图 4.11　四种典型绝缘缺陷下的 $c(SOF_2)/c(SO_2F_2)$ 比值

四种典型绝缘缺陷下的 $c(SOF_2)/c(SO_2F_2)$ 比值都会随时间发生一定的变化,自由导电微粒缺陷下的值变化范围较大,其他三种绝缘缺陷下的 $c(SOF_2)/c(SO_2F_2)$ 比值变化范围较小。总体来说,每种缺陷下的 $c(SOF_2)/c(SO_2F_2)$ 比值都处在一个特定的变化范围之内,且各种缺陷下的 $c(SOF_2)/c(SO_2F_2)$ 比值不存在交叉。绝缘子表面污秽缺陷、金属突出物缺陷和绝缘子气隙缺陷下的 $c(SOF_2)/c(SO_2F_2)$ 比值较为接近;自由导电微粒缺陷下的 $c(SOF_2)/c(SO_2F_2)$ 比值与它们差值较大。如果依照 $c(SOF_2)/c(SO_2F_2)$ 比值将四种绝缘缺陷分为两类,即 A 类和 B 类,则 A 类中包含自由导电微粒缺陷,B 类中包含绝缘子表面污秽缺陷、金属突出物缺陷和绝缘子气隙缺陷。

在四种典型绝缘缺陷产生的 PD 下,$c(CF_4)/c(CO_2)$ 比值随时间变化的情况如图 4.12 所示。对于自由导电微粒缺陷和绝缘子表面污秽缺陷下的 $c(CF_4)/$

$c(CO_2)$ 比值变化范围较大,对于金属突出物缺陷和绝缘子气隙缺陷下的 $c(CF_4)/$
$c(CO_2)$ 比值变化范围较小,但每种缺陷下的 $c(CF_4)/c(CO_2)$ 比值都处在一个大致
的变化范围之内,即绝缘子气隙缺陷下的 $c(CF_4)/c(CO_2)$ 比值,其变化范围为
0.1~0.3,绝缘子表面污秽缺陷下的 $c(CF_4)/c(CO_2)$ 比值,其变化范围为 1.3~
3.8,金属突出物缺陷下的 $c(CF_4)/c(CO_2)$ 比值,其变化范围为 0.01~0.8,自由导
电微粒缺陷下的 $c(CF_4)/c(CO_2)$ 比值,其变化范围为 1.3~4.6。另外,对于自由
导电微粒缺陷和绝缘子表面污秽缺陷下的 $c(CF_4)/c(CO_2)$ 比值存在交叉,且比值
范围较为接近,金属突出物缺陷与绝缘子气隙缺陷下 $c(CF_4)/c(CO_2)$ 的比值较为
接近且存在部分交叉。如果依照 $c(CF_4)/c(CO_2)$ 的比值将四种绝缘缺陷分为两
类,即 A 类和 B 类,则 A 类中包含自由导电微粒缺陷和绝缘子表面污秽缺陷,B 类
中包含金属突出物缺陷和绝缘子气隙缺陷。

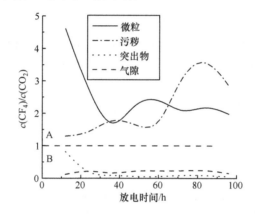

图 4.12　四种典型绝缘缺陷下的 $c(CF_4)/c(CO_2)$ 比值

在四种典型绝缘缺陷产生的 PD 下,$c(SOF_2+SO_2F_2)/c(CF_4+CO_2)$ 比值随
时间变化的情况如图 4.13 所示。对于绝缘子气隙缺陷下的 $c(SOF_2+SO_2F_2)/$
$c(CF_4+CO_2)$ 比值,其变化范围为 1.5~2.8,对于绝缘子表面污秽缺陷下的
$c(SOF_2+SO_2F_2)/c(CF_4+CO_2)$ 比值,其变化范围为 6.5~10,对于金属突出物缺
陷下的 $c(SOF_2+SO_2F_2)/c(CF_4+CO_2)$ 比值,其变化范围为 11~39,对于自由导
电微粒缺陷下的 $c(SOF_2+SO_2F_2)/c(CF_4+CO_2)$ 比值,其变化范围为 3~5.4。同
样,按照 $c(SOF_2+SO_2F_2)/c(CF_4+CO_2)$ 比值从大到小排序,四种典型绝缘缺陷下
的 $c(SOF_2+SO_2F_2)/c(CF_4+CO_2)$ 比值排序为金属突出物>绝缘子表面污秽>自
由导电微粒>绝缘子气隙。

金属突出物缺陷下的 $c(SOF_2+SO_2F_2)/c(CF_4+CO_2)$ 比值随时间变化的范围
较大,其他三种绝缘缺陷下的 $c(SOF_2+SO_2F_2)/c(CF_4+CO_2)$ 比值变化范围较小。
但总体来说,四种典型绝缘缺陷下的 $c(SOF_2+SO_2F_2)/c(CF_4+CO_2)$ 比值都处在

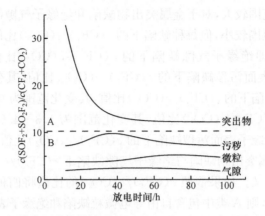

图 4.13　四种典型绝缘缺陷下的 $c(SOF_2+SO_2F_2)/c(CF_4+CO_2)$ 比值

一个特定的范围之内,且比值几乎不存在交叉。

绝缘子表面污秽缺陷、绝缘子气隙缺陷以及自由导电微粒缺陷下的 $c(SOF_2+SO_2F_2)/c(CF_4+CO_2)$ 比值较为接近,金属突出物缺陷下的 $c(SOF_2+SO_2F_2)/c(CF_4+CO_2)$ 比值与它们相差较大,如果依照 $c(SOF_2+SO_2F_2)/c(CF_4+CO_2)$ 比值将四种典型绝缘缺陷分为两类,即 A 类和 B 类,则 A 类中包含金属突出物缺陷,B 类中包含绝缘子表面污秽缺陷、绝缘子气隙缺陷和自由导电微粒缺陷。

由上述分析可以发现,在不同典型绝缘缺陷产生的 PD 下,SF₆ 分解出的特征组分含量比值是不同的,构成的特征组分含量比值也会随时间的变化而变化,但其比值会大致稳定在一个特定的范围之内,同时,不同典型绝缘缺陷产生的 PD 下,SF₆ 分解组分构成的特征组分含量比值具有较大的区分度。因此,可以将 SF₆ 分解特征组分含量比值作为辨识不同典型绝缘缺陷类型的特征量。

4.3.3　PD 量和特征组分产气率

尽管在 PD 下 SF₆ 的分解组分众多,但是 SOF₂ 与 SO₂F₂ 为其主要组分,因此在一定程度上可以用这两种气体的含量之和 $c(SOF_2+SO_2F_2)$ 来大致反映 SF₆ 的分解总量。

由实验结果可以看出,在不同典型绝缘缺陷产生的 PD 下,SF₆ 分解生成的特征组分含量是不同的,按产生 PD 量强弱的绝缘缺陷类型排序为金属突出物缺陷、自由导电微粒缺陷、绝缘子表面污秽缺陷和绝缘子气隙缺陷。

图 4.14 为四种典型绝缘缺陷下的 PD 重复率(pulse/s)和平均单次放电量(pC/pulse)的统计数据。PD 重复率最高的是金属突出物缺陷,可达 4135pulse/s;其次为绝缘子表面污秽缺陷和自由导电微粒缺陷,其放电重复率分别为 576pulse/s 和 189pulse/s;放电重复率最低的是绝缘子气隙缺陷,仅为 46pulse/s。而平均单次

放电量最高的是绝缘子气隙缺陷,可以达到 3571pC/pulse;其次为自由导电微粒缺陷和绝缘子表面污秽缺陷,其单次平均放电量分别为 1432pC/pulse 和 1286pC/pulse;单次平均放电量最低的是金属突出物缺陷,仅为 587pC/pulse。

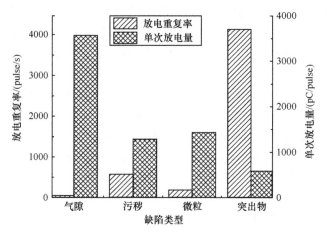

图 4.14　PD 重复率和平均单次放电量

图 4.15 为四种典型绝缘缺陷下的 PD 平均每秒放电量(pC/s)和产气率(μmol/C)的统计数据。PD 平均放电量最高的是金属突出物缺陷,可达 2427245pC/s;其次为绝缘子表面污秽缺陷,其平均放电量为 740736pC/s;然后为自由导电微粒缺陷和绝缘子气隙缺陷,其平均放电量分别为 270648pC/s 和 164266pC/s。而产气率最高的是自由导电微粒缺陷,可达 3647μmol/C;其次为金属突出物缺陷,其产气率为 2532μmol/C;然后是绝缘子污秽缺陷和绝缘子气隙缺陷,其产气率分别为 302μmol/C 和 266μmol/C。

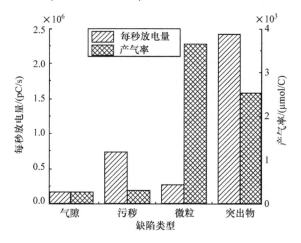

图 4.15　平均每秒放电量和分解速率

4.4　不同 PD 强度下 SF_6 分解特性及其特征提取

　　为了得到 SF_6 分解过程中特征组分含量或含量比值与 SF_6 电气设备内 PD 放电量、放电重复率之间的对应关系,本节利用建立的 SF_6 局部放电分解实验装置,通过金属针-板电极模拟 SF_6 电气设备中常见的固定金属突出物绝缘缺陷,对其施加不同高低的实验电压来产生不同强度的 PD,使 SF_6 发生不同程度的分解,以获得其暂态分解特性,从而研究放电量与 SF_6 暂态分解特性之间的内在关系。对获取的分解混合组分进行气相色谱分析,并利用 IEC 60270 推荐的脉冲电流法对不同 PD 强度下的视在放电量和放电重复率进行实时监测。通过定义的每秒平均放电量(Q_{SEC})综合放电量和放电频率,结合 SF_6 局部放电分解机理,深入分析暂态分解过程中 Q_{SEC} 与 SF_6 气体分解特征组分之间的关联特性,从而构建出 Q_{SEC} 与特征分解组分含量、有效产气速率、能量比值及有效能量比值之间的内在关联数学模型,为最终建立基于 PD 下的 SF_6 分解特性的电气绝缘设备在线监测与故障诊断及状态评估奠定基础[17,18]。

4.4.1　实验步骤

　　实验所采用的 SF_6 纯度为 99.995%,H_2O 含量约为 $30\mu L/L$。PD 下 SF_6 的分解实验装置与接线原理如图 4.16 所示,利用耦合电容 C_k 将绝缘缺陷产生的 PD 脉冲电流耦合到无感检测阻抗 Z_m 上,并通过 Z_m 将 PD 产生的脉冲电流信号转换成相应的脉冲电压信号由电缆输入 WavePro 7100XL 数字存储示波器(模拟频带为 1GHz,采样率为 20GHz,存储深度为 48MB),以实现对 PD 的实时监测,并对 PD 量进行定量标定。实验中采用的针-板电极间距为 10mm,针尖端部曲率半径约为 0.3mm,锥尖角为 30°,接地板电极直径为 120mm、厚度 10mm。分解装置的固有起始放电电压为 45kV,针-板电极的起始放电电压(U_0)为 16kV。针-板电极产生的 PD 较为稳定,一般来说,PD 的起始电压与击穿电压之间区间跨度较大,可以通过调节外施实验电压改变 PD 的强度,从而获得不同 PD 强度下的放电量。为此,本书采用 5 个不同的实验电压即 18kV、20kV、22kV、24kV 以及 26kV 进行 PD 实验,以探索 PD 量与 SF_6 气体分解特征组分之间的关联特性。

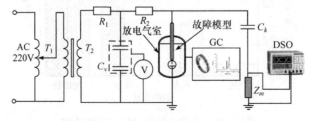

图 4.16　SF_6 放电分解实验接线图

对于 PD 使 SF$_6$ 气体发生分解生成的混合组分样气,选用 CP-3800 气相色谱仪采用标准色谱图和外标法进行定量测定。色谱分析仪以 99.999% 的高纯 He 作为载气,采用填充柱(Porapak QS)和特制毛细柱(CP Sil 5 CB 60mtr×0.32mm)并联工作方式,其工作条件为:流速 2mL/min、柱温恒温 40℃、进样量 1mL 和分流比 10:1,并配备双脉冲式 He 离子检测器(PDHID,检测精度为 0.01μL/L)。

实验时,为排除温度和湿度对实验结果的影响,使实验结果具有可比性,实验室环境温度控制在 20℃ 左右,所有实验均在此环境条件下进行。具体实验步骤如下。

(1) 在放电气室中安放金属针-板电极后,对气室抽取真空并注入 SF$_6$ 新气以清洗放电气室中各种杂质气体,此清洗反复 3 次,在最后一次抽取真空之后放置 24h,使放电室内残有的杂质成分含量减至最低,以减少对实验的影响。

(2) 向清洗后的放电气室注入 SF$_6$ 新气,直至气室内的气压为 0.2MPa,经检测,气室中 O$_2$ 和 H$_2$O 体积分数符合行业标准 DL/T 596—1996《电力设备预防性试验规程》的要求,各实验电压下均保持此条件不变。

(3) 采用逐步升压法将实验电压升至实验所需的电压,并在该电压下进行 96h PD 分解实验,同时通过示波器监测针-板电极上的放电情况。

(4) 在每一个实验电压下分别进行 96h 气体分解实验,每 12h 采集分解样气,用气相色谱法测定其组分含量,同时利用 IEC 60270 推荐的 PD 监测方法对放电量进行监测。

众所周知,SF$_6$ 气体绝缘设备气室内部由绝缘缺陷引起的 PD 在放电幅值、相位分布以及放电频率上都存在一定的统计性,且与缺陷的类型直接相关。因此,在监测放电量以及将其与 SF$_6$ 分解组分进行关联时,需要对放电量进行统计测量,以便更好地揭示放电量与 SF$_6$ 分解组分的内在关联关系。本书选用单次放电量平均值(Q_{AVG})以及放电重复率统计值 $\overline{N}$ 这两个基本特征参量来描述 PD 的程度。另外,由于 PD 的持续作用对 SF$_6$ 的分解有累积效应,即 PD 脉冲幅值、放电频率以及放电持续时间均会影响 SF$_6$ 分解组分的含量及产气速率,若只采用单次放电量与分解组分关联,则无法全面、准确地揭示 PD 强度与分解组分之间的内在联系。因此,本书提出采用每秒平均放电量 Q_{SEC} 来反映不同 PD 强度下 SF$_6$ 的分解情况,即 Q_{SEC} 与分解特性进行关联,其定义公式如下:

$$Q_{SEC} = Q_{AVG}\overline{N} \qquad\qquad (4.1)$$

在上述 5 个实验电压下,经测量和计算,反映不同 PD 强度下的相关参数如表 4.1 所示。

表 4.1　PD 特征参量

实验电压特征参数	18kV	20kV	22kV	24kV	26kV
Q_{AVG}/pC	13	29	69	106	157
$\overline{N}$	185	741	760	894	1080
$Q_{SEC}/(pC/s)$	2405	21489	52440	94764	169560

4.4.2　分解组分产量随放电时间的变化规律

由于特征组分的含量大小和变化趋势与故障类型、故障部位、故障处的温度等有直接关系，在利用分解特征组分诊断设备故障时，仅根据分解组分含量的绝对值是很难对故障的严重程度做出正确判断的，因为故障常常以低能量的潜伏性故障开始，若不及时采取相应的措施，就可能逐步发展成为严重的高能量故障。因此，必须考虑故障的发展趋势，也就是故障点特征组分含量随时间的变化趋势。

在上述 5 个实验电压下，由于针-板电极放电附近无有机固体绝缘材料，CF₄的产气量均较低，其含量大小随着放电的持续进行，很快（在放电 24h 左右）出现了平衡现象，但其最终平衡时的含量大小却随着外施电压的升高（即 PD 强度的加大）而增大，如图 4.17 所示。CF₄ 是在辉光放电区由 PD 轰击 SF₆ 生成的 F 原子与金属表面的 C 原子通过发生式(2.22)所示的化合反应而产生的。由于 F 原子的化学性质极其活泼，在辉光区更容易与金属发生反应，在有金属材料存在的情况下，极少与金属电极表面的 C 原子反应，进而使得 CF₄ 的产量较少。但是随着 PD 强度的增加，在辉光区会产生较多游离态的 F 原子，从而增加了 C 与 F 原子发生反应的概率，使得 CF₄ 含量相应有所增加。因此，针-板缺陷下的 CF₄ 含量可作为与表征 PD 强度的放电量相关联的一个特征组分[17,18]。

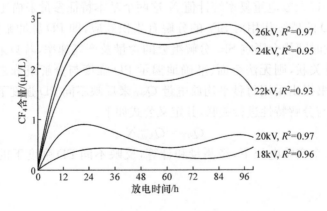

图 4.17　不同 PD 强度下 CF₄ 含量随时间的变化趋势

图 4.18 显示在不同强度 PD 的持续作用下,CO$_2$ 含量随放电时间延长呈持续增长的趋势,同时,随着 PD 强度的增加,CO$_2$ 含量总体上均呈现了不同程度的增长,且当 PD 强度达到一定程度后,CO$_2$ 的含量随着放电的进行开始出现"动态平衡状态",而在低能 PD 作用下,较短时间内生成的 CO$_2$ 含量也较难趋于"动态平衡状态"。这是因为 CO$_2$ 主要是由于粒子漂移区带电粒子撞击阴极表面使金属材料释放出游离态的 C 原子后与 O$_2$ 发生反应而生成,那么随着 PD 的持续作用,带电粒子也将持续轰击阴极表面使其释放出 C 原子持续地与 O$_2$ 发生反应生成 CO$_2$。随着 PD 强度的增加,必定会产生更多的带电粒子,进而在局部强电场的作用下轰击阴极表面,使其游离出更多的 C 原子并与 O$_2$ 发生反应,进而促使产生更多的 CO$_2$,其含量随着 PD 强度的增加有着比较均匀的梯度增长趋势,但是,随着放电和反应式(2.23)的持续进行,会逐步消耗掉金属表面有限的 C 和放电室内微量的 O$_2$,使得 CO$_2$ 的产量会逐步趋于"动态平衡状态",这表明,PD 强度对 CO$_2$ 含量有一定的影响。因此,可将 CO$_2$ 含量或产气速率作为主要特征量与 PD 放电量进行关联[17,18]。

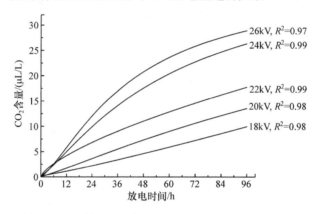

图 4.18　不同 PD 强度下 CO$_2$ 含量随时间的变化趋势

图 4.19 和图 4.20 说明 SO$_2$F$_2$ 与 SOF$_2$ 的含量变化特性较为类似,均表现为在 PD 强度较低时,气体含量总体上均持续平稳增长,"动态平衡状态"趋势需要较长时间才能出现;而当 PD 强度增加时,SO$_2$F$_2$ 与 SOF$_2$ 的含量均有了几倍甚至十几倍的明显增加,特别是当放电量达到一定程度后,很快就进入了动态平衡趋势,表明 SO$_2$F$_2$ 与 SOF$_2$ 的生成与 PD 强度之间具有极强的内在联系。原因是:由于 SF$_6$ 失去若干 F 原子后所生成的低氟化硫 SF$_x$ 分子团化学性能活泼、还原性强,极易与 O$_2$、O 原子及 OH 原子团等强氧化性或强极性反应物通过反应式(2.7)～反应式(2.18)生成 SO$_2$F$_2$ 与 SOF$_2$;而随着 PD 强度的增加将激发出更多的高能电子,促进了反应式(2.1)～反应式(2.3)的进行,产生大量的分子碎片和游离态原子或原子团如 SF$_x$、O、OH 等,进一步促进了反应式(2.7)～反应式(2.18)的进行,从而使 SO$_2$F$_2$ 与 SOF$_2$ 的含量猛增,但随着上述反应的进行也将消耗大量的 H$_2$O 和

O_2，当其被消耗到一定程度后，上述反应的速率将会放缓使 SO_2F_2 和 SOF_2 的含量进入平衡趋势，即进入"动态平衡状态"。进一步比较还可看出，不同强度 PD 下，SO_2F_2 与 SOF_2 的含量有明显的差异，各自的含量增长曲线没有出现交叉或者会合，且不同曲线的切线斜率随 PD 强度的变化而明显变化。这表明 SO_2F_2 与 SOF_2 含量及生成速率均与表征 PD 强度的放电量有着极其密切的内在联系，可将这两种特征产物作为判定 PD 强度的主要关联特征量。

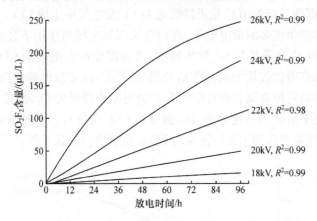

图 4.19　不同 PD 强度下 SO_2F_2 含量随时间的变化趋势

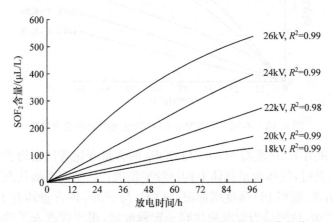

图 4.20　不同 PD 强度下 SOF_2 含量随时间的变化趋势

4.4.3　分解组分含量与放电量的关联特性

1. CF_4 和 CO_2 含量大小与放电量的关联特性

通过 4.4.2 节的分析可知，PD 导致 SF_6 发生分解的过程中由于金属电极中 C 的存在，使得 C 也参与到了该分解过程并生成了 CF_4 和 CO_2 等重要特征分解产物。如图 4.17 所示,CF$_4$ 的产量随着放电的进行,大约在放电 24h 时就进入了动态平衡状态,在放电强度不变的情况下,其含量基本不再发生变化。这也与实际设备中的状态一致:在实际运行的设备内部,H$_2$O 的含量最大不能超过 500μL/L,空气含量不超过 1%,所以当放电进行到一定程度后,由于设备内部的 H$_2$O 或者 O$_2$ 等反应物逐步被消耗,各放电特征分解组分含量也将逐步处于动态平衡,即处于平衡状态。但是每种组分的具体平衡时间因组分种类、PD 的强度、微量 H$_2$O 与 O$_2$ 含量、气室内的温度等密切相关,在组分含量未达到平衡状态前,其含量将随放电的进行而不断增大,如不同 PD 强度下,CO$_2$、SOF$_2$ 和 SO$_2$F$_2$ 的含量在平衡前随放电时间延长几乎呈线性增长趋势,并没有像 CF$_4$ 一样在放电开始以后其产量很快就出现动态平衡现象。因此,本书利用 CF$_4$ 的平衡产量(动态平衡后产量的平均值,即 24~96h 之间各个采样时刻的产量平均值)和各个时刻 CO$_2$ 的产量与表征 PD 强度的每秒平均放电量 Q_{SEC} 进行关联讨论,其关联特性曲线分别如图 4.21 和图 4.22 所示。

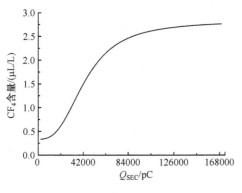 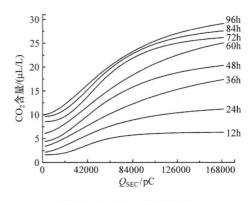

図 4.21　CF$_4$ 平衡产量与
放电量的关联曲线

図 4.22　CO$_2$ 不同时刻的
产量与放电量关联曲线

众所周知,当设备内部产生 PD 时,在一定的局部强电场、磁场能量作用下将从金属电极表面激发出游离态的 C 原子和高能电子,高能电子将继续在电场作用下与 SF$_6$ 分子发生碰撞电离,使 SF$_6$ 气体分子分解,生成不同程度的低氟硫化物 SF$_x$ 和游离态的 F 原子。由于 F 原子化学性质极其活跃,而电极中金属元素 M 的化学性质比 C 活跃。因此,由辉光区高能电子碰撞电离产生的游离态 F 原子极易与金属元素 M 发生反应式(4.2),生成金属氟化物 MF$_n$,只有极少数处于高激发态的 C 原子能够与同样处于高激发态的 F 原子相遇结合后才发生反应式(2.22),生成 CF$_4$:

$$M + nF^* \longrightarrow MF_n \tag{4.2}$$

当 PD 强度和金属电极表面积一定时,在一定时间内激发出的高激发态 C 原子数目大致为一个定值,而且随着 PD 强度即 Q_{SEC} 的增大,其数目也将随之增多,故处于高激发态的 C 原子与 F 原子碰撞结合发生反应式(2.22)生成 CF_4 的概率将随之提高,因此,CF_4 的动态平衡含量也会随之提高。在不锈钢电极表面 C 原子数目为无限多的理想情况下,由 PD 所激发的高激发态 C 数目以及由此所生成的 CF_4 的量均应随着 Q_{SEC} 的增大而呈几何级数的形式增长,即其含量应以生态学中"J"形增长模型的形式增加。但是,实际情况却不是理想情况,不锈钢电极表面所含 C 的量并不是无限多,而为一有限数量,并且不锈钢电极表面的 C 原子并不是全部与 F 原子结合生成 CF_4,其还要与 O 原子结合通过反应式(2.23)生成 CO_2 等重要特征分解产物。

由以上分析并结合图 4.21 所示 CF_4 平衡产量与不同每秒平均放电量 Q_{SEC} 即不同 PD 强度的关系可知其更符合生态学中著名的 Logistic 种群增长模型[19,20]即"S"形种群增长模型。其中,不锈钢电极表面的 C 原子就像是 CF_4 和 CO_2 两种产物所共需的"有限资源",而 CF_4 和 CO_2 像是两个处于争夺"有限资源"(C 原子)的竞争"物种"。在不锈钢针-板电极刚刚开始产生 PD 时,由于 Q_{SEC} 较小即 PD 强度较低,从不锈钢电极表面激发出来的 C 原子较少,而处于高激发态的 C 原子就更少,故此时产生的 CF_4 平衡产量随 Q_{SEC} 的加大而增长缓慢;随着 Q_{SEC} 的进一步增大即 PD 强度的加强,从不锈钢电极表面激发出来的 C 原子数目也随之急剧增多,处于高激发态的 C 原子数也相应提高,那么发生反应式(2.22)的概率随之提高,生成的 CF_4 的量也就相应随 Q_{SEC} 的进一步增大而增长加快,直到 CF_4 平衡产量达到其饱和产量的一半时,其平衡产量随 Q_{SEC} 的加大(即 PD 强度的增大)而增长最快;此后,CF_4 的平衡产量随 Q_{SEC} 进一步增大其增大的速率开始降低,当最终达到一定值后,CF_4 的平衡产量几乎不再随 Q_{SEC} 的加大即 PD 强度的加强而提高[17,18]。

同样,随着 Q_{SEC}(即 PD 强度)的增大,从阴极表面激发出来的游离态 C 原子数目也将增大,生成游离态的 C 原子与 O 原子发生碰撞结合进行反应式(2.23)生成 CO_2 的概率也将随之提高,最终使得 CO_2 的产量也相应提高。但是由于金属电极表面 C 原子数目有限,导致了不同时刻 CO_2 产量与 CF_4 的平衡产量一样以 Logistic 种群增长模型的形式随每秒平均放电量 Q_{SEC} 的增强而呈"S"形增长,如图 4.22所示[17,18]。

2. SO_2F_2 和 SOF_2 产量与放电量的关联特性

SO_2F_2 和 SOF_2 这两种重要的特征分解组分主要是 PD 过程中产生的高能电子通过碰撞电离使 SF₆ 分子发生裂解生成的低氟硫化物 SFₓ 与混杂在气室内部的微量 H_2O 和 O_2 由化学反应式(2.4)～反应式(2.19)生成。由于 PD 的持续进行,与 SO_2F_2 和 SOF_2 密切相关的 SF_2 和 SF_4 就会在辉光放电区持续不断生成,然后逐步扩散到主气室与 O_2 和 H_2O 发生反应生成 SO_2F_2 和 SOF_2。

但是,如前所述,在实际运行的设备内部 H_2O 含量最大不能超过 $500\mu L/L$,空气含量不超过 1%,因此,放电室内的微量 H_2O 和 O_2 就像是生成 SO_2F_2 和 SOF_2 这两种特征分解组分所必需的"有限资源",而 SO_2F_2 和 SOF_2 像是两个处于争夺"有限资源"(H_2O 和 O_2)的竞争"物种"[17,18]。与 CF_4 和 CO_2 产量随 Q_{SEC} 即 PD 强度的变化关系一样,同一时刻 SO_2F_2 和 SOF_2 的产量与放电量 Q_{SEC} 之间同样演绎着生态系统中著名的 Logistic 种群增长模型所蕴涵的真谛,其关系分别如图 4.23 和图 4.24 所示。

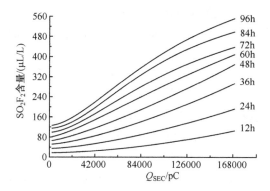

图 4.23　SO_2F_2 不同时刻产量与放电量关联曲线

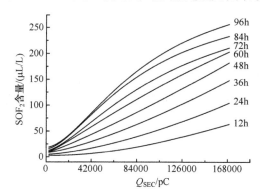

图 4.24　SOF_2 不同时刻产量与放电量关联曲线

4.4.4　分解组分有效产气速率与放电量的关联特性

由于故障常常是以低能量的潜伏性故障开始的,若不及时采取相应的措施,就可能会发展成较为严重的高能放电故障。因此,在利用 SF_6 分解组分及其含量变化规律对 SF_6 电气设备进行故障诊断时,仅根据组分含量的大小是很难对故障的严重程度做出正确判断的,必须考虑组分含量的产气速率。因为产气速率更能直接地反映出故障所消耗能量的大小、故障性质、严重程度以及发展过程等。为此,继续对暂态分解过程中特征组分的产气速率与反映 PD 强度的每秒平均放电量 Q_{SEC} 进行关联比对分析,以全面地揭示 PD 强度与 SF_6 暂态分解特性之间的内在关系。

由于 CF_4 的含量随着 PD 的持续作用,很快就进入动态平衡状态,在放电强度不变的情况下,其含量基本不再发生变化。而 CO_2、SO_2F_2 与 SOF_2 的含量却随 PD 的持续作用而稳定增加,但不同 PD 强度下的增加速率互不相同,其暂态分解过程中 CO_2、SO_2F_2 与 SOF_2 的产气速率可以与放电量相关联以判断 PD 的强度。为此,本书不研究 CF_4 的产气速率与放电量之间的关联特性,只对 CO_2、SO_2F_2 与 SOF_2 的产气速率与放电量进行关联比对研究。

通常情况下,采用绝对产气速率 R_a 来刻画 PD 作用下各时间段特征组分的产气特性,其计算公式如下:

$$R_a = \frac{C_{i2} - C_{i1}}{\Delta t} \tag{4.3}$$

式中,R_a 为绝对产气速率(ppm/天);C_{i1} 为第一次测得组分 i 的含量(ppm);C_{i2} 为第二次测得组分 i 的含量(ppm);Δt 为两次检测的时间间隔,取 $\Delta t = 1$ 天。考虑到针-板缺陷 PD 下,特征组分 CO_2、SO_2F_2 与 SOF_2 的产气速率短时间内基本稳定,本书定义更具统计性的有效产气速率 R_{RMS} 来刻画特征组分的产气特性,其定义式为[17,18]

$$R_{RMS} = \sqrt{\frac{\sum_{j=1}^{4} R_{aij}^2}{4}} \tag{4.4}$$

式中,R_{aij} 为分解组分 i 第 j 天的绝对产气速率。得到由式(4.4)计算的各分解组分有效产气速率 R_{aij} 与 Q_{SEC} 的关联曲线如图 4.25 和图 4.26 所示。

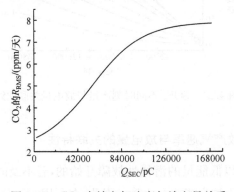

图 4.25　CO_2 有效产气速率与放电量关系

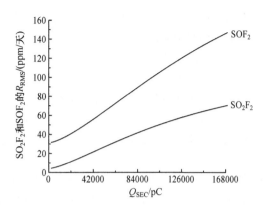

图 4.26　SO$_2$F$_2$ 和 SOF$_2$ 有效产气速率与放电量关系

根据式(4.1)对 Q_{SEC} 的定义,Q_{SEC} 对应着两个表征 PD 状态的基本物理量,即视在平均放电量 Q_{AVG} 和放电重复率统计值 $\overline{N}$,而 Q_{AVG} 和 $\overline{N}$ 则分别对应着每次 PD 所激发出的电子数目和每秒发生的 PD 次数,因此,从本质上讲,Q_{SEC} 对应着 PD 过程所激发出来的电子数目总量。由于真实放电量与 PD 过程激发出来的电子数目相对应,而激发出来的电子在局部强电场的作用下加速,获得足够的能量后与 SF$_6$ 分子发生碰撞并使其发生分解,生成各种 SF$_x$(如 SF$_4$ 和 SF$_2$ 等)和带电粒子(如 SF$_5^+$),生成的 SF$_4$ 和 SF$_2$ 扩散到主气室后与混杂在其中的微量 H$_2$O 和 O$_2$ 发生反应生成 SO$_2$F$_2$ 和 SOF$_2$;带电粒子则在电场的作用下向阴极表面移动,最后撞击阴极表面,激发出游离态的 C 原子并与气室中的 O 原子发生反应生成 CO$_2$。所以,在一定放电时间内,一定数量的电子必然对应一定含量的特征分解产物,更进一步,一定强度的 PD 即 Q_{SEC} 也对应着一定含量的特征分解产物。换句话说,每秒平均放电量 Q_{SEC} 决定着特征组分的有效产气速率 R_{RMS}。因此暂态分解过程中的三种特征分解产物 CO$_2$、SO$_2$F$_2$ 与 SOF$_2$ 的 R_{RMS} 与 PD 强度或每秒平均放电量 Q_{SEC} 存在着正相关性。

但是,由于设备内微量 H$_2$O、O$_2$ 以及不锈钢电极表面 C 原子数目有限,一方面,PD 强度越大,所激发的游离态 C 原子和低氟硫化物 SF$_x$ 数目也越多,反应式(2.1)~反应式(2.23)进行得也越激烈;另一方面,反应式(2.4)~反应式(2.19)的快速进行,使得 H$_2$O 和 O$_2$ 消耗得也越快,进而限制了相关反应的进行速率。这两方面原因综合作用使得 CO$_2$、SO$_2$F$_2$ 和 SOF$_2$ 的有效产气速率 R_{RMS} 同样以 Logistic 种群增长模型的形式随每秒平均放电量 Q_{SEC} 的增强而呈"S"形增长,如图 4.25 和图 4.26 所示。

4.4.5　表征 PD 能量的特征组分

假设 SF$_x$ 是 SF$_6$ 分子在高能电子流轰击下一次性断裂 $6-x$ 个 S—F 键所得,并将多次重复轰击所生成的 SF$_x$,按其所需能量等效为相同能量作用下的一次轰击。虽然高能电子流撞击单个 SF$_6$ 分子以及 SF$_6$ 分子在高能电子流撞击下断裂的 S—F 键个数(裂解程度)均具有随机性,然而,从总体情况来看,电子流所具有的能量越高,发生有效碰撞的概率将增大,故 SF$_6$ 分子在电子流的轰击下发生裂解的程度也将随之增大,即 SF$_6$ 在一次有效撞击下平均失去的 F 原子个数将增多。所以,PD 所产生的电子流的能量决定了 SF$_6$ 分解产物的种类和产率,即分解产物的种类和产率与设备内部故障源 PD 能量的大小存在着极为密切的关系。换句话说,特征分解产物的种类和产率能够从一定程度上直观地揭示出故障源 PD 能量的大小[17,18]。

从上述分析并结合 SF$_6$ 在 PD 作用下的分解机理可知,PD 导致 SF$_6$ 分解的关键是辉光区内的高能电子流轰击 SF$_6$ 分子使某些 S—F 键断裂而伴随生成少量活泼 F 原子和不稳定或稍不稳定的低氟硫化物 SF$_x$,然后通过复杂的化学反应迅速重新化合或者与混杂在 SF$_6$ 中的杂质气体(如 H$_2$O 和 O$_2$)反应,生成如 HF、H$_2$S、SF$_2$、SF$_4$、S$_2$F$_{10}$、SF$_6$、SO$_2$、SO$_2$F$_2$ 和 SOF$_2$ 等主要产物,其中由于 S$_2$F$_{10}$ 的热稳定性极差且检测条件要求极为苛刻[21],故不将其作为表征 PD 条件下 SF$_6$ 分解特性的特征组分。因此,PD 所产生的电子流能量就决定了撞击 SF$_6$ 分子并使其裂解的深度,进而决定了相应分解产物的种类和产率的大小。PD 所产生的电子流能量同时取决于设备内故障源处的局部电场强度和电子的平均自由行程。平均自由行程 z 由下式决定:

$$z = \frac{k_B T}{\sqrt{2}\pi d^2 P} \tag{4.5}$$

式中,k_B 代表玻耳兹曼常数;d 为 SF$_6$ 的分子直径。然而实际运行中的 GIS 设备内部 SF$_6$ 的量 n 和 GIS 的腔体内部的容积 V 都为一个定值,为恒容状态,根据克拉佩龙方程:

$$PV = nRT \tag{4.6}$$

可得

$$z = \frac{k_B V}{\sqrt{2}\pi d^2 nR} \tag{4.7}$$

式中,R 为理想气体常数。故其平均自由行程 z 为常数,其对电子能量的影响可不考虑。因此,电子所具有的能量就仅取决定 GIS 内故障源或者实验中模拟缺陷处的局部电场强度。

由于 SF$_5$ 的生成只需 PD 产生的电子流在轰击 SF$_6$ 时断裂 1 个 S—F 键,需要的电子流能量较低,大约为 420kJ/mol[22];而生成 SF$_4$ 需要 SF$_6$ 同时断裂 2 个 S—F 键,相对需要的能量比生成 SF$_5$ 所需电子流能量高,依次类推,生成 SF$_3$、SF$_2$、SF、S 的能量将依次增大。因此,低能量的 PD 通过促使 SF$_5$—F 断裂生成 SF$_5$;随着 PD 能量的增大,高能电子流撞击 SF$_6$ 的深度增强,促使单个 SF$_6$ 分子中更多的 S—F 键断裂,依次形成 SF$_4$、SF$_3$、SF$_2$、SF 等,但 SF、SF$_3$、SF$_5$ 分子结构不对称,使得其化学性质极不稳定,极易与游离的 F 原子结合生成 SF_2、SF_4、SF_6[23];在极高能量 PD 作用下,有可能使 SF_6 分子同时断裂所有 S—F 键而产生单质硫 S 或者高能电子在撞击完 SF_6 分子后由于能量的损失而附着在 S 上面形成 S^{2-},S^{2-} 再与 H^+ 结合生产 H_2S,其反应过程如下:

$$SF_6 + 2e \longrightarrow S^{2-} + 6F \tag{4.8}$$

$$S^{2-} + 2H^+ \longrightarrow H_2S \tag{4.9}$$

图 4.27 所示为沿绝缘子表面污秽缺陷模型闪络后的情况,此时,不但产生了大量的 H_2S,还产生了大量的 CF_4 和 CO_2,具体组分情况如表 4.2 所示。

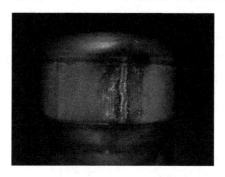

图 4.27　闪络后的绝缘子表面污秽缺陷

表 4.2　绝缘子闪络后的分解组分含量

组分	CF_4	CO_2	SO_2F_2	SOF_2	H_2S
含量/(μL/L)	274.77	50.36	47.39	788.93	31.74

虽然,SF_6 在 PD 作用下形成的低氟硫化物或者分子碎片不可避免地会在 PD 辉光区内发生二次电离,但是,各低氟硫化物发生二次电离生成其他低氟硫化物的概率和速率几乎一致,具体如表 4.3 所示。换句话说,即使各低氟硫化物在辉光放电区内存在二次电离,但由于其电离速率和概率相当,因此所生成的最终低氟硫化物的种类及其含量主要取决于 SF_6 在 PD 作用下发生的首次电离。同时,van Brunt 通过研究发现低氟硫化物发生二次或多次电离对最终分解产物的影响甚微,可忽略不计[23]。

表 4.3　低氟硫化物发生二次电离生成其他低氟硫化物的速率[23]

反应方程	速率常数/(cm^3/s)
$SF_5 \longrightarrow SF_4 + F$	$K_1 = 6.5 \times 10^{-9}$
$SF_4 \longrightarrow SF_3 + F$	$K_2 = 6.5 \times 10^{-9}$
$SF_3 \longrightarrow SF_2 + F$	$K_3 = 8.8 \times 10^{-9}$
$SF_2 \longrightarrow SF_1 + F$	$K_4 = 5.5 \times 10^{-9}$

　　因此,SF_4、SF_2、S 和 H_2S 的产率就直接反映出 PD 能量的大小,成为揭示 PD 能量大小的特征组分,特别是 H_2S 是高能 PD 的特征产物,如果在 GIS 中检测到 H_2S,则说明设备处于非常严重的绝缘故障状态,应采取相应的检修措施。

　　由于 SF_4 和 SF_2 主要存在于辉光区,S 为固体颗粒,这三种物质均不利于取样和检测。但是,当 SF_4 和 SF_2 通过扩散作用进入主气室后,SF_4 极易与 H_2O 发生水解反应生成 SOF_2。同时,SF_2 也易与 O_2 反应,生成 SO_2F_2。因此,SOF_2 和 SO_2F_2 的产率能够在一定程度上间接地反映出 PD 能量的大小,即产生 SOF_2 所需的 PD 能量比 SO_2F_2 低。同时,SOF_2 和 SO_2F_2 主要存在于主气室,更加便于采样和检测。故可利用 SO_2F_2 和 SOF_2 作为间接表征 PD 能量的特征组分[17,18]。

　　图 4.28 所示为不同 PD 能量下 SOF_2 和 SO_2F_2 的产率随时间的变化关系,可知 SO_2F_2 和 SOF_2 的产率均随着放电能量的增高而增大,并且两种气体的绝对产气速率均随着 PD 能量的增大而增大,所以 SO_2F_2 和 SOF_2 是能够作为表征 PD 能量大小的特征气体。

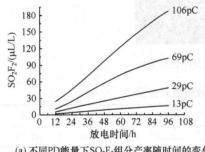
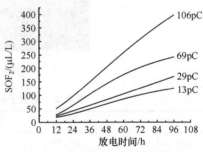

(a) 不同PD能量下SO_2F_2组分产率随时间的变化　　　(b) 不同PD能量下SOF_2组分产率随时间的变化

图 4.28　不同 PD 能量作用下 SOF_2 和 SO_2F_2 的产率

　　综上所述,SF_6 分解特征组分与故障处 PD 能量之间有着密切的关系,H_2S 能够直接反映出 PD 能量的大小,SOF_2 和 SO_2F_2 能够间接地从一定程度上表征 PD 能量的大小,且在 PD 条件下,产生 SOF_2 所需的能量比 SO_2F_2 低,因此可将它们作为表征 PD 能量的特征组分,尤其是 H_2S 可作为高能 PD 的特征气体。因此,可以气体绝缘设备中的特征分解组分 SOF_2、SO_2F_2 和 H_2S 的含量或者产率来诊断设备中故障 PD 的严重程度。

4.4.6　表征 PD 能量的分解特征组分产率比值

1. 特征组分比值与 PD 能量的关系及物理意义

　　从前面的分析可知,PD 作用下,SF_6 的分解特性与 PD 的能量大小有着直接的关系,但特征组分含量或者产率只反映了 GIS 等气体绝缘设备中故障点处 PD 引起 SF_6 分解的本质,并没有反映出分解特征组分相对浓度与故障点 PD 严重程度所存在的相互依赖关系。

　　Chu 在通过总结前人大量研究成果的基础上指出[24]：在火花和电弧放电时，SOF$_2$ 是 SF$_6$ 分解所生成的主要产物，而在电晕放电或 PD 时，SOF$_2$、SO$_2$F$_2$ 是其主要生成物。但是，SF$_6$ 在 PD 作用和电弧作用下的分解机理却有着本质的不同。电弧作用下，促使 SF$_6$ 分解的原因除了高能电子的轰击之外，还伴随着剧烈的热效应、高能光子以及电弧通道内高温等离子体的协同影响，相关机理还有待进一步深入研究，本书不做探讨。PD 条件下，SOF$_2$ 和 SO$_2$F$_2$ 主要是由于 PD 辉光区所产生的高能电子流撞击 SF$_6$ 分子使其分解生成 SF$_4$ 和 SF$_2$，并扩散到主气室再与存在其中的微量 H$_2$O 和 O$_2$ 等杂质气体反应生成，其主要化学反应如式(2.1)、式(2.16)和式(2.17)所示。从其生成机理分析可知：SO$_2$F$_2$ 的主要来源是 SF$_2$，SOF$_2$ 的主要来源是 SF$_4$，而 SF$_2$ 的产生需要 SF$_6$ 同时断裂 4 个 S—F 键，而 SF$_4$ 却只需 SF$_6$ 同时断裂 2 个 S—F 键，故生成 SF$_2$ 所需电子流的能量要大于产生 SF$_4$ 所需电子流的能量。因此，在 PD 条件下，产生 SOF$_2$ 所需的能量比 SO$_2$F$_2$ 低，它们也就成了区分放电能量的特征气体，其含量也就成了区分放电能量的特征量[17,18]。

　　尽管 SOF$_2$ 和 SO$_2$F$_2$ 的含量与 PD 能量有着密切的关系，但仅根据 SOF$_2$ 和 SO$_2$F$_2$ 的含量或产气速率来对 SF$_6$ 气体绝缘设备进行故障诊断仍然是有局限的。借鉴目前广泛应用于大型电力变压器故障诊断中的比值分析法[25-27]思想，本书提出将 $c(SO_2F_2)/c(SOF_2)$ 作为揭示气体绝缘电气设备中故障源处 PD 严重程度的能量特征比值(energy ratio，ER)，ER 比单独依靠特征组分含量或者其绝对产气速率更为合理。因为，该比值不但结合了 SF$_6$ 绝缘介质在故障状态下分解生成分解特征产物含量的相对浓度与故障点处电子能量的相互依赖关系，还消除了分解气室的体积效应，可以得出对故障状态较为可靠的诊断依据。很显然，ER 越大，说明 PD 产生的高能电子流在轰击 SF$_6$ 分子时使其断裂的 S—F 键越多，裂解所生成的低氟硫化物中 SF$_2$ 与 SF$_4$ 较接近甚至超过 SF$_4$ 的含量，故 SO$_2$F$_2$ 的含量比 SOF$_2$ 的含量相接近甚至超过 SOF$_2$ 的含量，即 PD 能量越高，设备内部故障越严重，反之亦然。

　　不难理解，对于同一缺陷在相同状态下，随着外施电压升高，PD 能量也将逐步增大。图 4.29 所示为不同电压作用下针-板电极进行 96h 放电所得 ER 即 $c(SO_2F_2)/c(SOF_2)$ 比值的变化曲线。从图 4.29 可得出如下结论：①$c(SO_2F_2)/c(SOF_2)$ 随着 PD 能量的增大而增大，从实验角度定性地证明了 $c(SO_2F_2)/c(SOF_2)$ 与 PD 能量的关系。②当 PD 能量较小时(放电量为 13pC)，$c(SO_2F_2)/c(SOF_2)$ 明显低于在较高能量下的值。其原因有二：一是在放电量为 13pC 作用于电极时，放电还不稳定，此时所生成的 SO$_2$F$_2$ 和 SOF$_2$ 的产率较低且波动较大，进而使 $c(SO_2F_2)/c(SOF_2)$ 随着放电时间的增长而出现较大波动；二是较低能量 PD

所产生的电子流在轰击 SF_6 分子时,还不能够大量地使 S—F 键断裂,只能有效作用于一小部分的 S—F 键并使其断裂,主要生成 SF_4 和 SF_5。因此,使 SOF_2 的含量明显高于 SO_2F_2 的产率,进而使 $c(SO_2F_2)/c(SOF_2)$ 出现较小值。③在较高能量 PD 作用下,由于 PD 稳定且所产生的电子流都能有效地轰击 SF_6 分子并使其发生裂解生成 SF_2 和 SF_4,且随着 PD 能量的增大,PD 产生的电子流在轰击 SF_6 分子时促使其断裂的 S—F 键随之增大。因此,产生了大量的 SF_2,最终生成 SO_2F_2 比 SOF_2 增长更快,因而 $c(SO_2F_2)/c(SOF_2)$ 随着 PD 能量的增大而增大。

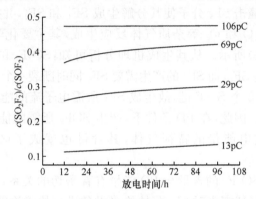

图 4.29　能量特征比值与放电量之间的关系

2. 有效能量特征比值 ER_{RMS} 与 PD 能量关系及物理意义

从图 4.29 可知,随着放电的持续,能量特征比值 ER 将逐步趋于稳定,但在不同 PD 能量下的 ER 值处在一定的范围内,具有一定的波动性,这是由 SF_6 在 PD 作用下发生分解、化合反应的多样性和复杂性所致,如果仅用检测到的 ER 瞬时值来表征 SF_6 电气设备故障及其严重程度,则会由于 ER 的波动性给诊断和评估结果带来一定的偏差。为此,本书定义更具统计特性的有效能量特征比值(ER_{RMS})来表征 PD 能量大小或故障严重程度,其定义如下:

$$ER_{RMS} = \sqrt{\frac{\sum_{i=1}^{n} ER_i^2}{n}} \qquad (4.10)$$

式中,ER_i 为第 i 次采样时的能量特征比值;n 为采样次数。在本书中,共进行了 96h 的 PD 实验,每隔 12h 采样,采样 8 次,故 $n=8$。ER_{RMS} 与 PD 能量的关系如图 4.30 所示,在 PD 故障较轻时,ER_{RMS} 较小,随着故障的逐步加剧(放电量不断加大),ER_{RMS} 将急剧变大,但 ER_{RMS} 并不是随着放电量的加大而无限制的增长,而是增长到一定程度后慢慢变缓,其原因为:随着放电强度的加大,即放电量的增大,会导致 PD 所激发的电子流具有更高的能量,致使 SF_6 分子断裂更多的 S—F 键且裂解所生成的低氟硫化物中 SF_2 与 SF_4 较接近甚至超过 SF_4 的含量,进而会促使 SF_2 和 SF_4 分别通过反应式(2.16)和反应式(2.17)生成 SO_2F_2 和 SOF_2,但 SO_2F_2 的增长速率高于 SOF_2,使得 ER 随着 PD 能量的增大而增大,进而使得 ER_{RMS} 随着 PD 能量的增加而增大。但是,PD 能量不是无限大的,只能局限于某个临界值范围内,即 ER_{RMS} 只能趋近于某个临界值。如果其能量突破该临界值,则放电的性质就会突变为更为严重的火花放电或电弧放电等突发性故障,但 SF_6 在火花放电和电弧放电作用下的分解过程和机理与 PD 作用下的分解过程有着本质的不同,本书所定义的 ER 和 ER_{RMS} 是否还能表征该种情况下的放电能量,还有待继续研究,本书暂不做讨论。

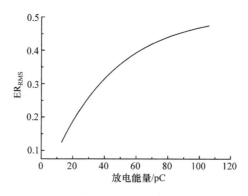

图 4.30 ER_{RMS} 与放电能量之间的关系

综上所述,提出的 ER 和定义的 ER_{RMS} 是一个能够有效揭示气体绝缘电气设备中故障源处 PD 能量大小的特征比值,并且该比值越大,放电能量越大,说明设备故障源处于较严重的故障状态;反之,若该比值越小,则说明放电能量相对较低,故障就较轻。同时,由于 PD 能量有限,ER 和 ER_{RMS} 只能无限趋近于某个临界值[17,18]。

参 考 文 献

[1] Tang J, Zhou Q, Tang M, et al. Study on mathematical model for VHF partial discharge of typical insulated defects in GIS. IEEE Transactions on Dielectrics and Electrical Insulation, 2007,14(1):30-38.

[2] 深圳供电局有限公司. 一种用于模拟 GIS 设备内部金属尖端缺陷的模型. CN201320870653.6, 2014.

[3] 韩小莲. GIS 局部放电检测系统的研究. 西安:西安交通大学博士学位论文. 1995.

[4] 深圳供电局有限公司. 一种用于模拟 GIS 设备内部自由导电微粒缺陷的模型. CN201320870998.1,2014.

[5] Kumar R, Gorayan R S, Singh B P. Movement of free particle in a 3-phase gas-insulated sys-

tem. The 12th International Symposium on High Voltage Engineering, Bangalore, 2001: 449-452.

[6] Prakash K S, Srivastava K D, Morcos M M. Movement of particles in compressed SF_6 GIS with dielectric coated enclosure. IEEE Transactions on Dielectrics and Electrical Insulation, 1997,4(3):344-347.

[7] 深圳供电局有限公司. 一种用于模拟 GIS 设备内部沿面放电缺陷的模型. CN201320870388.1, 2014.

[8] 深圳供电局有限公司. 一种用于模拟 GIS 设备气隙缺陷的模型. CN201320871306.5,2014.

[9] 曾福平. SF₆ 气体绝缘介质局部过热分解特性及微水影响机制研究. 重庆:重庆大学博士学位论文,2014.

[10] 王悠. 六氟化硫局部放电分解特性及特征提取研究. 重庆:重庆大学硕士学位论文,2014.

[11] 刘帆. 局部放电下六氟化硫分解特性与放电类型辨识及影响因素校正. 重庆:重庆大学博士学位论文,2013.

[12] Tang J, Liu F, Zhang X, et al. Partial discharge recognition through an analysis of SF_6 decomposition products part 1:decomposition characteristics of SF_6 under four different partial discharges. IEEE Transactions on Dielectrics and Electrical Insulation, 2012, 19(1): 29-36.

[13] Tang J, Liu F, Meng Q, et al. Partial discharge recognition through an analysis of SF_6 decomposition products part 2:feature extraction and decision tree-based pattern recognition. IEEE Transactions on Dielectrics and Electrical Insulation,2012,19(1):37-44.

[14] 孟庆红. 不同绝缘缺陷局部放电下 SF₆ 分解特性与特征组分检测研究. 重庆:重庆大学硕士学位论文,2010.

[15] 张晓星,姚尧,唐炬,等. SF₆ 放电分解气体组分分析的现状和发展. 高电压技术,2008,04: 664-669,747.

[16] 唐炬,李涛,胡忠,等. 两种常见局部放电缺陷模型的 SF₆气体分解组分对比分析. 高电压技术,2009,(3):487-492.

[17] Tang J, Zeng F, Pan J, et al. Correlation analysis between formation process of SF 6 decomposed components and partial discharge qualities. IEEE Transactions on Dielectrics and Electrical Insulation,2013,20(3):864-875.

[18] Tang J, Zeng F, Zhang X, et al. Relationship between decomposition gas ratios and partial discharge energy in GIS,and the influence of residual water and oxygen. IEEE Transactions on Dielectrics and Electrical Insulation,2014,21(3):1226-1234.

[19] Auger P, Poggiale J C. Emergence of population growth models:fast migration and slow growth. Journal of Theoretical Biology,1996,182(2):99-108.

[20] Sibly R M, Barker D, Denham M C, et al. On the regulation of populations of mammals, birds,fish,and insects. Science,2005,309(5734):607-610.

[21] Sauers I, Mahajan S M. Detection of S_2F_{10} produced by a single-spark discharge in SF_6. Journal of Applied Physics,1993,74(3):2103-2105.

[22] Tsang W, Herron J T. Kinetics and thermodynamics of the reaction SF$_6$ $\rightleftharpoons$ SF$_5$ + F. Journal of Chemical Physics, 1992, 96(6): 4272-4282.

[23] van Brunt R J, Herron J T. Plasma chemical model for decomposition of SF$_6$ in a negative glow corona discharge. Physica Scripta, 1994, 1994(T53): 9-29.

[24] Chu F Y. SF$_6$ Decomposition in gas-insulated equipment. IEEE Transactions on Electrical Insulation, 1986, 1: 693-725.

[25] Rogers R R. IEEE and IEC codes to interpret incipient faults in transformers, using gas in oil analysis. IEEE Transactions on Electrical Insulation, 1978, EI-13(5): 349-354.

[26] Kelly J J. Transformer fault diagnosis by dissolved-gas analysis. IEEE Transactions on Industry Applications, 1980, 6(6): 777-782.

[27] Duval M. A review of faults detectable by gas-in-oil analysis in transformers. Electrical Insulation Magazine IEEE, 2002, 18(3): 8-17.

第 5 章 局部过热下 SF$_6$ 分解特性及特征组分

目前,对于 SF$_6$ 气体绝缘设备 POT 还没有一套行之有效的检测(监测)技术与诊断方法。通常的做法是在设备离线例行检修时,通过测量设备整个回路的接触电阻来对回路整体连接状况进行诊断。显然,该方法无法及时发现接触不良的问题。而红外间接测温法,SF$_6$ 气体对红外光能的强吸收性[1]以及 SF$_6$ 气体绝缘设备内部复杂的结构往往导致很难准确获取故障点处的真实温度。加之,SF$_6$ 气体绝缘设备的全封闭性,也限制了已有红外测温装置的在线应用。

近年来,利用 SF$_6$ 在 PD 下发生分解生成各种特征组分及其变化规律来诊断设备内部故障已成为本行业关注的热点。有研究表明[2-4],SF$_6$ 在设备发生 POT 性故障时也将发生分解并产生一系列的分解特征产物,其分解过程与设备内部故障点处的温度有着直接的联系。因此,不仅可以通过 SF$_6$ 在过热状态下的分解组分信息来揭示 SF$_6$ 气体绝缘设备内的 POT 性故障及其严重程度,还可以通过 SF$_6$ 在过热状态下的分解特性来揭示设备内部 POT 性故障的产生和发展过程。同时,在较为严重的 PD 过程中也伴随有 POT 现象,同样会出现 SF$_6$ 发生过热性分解,如果仅利用 SF$_6$ 在 PD 作用下的分解机理和分解特性来对 SF$_6$ 气体绝缘设备进行故障诊断,显然是不全面的。为此,通过对 SF$_6$ 在过热状态下的分解现象进行系统的研究,获取其过热分解特性,掌握其在过热条件下发生分解的化学与物理过程,并建立基于 SF$_6$ 过热分解理论和 SF$_6$ 气体绝缘设备 POT 故障诊断方法,不仅可以弥补 SF$_6$ 气体绝缘设备绝缘故障诊断方法的不足,还可以完善 SF$_6$ 的热分解理论。

本章首先介绍所研制的模拟 SF$_6$ 气体 POT 分解试验系统,然后通过大量实验,得到 SF$_6$ 在 400℃以下的 POT 分解现象及各特征分解组分的生成规律,并在此基础上结合 IEC 60376—2005[5]和 IEC 60480—2004[6]标准,从分解产物总量的角度,探讨 POT 给 SF$_6$ 气体绝缘设备安全可靠运行带来的不利因素。最后,从故障诊断的角度初步提取出表征 POT 性故障的主要特征组分以及表征故障严重程度的特征量,为建立基于分解组分分析法的 SF$_6$ 气体绝缘设备状态评估和故障诊断理论及方法奠定基础。

5.1 SF$_6$ 局部过热分解试验系统

为了在实验室中能够比较全面地模拟 SF$_6$ 气体绝缘设备过热性故障作用下

的分解过程,需要解决几个关键技术问题:①研制一个与真实运行环境相同的密闭气室;②SF$_6$ 气体绝缘设备内 POT 温度的模拟与控制;③SF$_6$ 分解组分的定量检测分析方法。

针对以上问题,本章解决的思路[7]如下:制作一个能够承受与实际气体绝缘设备运行气压的密封不锈钢材质罐体,在罐体内安装不同类型的模拟 POT 的物理缺陷模型(发热体),通入低压大电流的方式来模拟 SF$_6$ 气体绝缘设备中的 POT 过程,在罐体内安装温度传感器以测量物理缺陷模型的表面直接温度和主气室内的温度,同时采用比例-积分-微分(PID)控制策略[8,9]对物理缺陷模型表面温度进行控制。在罐体内充以一定气压的 SF$_6$ 气体,研究不同温度、不同 H$_2$O 和 O$_2$ 含量下 SF$_6$ 的分解特性和分解机理。试验系统功能结构原理如图 5.1 所示。该系统主要包括两部分,即 SF$_6$ 过热分解系统和分解组分定量分析测试系统[10-14]。其中 SF$_6$ 过热分解系统主要包括过热密闭气室、POT 物理缺陷模型和温度检测与控制系统;分析测试系统主要包括气相色谱仪、气相色谱/质谱仪、傅里叶红外光谱分析仪、微水仪和微氧仪等。

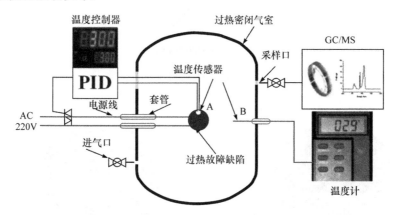

图 5.1　SF$_6$ 局部过热分解试验系统结构图

SF$_6$ 过热分解系统的主要功能是模拟 SF$_6$ 在真实气体绝缘设备 POT 作用下的分解环境和场所,其过热密闭气室主要起到模拟气体绝缘设备内部密闭环境的作用,同时,隔离外界环境因素(如 H$_2$O 和 O$_2$ 等)对 SF$_6$ 分解过程的影响;POT 的物理模型[15,16](图 5.2)是为了模拟 SF$_6$ 气体绝缘设备内部过热性故障所产生的局部高温(图 5.3),同时,在局部高温的作用下使 SF$_6$ 发生分解,这就要求发热的电极体积要小,耐受高温能力强,外壳材质能模拟气体绝缘设备易发生过热性故障处的材质(如 GIT 硅钢材质的铁心、GIS 和 GIL 中大量采用的铝质镀银接头等),同时还要便于实时准确测量发热电极表面的实际温度。

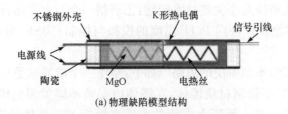

(a) 物理缺陷模型结构

(b) 物理缺陷模型实物

图 5.2　模拟 POT 的物理缺陷模型

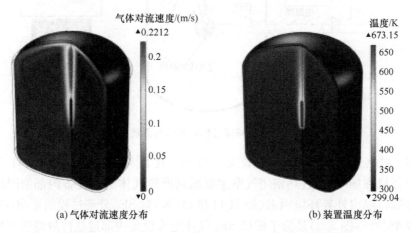

(a) 气体对流速度分布　　　　　　　　(b) 装置温度分布

图 5.3　POT 温度为 400℃（673.15K）时试验腔体内的对流速度场和热场分布情况

　　温度检测与控制系统用于监测与控制 POT 物理模型和主气室内部发热电极附近的实时温度，温度传感器 A 掩埋于 POT 物理模型表面，用于测量 POT 物理模型的表面直接温度，而温度传感器 B 则位于主气室，用于监测主气室发热电极附近的温度。分析测试系统的主要功能是定性定量检测 SF₆ 在 POT 的作用下发生分解所生成的各分解特征组分含量,其中,GC(瓦里安 CP-3800)、GC/MS(岛津 QP2010 Ultra)和傅里叶红外光谱分析仪(布鲁克 TENSOR37)定量检测 SF$_6$ 过热 分解特征组分,如 SO$_2$F$_2$、SOF$_2$、SOF$_4$、SO$_2$ 和 H$_2$S 等。微水仪和微氧仪则是用于 检测 SF$_6$ 气体中混杂的微量 O$_2$ 和 H$_2$O 杂质含量,用于定量研究微量 O$_2$ 和 H$_2$O 对 SF$_6$ 过热分解特性的影响规律,并判断 SF$_6$ 中的 O$_2$ 和 H$_2$O 杂质含量是否超 标,相关检测分析方法见文献[4]。

　　为了准确探究局部过热状态下 SF$_6$ 的分解特性,需要设计准确可靠的发热体 过热温度控制系统。温度控制系统由控制器、温度传感器和固态继电器组成,采用 比例-积分-微分控制策略对温度进行控制,其控制系统结构如图 5.4 所示。在试 验过程中,温度控制系统通过预埋在发热电极表面的温度传感器 A,实时检测发热 电极表面的工作温度,然后由 PID 控制环节,对设定值与反馈信号进行比对运算, 根据运算结果输出触发脉冲信号来控制固态继电器的导通与关断,从而以调节输 出功率的方式,来实现热电极表面工作温度与目标温度的无差异控制。温度传感 器 B 主要用于测量主气室发热电极附近的环境温度。

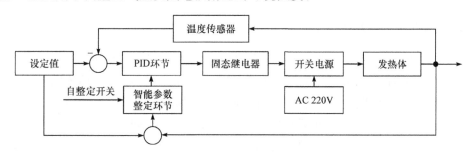

图 5.4　温度控制系统原理框图

5.2　不同过热故障下 SF$_6$ 气体分解特性

　　标准 IEC 60480—2004 指出,当 SF$_6$ 气体绝缘设备发生绝缘故障时,其气体分 解成分主要有 SO$_2$、SOF$_2$、SOF$_4$、SO$_2$F$_2$,可以反映 SF$_6$ 气体绝缘劣化的程度。此 外,前期研究表明 SF$_6$ 气体分解中也可能检测到 CF$_4$、CO$_2$、H$_2$S 和 HF[17-19]。因 此,本章将重点关注这几种主要特征组分,并采用三种测量技术对 POT 下的 SF$_6$ 气体分解规律进行探索和分析。对 CF$_4$、SOF$_2$ 和 H$_2$S 组分用 GC 进行测量,对 CO$_2$、SO$_2$F$_2$、SOF$_4$ 和 SO$_2$ 组分用 GC/MS 测量,对 HF 组分用 FTIR 测量。试验 过程中,为排除环境试验境温度对试验结果的影响,实验室温度控制在 20℃ 左右, 所有试验均在此条件下进行。具体步骤如下[20]。

　　(1) 连接装置及检查装置气密性。首先将不锈钢热材质电极放入分解气室内,按图 5.1 要求连接试验系统的各功能部件,然后用真空泵对分解气室抽真空,当气室内的真空度为 0.005~0.01MPa 时,关闭真空泵,静置 10~12h 后如果真空压力表示数保持在 0.005~0.011MPa,表明过热分解气室的密闭性能完好,可以进行下一步试验。

(2) 气室清洗。将分解气室抽真空后充入 SF_6 新气,然后将其抽真空,重复此过程 3 次。在最后一次抽真空后充入 0.40MPa 的 SF_6 新气以模拟 SF_6 气体绝缘设备的真实运行状况,并测量其中的微量 H_2O 和 O_2 含量。如果不符合新气标准,则再对气室重新进行洗气,直至符合要求为止。

(3) 设定温度。接通电源,设定所需的试验温度值并进行试验。

(4) 组分分析。每隔 1h,从采气口采取 SF_6 分解组分样气,利用 GC、GC/MS 和 FTIR 对样品组分进行定量分析。

(5) 试验结束。10h 后,待此次试验的各项指标都检测完之后,将气室抽真空,并静置 12h,使器壁和发热电极表面所吸附的分解物充分释放,以降低对下次试验的影响。然后返回到第 1 步,进行下一次试验。

5.2.1　SF_6 热分解起始温度

由于 SF_6 具有极强的化学稳定性和热稳定性,早期学者[2]认为 SF_6 在 500℃ 以上才会发生分解。然而,后期的研究表明[21-24],在与金属材料或者固体绝缘材料接触时,SF_6 起始分解温度会显著降低,即在 200℃ 以上都有可能发生不可逆的分解。所以,目前对于 SF_6 在过热情况下开始发生分解的温度(SF_6 热分解起始温度)存在很大的分歧。而 SF_6 过热分解起始温度是系统研究 SF_6 在 POT 作用下的分解特性和分解机理的基础,因此本章首先通过试验来探究 SF_6 的过热起始分解温度。

在试验过程中,本书以 200℃ 为探究起始温度点,以 20℃ 逐级递增的方式,对 200℃ 以上不同温度点的 SF_6 热稳定性进行探究。试验结果表明:在 200~260℃ 内,SF_6 气体样本中没有检测到新的分解产物,而在 260~340℃ 内,SF_6 气体分解组分浓度在试验 10h 后开始出现变化。表 5.1 分别显示了 CO_2、SO_2F_2、SOF_2 和 SO_2 组分在 260℃、280℃、300℃、320℃ 和 340℃ 温度点下,试验前后其含量的变化趋势和变化量。

表 5.1　不同故障温度下各分解组分试验前后浓度变化对比表

温度/℃	260		280		300		320		340	
时间/h	0	10	0	10	0	10	0	10	0	10
CO_2/(μL/L)	1.11	1.13	1.08	1.13	1.37	6.36	1.03	11.02	1.48	30.70
SO_2F_2/(μL/L)	0.00	0.00	0.00	0.00	0.00	0.24	0.00	1.38	0.00	2.56
SOF_2/(μL/L)	0.00	0.00	0.00	0.00	1.26	21.95	1.13	95.27	1.04	309.30
SO_2/(μL/L)	3.82	4.49	3.81	3.93	3.02	26.59	3.12	65.76	3.77	282.20

对比这 5 个温度不同组分气体浓度变化值同样可以发现:在 260℃和 280℃两个温度点,10h 试验后,四种分解组分气体浓度基本没有增加;在 300℃时,四种分解组分浓度开始显著增加;当 SF_6 与金属材料接触时,SF_6 并非在 500℃以上才出现分解,而是当 POT 故障温度达到 300℃时就会开始出现明显的分解。故在该试验条件下,SF_6 的起始分解温度是在 300℃左右。这与 Camilli 等[25]的研究结果不一致,但是与文献[21]~文献[24]中的观点相符。

5.2.2　在 POT 作用下 SF_6 分解组分含量变化特性

由前述试验可知,SF_6 在 280℃及以下温度点中均没有发生分解,SF_6 有明显的起始分解温度,是在 300℃左右。因此,为了更加全面地研究 POT 作用下 SF_6 分解组分含量的变化特性,本章对 POT 温度在 260~500℃内的分解特性进行讨论,并着重对出现的 CF_4、CO_2、SOF_4、SOF_2、SO_2F_2、SO_2 和 H_2S 的变化规律进行分析。

1. $SO_2F_2 + SOF_4$ 组分特性分析

由于 SOF_4 的化学性质极不稳定,在采气、检测过程中极易与 H_2O 发生水解反应生成 SO_2F_2,而 SO_2F_2 的性质较为稳定[26],故将 SO_2F_2 和 SOF_4 作为一个整体加以分析。在过热故障温度为 260~500℃时,SF_6 发生分解所生成的 SO_2F_2 + SOF_4 特性如图 5.5 所示。

从图 5.5 中不难得出如下结论。①在 POT 温度为 260℃、280℃、300℃、320℃和 340℃时,只产生极少量的 $SO_2F_2 + SOF_4$($<2\mu L/L$),且生成量区别不明显;而在 POT 温度为 360~420℃时,$SO_2F_2 + SOF_4$ 气体浓度随着时间的延长,开始呈现出较为明显的增长趋势,但最终也只有 $10\mu L/L$ 左右,而当 POT 温度高于 420℃时,$SO_2F_2 + SOF_4$ 的浓度开始以指数增长的形式出现急剧上升。②在不同 POT 温度下,随着分解的持续进行,$SO_2F_2 + SOF_4$ 的生成量都会经历一个先缓慢增长,然后快速增长,最后逐步趋于饱和的过程,但进入饱和状态的时间,却随着 POT 温度的提高而延长。③在不同 POT 温度下,$SO_2F_2 + SOF_4$ 气体浓度曲线都有区别,特别是在 POT 高于 400℃时,气体浓度曲线区别更为明显,说明 $SO_2F_2 + SOF_4$ 组分的形成及其生成速率与 POT 温度具有一定的关系。此外,在较低的 POT 温度(如低于 340℃)时,并不是一开始就会产生大量的 $SO_2F_2 + SOF_4$,而是要持续一段时间之后才会开始产生 SO_2F_2 和 SOF_4,并且这个"持续等待过程"随着 POT 温度的升高而缩短,其可能原因是由于低温时的过热点还不能瞬间提供足够的能量来产生足够多的用于生成 SO_2F_2 和 SOF_4 所需的活化物质,只有当生成 SO_2F_2 和 SOF_4 所需活化物质积累到一定程度之后才生成 SO_2F_2 和 SOF_4,即要等 POT 持续一段时间之后才开始生成 SO_2F_2 和 SOF_4。目前,由于 SF_6 在 POT

状态下发生分解的化学反应机理尚不清楚,在此只能给出一个可能的假设,造成这种现象的具体反应过程和反应条件还有待持续深入的研究。

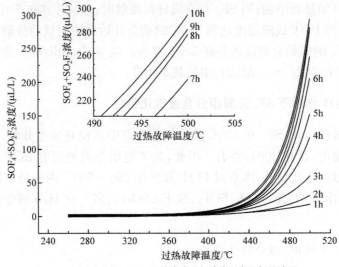

(a) (SO₂F₂+SOF₄)组分生成量与故障温度之间的关系

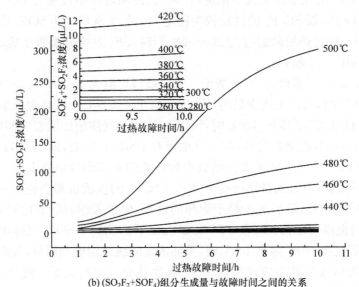

(b) (SO₂F₂+SOF₄)组分生成量与故障时间之间的关系

图 5.5 过热状态下(SO₂F₂+SOF₄)组分生成特性

因此,在 POT 温度为 260～500℃ 时,SF₆ 分解会产生一定量的 SO₂F₂ 和 SOF₄ 组分,其生成速率与过 POT 温度存在着一定的正相关性,所以,SO₂F₂ 和 SOF₄ 组分可以作为表征 SF₆ 气体 POT 分解和 SF₆ 气体绝缘设备 POT 性故障的一种特征产物。

2. SOF_2 组分特性分析

在 POT 作用下,SF_6 发生分解所生成的 SOF_2 组分含量与 POT 温度及时间之间的关系曲线如图 5.6 所示。与 SO_2F_2 和 SOF_4 这两种分解组分相比,SOF_2 的生成量明显要比 SO_2F_2 和 SOF_4 的生成量要高出 $1\sim2$ 个数量级,但其生成量与 POT 温度之间的关系却与 SO_2F_2 和 SOF_4 这两种分解组分相似,都是随着 POT 温度的升高而成指数形式增加。

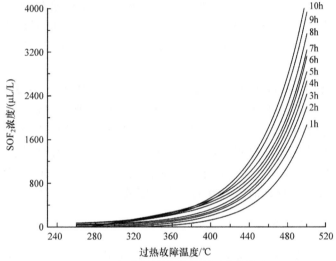

(a) SOF_2 组分生成量与故障温度之间的关系

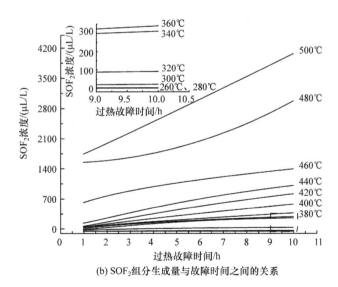

(b) SOF_2 组分生成量与故障时间之间的关系

图 5.6　过热状态下 SOF_2 组分生成特性

在 POT 状态下,SOF_2 组分生成的特点如下:①SF_6 分解会生成大量的 SOF_2,且在 POT 温度为 260~500℃时,生成的速率与 POT 温度存在着极强的正相关性。具体表现为:在温度较低(260~320℃)时增长较为缓慢,且在 10h 时间段内,SOF_2 最终浓度不超过 $100\mu L/L$;但是随着 POT 温度的不断升高(≥340℃),其生成速率随着 POT 的升高而成指数形式增长,SOF_2 的最终浓度可以达到 $4200\mu L/L$ 左右,如图 5.6(a)所示。②当 POT 温度一定时,SOF_2 含量随着 POT 时间的延长而不断增加,表明在 POT 的持续作用下,SF_6 一直不断地分解,并生成了大量的 SOF_2。③在 10h 时间段内,SOF_2 组分的生成速率并没有随着 POT 时间的延长而变缓,还没有出现所谓"饱和"的动态稳定趋势。④在不同温度 POT 作用下,SF_6 分解生成的 SOF_2 含量和速率有明显的变化,与 POT 温度有极强的正相关性。

由此可以看出,在过热性故障温度为 260~500℃时,SF_6 会发生分解并生成大量的 SOF_2,且 SOF_2 是 SF_6 的最重要分解产物之一,其产气量远大于 SO_2F_2 和 SOF_4 这两种分解组分。同时,过热性故障温度对 SOF_2 的形成至关重要,不同温度下 SOF_2 的形成速率区分明显,且其生成速率与过热性故障温度呈现出良好的正相关性,这说明 SOF_2 气体在这个温度范围可以作为表征 SF_6 气体过热分解和 SF_6 气体绝缘设备过热性故障温度的一个主要的特征分解产物。

3. SO_2 组分特性分析

在 POT 温度为 260~500℃时,SF_6 发生分解所生成的 SO_2 组分含量与 POT 温度及时间之间的关系曲线如图 5.7 所示。由此得出如下结论:①在该故障温度范围内,SF_6 发生分解均能生成 SO_2 组分,其含量随着 POT 时间的增长而呈现出不同程度的增长趋势,且在故障温度高于 340℃时,SO_2 含量增长速率以指数规律急剧的增长。②在相同 POT 时间下,与前述几种主要的组分如 SOF_2、SO_2F_2 和 SOF_4 一样,SO_2 的生成速率与 POT 温度均表现出较强的正相关性,即 POT 温度越高,SO_2 的生成速率越高。③从生成量来看,在 340℃及以下 POT 温度范围内,SO_2 组分含量增长比较缓慢,最高在 $100\mu L/L$ 左右,但是随着 POT 温度的升高,SO_2 组分的增长速度急剧提升,在 400℃时可以达到 $360\mu L/L$ 左右,特别是在温度高于 420℃时,其生成量出现了急剧的增加,达到了 $6700\mu L/L$,后期,随着故障温度的不断提高,其生成量迅速加大,到 500℃时,其生成量在 10h 内便达到了 $24000\mu L/L$,约为 SF_6 气体总量的 2.4%,远大于检测到的其他各种分解组分的浓度。这说明,当 SF_6 气体绝缘设备发生严重 POT 时,其 SF_6 气体绝缘介质将发生剧烈分解,10h 内将分解 2%左右,这将给 SF_6 气体绝缘设备的安全运行带来严重的威胁。

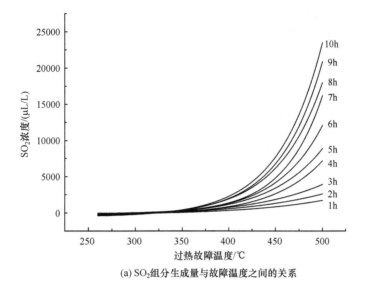

(a) SO₂组分生成量与故障温度之间的关系

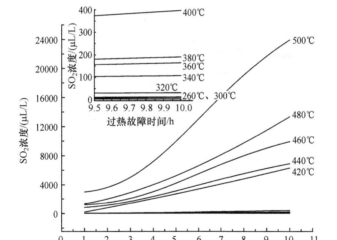

(b) SO₂组分生成量与故障时间之间的关系

图 5.7　过热状态下 SO₂ 组分生成特性

因此,在 POT 温度为 260～500℃时,SO₂ 同样是 SF₆ 发生分解所产生的一种极其重要的分解产物之一,且在 POT 温度高于 400℃时,其产气量要大于其他各种分解产物,这说明 SO₂ 很可能是 SF₆ 在过热分解下最主要的分解产物之一。POT 温度对 SO₂ 的形成影响显著,并整体上同样呈现这样一个规律:温度越高,SO₂ 的形成速率就越快。所以,SO₂ 的含量及其生成速率可以作为一种表征 SF₆ 气体过热分解和 SF₆ 气体绝缘设备 POT 的主要特征量。同时,SO₂ 气体是一种对环境污染特别大的酸性气体,也是一种对人体呼吸系统损伤特别大的气体,在现场检修和故障诊断时应重点关注。

4. H₂S 组分特性分析

在 POT 温度为 $260\sim500℃$ 下,SF₆ 发生分解所生成的 H₂S 组分含量与 POT 温度及时间之间的关系曲线如图 5.8 所示。由此得出如下结论:①SF₆ 并不是在所有的 POT 下发生分解都会产生 H₂S 组分,即在 340℃ 及 POT 温度以下发生分

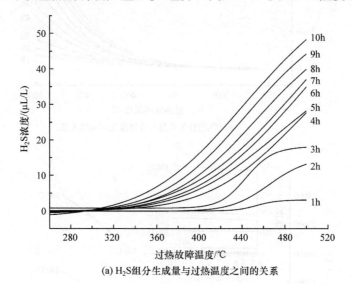

(a) H₂S组分生成量与过热温度之间的关系

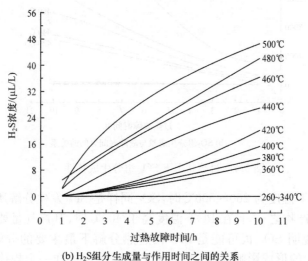

(b) H₂S组分生成量与作用时间之间的关系

图 5.8　过热状态下 H₂S 组分生成特性

解,没有 H₂S 产生组分,要在 360℃ 或更高温度条件下分解才会出现 H₂S,因此,H₂S 是表征 POT 温度高低或者 POT 严重程度一个极为关键的特征分解组分。②在 360~500℃ 内,H₂S 的浓度随着 POT 持续时间的延长而呈升高趋势,且其生成速率与 POT 温度同样呈正相关性,且不同 POT 温度下 H₂S 的生成含量具有明显的区分度,如图 5.8(a)所示。③POT 温度在 360~500℃ 内,当 POT 温度不变时,随着 POT 持续时间的延长,H₂S 的生成量在不断变缓,有逐步趋于饱和的趋势,如图 5.8(b)所示。因此,H₂S 组分含量及其生成速率是可以表征 SF₆ 气体绝缘设备严重 POT 的关键特征量,在现场检修和故障诊断时应引起特别关注。

5. CO₂ 组分特性分析

在 POT 温度为 260~500℃ 下,SF₆ 发生分解所生成的 CO₂ 组分含量与 POT 温度及时间之间的关系曲线如图 5.9 所示。由此得出如下结论。①在 10h 内,除了在 260℃ 的 POT 温度下没有 CO₂ 组分生成外,在其余 POT 温度下,都有 CO₂ 组分生成,且含量随着 POT 持续时间的延长而呈现出不同程度的增长,但很难出现饱和的趋势。②在 10h 内,CO₂ 含量的生成速率随着 POT 温度的升高而增大,且不同温度下的差别明显,在 360~500℃ 段,CO₂ 含量的生成速率明显高于 280~340℃ 温度段,CO₂ 含量最高是在 500℃ 时 POT 持续 10h 后,达到了约 100μL/L,最低是在 280℃ 时持续 10h 后含量为 1μL/L 左右。CO₂ 组分中的 C 元素的来源主要有两个渠道,即有机固体绝缘材料和 SF₆ 气体绝缘设备中的含碳金属材料。由于本书试验中没有涉及有机固体绝缘材料,采用的 POT 物理模型材料为含有 C 元素的不锈钢,所以 POT 物理模型中不锈钢材料在高温作用下释放的活化态 C 元素,与气室内混杂的微量 H₂O 和 O₂ 等杂质气体发生反应而生成 CO₂。

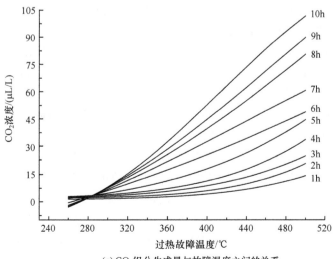

(a)CO₂组分生成量与故障温度之间的关系

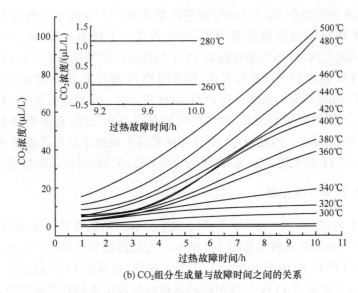

(b) CO_2 组分生成量与故障时间之间的关系

图 5.9　过热状态下 CO_2 组分生成特性

由此可以得出:CO_2 是 SF_6 气体绝缘设备内发生过热性故障时的一个分解产物,且温度对 CO_2 的形成影响显著。温度升高会导致 CO_2 的生成速率明显加快,可将其作为表征 SF_6 气体绝缘设备内含碳金属材料在 POT 作用下的特征组分。

6. CF_4 组分特性分析

在 POT 温度为 $260\sim500℃$ 下,SF_6 发生分解所生成的 CF_4 组分含量与 POT 温度及时间之间的关系曲线如图 5.10 所示。CF_4 组分中 C 的来源与 CO_2 组分来源相同,即 POT 处的有机固体绝缘材料和含碳金属材料。由于试验过程中,没有涉及有机固体绝缘材料,CF_4 来自 POT 绝缘模型不锈钢材料在高温作用下释放的活化态 C 元素与 SF_6 裂解的 F 原子相结合而成。由图 5.10 所示特性曲线分析可知,SF_6 在 POT 作用下生成 CF_4 组分具有的规律如下:①在没有涉及有机固体绝缘材料而仅有金属材料时,CF_4 组分只会在 POT 温度较高时(大约高于 $400℃$),才会出现少量组分;②当开始产生 CF_4 时,CF_4 的生成速率会随着 POT 温度的升高而加大,特别是当 POT 温度高于 $440℃$ 时,CF_4 组分的含量会急剧上升,如图 5.10(a)所示;③当 POT 温度一定时,随着 POT 的持续进行,SF_6 裂解的活化态 F 原子会与高温作用下 POT 物理模型金属材料释放的活化态 C 原子不断结合生成 CF_4,而且 POT 越严重(温度越高且越长时间),生成 CF_4 组分的速率也越大;④在 10h POT 时间内,CF_4 的含量没有因 POT 的持续而出现饱和趋势。

因此,CF_4 组分是 SF_6 气体绝缘设备内发生 POT 性故障到一定程度后的一个分解产物,且 POT 温度对 CF_4 的形成影响显著,温度升高会导致 CF_4 的生成速率

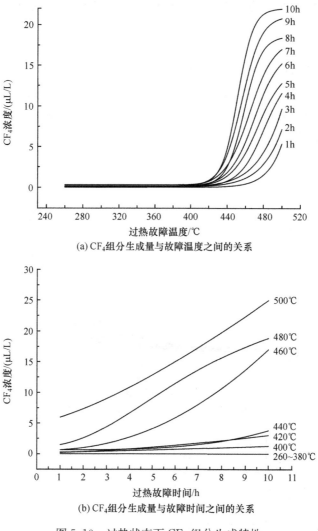

(a) CF₄组分生成量与故障温度之间的关系

(b) CF₄组分生成量与故障时间之间的关系

图 5.10　过热状态下 CF₄ 组分生成特性

明显加快,可将其作为表征 SF₆ 气体绝缘设备内含碳金属材料在 POT 作用下的特征组分。

5.2.3　涉及有机固体绝缘材料时 SF₆ 过热分解组分含量变化特性

由于 SF₆ 气体绝缘设备中除了 SF₆ 气体绝缘介质和金属材料外,还存在大量的有机固体绝缘材料,如盆式有机绝缘子、环氧树脂以及有机绝缘黏合剂等[27,28]。当 POT 涉及各种固体绝缘材料时,由于其所处的外界环境均为 SF₆ 气体,在设备内部发生 POT 时,也会导致 SF₆ 气体发生分解,其生成的组分与固体绝缘材料有关,因此,获取该情况下的分解特性有助于更好地反映内部故障状态[29]。

1. $SO_2F_2 + SOF_4$ 组分特性分析

当设备内部出现 POT 并涉及有机固体绝缘材料时,SF₆ 发生分解所生成的 $SO_2F_2 + SOF_4$ 合成组分规律曲线如图 5.11 所示。由此得出如下结论:①当 POT 涉及有机固体绝缘材料时,SF₆ 发生分解也能生成 SO_2F_2 和 SOF_4 这两种分解产物,其生成量略低于没有涉及有机固体绝缘材料时的含量。② $SO_2F_2 + SOF_4$ 合成

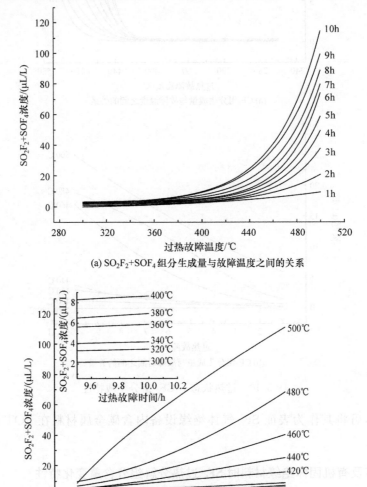

(a) $SO_2F_2 + SOF_4$ 组分生成量与故障温度之间的关系

(b) $SO_2F_2 + SOF_4$ 组分生成量与故障时间之间的关系

图 5.11　POT 涉及有机固体绝缘材料时 $SO_2F_2 + SOF_4$ 组分生成特性

组分生成规律也基本上与没有涉及有机固体绝缘材料时一致，即低于 340℃ 时，只产生极少量的 SO$_2$F$_2$＋SOF$_4$ 合成组分，且生成量区别不明显；一旦故障温度达到或高于 360℃，SO$_2$F$_2$＋SOF$_4$ 合成组分含量便开始以指数增长的形式出现急剧上升，但在 POT 持续 10h 区间内，其含量未见出现饱和的趋势，而是以接近线性增长的方式在增加。③与没有涉及有机固体绝缘材料时一样，不同 POT 温度下，SO$_2$F$_2$＋SOF$_4$ 合成组分浓度曲线都有区别，特别是在过热故障高于 400℃ 时，气体浓度曲线的区别更明显，说明 SO$_2$F$_2$＋SOF$_4$ 合成组分的形成及其生成速率与 POT 温度具有一定的关系。因此，当 POT 涉及有机固体绝缘材料时，也可以将 SO$_2$F$_2$＋SOF$_4$ 合成组分作为表征 SF$_6$ 气体开始发生 POT 分解和 SF$_6$ 气体绝缘设备出现 POT 故障的一种特征合成组分。

2. SOF$_2$ 组分特性分析

当设备内部出现 POT 并涉及有机固体绝缘材料时，SF$_6$ 发生分解所生成的 SOF$_2$ 特性曲线如图 5.12 所示。对比没有涉及有机固体绝缘材料时 SOF$_2$ 的特性曲线（图 5.6），可以得出如下结论。①当涉及有机固体绝缘材料时，SOF$_2$ 的生成量是前者的 1/4～1/3，而两种情况下的产气规律基本一致。②虽然在涉及有机固体绝缘材料时，SOF$_2$ 的生成量有所减少，仅为无有机固体绝缘材料时的 1/4～1/3，但在不同的 POT 温度下，SOF$_2$ 气体浓度曲线都有区别，且区分度明显，说明 SOF$_2$ 组分的形成和生成速率与 POT 温度具有一定的对应关系。③在 POT 持续 10h 内，SOF$_2$ 含量没有出现饱和趋势，而是以接近线性方式持续增长，如图 5.12(b)

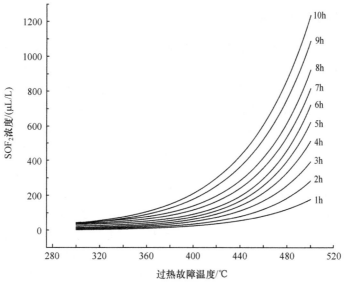

(a) SOF$_2$ 组分生成量与故障温度之间的关系

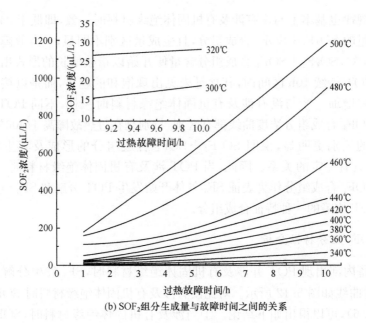

(b) SOF₂ 组分生成量与故障时间之间的关系

图 5.12 POT 涉及有机固体绝缘材料时 SOF₂ 组分含量与故障温度和故障时间的关系曲线

所示。因此,在设备内部出现 POT 并涉及有机固体绝缘材料时,SF₆ 发生分解同样会产生大量的 SOF₂,而且其生成量与 POT 温度具有极强的正相关性,同时,不同 POT 温度下的产气量具有明显的区分度,故 SOF₂ 也是 POT 涉及有机固体绝缘材料时,SF₆ 发生分解生成的一种主要特征组分。

3. SO₂ 组分特性分析

当设备内部出现 POT 并涉及有机固体绝缘材料时,SF₆ 发生分解所生成的 SO₂ 组分特性曲线如图 5.13 所示。由此可得出如下结论:①当 POT 涉及有机固体绝缘材料时,SF₆ 发生分解后均能生成 SO₂ 组分,其含量随着 POT 时间的持续而呈现不同程度的增长趋势,在故障温度高于 340℃时,SO₂ 含量的增长速率急剧地以指数增长的形式增加,且在 POT 温度高于 400℃时的含量要大于其他各种分解组分含量。②SO₂ 组分的生成速率与 POT 温度均表现出极强的正相关性,即温度越高,SO₂ 组分的生成速率越快。这说明当 SF₆ 气体绝缘设备内部发生 POT 时,特别是在高温 POT 作用下,其 SF₆ 绝缘介质会发生急剧的分解,这将对 SF₆ 气体绝缘设备的安全运行带来非常严重的影响。③与没有涉及有机固体绝缘材料时的情况(图 5.7)相比,除 SO₂ 组分生成量相对较低外,其他变化规律基本相同。

因此,当 POT 涉及有机固体绝缘材料时,SO₂ 组分同样是 SF₆ 发生分解所产生的一种极其重要的分解产物之一,且在 POT 温度高于 400℃时,其生成含量要大于其他各种分解组分的含量,这说明不管 POT 是否涉及有机固体绝缘材料,可

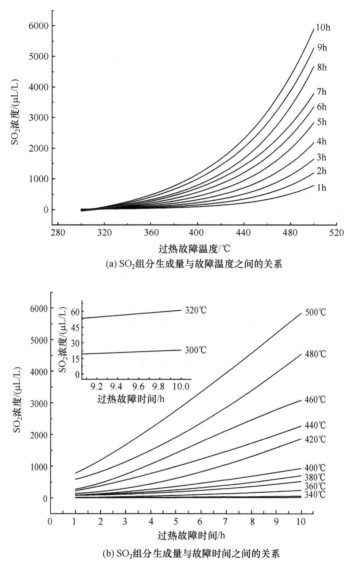

(a) SO$_2$ 组分生成量与故障温度之间的关系

(b) SO$_2$ 组分生成量与故障时间之间的关系

图 5.13　POT 涉及有机固体绝缘材料时 SO$_2$ 组分含量与故障温度和故障时间的关系曲线

用 SO$_2$ 组分生成含量的大小来判断。同时，POT 温度的高低对 SO$_2$ 组分生成影响显著，在整体上呈现的规律是温度越高，SO$_2$ 生成速率越快。所以，可用 SO$_2$ 组分生成速率大小来判断 SF$_6$ 气体绝缘设备 POT 的程度，在现场检修和故障诊断时应重点关注。

4. H₂S 组分特性分析

当设备内部出现 POT 并涉及有机固体绝缘材料时,SF₆ 发生分解所生成的 H₂S 组分特性曲线如图 5.14 所示。结合图 5.8 对比可得出如下结论。①与 POT 没有涉及有机固体绝缘材料时的情况一样,H₂S 组分并不是在 SF₆ 一开始发生分

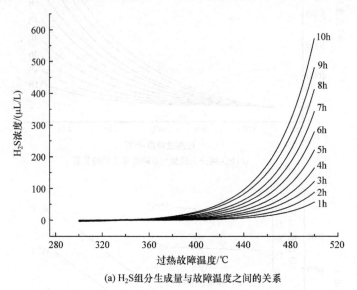

(a) H₂S组分生成量与故障温度之间的关系

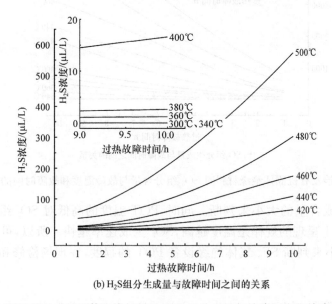

(b) H₂S组分生成量与故障时间之间的关系

图 5.14 POT 涉及有机固体绝缘材料时 H₂S 组分含量与故障温度和故障时间的关系曲线

解的时候就会生成的产物,必须要在 POT 的温度达到一定程度(高于 340℃)之后能够生成 H_2S 组分。说明不管 POT 是否涉及有机固体绝缘材料,生成 H_2S 组分都需要较高的热能(高温)。因此,H_2S 是表征 POT 温度高低或者 POT 严重程度的一个极为关键的特征分解组分。②与 POT 没有涉及有机固体绝缘材料情况不一样的是:在相同的 POT 温度作用下,涉及有机固体绝缘材料时,H_2S 的生成含量要比无有机固体绝缘材料时高,且在 POT 持续 10h 的分解试验中,生成含量没有出现饱和趋势,这主要是由于有机固体绝缘材料中含有大量的活性 H 元素,为 H_2S 的生成提供了足够的用量。尽管在这两种情况下,其 H_2S 生成含量的大小有一定的差别,但含量大小与 POT 温度高低之间有对应的关系,即随着 POT 温度呈正相关性(指数增长),且不同 POT 温度下 H_2S 生成含量具有明显的区分度,如图 5.12(a)所示。因此,在 POT 有无涉及有机固体绝缘材料时,H_2S 的含量及其生成速率均可作为表征 SF_6 气体绝缘设备内部是否存在严重 POT 情况的关键特征量,在现场检修和故障诊断时应引起特别的关注。

5. CO_2 组分特性分析

当设备内部出现 POT 并涉及有机固体绝缘材料时,$300\sim500℃$ 内不同温度处 CO_2 的分解组分含量特性曲线如图 5.15 所示。结合图 5.9 对比可知,首先,当 POT 涉及有机固体绝缘材料时,CO_2 组分生成含量要远高于没有涉及有机固体绝缘材料时的生成量,二者相差约一个数量级。以 500℃时的 CO_2 组分生成含量为例,当涉及有机固体绝缘材料时,在 POT 持续 10h 后,CO_2 组分生成含量为 $1000\mu L/L$,而此时没有涉及固体绝缘材料的情况下,CO_2 组分生成含量仅为 $100\mu L/L$。其次,当 POT 涉及有机固体绝缘材料时,CO_2 组分生成含量与 POT 温度之间的关系也具有明显的差异,主要表现在:当没有涉及有机固体绝缘材料时,其 CO_2 组分生成速率几乎随着 POT 温度的提高而成线性增大;但是,当涉及有机固体绝缘材料时,CO_2 组分的生成速率却随着 POT 温度的升高以指数形式增长。同时,在相同 POT 温度下,没有涉及有机固体绝缘材料时的 CO_2 组分含量随着 POT 持续时间的增加而呈现出不同程度的增长趋势,但依然没有饱和倾向;而当涉及有机固体绝缘材料时的 CO_2 组分含量随着 POT 持续时间的增加而逐步呈现出饱和的趋势。此外,不管是否涉及有机固体绝缘材料,不同 POT 温度,CO_2 组分生成含量都具有明显的区分度。

由前面的叙述可知,CO_2 组分中 C 元素的来源主要有两个渠道,即有机固体绝缘材料和 SF_6 气体绝缘设备中含碳金属材料表面。由于在前面的试验中没有涉及有机固体绝缘材料,采用的 POT 物理模型表面材料为不锈钢,含有一定数量的 C 元素。当 POT 物理模型表面不锈钢材料在高温作用下,不锈钢表面 C 原子吸收足够的热能后,会处于活化状态而被释放出与气室内因微量 H_2O 和 O_2 等杂

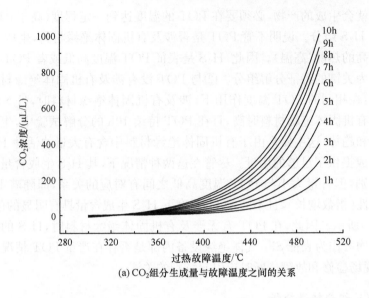

(a) CO₂ 组分生成量与故障温度之间的关系

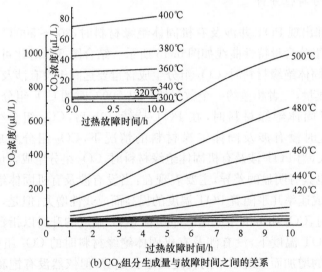

(b) CO₂ 组分生成量与故障时间之间的关系

图 5.15　POT 涉及有机固体绝缘材料时 CO_2 组分含量与故障温度和故障时间的关系曲线

质释放出的 O 元素结合生成 CO_2。然而,本节试验采用了环氧树脂有机固体绝缘材料,其内部含有大量的 C 元素。在 POT 高温作用下,一方面,环氧树脂会逐步碳化,释放出更多的 C 元素与气室内因微量 H_2O 和 O_2 等杂质释放出的 O 元素结合生成 CO_2;另一方面,自身含有的 C 原子和 O 原子会不断结合生成 CO_2 扩散到主气室。与此同时,POT 物理模型不锈钢表面的 C 原子,同样会在局部高温的作用下,与气室内固有的微量 O_2 和由环氧树脂脱水而释放的 O 发生反应生成 CO_2

组分。因此,导致 POT 涉及有机固体绝缘材料时,CO$_2$ 组分生成含量会远高于没有涉及有机固体绝缘材料时的含量。因此,在 POT 作用下,CO$_2$ 组分可以用作表征 SF$_6$ 气体绝缘设备内有机固体绝缘材料劣化程度的一个十分重要的特征分解产物。

6. CF$_4$ 组分特性分析

当设备内部出现 POT 并涉及有机固体绝缘材料时,300～500℃ 内不同温度处,CF$_4$ 分解组分含量特性曲线如图 5.16 所示。CF$_4$ 是由处于高度活化态的 C 原子和 F 原子结合而成的,其中 F 原子来源于 SF$_6$ 在 POT 高温作用下的裂解,而 C 原子的来源与 CO$_2$ 中 C 原子的来源相同,即主要来自有机固体绝缘材料和 SF$_6$ 气体绝缘设备中含碳金属材料表面。由于在涉及有机固体绝缘材料的情况下,C 原子的来源变得相对充足,与没有有机固体绝缘材料时相比,在 POT 状态下,CF$_4$ 组分的生成含量要高 2～3 倍,而且其出现的起始温度也有所降低(无有机固体绝缘材料时,CF$_4$ 组分生成的温度大约在 400℃,而当有机固体绝缘材料存在时,其生成的温度大约为 360℃)。此外,当有机固体绝缘材料存在时,随着 POT 温度的升高,能够从有机固体绝缘材料表面和 POT 物理模型不锈钢材料表面激发出更多的 C 原子,为 CF$_4$ 组分的生成提供了充足的来源,进而使得 CF$_4$ 组分的生成含量与 POT 温度存在着极为明显的指数关系;在同一温度下,POT 持续 10h 后,CF$_4$ 组分的生成含量随着时间的延长而逐步出现饱和现象,这主要是由于 POT 物理模型不锈钢材料表面和有机固体绝缘材料释放的活性 C 原子被逐渐消耗,加上 SF$_6$ 分解产生的活化态 F 原子与其他元素结合生成诸如上述的组分,致使 CF$_4$ 组分的生成含量出现饱和趋势。

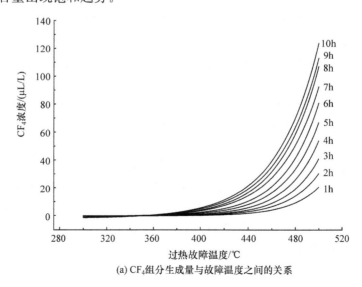

(a) CF$_4$ 组分生成量与故障温度之间的关系

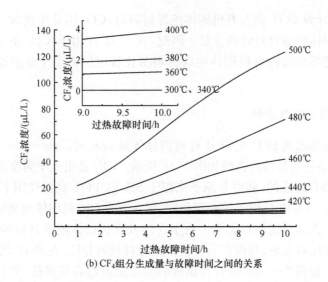

(b) CF$_4$组分生成量与故障时间之间的关系

图 5.16　POT 涉及有机固体绝缘材料时 CF$_4$ 组分含量与故障温度和故障时间的关系曲线

因此,当 POT 涉及有机固体绝缘材料时,由于 C 原子的来源变得更加丰富,为 CF$_4$ 组分的生成创造了有利的条件,使得 CF$_4$ 组分的生成量比无有机固体绝缘材料时要高,且其生成量与 POT 温度呈明显的指数增长关系。所以,CF$_4$ 组分也是表征涉及有机固体绝缘材料时 SF$_6$ 气体绝缘设备发生 POT 程度的一个重要特征分解产物,在进行故障检修时需加注意。

5.3　主要特征分解组分的确定及其物理意义

由于 SF$_6$ 在 POT 作用下发生分解的中间产物及其最终形成的较为稳定的分解组分众多,目前,常用的已有检测技术能够检测到的分解组分除了本书中所提到的分解组分外,还有 HF、CO、S$_2$F$_{10}$ 等。一些中间产物由于性质比较活泼,同时检测条件要求更为苛刻,本书暂时先不做考虑。那么,如何从已有的检测技术所能检测到的众多分解产物中确定出最能表征 SF$_6$ 在 POT 作用下的主要分解特性的分解产物,并揭示其所代表的物理意义,为后面系统研究 SF$_6$ 在 POT 作用下的分解特性及其分解机理奠定基础,就显得尤为重要。

表 5.2 所示为在 POT 没有涉及有机固体绝缘材料时,SF$_6$ 过热分解 10h 后,各分解组分所占总分解组分中的比例(目前所能定量检测到的分解组分总和)。图 5.17 所示为未涉及有机固体绝缘材料情况下,不同 POT 温度各分解组分所占的比例特性曲线。不难发现,在 POT 没有涉及有机固体绝缘材料时,SF$_6$ 分解生成的分解组分中,SOF$_2$ 和 SO$_2$ 组分占了绝大部分,二者约占所有分解组分总量的 90% 以上,说明 SF$_6$ 在 POT 状态下发生分解是以生成 SOF$_2$ 和 SO$_2$ 这两种分解组

分为主。而且,SOF$_2$ 组分所占的比例与 POT 温度之间呈现出"倒马鞍形"规律,而 SO$_2$ 组分所占比例与 POT 温度呈"马鞍形"规律,与 SOF$_2$ 组分所占比例形成互补。虽然 CO$_2$ 不是 SF$_6$ 分解所产生的分解组分,但由前面的分析可知,其在一定程度上刻画了气体绝缘设备中含碳金属材料和有机固体绝缘材料在 POT 作用下的劣化情况。图 5.17 显示在 POT 没有涉及有机固体绝缘材料时,在所有分解产物中,CO$_2$ 所占的比例虽然不如 SOF$_2$ 和 SO$_2$ 多,但其含量也不容小觑,基本上在 0.5% 以上,而且其与 POT 温度之间的关系基本上与 SOF$_2$ 和故障温度的关系一致,都与 POT 温度呈"倒马鞍形"规律。同时,在没有有机固体绝缘材料存在的情况下,无论 POT 温度的高低,SOF$_4$ 和 SO$_2$F$_2$ 所占的比例比较稳定,基本上维持在 0.6%~1.0%,说明其生成量随着 POT 温度的升高而不断提高,在进行故障诊断时也是需要关注的特征组分。

表 5.2 POT 未涉及有机固体绝缘材料时各分解组分所占比例

温度/℃	分解产物及其所占百分比/%						
	SO$_2$F$_2$+SOF$_4$	SOF$_2$	SO$_2$	H$_2$S	CO$_2$	CF$_4$	含碳物所占比例
500	1.05	14.71	83.63	0.17	0.35	0.09	0.45
480	0.65	17.60	80.82	0.25	0.56	0.11	0.67
460	0.71	13.23	84.89	0.33	0.70	0.15	0.85
440	0.52	13.54	84.63	0.35	0.91	0.05	0.96
420	0.16	11.75	86.95	0.28	0.81	0.04	0.85
400	0.64	57.24	35.57	1.47	4.97	0.12	5.09
380	0.73	63.58	27.42	1.79	6.48	0.00	6.48
360	0.63	60.66	29.65	1.90	7.16	0.00	7.16
340	0.44	70.61	24.45	0.00	4.50	0.00	4.50
320	0.75	67.51	23.77	0.00	7.97	0.00	7.97
300	1.42	52.01	31.50	0.00	15.07	0.00	15.07
280	0.00	11.94	80.68	0.00	7.38	0.00	7.38
260	0.00	0.00	100.00	0.00	0.00	0.00	0.00

结合表 5.2、图 5.8 和图 5.17 还可以知道,虽然 H$_2$S 组分含量所占比例远不及 CO$_2$、SOF$_2$ 和 SO$_2$ 组分,它却是需要 POT 温度高于 340℃ 后才会出现,且其生成速率与 POT 温度具有正相关性特性。因此,在现场检修和故障诊断时,H$_2$S 组分含量及其生成速率是表征 SF$_6$ 气体绝缘设备严重过热性故障的一个关键特征量,应给予重点关注。然而,在 POT 没有涉及有机固体绝缘材料时,虽然在 POT 温度高于 360℃ 时会生成一定量的 CF$_4$ 组分,但其生成含量在总分解组分含量中

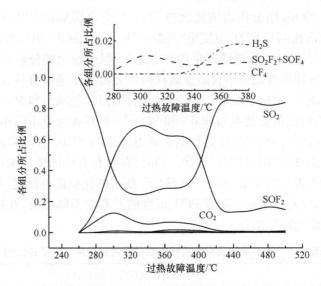

图 5.17　POT 未涉及有机固体绝缘材料时各分解组分所占比例

所占的比例很小,单从这一角度出发,不宜将其作为表征 POT 的特征分解组分。

表 5.3 和图 5.18 所示为当 POT 涉及有机固体绝缘材料时,在不同 POT 温度下,各种特征分解组分含量所占比例的情况。对比 POT 没有涉及有机固体绝缘材料时的情况,除了 SOF_2 和 SO_2F_2 分解组分含量比例仍然维持在较低水平(1.0%左右)外,其分解组分特性呈现出如下差异特点:①虽然 SOF_2 和 SO_2 这两种分解组分仍然是主要的特征产物,但其含量比例与 POT 温度之间的关系和未涉及有机固体绝缘材料时的情况大相径庭,SOF_2 所占比例随着 POT 温度的升高而不断下降,SO_2 的比例先随 POT 温度的提高而升高,但随着 POT 温度的持续上升,其比例有所回落,同时没有了先前的"马鞍形"和"倒马鞍形"规律。②不管是否涉及有机固体绝缘材料,H_2S 组分都是在 POT 温度高于 340℃时才能生成,与未涉及有机固体绝缘材料时的情况不同的是,H_2S 组分在所有生成组分中所占比例有所提高,而且随着 POT 温度的提高,其比例在不断提高。这是因为试验采用的有机固体绝缘材料为环氧树脂,由氯环氧丙烷(C_3H_5ClO)和酚甲烷($C_{15}H_{16}O_2$)合成,除了含有大量的 C 元素外,还有大量的 H 元素,在 POT 高温的作用下,C—H 与 H—OH 键发生断裂,游离出了活化态的 H 原子,为生成 H_2S 组分创造了极为有利的条件。

表 5.3　POT 涉及有机固体绝缘材料时各分解组分所占比例

温度/℃	分解产物及其所占百分比/%						
	$SO_2F_2+SOF_4$	SOF_2	SO_2	H_2S	CO_2	CF_4	含碳物所占比例
500	1.29	13.62	65.90	6.51	11.28	1.39	12.67

续表

温度/℃	分解产物及其所占百分比/%						
	$SO_2F_2+SOF_4$	SOF_2	SO_2	H_2S	CO_2	CF_4	含碳物所占比例
480	1.02	14.59	68.61	4.65	10.06	1.07	11.13
460	0.96	12.78	71.65	3.99	9.66	0.96	10.62
440	0.80	11.72	74.75	3.51	8.59	0.63	9.22
420	0.63	11.73	76.87	2.66	7.69	0.42	8.11
400	0.66	18.19	73.23	1.30	6.32	0.30	6.62
380	0.71	19.73	74.05	0.28	5.02	0.21	5.23
360	0.81	22.26	72.40	0.17	4.19	0.17	4.36
340	1.25	20.43	74.71	0.00	3.61	0.00	3.61
320	3.59	28.51	64.67	0.00	3.23	0.00	3.23
300	4.94	41.10	51.13	0.00	2.83	0.00	2.83

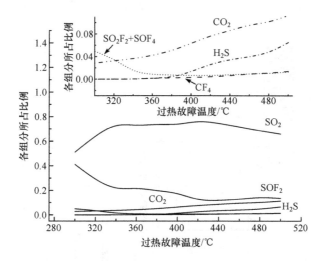

图 5.18 POT 涉及有机固体绝缘材料时各分解组分所占比例

图 5.19 和图 5.20 分别显示了在两种 POT 故障状态下,含碳组分所占比例和组分含量的对比结果。与未涉及有机固体绝缘材料的情况相比,更为重要的差异是 CO_2 和 CF_4 组分以及共同构成的含碳分解组分在所有产物中所占的比例均高于未涉及有机固体绝缘材料时的情况,而且随着 POT 温度的升高,CO_2、CF_4 以及含碳分解组分所占比例在不断上升。由此可看出,由于有机固体绝缘材料中含有大量的 C、H 和 O 元素,为 CO_2、CF_4 以及 H_2S 组分的生成提供了极为有利的条件。当 POT 涉及有机固体绝缘材料时,会产生大量的 CO_2、CF_4 和 H_2S 等特征分

解组分,特别是 CO_2 和 CF_4 这两种含碳分解组分的产量和所占比例会大大提高。因此,将 CO_2 和 CF_4 这两种含碳分解特征组分作为表征 POT 涉及有机固体绝缘材料时的分解特征量,其生成含量或生成速率能够直接刻画 POT 作用下有机固体绝缘材料发生劣化的程度。

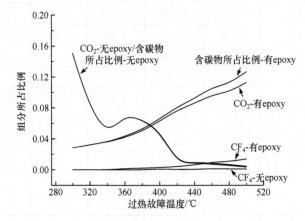

图 5.19　两种 POT 故障状态下含碳分解产物所占比例对比图

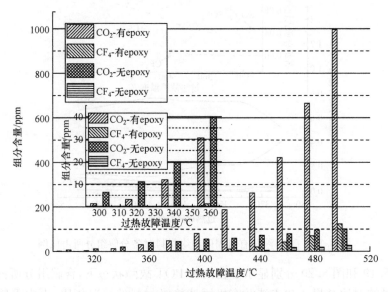

图 5.20　两种 POT 故障状态下含碳分解产物对比图

对比两种 POT 状态下 SF₆ 的分解特性,可得看出:①SOF₂ 和 SO₂ 是 SF₆ 在 POT 作用下发生分解所生成的主要特征分解组分,其生成含量所占比例在 90% 左右,这两种主要分解组分含量能够在很大程度上表征 SF₆ 在 POT 作用下的劣化程度;②SO₂F₂ 和 SOF₄ 是 SF₆ 在 POT 作用下发生分解生成的两种重要分解组分,在总分解组分中所占比例基本维持在 1.0% 左右;③H₂S 是 POT 达到一定程度(温度高于 340℃)后才会产生的一种分解特征组分,可作为 POT 程度跃变的一个标志性分解组分,在进行设备故障检修时作为重要的参考;④CO_2 和 CF_4 是区分 POT 是否涉及有机固体绝缘材料的标志性特征组分,其生成含量和生成速率直接表征了有机固体绝缘材料劣化的程度,此外,CO_2 还可作为表征 SF₆ 气体绝缘设备中含碳金属材料在 POT 作用下的劣化程度。

参 考 文 献

[1] Kurte R, Beyer C, Heise H, et al. Application of infrared spectroscopy to monitoring gas insulated high-voltage equipment: electrode material-dependent SF₆ decomposition. Analytical & Bioanalytical Chemistry, 2002, 373(7): 639-646.

[2] Chu F Y. SF₆ Decomposition in gas-insulated equipment. IEEE Transactions on Electrical Insulation, 1986, EI-21(5): 693-725.

[3] 唐炬, 潘建宇, 姚强, 等. SF₆ 在故障温度为 300～400℃ 时的分解特性研究. 中国电机工程学报, 2013, (31): 202-210.

[4] 曾福平. SF₆ 气体绝缘介质局部过热分解特性及微水影响机制研究. 重庆: 重庆大学博士学位论文, 2013.

[5] IEC. Specification of Technical Grade Sulfur Hexafluoride (SF₆) for Use in Electrical Equipment. in 60376, ed, 2005.

[6] IEC 60480—2004. Guidelines for the Checking and Treatment of Sulfur Hexafluoride (SF₆) Taken From Electrical Equipment and Specification for its Re-use. 2004.

[7] Zeng F, Tang J, Fan Q, et al. Decomposition characteristics of SF₆ under thermal fault for temperatures below 400℃. IEEE Transactions on Dielectrics & Electrical Insulation, 2014, 21(21): 995-1004.

[8] 高宏伟, 赵宝永. 模糊自整定 PID 控制策略的 MATLAB 仿真研究. 电气传动自动化, 2002, 24(5): 21-23.

[9] Åström K J, Hang C C, Persson P, et al. Towards intelligent PID control. Automatica, 1992, 28(1): 1-9.

[10] 唐炬, 张晓星, 姚强, 等. SF₆ 气体过热分解气样的采集装置及其使用方法. CN201310533171.6, 2014.

[11] 唐炬, 张晓星, 范庆涛, 等. 六氟化硫气体绝缘设备接触面过热性故障的模拟实验方法. CN102495319A, 2012.

[12] 唐炬, 张晓星, 裘吟君, 等. 六氟化硫气体绝缘电气设备接触面过热性故障的模拟装置. CN102520289A, 2012.

[13] 唐炬, 黄秀娟, 谢颜斌, 等. SF₆ 气体过热性分解模拟实验装置的研制. 高电压技术, 2014, 40(11): 3388-3395.

[14] 重庆大学. 六氟化硫气体绝缘设备接触面过热性故障的模拟实验方法. CN201110431131.1, 2012.

[15] 高智慧,刘学平,占涛. 基于 K 型热电偶的多路温控系统的研究. 机械设计与制造,2011, (4):7-9.

[16] 邱毓昌. GIS 装置及其绝缘技术. 北京:水利电力出版社,1994:5-7.

[17] Tang J, Liu F, Zhang X, et al. Partial discharge recognition through an analysis of SF$_6$ decomposition products part 1: decomposition characteristics of SF$_6$ under four different partial discharges. IEEE Transactions on Dielectrics and Electrical Insulation, 2012, 19(1):29-36.

[18] Tang J, Liu F, Meng Q, et al. Partial discharge recognition through an analysis of SF$_6$ decomposition products part 2: feature extraction and decision tree-based pattern recognition. IEEE Transactions on Dielectrics and Electrical Insulation, 2012,19(1):37-44.

[19] Tang J, Zeng F, Pan J, et al. Correlation analysis between formation process of SF$_6$ decomposed components and partial discharge qualities. IEEE Transactions on Dielectrics and Electrical Insulation, 2013,20(3):864-875.

[20] 武汉大学,国网重庆市电力公司电力科学研究院. 六氟化硫气体绝缘介质电-热结合的分解模拟实验方法. CN201410705155.5,2015.

[21] Dakin T W. Thermal aging of dielectric gases. Gaseous Dielectrics II,1980,1:283-293.

[22] Wootton R E. Gases Superior to SF$_6$ for Insulation and Interruption. EPRI Final Report EL-2620,1982.

[23] Chu F, Massey R. Thermal decomposition of SF$_6$ and SF$_6$-air mixtures in substation environments//Christophorou L G. Gaseous Dielectrics III. New York: Pergamon Press,1982: 410-419.

[24] 王宇,李丽,姚唯建,等. 模拟电气设备过热故障时 SF$_6$ 气体分解产物的体积分数及其特征. 高压电器,2011,47(1):62-69.

[25] Camilli G, Gordon G S, Plump R E. Gaseous insulation for high-voltage transformers [includes discussion]. power apparatus and systems, part III. Transactions of the American Institute of Electrical Engineers,1952,71(1):348-357.

[26] van Brunt R J, Herron J T. Plasma chemical model for decomposition of SF$_6$ in a negative glow corona discharge. Physica Scripta,1994,1994(T53):9.

[27] 孙曼灵. 环氧树脂应用原理与技术. 北京:机械工业出版社,2002:29-35,531-537.

[28] 陈平,王德中. 环氧树脂及其应用. 北京:化学工业出版社,2004:2,39-41.

[29] 程林,唐炬,黄秀娟,等. SF$_6$ 局部过热状态下涉及有机绝缘材料的分解产物生成特性. 高电压技术,2015,41(2):453-460.

第 6 章 微量氧气对 SF$_6$ 分解组分特性的影响

本章介绍 SF$_6$ 气体绝缘设备中微量氧气的来源,重点讨论微量氧气含量对 PD 下 SF$_6$ 气体发生分解后最终生成组分的影响,以便建立基于组分分析的 SF$_6$ 气体绝缘设备故障诊断理论与方法。

6.1 微量氧气来源

SF$_6$ 气体绝缘设备中不可避免地会存在一定含量的氧气(O$_2$),这些微量 O$_2$ 主要来源于 SF$_6$ 新气中固有杂质气体(空气)含量、充气过程渗入、设备内部各部件吸附的释放和自然渗透等方式。随着设备运行年限的增长,其内部微量 O$_2$ 含量会逐渐升高。

SF$_6$ 气体在生产过程中要经历多道工序,一般是通过硫与氟的反应生成半成品,然后经过水洗、碱洗、热解和吸附等一系列净化处理过程,才能得到合格的 SF$_6$ 气体。虽然在 SF$_6$ 气体的实际生产中需要经历多道净化处理过程,但生产的 SF$_6$ 新气仍然不可避免地会残存一定量的 O$_2$,这些残存的微量 O$_2$ 最终会被带入气体绝缘设备中。另外,SF$_6$ 气体从生产到最终被充入气体绝缘设备,要经历一定时间存放和多道转运等过程。在这些过程中,常见的是 SF$_6$ 从一个容器中充入另外一个容器,并最终被充入气体绝缘设备的密封腔体内,而在每次充气的过程中都可能或多或少地带入微量的 O$_2$。

气体绝缘设备内部有各种各样的部件,包括各种金属材料、各种固体绝缘材料以及黏合剂等,这些材料在组装之前都是暴露在空气之中的,它们表面或内部都会吸附一定含量的 O$_2$,虽然在充气之前会对设备抽真空或利用氮气等进行内部清洗,但是内部部件所吸附的 O$_2$ 不可能在短时间内被清洗干净,还是不可避免地残存一部分 O$_2$,并在设备运行过程中通过呼吸作用缓慢地释放出来,这也是 SF$_6$ 设备内部微量 O$_2$ 的主要来源。

虽然所有的气体绝缘设备都是处于密封状态,但由于 O$_2$ 分子的直径要小于 SF$_6$ 气体分子的直径,即使在 SF$_6$ 气体不泄漏的情况下,O$_2$ 分子仍然可能通过某些部位渗透进入气体绝缘设备,再加上实际的气体绝缘设备并不是理想的密封设备,都具有一定的渗透率,且设备内部的 O$_2$ 分压远小于空气中的 O$_2$ 分压,因此在长期的运行过程中,大气中的 O$_2$ 会通过渗透作用进入气体绝缘设备内部。

由于微量 O_2 的存在不仅会加剧 SF₆ 气体在 PD 或 POT 作用下的分解，进一步劣化 SF₆ 气体绝缘设备的整体绝缘性能，同时，微量 O_2 的存在，使得 SF₆ 在故障状态下的分解产物中会生成 SO_2、$S_2F_{10}O$ 等有毒物质，严重时会危及检修人员的身体。为此，不管是国际(IEC)、国家(GB)还是行业(DL)标准都对新气、运行和可回收利用的 SF₆ 气体中，微量 O_2（一般用空气含量来衡量）的含量进行了严格的规定，如表 6.1～表 6.3 所示。根据空气中 O_2 含量的比例(20%)计算，可回收 SF₆ 气体中 O_2 的含量不超过 0.6%，运行中 O_2 的含量不超过 0.2%，SF₆ 新气中 O_2 的含量不能超过 0.04%。

表 6.1 IEC 60376 和 GB/T 11022—2011 标准对 SF₆ 气体中微量 O₂ 含量标准

标准	GB/T 11022—2011	IEC 60376
空气	≤0.2%（体积分数）	≤1%（体积分数）

表 6.2 运行中 SF₆ 气体含微量 O₂ 含量标准

标准	DL/T 596—1996			
状态	大修后		运行中	
位置	灭弧气室	主气室	灭弧气室	主气室
空气	0.25%（体积分数）		1%（体积分数）	

表 6.3 IEC 可回收利用 SF₆ 气体中微量 O₂ 含量标准

标准	IEC 60480—2004	
压力	<200kPa	>200kPa
空气	3%（体积分数）	

6.2 微量氧气对 SF₆ 局放分解影响特性及作用机制

6.2.1 微量氧气影响 SF₆ 局放分解的机理

从 SF₆ 气体在 PD 下的分解反应机理可以看出，最终生成的稳定分解组分大都需要有 O 元素参与，如式(6.1)～式(6.7)所示[1-3]。O_2 含量的改变必然会导致化学反应速率的改变，从而改变生成的最终分解组分含量。单纯从以下化学反应式就可以看出，O_2 含量的增加会导致 SOF_4、SO_2F_2、SOF_2 和 CO_2 等组分含量的增加。所以，当 SF₆ 气体绝缘设备内部存在不同微量的 O_2 含量时，会导致分解组分的产气规律在一定程度上受到影响，致使在利用分解组分含量及其变化规律来诊断故障类型、发展趋势和危险状态时，会出现偏差甚至导致错误的诊断结果[4,5]。

$$SF_5 + O \longrightarrow SOF_4 + F \tag{6.1}$$

$$SF_3 + O \longrightarrow SOF_2 + F \tag{6.2}$$

$$SF_2 + O \longrightarrow SOF_2 \tag{6.3}$$

$$SF + O + F \longrightarrow SOF_2 \tag{6.4}$$

$$SF_2 + O_2 \longrightarrow SO_2F_2 \tag{6.5}$$

$$epoxy + O_2 \longrightarrow CO_2 \tag{6.6}$$

$$C + O_2 \longrightarrow CO_2 \tag{6.7}$$

在 PD 作用下,为了弄清楚微量 O$_2$ 含量对 SF$_6$ 气体发生分解生成特征组分的影响,在实验室进行了不同微量 O$_2$ 含量下 SF$_6$ 气体的 PD 分解实验,定量测量了生成的特征组分含量。实验采用金属突出物物理模型产生稳定的 PD,物理模型产生的起始 PD 电压为 16kV,施加的实验电压为 22kV,放电分解气室中的固有微量水含量控制在 200μL/L 左右。实验分为两个浓度范围段进行:①低浓度段 0.005%、0.010%、0.015%、0.020% 和 0.025%,等价为 50μL/L、100μL/L、150μL/L、200μL/L 和 250μL/L;②高浓度范围段 0.1%、0.20%、0.50%、1.00% 和 2.00%,等价于为 1000μL/L、2000μL/L、5000μL/L、10000μL/L 和20000μL/L。这里高低浓度范围是指相对 IEC 或 GB 标准所规定的微量 O$_2$ 含量允许值(表 6.1~表 6.3),目的是了解在 PD 作用下,较宽范围的微量 O$_2$ 对 SF$_6$ 分解特性与规律的影响。

实验方法和步骤如下[6,7]。

(1) 放电气室清洗。将放电气室抽真空后充入 SF$_6$ 新气,然后将其抽真空,重复此过程 2~3 次。

(2) 注入微量 O$_2$。对于清洗后的放电气室,在真空状态下向气室注入所需的微量 O$_2$ 后,静置 15min,使 O$_2$ 在气室内均匀分布。然后注入 SF$_6$ 新气至 0.45MPa,再静置 24h,使 O$_2$ 与 SF$_6$ 混合均匀。定量测定 SF$_6$ 气体中微量 O$_2$ 的含量,若微量 O$_2$ 含量不符合实验标准,则返回第(1)步,待 SF$_6$ 气体中微量 O$_2$ 含量达到实验要求后,采集样品气体进行实验前 SF$_6$ 气体中固有成分及含量分析,然后调整 SF$_6$ 气体压强至 0.4MPa。

(3) PD 实验。按图 4.16 所示实验线路进行 PD 实验,采用逐步升压法将实验电压升至 22kV,在该电压下进行 96h SF$_6$ 气体的 PD 分解实验,同时通过示波器监测针-板电极模型产生稳定的 PD 情况。

(4) 实验样气采集。实验中每隔 12h 从放电气室采气口抽取 SF$_6$ 放电分解组分样气,利用气相色谱仪进行定性定量分析。

(5) 抽真空。在 96h 的实验中,检测完实验的各项指标,将放电气室抽真空,并静置 24h,使器壁和电极表面所吸附的分解物充分释放,以降低对下次实验的影响,然后返回第(1)步,进行下一次实验。

6.2.2　低浓度段氧气含量对分解特性的影响

特征组分累积含量与 PD 能量大小、时间、类型和部位等情况有直接的关系。

在利用分解组分分析方法诊断设备绝缘故障时,仅根据分解组分含量多少是很难对 PD 严重程度做出正确判断的。因为 PD 常常以低能量放电的潜伏性开始,若不及时采取相应的措施,就可能逐步发展成为较严重的高能量放电。因此,必须考虑 PD 的发展趋势,也就是出现 PD 后的累计产气量(含量)随时间的发展变化趋势[4,5]。

1. 对生成 CF₄ 组分的影响

在 PD 下产生的高能电子,会不断地撞击金属电极或固体绝缘材料表面。依据量子原理,固体材料中的 C 原子会获得能量,使其从固体材料表面溢出成为自由原子。另外,PD 使得 SF₆ 发生分解产生的 F 原子的含量也随 PD 能量的增大而增多,F 原子化学性质活泼,可以与金属原子和 H 原子等反应生成稳定的化合物,而 F 原子与 C 原子只有在高能放电区才容易结合生成 CF₄。由图 6.1 可以看出,通过 96h 的放电实验,在放电室中生成的 CF₄ 非常少,不同微量 O₂ 的含量对 CF₄ 的生成影响无明显规律。

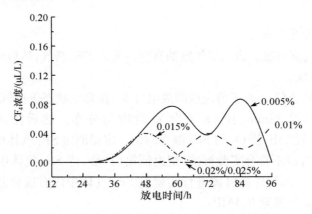

图 6.1　不同低浓度 O₂ 含量下 CF₄ 组分变化

2. 对生成 CO₂ 组分的影响

在低浓度段不同微量 O₂ 含量下,CO₂ 组分含量随放电实验时间变化的关系如图 6.2 所示。可以看出,当微量 O₂ 浓度不同时,CO₂ 含量随着放电时间的延续而不断增加,其总体变化情况相当,分散性较小。但是,CO₂ 含量与微量 O₂ 浓度的关系不明显,随着低浓度 O₂ 含量的增加,CO₂ 组分不一定增加,也不一定减小,没有比较明显的变化规律。

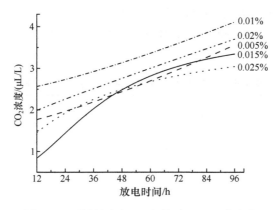

图 6.2　不同低浓度 O$_2$ 含量下 CO$_2$ 组分变化

3. 对生成 SO$_2$F$_2$ 和 SOF$_2$ 组分的影响

在低浓度段不同微量 O$_2$ 含量下, SO$_2$F$_2$ 和 SOF$_2$ 组分含量随放电实验时间变化的关系对比情况分别如图 6.3 和图 6.4 所示。由图可以看出, 随着放电时间的增加, SO$_2$F$_2$ 和 SOF$_2$ 的含量都有所增加, 特别是 SOF$_2$, 随着放电时间的增加它的含量明显增加, 大于 SO$_2$F$_2$ 的产气量。另外, SO$_2$F$_2$ 的产气速率随着放电时间的增加有所降低, 而 SOF$_2$ 的产气速率变化不是十分明显。同时, 随着微量 O$_2$ 含量的增加, SO$_2$F$_2$ 和 SOF$_2$ 组分的变化规律都不是十分明显, 没有固定的变化趋势。

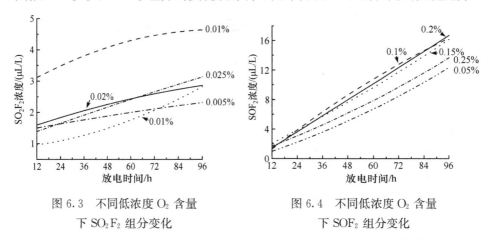

图 6.3　不同低浓度 O$_2$ 含量　　　　　图 6.4　不同低浓度 O$_2$ 含量
　　下 SO$_2$F$_2$ 组分变化　　　　　　　　　下 SOF$_2$ 组分变化

4. 对 SO$_2$F$_2$ 和 SOF$_2$ 含量比值的影响

$c(SO_2F_2)/c(SOF_2)$ 随低微量 O$_2$ 含量的变化情况如表 6.4 和图 6.5 所示。可以看出, 当低浓度 O$_2$ 含量一定时, 随着放电时间的增长, $c(SO_2F_2)/c(SOF_2)$ 减小并趋于稳定。在同一个放电时间下, 随着低浓度 O$_2$ 含量的增加, $c(SO_2F_2)/$

$c(SOF_2)$ 先减小后有所增加,说明在低浓度 O_2 含量下, $c(SO_2F_2)/c(SOF_2)$ 随微量 O_2 的变化规律也不是十分明显。总体来说,SOF_2 的增长速率要高于 SO_2F_2 的增长速率。

表 6.4　$c(SO_2F_2)/c(SOF_2)$ 随 O_2 含量的变化情况

放电时间/h O_2 含量/%	12	24	36	48	60	72	84	96
0.05	3.19	1.87	1.00	0.77	0.62	0.50	0.49	0.37
0.1	0.39	0.34	0.26	0.20	0.15	0.14	0.14	0.20
0.15	0.82	0.41	0.31	0.23	0.21	0.17	0.18	0.14
0.2	0.69	0.54	0.45	0.31	0.23	0.19	0.18	0.18
0.25	0.80	0.52	0.33	0.40	0.35	0.26	0.24	0.23

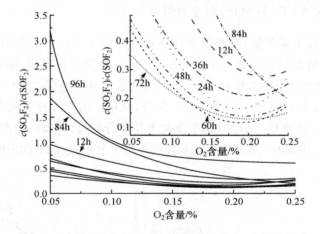

图 6.5　$c(SO_2F_2)/c(SOF_2)$ 组分与低浓度 O_2 含量的关系

综上所述,随着放电时间的增加,CF_4、CO_2、SO_2F_2 和 SOF_2 四种分解组分含量总体上呈现上升的趋势,特别是 SOF_2 的增长趋势比较明显,而 $c(SO_2F_2)/c(SOF_2)$ 的值随着放电时间的增加而减小。在微量 O_2 含量过低(低于 0.1%)时,随着低浓度 O_2 含量的增加,CF_4、CO_2、SO_2F_2 和 SOF_2 含量与比值 $c(SO_2F_2)/c(SOF_2)$ 的变化规律都不十分明显,这是由于 O_2 含量过低时,水分等影响因素起了主导作用,相比较而言,低浓度 O_2 的含量对 SF_6 的分解影响不大。

6.2.3　高浓度段氧气含量对分解特性的影响

1. CF_4 累积含量随时间的变化趋势

当放电部位涉及有机绝缘(如环氧树脂 epoxy)或者不锈钢金属材料时,在 PD 高能电磁脉冲作用下会释放出一定量的 C 原子,其中,部分 C 原子将与 SF_6 分解释放出的 F 原子结合生成 CF_4 组分,另一部分 C 原子与微量 H_2O 和 O_2 释放出来的 O 原子结合生成 CO_2 组分,化学反应如下[8]:

$$epoxy + F \longrightarrow CF_4 \qquad\qquad (6.8)$$

$$epoxy + O_2 \longrightarrow CO_2 \qquad\qquad (6.9)$$

$$C + 4F \longrightarrow CF_4 \qquad\qquad (6.10)$$

$$C + O_2 \longrightarrow CO_2 \qquad\qquad (6.11)$$

特别是当放电部位涉及有机绝缘材料时,会产生大量的 CF_4,因此,通过监测 CF_4 及 CO_2 可以判断故障的大致部位。

在高浓度段不同微量 O_2 含量下,CF_4 组分含量随 PD 作用时间的变化关系如图 6.6 所示。实验过程中采用了不锈钢针-板电极,放电没有涉及有机固体绝缘材料,因此 CF_4 的累积含量较小且随时间的变化与 SF_6 中 O_2 含量的多少几乎没有多大联系,只是当 SF_6 中混有 O_2 时,CF_4 的累积含量要明显低于低浓度 O_2 含量的 SF_6 在相同强度 PD 作用时的累积含量,说明 O_2 的存在有碍于 CF_4 的产生。

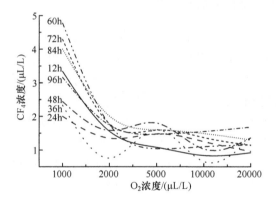

图 6.6　高浓度 O_2 范围下 SF_6 在 PD 作用时 CF_4 组分的累积含量

在 CF_4 组分中,由于 C 元素主要来源于放电区域附近有机固体绝缘材料和不锈钢电极中 C 原子的释放,而实验采用的 304 不锈钢(06Cr19Ni10)电极含 C 量极其弱(仅含 0.1%),且不锈钢中的铬促进了钢的钝化,并使钢保持稳定的钝态,大大降低了化学活性;另外,相对于 C 原子,在放电区域,由 SF_6 分解产生的 F 原子,更容易与其他金属发生反应。因此,当放电没有涉及有机固体绝缘材料时,CF_4 总生成率较少,而且由于在 CF_4 的生成需经历如下过程[8]:

$$C + F \longrightarrow CF \qquad\qquad (6.12)$$

$$CF + F \longrightarrow CF_2 \qquad\qquad (6.13)$$

$$CF_2 + F \longrightarrow CF_3 \qquad\qquad (6.14)$$

$$CF_3 + F \longrightarrow CF_4 \qquad\qquad (6.15)$$

显然,当存在微量 O_2 时,生成的中间产物 CF、CF_2、CF_3 将可能与 O_2 和 O 发生一系列复杂的化学反应[9-11]：

$$O_2 + e \longrightarrow O + O + e \tag{6.16}$$

$$CF + O \longrightarrow CO + F \tag{6.17}$$

$$CF_2 + O \longrightarrow COF + F \tag{6.18}$$

$$CF_2 + O \longrightarrow CO + 2F \tag{6.19}$$

$$COF + O \longrightarrow CO_2 + F \tag{6.20}$$

$$CF_3 + O \longrightarrow COF_2 + F \tag{6.21}$$

$$COF + CF_3 \longrightarrow COF_2 + CF_2 \tag{6.22}$$

$$COF + CF_2 \longrightarrow COF_2 + CF \tag{6.23}$$

因此，在 PD 作用下，当 SF$_6$ 气体中含有微量 O$_2$ 时，CF$_4$ 组分的形成过程会使其中间产物与 O 发生复杂的化学反应，进而阻止了其进一步与 F 反应最终生成 CF$_4$。因此，随着混杂在 SF$_6$ 气体中 O$_2$ 的增加，PD 作用下 CF$_4$ 的累积含量将逐渐减小。

2. CO$_2$ 累积含量随时间的变化趋势

无论 O$_2$ 含量多少，CO$_2$ 组分的累积含量随时间的变化规律性都较强，其大致随时间呈线性增长趋势，且其总体变化情况相当，分散性较小，如图 6.7 所示。但是，在 PD 初期，当 O$_2$ 含量为 1000ppm 时，CO$_2$ 组分的累积含量要高于其他 O$_2$ 含量较高浓度时的累积值，而随着 PD 的持续进行，SF$_6$ 中 CO$_2$ 的产气速率有所减缓，在 O$_2$ 含量较高的情况下，CO$_2$ 组分的产气速率却有所提高，但最终在各种 O$_2$ 含量下，SF$_6$ 中的 CO$_2$ 累积含量大致相当。当 CF$_4$ 中 O$_2$ 含量低于 200000ppm 时，反应式(6.21)～反应式(6.23)对 CF$_4$ 电离放电最终产物起主要作用[9-11]，即在低浓度 O$_2$ 含量时，其主要分解产物为 COF$_2$，而在高浓度 O$_2$ 含量时，反应式(6.20)起主要作用，相应的主要分解产物为 CO$_2$，而本书所研究的 SF$_6$ 中 O$_2$ 的浓度最大为 20000ppm，因此，在 PD 稳定之后，其主要产物应为 COF$_2$（由于实验所

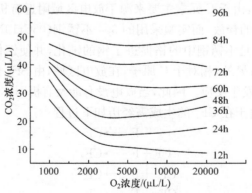

图 6.7　高浓度 O$_2$ 范围下 SF$_6$ 在 PD 作用时 CO$_2$ 组分的累积含量

用色谱仪还不能检测到 COF$_2$，故暂不研究 COF$_2$ 的相关规律），且 O$_2$ 含量对 CO$_2$ 的累积含量的影响无明显规律。

3. SO$_2$F$_2$ 累积含量随时间的变化趋势

在 PD 作用下，不同微量 O$_2$ 含量对 SF$_6$ 中 SO$_2$F$_2$ 组分累积含量随时间变化的关系如图 6.8 所示。不管混杂在 SF$_6$ 气体中微量 O$_2$ 的含量有多少，SO$_2$F$_2$ 组分累积含量均与时间存在着极强的线性相关性。但是，当 O$_2$ 含量为 1000ppm 时，SO$_2$F$_2$ 组分累积含量几乎都要高于其他高浓度 O$_2$ 下的情况，且含不同微量的 O$_2$ 在相同强度 PD 作用下，SO$_2$F$_2$ 组分累积含量又有所不同，与微量 O$_2$ 含量存在着"浴盆曲线"关系，微量 O$_2$ 的含量在 2000ppm 左右时，SO$_2$F$_2$ 微量累积含量达到最低。

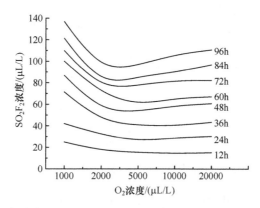

图 6.8　高浓度 O$_2$ 范围下 SF$_6$ 在 PD 作用时 SO$_2$F$_2$ 组分累积含量

在 PD 作用下，生成的 SO$_2$F$_2$ 组分主要通过以下途径产生：

$$SF_x + (6-x)F \longrightarrow SF_6, \quad x = 1 \sim 5 \tag{6.24}$$

$$SF_5 + OH \longrightarrow SOF_4 + HF \tag{6.25}$$

$$SOF_4 + H_2O \longrightarrow SO_2F_2 + 2HF \tag{6.26}$$

$$SF_2 + O_2 \longrightarrow SO_2F_2 \tag{6.27}$$

由于微量 O$_2$ 的加入，相当于放电气室内固有微量 H$_2$O 的浓度被稀释，同时也使 SF$_5$、SF$_4$、SF$_2$、F 等主要分子碎片得到了稀释，进而对反应式（6.24）～ 反应式（6.26）起到了抑制作用。但此时，由于 O$_2$ 含量较低，反应式（6.27）在与反应式（6.25）、反应式（6.26）竞争当中处于劣势，因此，在低浓度 O$_2$ 含量的情况下，装置内固有水分含量随着 O$_2$ 浓度的增大，而被稀释成了影响 PD 作用下 SF$_6$ 稳定分解产物 SO$_2$F$_2$ 生成量的最主要因素；而随着 O$_2$ 含量的增加，反应式（6.27）在与反应式（6.25）、反应式（6.26）的竞争中逐渐处于优势地位，O$_2$ 对 SO$_2$F$_2$ 的生成贡献逐渐增强，而反应式（6.27）对 SO$_2$F$_2$ 的生成起主要贡献作用，因此，SO$_2$F$_2$

组分累积含量与微量 O_2 含量存在着"浴盆曲线"关系。

4. SOF_2 累积含量随时间的变化趋势

在 PD 作用下,不同微量 O_2 含量对 SF_6 中 SOF_2 组分累积含量随时间的变化关系如图 6.9 所示。SOF_2 组分累积含量与 SO_2F_2 组分累积含量具有大致相同的规律,即无论 SF_6 中微量 O_2 含量多少,在相同 PD 强度作用下,SOF_2 组分累积含量均与时间存在着极强的线性相关性,且其累积含量均要高于 SO_2F_2 组分。在相同 PD 强度作用下,SOF_2 组分累积含量与微量 O_2 含量也同样存在着"浴盆曲线"关系,且在微量 O_2 含量为 2000ppm 左右时,SOF_2 组分累积含量达到最低。

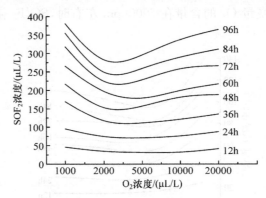

图 6.9　高浓度 O_2 范围下 SF_6 在 PD 作用时 SOF_2 组分累积含量

在 PD 作用下,生成的 SOF_2 组分主要通过以下途径产生:

$$SF_4 + H_2O \longrightarrow SOF_2 + 2HF \tag{6.28}$$

由此可见,SF_4 和 H_2O 就是决定 SOF_2 累积含量的两个关键因素,其中,SF_4 的生成量由 PD 能量直接决定,而 H_2O 则主要由 SF_6 新气中固有存在的 H_2O 含量和反应气室器壁的渗水性等共同决定。书中所有实验均是在相同 PD 能量、同一瓶 SF_6 新气、同一绝缘缺陷下进行的,因而可以认为本实验的所有外界条件都相同,而唯一不同的是 O_2 含量,因此微量 O_2 含量的不同是导致 SOF_2 累积含量不同的主要原因。但就其本质而言,微量 O_2 的加入等价于使电极、分解装置的内壁所释放的固有水分的浓度得到了稀释,进而使反应式(6.28)的反应速率降低,但随着微量 O_2 含量的增加,反应将被加强:

$$SF_4 + O \longrightarrow SOF_2 + 2F \tag{6.29}$$

在相同 PD 强度作用下,不同微量 O_2 对 SF_6 中 SOF_2 组分的累积含量存在差异,在微量 O_2 含量为 2000ppm 左右时,SOF_2 组分累积含量最低。

6.3　微量氧气含量对局放分解特征量的影响

6.3.1　微量氧气对特征组分相对产气速率的影响

6.2 节研究了微量 O_2 含量对 PD 产生的不同特征组分累积含量随时间的变化趋势,其本质是微量 O_2 含量对各种特征组分绝对累积含量的影响。但是,仅根据分解特征组分的绝对累积含量,还不能够全面揭示 PD 作用下微量 O_2 含量对 SF_6 分解特性的影响规律。为此,本节引入相对产气率的概念,进一步研究微量 O_2 含量对特征分解组分相对产气率的影响。相对产气率的定式如下:

$$R_r = \frac{C_{i,2} - C_{i,1}}{C_{i,1}} \frac{1}{\Delta T} \cdot 100 \tag{6.30}$$

式中,R_r 为相对产气率(%/h);$C_{i,1}$ 为第一次取样测得的第 i 种特征组分的浓度(ppm);$C_{i,2}$ 为第二次取样测得的第 i 种特征组分浓度(ppm);ΔT 为两次取样时间间隔中的实际放电时间(h)。

由于不锈钢针-板电极产生的 PD 没有涉及有机固体绝缘材料,加之微量 O_2 对 CF_4 生成的阻碍作用,使得 CF_4 的累积含量较少,且累积含量随时间波动较大,数据分散性强,不宜采用相对产气率来描述其累积含量随时间的变化趋势。因此,本节仅以微量 O_2 对 CO_2、SO_2F_2 和 SOF_2 组分的相对产气速率为例来展开讨论。

1. CO_2 相对产气率随时间的变化趋势

在相同 PD 强度作用下,不同微量 O_2 含量对 CO_2 组分相对产气率 R_r 随放电时间的变化趋势如图 6.10 所示。从图中可得如下结论:①无论 SF_6 中微量 O_2 含

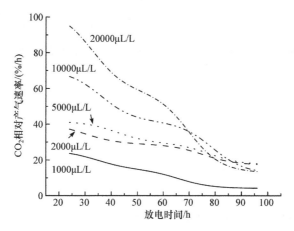

图 6.10　O_2 含量对 CO_2 组分相对产气率影响

量多高,CO_2 组分的相对产气率是不同的,且大致呈线性下降趋势,但数据分散性较大;②CO_2 组分的相对产气率随着微量 O_2 含量的增加而有所提高,但随着放电时间的持续下降速率在加快。

2. SO_2F_2 相对产气率随时间的变化趋势

在相同 PD 强度作用下,不同微量 O_2 含量对 SO_2F_2 组分相对产气率 R_r 随放电时间的变化趋势如图 6.11 所示。不难看出,SO_2F_2 组分的相对产气率大致随着 O_2 含量的增加而增加。进一步通过对数据进行拟合,初步发现,PD 作用下所得的 SO_2F_2 组分相对产气率 R_r 与放电时间 t 大致存在如下关系:

$$R_r = At^b \tag{6.31}$$

式中,含不同微量 O_2 所对应的参数 A 和 b 与拟合的相关系数平方 R^2 分别如表 6.5 所示。

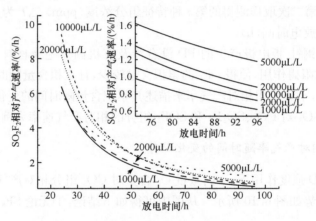

图 6.11　O_2 含量对 SO_2F_2 组分相对产气率的影响

表 6.5　SO_2F_2 组分的 R_r 在不同微量 O_2 下所对应的参数拟合值

O_2 含量/ppm	参数		
	A	b	R^2
1000	1339.89	−1.68	0.99
2000	922.26	−1.57	0.89
5000	255.61	−1.18	0.80
10000	2783.05	−1.79	0.89
20000	1367.65	−1.61	0.93

3. SOF_2 相对产气率随时间的变化趋势

图 6.12 为含不同微量 O_2 的 SF_6 在相同 PD 强度作用下所得特征产物 SOF_2

的相对产气率随放电时间的变化趋势。从图中可知：无论 O_2/SF_6 中 O_2 含量的多少，SOF_2 的相对产气率 R_r 大致可以分为放电初期($0 < t \leqslant 45h$)和放电末期($96h \geqslant t > 45h$)两个阶段。在放电初期，相对产气率 R_r 随着 O_2 的含量呈先增大后减小的趋势，当 O_2 含量约为 10000ppm 时，R_r 达最大值；而在放电后期，R_r 大致趋于相同，而独立于 O_2 含量。这种现象的可能原因是在放电初期，主气室内由于 PD 产生的低氟硫化物如 SF_4、SF_2 等较少，因此 SOF_2 主要是在辉光区内通过反应 $SF_3 + O \longrightarrow SOF_2 + F$ 得到，因而 O_2 含量的多少就决定了 SOF_2 累积含量及相对产气率的大小，故在放电初期，R_r 随着 O_2 含量的不同而区分较为明显；然而，随着放电的进一步进行，由辉光区漂移到主气室的 SF_4 等因逐渐积累而增多，而主气室内 O_2 和 H_2O 含量相对 SF_4 来说较为充足，因此，主气室内 SF_4 的含量通过反应 $SF_4 + H_2O \longrightarrow SOF_2 + 2HF$ 及 $SF_4 + O \longrightarrow SOF_2 + 2F$ 成为决定 SOF_2 累积含量及相对产气率 R_r 的关键因素，而在含不同微量 O_2 的 SF_6 中所进行的 PD 强度相同，因此在放电末期，主气室中 SF_4 的含量也就不会因为 O_2 含量的不同而相差很大，因此放电后期，R_r 大致趋于相同，独立于 O_2 含量。通过对数据进一步分析，初步发现含不同微量 O_2 下，SF_6 在相同 PD 作用下所得 SOF_2 的相对产气率 R_r 与放电时间 t 均存在式(6.31)所示的关系。相关参数的拟合值如表 6.6 所示。

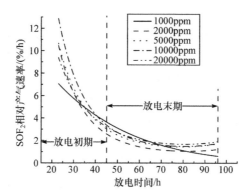

图6.12 O_2 含量对 SOF_2 组分相对产气率的影响

表 6.6 SOF_2 组分的 R_r 在不同微量 O_2 下所对应的参数拟合值

O_2 含量/ppm	参数		
	A	b	R^2
1000	697.80	−1.41	0.88
2000	2878.37	−1.80	0.95
5000	2440.33	−1.72	0.95
10000	6103.62	−1.94	0.94
20000	1521.91	−1.61	0.97

6.3.2　微量氧气对特征组分含量比值的影响

在 PD 作用下,SF_6 气体的分解特征组分含量或者相对产气率 R_t 尽管能够在一定程度上反映 SF_6 气体绝缘设备中故障点处 PD 引起 SF_6 分解的本质,但对分解特征组分相对浓度与 PD 故障性质及其严重程度之间存在的相互依赖关系,还缺乏有效的描述。因此,仅根据 PD 作用下 SF_6 分解特征组分的含量来对 SF_6 气体绝缘设备进行故障诊断是有局限的。借鉴目前广泛应用于大型电力变压器故障诊断的三比值法的思想,初步提出用于 SF_6 气体绝缘设备故障诊断的特征比值作为特征量,即用 $c(CF_4)/c(CO_2)$、$c(SO_2F_2)/c(SOF_2)$ 和 $c(CF_4+CO_2)/c(SOF_2+SO_2F_2)$ 三种特征分解组分含量比值作为识别不同绝缘缺陷的特征量[4,5,12-18]。

由前面的研究可知,由于微量 O_2 在 CO_2、SOF_2 和 SO_2F_2 组分的生成过程中起到重要的作用,尽管对 CF_4 含量影响不大,但都会影响用于诊断绝缘缺陷的这三组特征组分比值的大小和变化规律。因此,需研究微量 O_2 含量对分解组分含量特征比值的影响规律,为构建相关数学模型来描述微量 O_2 对分解特性的影响规律及进行校正研究奠定基础[19-23]。

在相同强度 PD 作用下,不同微量 O_2 含量对三种特征分解组分含量比值 $c(CF_4)/c(CO_2)$、$c(SO_2F_2)/c(SOF_2)$ 和 $c(CF_4+CO_2)/c(SOF_2+SO_2F_2)$ 随时间的变化趋势如图 6.13 所示。由此可知,随着 O_2 含量的不同其比值会发生不同程度的变化,其中,由于在不锈钢针-板电极 PD 作用下,CF_4 的含量随放电时间波动较大,且其生成速率远小于 CO_2 的生成速率,加上微量 O_2 含量对 CO_2 的生成没有明显的影响,致使特征比值 $c(CF_4)/c(CO_2)$ 普遍较小,且随放电时间的变化趋势与微量 O_2 含量之间的关系也不明显,如图 6.13(a) 所示。

由前面的研究可知,分解特征产物 SO_2F_2 和 SOF_2 与 SF_6 中微量 O_2 含量均存在着“浴盆曲线”关系,但从图 6.13(b) 不难看出,由这两种主要特征分解产物构成特征比值 $c(SO_2F_2)/c(SOF_2)$ 与微量 O_2 含量不存在着“浴盆曲线”关系,相反,该特征比值是随着 SF_6 中微量 O_2 含量的增加而降低。因此,随着微量 O_2 的加入,特征比值 $c(SO_2F_2)/c(SOF_2)$ 发生了变化,反映到 PD 能量高低上,就是通过特征比值 $c(SO_2F_2)/c(SOF_2)$ 所得的评价结果,偏离了实际 PD 强度的真实情况,进而影响了利用比值法诊断故障的准确性,甚至造成误诊断。另外,无论 SF_6 中微量 O_2 含量多高,特征比值 $c(SO_2F_2)/c(SOF_2)$ 随着放电的进行都有逐渐变小的趋势,但到放电后期该比值基本上趋于稳定。

特征比值 $c(CF_4+CO_2)/c(SOF_2+SO_2F_2)$ 与 $c(CF_4)/c(CO_2)$ 和 $c(SO_2F_2)/c(SOF_2)$ 一样,随着放电的进行都趋于减小。放电初期,微量 O_2 含量对特征比值 $c(CF_4+CO_2)/c(SOF_2+SO_2F_2)$ 的影响较大,而随着放电的持续,影响在逐步变小,但最终不同微量 O_2 含量下的特征比值 $c(CF_4+CO_2)/c(SOF_2+SO_2F_2)$ 还是

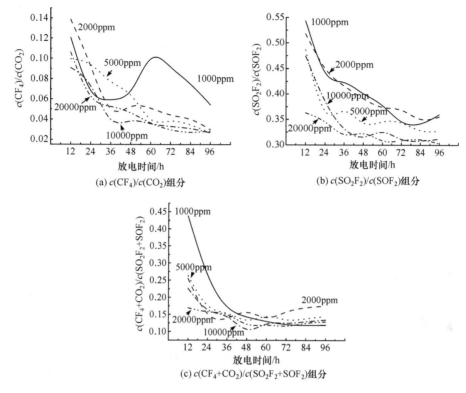

图 6.13　O_2 含量对特征组分含量比值的影响

存在着一定的差异。造成这种现象的原因可能是该特征比值涉及四种特征组分，而微量 O_2 在不同时段对各种组分的影响程度又不一样，使得该特征比值与微量 O_2 含量之间的相关性变得较弱。

参 考 文 献

[1] van Brunt R J, Herron J T. Fundamental processes of SF₆ decomposition and oxidation in glow and corona discharges. IEEE Transactions on Electrical Insulation, 1990, 25(1):75-94.

[2] van Brunt R J, Herron J T. Plasma chemical model for decomposition of SF₆ in a negative glow corona discharge. Physica Scripta, 1994, 1994(T53):9.

[3] van Brunt R J, Sieck L W, Sauers I, et al. Transfer of F⁻ in the reaction of SF₆⁻ with SOF₄: Implications for SOF₄ production in corona discharges. Plasma Chemistry and Plasma Processing, 1988, 8(2):225-246.

[4] Tang J, Zeng F, Pan J, et al. Correlation analysis between formation process of SF₆ decomposed components and partial discharge qualities. IEEE Transactions on Dielectrics and Electrical Insulation, 2013, 20(3):864-875.

[5] Tang J, Zeng F, Zhang X, et al. Influence regularity of trace O₆ on SF₆ decomposition charac-

teristics and its mathematical amendment under partial discharge. IEEE Transactions on Dielectrics and Electrical Insulation,2014,21(1):105-115.

[6] 重庆大学. 气体绝缘组合电器局部放电模拟实验装置及实验方法. CN200510057032.6, 2005.

[7] 重庆大学. 局放下六氟化硫分解组分的红外光声光谱检测装置及方法. CN201010295554.0, 2011.

[8] Braun J M,Chu F Y. Novel low-cost SF_6 arcing byproduct detectors for field use in gas-insulated switchgear. IEEE Transactions on Power Delivery,1986,1(2):81-86.

[9] Plumb I C,Ryan K R. Gas-phase reactions of CF_3 and CF_2 with atomic and molecular fluorine:their significance in plasma etching. Plasma Chemistry and Plasma Processing, 1986, 6(1):11-25.

[10] Plumb I C,Ryan K R. A model of the chemical processes occurring in CF_4/O_2 discharges used in plasma etching. Plasma Chemistry and Plasma Processing,1986,6(3):205-230.

[11] Ryan K R,Plumb I C. Gas-phase reactions of CF_2 with O (3P) to produce COF:their significance in plasma processing. Plasma Chemistry and Plasma Processing,1984,4(4):271-283.

[12] Tang J,Liu F,Meng Q,et al. Partial discharge recognition through an analysis of SF_6 decomposition products part 2:feature extraction and decision tree-based pattern recognition. IEEE Transactions on Dielectrics and Electrical Insulation,2012,19(1):37-44.

[13] Tang J,Liu F,Zhang X,et al. Partial discharge recognition through an analysis of SF_6 decomposition products part 1:decomposition characteristics of SF_6 under four different partial discharges. IEEE Transactions on Dielectrics and Electrical Insulation, 2012, 19(1): 29-36.

[14] Tang J,Liu F,Zhang X,et al. Characteristics of the concentration ratio of SO_2F_2 to SOF_2 as the decomposition products of SF_6 under corona discharge. IEEE Transactions on Plasma Science,2012,40(1):56-62.

[15] Tang J,Zeng F,Zhang X,et al. Relationship between decomposition gas ratios and partial discharge energy in GIS,and the influence of residual water and oxygen. IEEE Transactions on Dielectrics and Electrical Insulation,2014,21(3):1226-1234.

[16] 孟庆红. 不同绝缘缺陷局部放电下 SF_6 分解特性与特征组分检测研究. 重庆:重庆大学硕士学位论文,2013.

[17] 唐炬,陈长杰,刘帆,等. 局部放电 SF_6 分解组分检测与绝缘缺陷编码识别. 电网技术, 2011,35(1):110-116.

[18] 唐炬,陈长杰,张晓星,等. 微氧对 SF_6 局部放电分解特征组分的影响. 高电压技术,2011, 37(1):8-14.

[19] 唐炬,梁鑫,姚强等. 微水微氧对 PD 下 SF_6 分解特征组分比值的影响规律. 中国电机工程学报,2012,32(31):78-84.

[20] Liu F,Tang J,Liu Y. Mathematical model of influence of oxygen and moisture on feature concentration ratios of SF_6 decomposition products. Power and Energy Society General

Meeting, New York, 2012:1-5.

[21] Zeng F, Tang J, Zhang X. Influence of trace water and oxygen on characteristic decomposed components of SF$_6$ under partial discharge. 2012 International Conference on High Voltage Engineering and Application(ICHVE), London, 2012:505-508.

[22] Zeng F, Tang J, Sun H, et al. Quantitative analysis of the influence of regularity of SF$_6$ decomposition characteristics with trace O$_2$ under partial discharge. IEEE Transactions on Dielectrics and Electrical Insulation, 2014, 21(4):1462-1470.

[23] Zeng F, Tang J, Xie Y, et al. Experience study of trace water and oxygen impact on SF$_6$ decomposition characteristics under partial discharge. Journal of Electrical Engineering & Technology, 2015, 1:10.

第7章 微量水分对 SF_6 分解组分特性的影响

7.1 微量水分来源及其危害

尽管 SF_6 气体的化学性质十分稳定且不易分解,但在电弧、火花和 PD 以及 POT 等作用下,SF_6 气体会发生不同程度的分解,生成各种低氟化物(SF_x,$x=1$,2,…,5)。在没有其他杂质存在的情况下,这些低氟化物会复合还原成 SF_6[1]。然而,由于 SF_6 新气不纯、设备内部组件吸附杂质气体的释放以及密封不严等原因,SF_6 气体中不可避免地会含有微量水分(H_2O),这使得上述的分解-复合平衡被打破[2],微量 H_2O 将与 SF_6 在 PD 下分解生成的低氟化物发生进一步反应,形成更多更复杂的生成物,如 SOF_2、SO_2F_2、SOF_4、SO_2、CF_4、CO_2、HF 和 H_2S 等,这些生成物有的会长期稳定存在,使得 SF_6 气体的绝缘性能降低。因此,微量 H_2O 是对 SF_6 放电分解特性及其最终生成物影响的又一重要因素。

SF_6 气体绝缘装备中,微量 H_2O 的来源与微量 O_2 的来源类似,主要还来源于 SF_6 新气中的杂质、充气过程、设备零件的吸附、外界环境 H_2O 的渗透等方面。SF_6 气体在生产过程中要经历多道工序进行净化,但还是不可避免地残存一定含量的微量 H_2O,最终会被带入 SF_6 气体绝缘装备中;SF_6 气体从生产到最终被充入气体绝缘设备的腔体中,要经历多道转运充气,这些过程都会或多或少地带入一定的微量 H_2O;气体绝缘装备中大量零件表面或内部都会吸附一定的微量 H_2O。在设备运行过程中会通过呼吸作用缓慢地释放出来,导致 SF_6 气体中微量 H_2O 的增加。此外,由于 H_2O 的分子直径要小于 SF_6 气体分子的直径,即使在 SF_6 气体不泄漏的情况下,水分子仍然可能通过某些部位渗透进入气体绝缘装备而导致装备内部微量 H_2O 含量的增加。

当 SF_6 气体绝缘装备中微量 H_2O 含量超标时,可能会改变 SF_6 分解产物的特性,生成某些具有腐蚀性的组分,如 HF、H_2S 等,使电气设备金属部件或固体绝缘材料受到腐蚀,降低设备的使用寿命;同时,正常情况下,气体中的微量 H_2O 是以水分子的形式悬浮于 SF_6 气体中的,即当温度升高时,原来由设备内部固体件特别是设备内部的吸附剂所吸附的 H_2O,会通过呼吸作用以水蒸气的形式进入主气室的 SF_6 气体中,使 SF_6 气体中饱和水分子含量增大,然而当外界环境温度骤降使设备内部的温度降低时,会导致 SF_6 气体中多余水分子在设备内部特别是盆式绝缘子表面发生凝露,附着在设备绝缘表面,致使固体绝缘表面的耐受水平大大降低,极易产生沿面放电(闪络)而诱发严重的停电事故。

　　基于上述原因,国际电工委员会和各国都制定了相应的标准,对生产的 SF$_6$ 新气质量、运行中的气体绝缘设备内部 H$_2$O 的含量都做了严格的规定。表 7.1～表 7.3 是 IEC 标准和我国国标[3]与行业标准[4]对 SF$_6$ 新气杂质含量的规定。对比可知,我国国标对 SF$_6$ 新气的要求更加趋于严格。

表 7.1　我国国标和 IEC 标准对 SF$_6$ 新气杂质的规定

指标名称	IEC 60376		GB/T 12022	
	1971(作废)	2005(现行)	1989(作废)	2006(现行)
空气(N$_2$+O$_2$)/%	≤0.05	≤0.2	≤0.05	≤0.04
CF$_4$/%	≤0.05	≤0.24	≤0.05	≤0.04
水分/(μL/L)	≤15	≤25	≤8	≤5
酸度(以 HF 计)/(μL/L)	≤0.3	≤1	≤0.3	≤0.2
可水解氟化物(以 HF 计)/(mg/kg)	≤0.1	—	≤0.1	≤0.1
矿物油/(mg/kg)	≤10	≤10	≤10	≤4
纯度/%	≥99.7	≥99.8	≥99.8	≥99.9
毒性生物试验	无毒	无毒	无毒	无毒

表 7.2　我国电力行业标准 DL/T 596—1996 对运行中 SF$_6$ 气体试验要求和项目

项目	要求	
密度/(kg/m^3)	6.16	
毒性	无毒	
酸度(以 HF 计)/(μL/L)	≤0.3	
CF$_4$/%	大修后≤0.05;运行中≤0.1	
空气(N$_2$+O$_2$)/%	大修后≤0.05;运行中≤0.2	
可水解氟化物/(mg/kg)	≤1.0	
矿物油/(mg/kg)	≤10	
隔室	有电弧分解物的隔室	无电弧分解物的隔室
交接验收值/(μL/L)	≤150	≤500
运行允许值/(μL/L)	≤300	≤1000

表 7.3　我国相关标准和电力行业标准对气体绝缘设备内 SF$_6$ 气体微水含量的规定

(单位:μL/L)

标准名称	灭弧室气室或与灭弧室相通气室	其他气室或不与灭弧室相通气室	备注
GB 7674—2008《额定电压 72.5kV 及以上气体绝缘金属封闭开关设备》	交接验收值≤150 运行允许值≤300	≤500 ≤1000	—

续表

标准名称	灭弧室气室或与灭弧室相通气室	其他气室或不与灭弧室相通气室	备注
GB/T 8905—2012《六氟化硫电气设备中气体管理和检测导则》	交接验收值≤150 运行允许值≤300	≤500 ≤1000	气体压力在 0.1MPa 以下允许值可以放宽
GB 50150—2006《电气装置安装工程电气设备交接试验标准》	＜150	＜250	—
DL/T 596—1996《电力设备预防性试验规则》	大修后≤150 运行中≤300	≤250 ≤500	—
DL/T 603—2006《气体绝缘金属封闭开关设备运行及维护规程》	交接验收值≤150 运行允许值≤300	≤250 ≤500(1000)	若采用括号内的数值，应得到制造厂的认可

从上述 SF_6 气体绝缘设备内部微量 H_2O 含量来源途径的分析可知，虽然经过净化处理后，出厂的 SF_6 新气杂质含量非常低，可忽略不计。但 SF_6 气体在运输、填充、安装及运行等过程中仍然会有可能混入不同程度的杂质。工业级 SF_6 气体中的杂质成分主要有 CF_4、N_2、空气和 H_2O 等，表 7.2 和表 7.3 分别列出了我国相关电力行业标准对运行中的气体绝缘设备 SF_6 气体质量的要求。

7.2 微量水分对 SF_6 局放分解的影响特性及作用机理

7.2.1 微量水分对 SF_6 局放分解的作用机理

在 PD 作用下，从 SF_6 发生分解反应的机理可以看出，最终稳定分解产物的生成需要有 H_2O 元素的参与，如反应式(7.1)～反应式(7.8)所示，微量 H_2O 含量的变化必然会导致相关化学反应速率的改变，从而改变最终分解产物的含量[5-8]。因此，在 PD 作用下，SF_6 发生分解的特性不仅与 SF_6 气体绝缘设备中的绝缘缺陷类型及其严重程度有关，还与设备中微量 H_2O 含量关系密切。

$$SF_5 + OH \longrightarrow SOF_4 + HF \tag{7.1}$$
$$SF_4 + OH + F \longrightarrow SOF_4 + HF \tag{7.2}$$
$$SF_3 + OH \longrightarrow SOF_2 + HF \tag{7.3}$$
$$SF_2 + OH + F \longrightarrow SOF_2 + HF \tag{7.4}$$
$$SF + OH + 2F \longrightarrow SOF_2 + 2HF \tag{7.5}$$
$$SF_4 + H_2O \longrightarrow SOF_2 + 2HF \tag{7.6}$$
$$SOF_4 + H_2O \longrightarrow SO_2F_2 + 2HF \tag{7.7}$$
$$SOF_2 + H_2O \longrightarrow SO_2 + 2HF \tag{7.8}$$

为研究微量 H_2O 含量对 SF_6 分解特征组分的影响规律，通过如图 4.16 所示的实验研究平台,对以不锈钢针-板电极(距离 $d=10$mm,针尖端部曲率半径为 0.3mm,锥尖角为 30°,接地板电极直径为 120mm,厚度为 10mm,模拟 SF$_6$ 气体绝缘设备中常见的高压导体金属突出物绝缘缺陷)产生 PD,研究不同微量 H$_2$O 含量的 SF$_6$ 气体发生分解,以获取微量 H$_2$O 含量对各分解特征组分的生成量、有效产气速率、特征比值及有效特征比值的影响规律。在此基础上,分析微量 H$_2$O 含量对 SF$_6$ 分解特征产物生成过程的影响机制。

为了模拟 SF$_6$ 气体绝缘设备内部在微量 H$_2$O 含量正常和超标情况下,SF$_6$ 气体的分解情况,实验配制了 6 个浓度范围内的 SF$_6$ 气体,分别进行 PD 分解实验,微量 H$_2$O 含量分别为 150μL/L、600μL/L、1800μL/L、4400μL/L、7000μL/L 和 9500μL/L。具体实验步骤如下。

(1) 将放电气室抽真空后充入 SF$_6$ 新气,然后将其抽真空,重复此过程 3 次,达到清洗的目的。

(2) 在真空状态下向气室注入实验所需的微量 H$_2$O 后,对放电气室加热 15min,然后静置 1h,使注入的微量 H$_2$O 充分气化并均匀分布于气室,最后注入 SF$_6$ 新气至 0.45MPa,再静置 24h,使微量 H$_2$O 与 SF$_6$ 气体混合均匀。

(3) 测量混合气体中微量 H$_2$O 含量,若微量 H$_2$O 含量不符合实验标准,则返回第 1 步。待混合气体中微量 H$_2$O 含量满足要求后,采集样品气体进行实验前混合气体中固有成分及含量分析,然后调整混合气体压强至 0.4MPa。

(4) 按图 4.16 所示实验研究平台[9],采用逐步升压法将实验电压升直至 24kV,在该电压下进行 48h 的 PD 分解实验,通过 PD 测量回路监测针-板电极上的放电情况,同时采用 IEC 60270 推荐的脉冲电流法对 PD 量进行定量测定(由于 PD 具有一定的分散性,为解决该问题,在测量的时候,每次测量 100 个点,然后取其平均值)。在此条件下,实验能够把 PD 量控制在 (110 ± 5)pC 左右。

(5) 每隔 8h,测量不同微量 H$_2$O 含量下 SF$_6$ 气体的 PD 量如表 7.4 所示,并同时从采气口抽取 SF$_6$ 放电分解样气,进行组分定量分析。

表 7.4　不同微量 H$_2$O 含量在各采样时刻的局部放电量　　(单位:pC)

时间/h 含量/(μL/L)	0	8	16	24	32	40	48
150	109.8	106.5	110.1	109.8	109.6	110.7	110.1
600	110.8	111.2	109.0	110.3	106.8	108.9	109.1
1800	111.4	110.0	112.4	108.4	107.4	109.8	110.4
4400	105.2	108.7	110.1	102.1	109.9	108.6	111.1
7000	109.5	111.1	112.4	110.1	108.8	109.9	108.5
9500	114.5	108.7	109.4	110.2	109.2	110.3	109.1

（6）待各项指标都检测完之后，将气室抽真空，并静置 24h，使器壁和电极表面所吸附的分解物充分释放，以降低对下次实验的影响，然后返回第 1 步，进行下一次实验。

7.2.2　不同微量水分含量下分解特征组分含量

在 PD 作用下，SF_6 发生分解生成的主要分解特征组分有 HF、CF_4、CO_2、SO_2F_2、SOF_4 和 SOF_2[10-13]。其中，HF 化学活性极强，极易与设备金属和绝缘材料反应，且对 HF 的定量检测极为困难。另外，SOF_4 易水解，只有 CF_4、CO_2、SO_2F_2 和 SOF_2 相对稳定。因此，本书选用 CF_4、CO_2、SO_2F_2 和 SOF_2 作为反映 PD 特性的主要特征组分，其中，CF_4 和 CO_2 可以作为衡量固体绝缘材料性能劣化的指标，并可以对放电大致部位做出判断，而 SO_2F_2 和 SOF_2 可以反映 SF_6 气体绝缘劣化的程度。

1. SO_2F_2 组分生成量随放电时间的变化趋势

在相同 PD 强度作用下，不同微量 H_2O 含量的 SF_6 气体所生成的分解特征产物 SO_2F_2 含量随放电时间的变化趋势如图 7.1 所示。不同 H_2O 含量的 SF_6 气体均会生成 SO_2F_2，其含量大小与放电时间大致存在着线性正相关性特性，且 SO_2F_2 生成量与 SF_6 气体中 H_2O 的含量存在着极为强烈的线性正相关性。

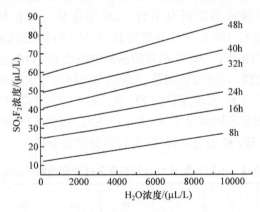

图 7.1　H_2O 含量对 SO_2F_2 组分生成量的影响

SF_6 分子在 PD 产生的局部强场效应作用下，会发生以下分解过程：

$$e + SF_6 \longrightarrow SF_x + (6-x)F + e, \quad x = 1 \sim 5 \tag{7.9}$$

$$e + SF_x \longrightarrow SF_{x-1} + F \tag{7.10}$$

当有 H_2O 分子存在时，其自身除了发生以下分解过程：

$$e + H_2O \longrightarrow H + OH + e \tag{7.11}$$

$$OH + OH \longrightarrow O + H_2O \tag{7.12}$$

还将与在 PD 作用下 SF$_6$ 分子形成的低氟硫化物 SF$_x$ $(x=1,2,\cdots,5)$ 和活性 F 原子进行如下反应过程：

$$F + H_2O \longrightarrow HF + OH \tag{7.13}$$

$$F + OH \longrightarrow FOH \tag{7.14}$$

反应式(7.13)与反应式(7.14)的速率与低氟硫化物 SF$_x$ 重新复合为 SF$_6$ 的反应式(7.14)速率相当[13]，处于同一个数量级。

$$SF_x + (6-x)F \longrightarrow SF_6 \tag{7.15}$$

因此，可以理解为 H$_2$O 具有捕获 F 的功能，相当于抑制了 SF$_x$ 重新复合为 SF$_6$，从而使 SF$_4$ 和 SF$_5$ 等的含量增加。又由于：

$$SF_5 + OH \longrightarrow SOF_4 + HF \tag{7.16}$$

$$SF_5 + O \longrightarrow SOF_4 + F \tag{7.17}$$

$$SOF_4 + H_2O \longrightarrow SO_2F_2 + 2HF \tag{7.18}$$

反应式(7.16)~反应式(7.18)为 SO$_2$F$_2$ 的生成提供了一个途径。因此，当 SF$_6$ 中含有微量 H$_2$O 时，H$_2$O 分子扮演着提供 OH 和 O 的角色，对 SO$_2$F$_2$ 的生成具有促进作用，并且随着微量 H$_2$O 含量的增加，SO$_2$F$_2$ 的生成量将会增加[10]。

2. SOF$_2$ 组分生成量随放电时间的变化趋势

在相同 PD 强度作用下，不同 H$_2$O 含量的 SF$_6$ 气体所得 SOF$_2$ 的生成量随放电时间的变化趋势如图 7.2 所示，不难发现，不管 SF$_6$ 中微量 H$_2$O 含量多少，都会产生 SOF$_2$ 组分，而且随着 PD 的持续进行，SOF$_2$ 组分的生成量都在持续增加。但是，在相同 PD 强度作用下，SOF$_2$ 组分的生成量却与微量 H$_2$O 含量的多少直接相关，且不像 SO$_2$F$_2$ 组分那样与微量 H$_2$O 含量呈线性关系，而是呈非线性关系，特别是微量 H$_2$O 含量在 2000μL/L 以下时，这种非线性关系表现得尤为突出。

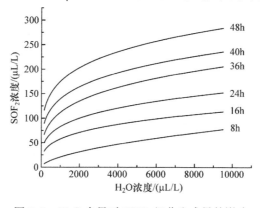

图 7.2　H$_2$O 含量对 SOF$_2$ 组分生成量的影响

由于 SOF_2 组分的主要来源途径为

$$e+SF_6 \longrightarrow SF_4+2F+e \qquad (7.19)$$

$$SF_4+H_2O \longrightarrow SOF_2+2HF \qquad (7.20)$$

再加上微量 H_2O 的存在，使得反应式(7.13)、反应式(7.14)与反应式(7.15)相竞争，进而抑制了生成 SOF_2 组分的主要来源 SF_4 重新复合为 SF_6，使得游离在主气室中 SF_4 的含量得到提高，并且微量 H_2O 又为含氧硫氟化物的生成提供 OH 和 O，进而为最终生成 SOF_2 组分提供了有利条件，致使 SOF_2 组分的含量相应得到提升。

同时，由于在实验过程中，PD 能量一定，SF_6 分子在 PD 作用下发生分解所生成的 SF_4 含量有限。在微量 H_2O 含量较低时，由于气室内 H_2O 分子含量稀缺，而 SF_4 的含量较之又相对充足，故反应式(7.20)对 H_2O 含量较为敏感，随着微量 H_2O 含量的不断增加，反应式(7.20)的反应速率将成倍提高，SOF_2 组分的生成速率加快。但是，随着微量 H_2O 含量的进一步增加，SF_4 等低氟硫化物的生成量逐步变得稀少，此时反应式(7.20)的反应速率对微量 H_2O 含量多少已不再敏感，而 SF_4 等低氟硫化物的含量成了制约反应式(7.20)快速进行的一个主要因素。因此，在微量 H_2O 含量较为充足的情况下，SOF_2 组分的生成速率随微量 H_2O 含量的增加而趋于平缓，近似呈线性增长[11]。

3. CO_2 组分生成产量随放电时间的变化趋势

在相同强度 PD 作用下，CO_2 的生成量随放电持续时间的变化趋势如图 7.3 所示。由此可知，无论 SF_6 气体中 H_2O 含量的多少，在 PD 作用下都会产生 CO_2，且 CO_2 的生成量与放电时间存在着较为强烈的线性正相关性；但 H_2O 含量对 CO_2 的生成量却没有明显的影响规律。

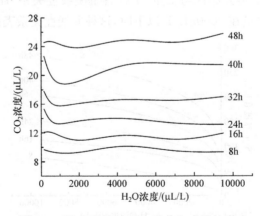

图 7.3　H_2O 含量对 CO_2 组分生成量的影响

由于在实验过程中没有涉及有机绝缘材料,实验所得到 CO$_2$ 组分主要是由粒子漂移区带电粒子撞击阴极表面使不锈钢释放出游离态的 C 原子后与 O 发生反应而生成,其主要反应过程如下:

$$C+2O \longrightarrow CO_2 \tag{7.21}$$

随着 PD 的持续作用,带电粒子也将持续轰击阴极表面使其释放出游离态的 C 原子持续与 O 发生反应生成 CO$_2$,因此,随着放电的进行,CO$_2$ 含量会不断增大。但是,由于所有实验的 PD 能量都控制在 110pC 左右,而且反应式(7.21)也很难进行[14-16],故反应式(7.21)所需的 O 主要来自 SF$_6$ 新气中混杂的微量 O$_2$。因此,在所有的 PD 分解实验中,不管 SF$_6$ 气体中微量 H$_2$O 含量多少,都不影响 CO$_2$ 的最终生成量,它只由 PD 能量大小决定。

4. CF$_4$ 组分生成量随放电时间的变化趋势

在相同 PD 强度作用下,不同 H$_2$O 含量的 SF$_6$ 气体所得 CF$_4$ 的生成量随放电持续时间的变化趋势如图 7.4(a)所示,不难发现,无论微量 H$_2$O 含量多少,CF$_4$ 组分的生成含量相比 SO$_2$F$_2$、SOF$_2$ 和 CO$_2$ 组分都低。随着 SF$_6$ 气体中微量 H$_2$O 含量的增大,CF$_4$ 组分含量在逐步减小,说明微量 H$_2$O 的存在有碍于 CF$_4$ 组分的形成。

从图 7.4(a)中还可发现,在 PD 后期,对于不同微量 H$_2$O 含量的 SF$_6$ 气体,CF$_4$ 组分的生成量几乎没有太大变化。为便于分析,将图 7.4(a)以图 7.4(b)的形式表现出来。由于在 PD 产生的针-板电极附近无有机固体绝缘材料,CF$_4$ 组分的产气量均较低,其含量大小随着放电的持续进行,很快(大约在放电 16h 左右)出现了平衡现象。但是,随着 SF$_6$ 气体中 H$_2$O 含量的增加,CF$_4$ 组分的动态平衡量逐步降低。图 7.5 为不同微量 H$_2$O 含量的 SF$_6$ 气体生成 CF$_4$ 的动态平衡产量(动态平衡后产量的平均值,即 16~48h 内各个采样时刻的产量平均值)。

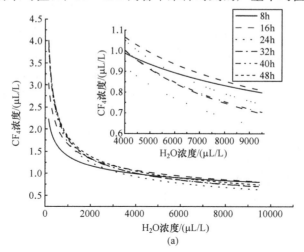

(a)

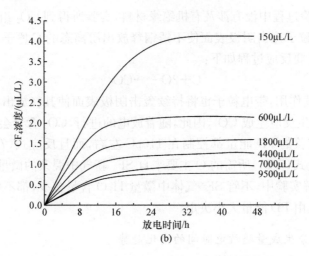

图 7.4　H₂O 含量对 CF₄ 组分生成量的影响

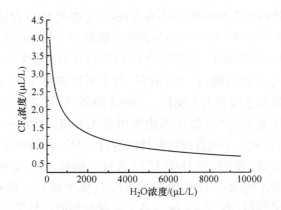

图 7.5　不同 H₂O 含量下 CF₄ 组分的稳态平衡产量

一方面,由于 CF₄ 组分中的 C 原子主要来源于 PD 区域附近有机固体绝缘材料和不锈钢电极,与 PD 强度有一定的关系。当 PD 强度一定且位置固定时,C 原子含量变化不大。F 原子是由 SF₆ 在电子的撞击下分解产生的,其化学性质非常活泼,可以与金属等材料发生反应生成稳定的化合物,而且 C 原子和 F 原子在高能放电区才易结合。然而,放电气室中的有机固体绝缘材料没有位于 PD 高能区,即 PD 没有直接接触到有机绝缘材料,故 CF₄ 组分中的 C 原子主要来自不锈钢针尖表面,而针电极表面积很小,C 原子含量低于 0.03%,致使在 PD 过程中所释放的活性 C 原子极少,因此导致 CF₄ 总生成量较少[11]。

另一方面,由于 PD 所激发出的活性 C 原子与 F 原子结合生成 CF₄ 不是一步形成的,需经历如下反应过程[17]:

$$C + F \longrightarrow CF \tag{7.22}$$

$$CF + F \longrightarrow CF_2 \tag{7.23}$$

$$CF_2 + F \longrightarrow CF_3 \tag{7.24}$$

$$CF_3 + F \longrightarrow CF_4 \tag{7.25}$$

当存在微量 H_2O 时,在 PD 作用下,H_2O 分子还要发生反应式(7.11)和反应式(7.12),此时,由反应式(7.23)和反应式(7.24)所生成的 CF_2 和 CF_3 将与反应式(7.11)和反应式(7.12)所生成的 O 原子和 H 原子进一步发生如下反应[17-21]:

$$CF + O \longrightarrow CO + F \tag{7.26}$$

$$CF_2 + O \longrightarrow COF + F \tag{7.27}$$

$$CF_2 + O \longrightarrow CO + 2F \tag{7.28}$$

$$COF + O \longrightarrow CO_2 + F \tag{7.29}$$

$$CF_3 + O \longrightarrow COF_2 + F \tag{7.30}$$

$$COF + CF_3 \longrightarrow COF_2 + CF_2 \tag{7.31}$$

$$COF + CF_2 \longrightarrow COF_2 + CF \tag{7.32}$$

$$CF_3 + H \longrightarrow CF_2 + HF \tag{7.33}$$

$$CF_2 + H \longrightarrow CF + HF \tag{7.34}$$

因此,微量 H_2O 的存在,致使在 CF_4 的生成过程中所产生的中间产物 CF_2 和 CF_3 被消耗掉,进而使 CF_4 的生成量受到抑制[11]。

7.2.3　不同微量水分含量对特征组分产气速率的影响

由于设备绝缘早期故障常常是以低能量的 PD 开始,若不及时采取相应的措施,就可能发展成较为严重的高能放电。放电能量越高,导致 SF₆ 发生分解的速率也将越快,各低氟硫化物的生成速率也将越高,进而使得各特征分解产物的生成速率也将得到提高。所以,特征组分的产气速率更能直接反映出设备绝缘早期故障所产生的能量大小、故障性质、严重程度以及发展过程等。为此,采用文献[10]和第 4 章中所定义的有效产气速率 R_{RMS} 来分析在 PD 情况下微量水分对 SF₆ 分解特性的影响。为便于叙述,将其定义式重叙述如下:

$$R_{RMS} = \sqrt{\frac{\sum_{j=1}^{6} R_{aij}^2}{6}} \tag{7.35}$$

式中,R_{aij} 为分解组分 i 第 j 次采样时的绝对产气速率 R_a。每次实验持续进行 48h,每隔 8h 进行采样,故采样次数为 6。而 R_a 的定义式如下:

$$R_a = \frac{C_{i2} - C_{i1}}{\Delta t} \tag{7.36}$$

式中,R_a 为绝对产气速率(($\mu L/L)/h$);C_{i1} 为第一次测得组分 i 的含量($\mu L/L$);C_{i2} 为第二次测得组分 i 的含量($\mu L/L$);Δt 为两次检测的时间间隔,本书中 $\Delta t = 8h$。

随着 PD 的持续作用,CF_4 组分的含量很快就进入动态平衡状态,在 PD 强度不变的情况下,其含量基本不再发生变化。而 CO_2、SO_2F_2 和 SOF_2 组分的含量却随着 PD 持续作用而稳定增加,如图 7.1～图 7.3 所示。为此,只讨论微量 H_2O 含量对 CO_2、SO_2F_2 和 SOF_2 组分的 R_{RMS} 的影响规律,如图 7.6 所示。

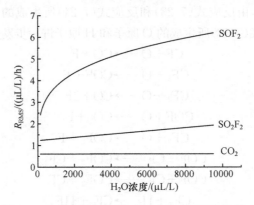

图 7.6　各特征分解产物 R_{RMS} 与 H_2O 浓度的关系

通过图 7.6 分析可知,微量 H_2O 含量对特征分解产物 CO_2、SO_2F_2 和 SOF_2 组分的 R_{RMS} 影响情况是不一样的,其生成量与微量 H_2O 含量的关系大致相同,其中对 CO_2 组分的生成多少几乎没有多大影响,SO_2F_2 组分的 R_{RMS} 与微量 H_2O 含量存在着极为强烈的线性正相关性,而 SOF_2 组分的 R_{RMS} 与 H_2O 含量却呈非线性关系,特别是微量 H_2O 含量在 $2000\mu L/L$ 以下时,这种非线性关系表现得最为突出。在前面已讨论了微量 H_2O 含量对各特征分解产物的影响机制及规律,在此不再赘述。下面进一步通过对数据的拟合,得到 CO_2、SO_2F_2 和 SOF_2 组分的 R_{RMS} 与微量 H_2O 含量之间的数学表达式,具体如下:

$$f_{SOF_2}(x) = 0.7747x^{0.22715} \tag{7.37}$$

$$f_{SO_2F_2}(x) = 1.23066 + 7.46053x \times 10^{-5} \tag{7.38}$$

$$f_{CO_2}(x) = 0.61159 + 9.64309x \times 10^{-7} \tag{7.39}$$

式中,x 为 SF_6 气体中微量 H_2O 的含量;$f_{SOF_2}(x)$、$f_{SO_2F_2}(x)$ 和 $f_{CO_2}(x)$ 分别代表 H_2O 含量为 x 时 SOF_2、SO_2F_2 和 CO_2 组分的 R_{RMS}。

7.2.4　微量水分对组分特征比值的影响

在 PD 作用下,SF_6 的分解特征组分含量或者产率只反映了 SF_6 气体绝缘设备中故障点处 PD 引起 SF_6 分解的本质,并没有反映出分解特性与故障性质及其严重程度所存在的相互依赖关系。借鉴目前广泛应用于电力变压器故障诊断的比值法思想[22-26],初步提出一组用于 SF_6 气体绝缘设备故障诊断的特征比值[10,13,27],即用 $c(CF_4)/c(CO_2)$、$c(SO_2F_2)/c(SOF_2)$ 和 $c(CF_4+CO_2)/c(SOF_2+$

SO$_2$F$_2$)作为识别不同绝缘缺陷的特征量。

　　SF$_6$ 气体中,由于微量 H$_2$O 含量会对各特征组分的生成有一定的影响,微量 H$_2$O 是否会对由这些特征组分构成的特征比值产生一定的影响? 图 7.7～图 7.9 所示为各特征比值与微量 H$_2$O 含量的关系曲线。由此可以看出,尽管不同的微量 H$_2$O 含量使 SF$_6$ 在相同 PD 能量作用下发生分解,但所得的这 3 个特征比值均因 微量 H$_2$O 含量的不同而发生变化,其值都是随着微量 H$_2$O 含量的增多而减少,偏 离了实际情况。如果在进行故障诊断时不考虑微量 H$_2$O 含量的影响,必将导致使 用比值法辨识 SF$_6$ 气体绝缘设备故障及其严重程度时出现偏差,甚至造成误 诊断[11]。

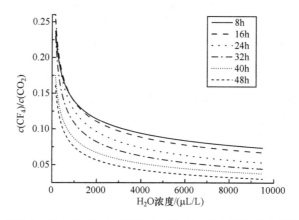

图 7.7　H$_2$O 浓度对 $c(CF_4)/c(CO_2)$ 组分比值的影响规律

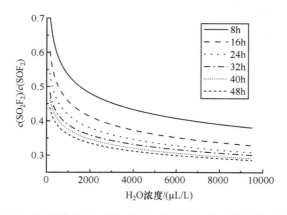

图 7.8　H$_2$O 浓度对 $c(SO_2F_2)/c(SOF_2)$ 组分比值的影响规律

　　从图 7.7～图 7.9 还可以发现,在微量 H$_2$O 含量一定时,各特征比值随着放 电的持续进行而将逐步趋于稳定,但不同的 PD 时刻,其特征比值在一定范围内具 有一定的波动性,这是由于 SF$_6$ 发生分解、化合反应的多样性和复杂性所致,如果

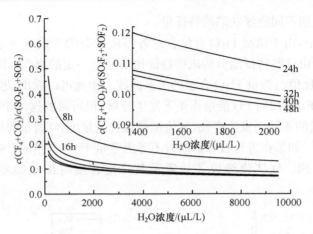

图 7.9　H_2O 浓度对 $c(CF_4+CO_2)/c(SO_2F_2+SOF_2)$ 组分比值的影响规律

仅用检测到的特征比值瞬时值来表征 SF_6 电气设备故障性质及其严重程度,则会由于特征比值的波动性给诊断和评估结果带来一定的偏差。为此,采用文献[1]中定义有效能量特征比值的方法来计算各特征比值的有效值,进而得到有效特征比值 CR_{RMS},其计算方法如下:

$$CR_{RMSi} = \sqrt{\frac{\sum_{j=1}^{n} CR_{ij}^2}{n}} \tag{7.40}$$

式中,CR_{RMSi} $(i=1,2,3)$ 分别代表所定义的三种特征比值 $c(CF_4)/c(CO_2)$、$c(SO_2F_2)/c(SOF_2)$ 和 $c(CF_4+CO_2)/c(SOF_2+SO_2F_2)$;$CR_{ij}$ 为对应的特征比值 i 在第 j 次采样时的值;n 为采样次数。这里共进行了 48h 的 PD 实验,每隔 8h 采样,采样 6 次,故 $n=6$。图 7.10 所示为采用式(7.40)计算所得的有效特征比值。

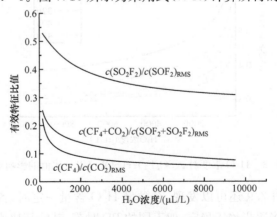

图 7.10　H_2O 浓度对有效组分特征比值的影响规律

由前述可知,CO$_2$ 组分的生成几乎不受微量 H$_2$O 含量的影响,微量 H$_2$O 的存在抑制了 CF$_4$ 的生成,但微量 H$_2$O 含量达到一定程度后,抑制作用逐步减弱。因此,使得特征比值 $c(CF_4)/c(CO_2)$ 及其有效值均随着微量 H$_2$O 含量的增加而不断减小,并逐步变缓,如图 7.7 和图 7.10 所示。由于微量 H$_2$O 极易与 SF$_6$ 发生分解所生成的 F 原子发生反应,进而抑制了低氟硫化物 SF$_x$ 复合还原为 SF$_6$,使得 SF$_5$ 和 SF$_4$ 含量增加,并且 H$_2$O 又为含氧硫氟化物的生成提供 OH 和 O,进而为最终产物 SO$_2$F$_2$ 和 SOF$_2$ 组分的生成提供了有利条件。由于 SF$_4$ 水解反应速率比 SOF$_4$ 组分水解速率高近 2 个数量级[14],因此,随着 SF$_6$ 中 H$_2$O 含量的增长,即使是在相同强度 PD 作用下,SOF$_2$ 组分的增长速率明显高于 SO$_2$F$_2$ 组分(如图 7.1 和图 7.2 所示),使得特征比值 $c(SO_2F_2)/c(SOF_2)$ 和 $c(CF_4+CO_2)/c(SOF_2+SO_2F_2)$ 及其有效值随着微量 H$_2$O 含量的增加显著减小,进而导致有效能量特征比值 CR$_{RMS}$ 随着 H$_2$O 含量的增加而减小,如图 7.7~图 7.10 所示。

从图 7.10 不难看出,各有效特征比值并不是一直随着微量 H$_2$O 含量的增加而急剧减小,而是先急剧减小,然后逐步变缓趋于稳定。这是由于在所有的实验过程中 PD 能量相同且一定。在 PD 作用下,SF$_6$ 发生分解所生成的 SF$_4$ 和 SF$_2$ 的量有限,致使微量 H$_2$O 含量对各特征组分的影响程度不同所致。前面已对相关机理进行了分析,在此不再赘述。对上述数据拟合可得出各有效特征比值与 H$_2$O 含量的数学表达式,具体如下:

$$CR_{RMS1}(x) = \frac{18.92782}{1+\left(\dfrac{x}{0.00223}\right)^{0.40518}} + 0.01637 \tag{7.41}$$

$$CR_{RMS2}(x) = \frac{0.27488}{1+\left(\dfrac{x}{1921.32794}\right)^{1.10836}} + 0.26888 \tag{7.42}$$

$$CR_{RMS3}(x) = \frac{1.87742}{1+\left(\dfrac{x}{0.91403}\right)^{0.1045}} - 0.44091 \tag{7.43}$$

式中,x 代表 SF$_6$ 气体中 H$_2$O 的含量;CR$_{RMS1}(x)$、CR$_{RMS2}(x)$ 和 CR$_{RMS3}(x)$ 分别代表特征比值 $c(CF_4)/c(CO_2)$、$c(SO_2F_2)/c(SOF_2)$ 和 $c(CF_4+CO_2)/c(SOF_2+SO_2F_2)$ 在微量 H$_2$O 含量为 x 时的有效比值。通过该表达式可以初步校正微量 H$_2$O 含量对三种有效特征比值的影响。具体的校正方法将在第 8 章中详细阐述。

参 考 文 献

[1] van Brunt R J, Herron J T. Fundamental processes of SF$_6$ decomposition and oxidation in glow and corona discharges. IEEE Transactions on Electrical Insulation, 1990, 25(1): 75-94.

[2] Sauers I, Adcock J L, Christophorou L G, et al. Gas phase hydrolysis of sulfur tetrafluoride: a

comparison of the gaseous and liquid phase rate constants. The Journal of Chemical Physics, 1985,83(5):2618-2619.

[3] GB/T 18867—2014. 电子工业用气体六氟化硫. 北京:中国标准出版社,2015.

[4] DL/T 596—1996. 电力设备预防性试验规程. 北京:中国电力出版社,1996.

[5] Beyer C, Jenett H, Klockow D. Influence of reactive SFX gases on electrode surfaces after electrical discharges under SF_6 atmosphere. IEEE Transactions on Dielectrics and Electrical Insulation,2000,7(2):234-240.

[6] Derdouri A, Casanovas J, Grob R, et al. Spark decomposition of SF_6/H_2O mixtures. IEEE Transactions on Electrical Insulation,1989,24(6):1147-1157.

[7] Derdouri A, Casanovas J, Hergli R, et al. Study of the decomposition of wet SF_6, subjected to 50Hz AC Corona discharges. Journal of Applied Physics,1989,65(5):1852-1857.

[8] Irawan R, Scelsi G, Woolsey G. Continuous monitoring of SF_6 degradation in high voltage switchgear using Raman scattering. IEEE Transactions on Dielectrics and Electrical Insulation,2005,12(4):815-820.

[9] 唐炬,姚强,潘建宇,等. 带微量水分注入器的 SF_6 局部放电分解装置与实验方法. CN102841298A,2012.

[10] Tang J, Zeng F, Pan J, et al. Correlation analysis between formation process of SF_6 decomposed components and partial discharge qualities. IEEE Transactions on Dielectrics and Electrical Insulation,2013,20(3):864-875.

[11] Zeng F, Tang J, Zhang X, et al. Study on the influence mechanism of trace H_2O on SF_6 thermal decomposition characteristic components. IEEE Transactions on Dielectrics and Electrical Insulation,2015,22(2):766-774.

[12] Chu F Y. SF_6 decomposition in gas-insulated equipment. IEEE Transactions on Electrical Insulation,1986,(5):693-725.

[13] Tang J, Liu F, Meng Q, et al. Partial discharge recognition through an analysis of SF_6 decomposition products part 2: feature extraction and decision tree-based pattern recognition. IEEE Transactions on Dielectrics and Electrical Insulation,2012,19(1):37-44.

[14] van Brunt R J, Herron J T. Plasma chemical model for decomposition of SF_6 in a negative glow corona discharge. Physica Scripta,1994,1994(T53):9.

[15] van Brunt R J, Siddagangappa M C. Identification of corona discharge-induced SF_6 oxidation mechanisms using $SF_6/^{18}O_2/H_2^{16}O$ and $SF_6/^{16}O_2/H_2^{18}O$ gas mixtures. Plasma Chemistry and Plasma Processing,1988,8(2):207-223.

[16] van Brunt R J, Sieck L W, Sauers I, et al. Transfer of F in the reaction of SF_6 with SOF_4: implications for SOF_4 production in corona discharges. Plasma Chemistry and Plasma Processing,1988,8(2):225-246.

[17] Plumb I C, Ryan K R. Gas-phase reactions of CF_3 and CF_2 with atomic and molecular fluorine:their significance in plasma etching. Plasma Chemistry and Plasma Processing,1986,6(1):11-25.

[18] Plumb I C, Ryan K R. A model of the chemical processes occurring in CF$_4$/O$_2$ discharges used in plasma etching. Plasma Chemistry and Plasma Processing, 1986, 6(3):205-230.

[19] Ryan K R, Plumb I C. Gas-phase reactions of CF$_2$ with O (3P) to produce COF:their significance in plasma processing. Plasma Chemistry and Plasma Processing, 1984, 4(4):271-283.

[20] Ryan K R, Plumb I C. Gas-phase reactions of CF$_3$ and CF$_2$ with hydrogen atoms:their significance in plasma processing. Plasma Chemistry and Plasma Processing, 1984, 4 (3): 141-146.

[21] Ryan K R, Plumb I C. A model for the etching of Si in CF$_4$ plasmas:comparison with experimental measurements. Plasma Chemistry and Plasma Processing, 1986, 6(3):231-246.

[22] Duval M. Dissolved gas analysis:it can save your transformer. IEEE Electrical Insulation Magazine, 1989, 5(6):22-27.

[23] Duval M. A review of faults detectable by gas-in-oil analysis in transformers. IEEE Electrical Insulation Magazine, 2002, 18(3):8-17.

[24] Duval M. The duval triangle for load tap changers, non-mineral oils and low temperature faults in transformers. IEEE Electrical Insulation Magazine, 2008, 6(24):22-29.

[25] Duval M, de Pablo A. Interpretation of gas-in-oil analysis using new IEC publication 60599 and IEC TC 10 databases. IEEE Electrical Insulation Magazine, 2001, 1:31-41.

[26] Saha T K. Review of modern diagnostic techniques for assessing insulation condition in aged transformers. IEEE Transactions on Dielectrics and Electrical Insulation, 2003, 10 (5): 903-917.

[27] Tang J, Liu F, Zhang X, et al. Partial discharge recognition through an analysis of SF$_6$ decomposition products part 1:decomposition characteristics of SF$_6$ under four different partial discharges. IEEE Transactions on Dielectrics and Electrical Insulation, 2012, 19 (1): 29-36.

第8章 吸附剂对 SF$_6$ 分解组分特性的影响

由前面内容可知,SF$_6$ 新气不纯、设备内部组件固有杂质气体的释放以及密封不严等因素,都会使 SF$_6$ 气体绝缘设备气室内部不可避免地存在一定微量水分。当微水含量超标时,第一,可能会改变 SF$_6$ 分解产物的特性,产生某些腐蚀性组分如 HF 等,腐蚀设备内部的金属及绝缘构件,降低设备寿命;第二,由于气体中的水分以水蒸气的形式存在,当温度降低时,可能在设备内部结露,附着在设备表面如电极、绝缘子表面等,极易诱发沿面放电(闪络)事故[1,2];第三,在 PD 情况下,SF$_6$ 发生分解生成各种组分,如 SOF$_2$、SO$_2$F$_2$、SOF$_4$、SO$_2$、CF$_4$、CO$_2$、HF 和 H$_2$S 等[3,4],这些生成组分有的会长期稳定存在使 SF$_6$ 电负性能下降[5],且其中部分分解组分如 SO$_2$、S$_2$F$_{10}$ 和 H$_2$S 等有很大的毒性,尽管含量很少,对设备维修人员的身体健康也有损害。因此,运行中的 SF$_6$ 气体绝缘设备内部都会放置不同种类和不同用量的吸附剂,用于吸附气室内水分以及 SF$_6$ 分解生成的各种有害组分[6,7]。

然而,吸附剂对 SF$_6$ 分解组分的吸附过程不是一蹴而就的,且吸附剂对不同分解产物的吸附效率及吸附性质有所不同。当 SF$_6$ 气体绝缘设备内部放入吸附剂后,对因 PD 和 POT 作用下发生分解产生的特征组分含量和变化速率有很大的影响,要利用组分分析法来准确诊断 SF$_6$ 设备内部绝缘故障,有必要弄清吸附剂对 SF$_6$ 在 PD 和 POT 作用下的分解特性影响。

8.1 常用吸附剂种类

常用的吸附剂材料主要有活性氧化铝、分子筛和活性炭三种。它们都是多孔性物质,有较强的吸附能力。下面就三种吸附剂的性能进行对比。

8.1.1 活性氧化铝

活性氧化铝是由铝的水合物加热脱水制成,其化学分子式为 Al$_2$O$_3$ · nH$_2$O,具有分子孔径大(范围为 10~500Å)、结构紧密无孔、形成的表面积大等特点。它的吸附性取决于最初氢氧化物的结构状态,一般都不是纯粹的 Al$_2$O$_3$,而是部分水和无定形的多孔结构物质,其中不仅有无定形的凝胶,还有氢氧化物的晶体。由于它的毛细孔通道表面具有较高的活性,故又称为活性氧化铝,对水有较强的亲和力,它是一种对微量水深度干燥用的吸附剂,吸湿性强,吸水后不胀不裂保持原状,无毒、无臭,不溶于水、乙醇,对氟有很强的吸附性,与酸性气体相比,有相对较高的"碱"含量,脱除酸性气体能力强。但是,氧化铝属于酸性氧化物范畴,表面离子显示出酸性吸附位点(大部分是 Lewis 型),吸附特性取决于构成晶体结构的铝离子、OH 基团和 O^{2-}[8]。活性氧化铝吸附属于 Lewis 型,能吸附 SOF$_2$、SO$_2$F$_2$、SO$_2$、S$_2$F$_{10}$O 和 SOF$_4$ 等分解组分,但对 SO$_2$ 和 S$_2$F$_{10}$O 组分不能大量吸附,对 SO$_2$F$_2$ 组分的吸附能力较差,对 SF$_6$ 气体无吸收性。所以,活性氧化铝是 SF$_6$ 气体绝缘设备较理想的吸附剂。

8.1.2　分子筛

分子筛是一种网状结构的天然或人工合成化学物质,如交联葡聚糖和沸石等。当作为层析介质时,对混合物可按分子大小进行分级分离。用于 SF$_6$ 气体绝缘装备的分子筛主要为结晶态的硅酸盐或硅铝酸盐,由硅氧四面体或铝氧四面体通过氧桥键相连而形成分子筛,通常为 0.3~2.0nm 的孔道和空腔体系,从而具有筛分分子的特性。随着分子筛合成与应用的深入,发现了磷铝酸盐类分子筛,其分子筛的骨架元素(硅或铝或磷)也可以由 B、Ga、Fe、Cr、Ge、Ti、V、Mn、Co、Zn、Be 和 Cu 等元素取代,孔道和空腔的大小也可达到 2nm 以上,因此,分子筛按骨架元素组成又可分为硅铝类分子筛、磷铝类分子筛和骨架杂原子分子筛。若按孔道大小划分,孔道尺寸小于 2nm 的称为微孔,孔道尺寸为 2~50nm 的称为介孔,孔道尺寸大于 50nm 的分子筛称为大孔分子筛(如 4A 分子筛和 13X 分子筛)。在 SF$_6$ 电气设备中常配置的分子筛为 kdhF-03 型,它是针对高电压变电设备开发的一种固体吸附剂,由普通分子筛(主要成分为 SiO$_2$ 和 Al$_2$O$_3$,硅铝比约为 2)掺杂一定比例的 Fe 和 Mg 等离子改性合成,有较强的吸附能力和耐磨性,其化学式为 Al$_2$O$_3$·4SiO$_2$·xFe$_2$O$_3$·yMgO·nH$_2$O。与活性氧化铝相比,分子筛的微孔结构提高了它的吸水性能,使其可以在水分含量较低的环境中吸附水分,更适合作为 SF$_6$ 气体绝缘设备气室内部的吸附剂[1,2]。

8.1.3　活性炭

活性炭是一种黑色粉末状或颗粒状的无定形碳,除了碳以外的成分还有氧和氢等主要元素。由于微晶碳是不规则排列,在交叉连接之间有细孔,活性炭在活化时会产生碳组织缺陷,因此,它具有多孔碳、堆积密度低和比表面积大等特点,能吸附的分解组分有 S$_2$F$_{10}$O、SOF$_2$、SO$_2$、SF$_5$OCF$_3$、SOF$_4$ 和 SO$_2$F$_2$,吸附 S$_2$F$_{10}$O 组分的性能最强,对 SO$_2$F$_2$ 组分的吸附效果差。由于吸附 SF$_6$ 气体的能力也很强,所以不适合作为 SF$_6$ 气体绝缘设备的吸附剂。

8.2　吸附剂的吸附原理

　　吸附作用是指各种气体、蒸汽以及溶液里的溶质被吸着在固体或液体物质表面上的作用。具有吸附性的物质叫做吸附剂,被吸附的物质叫做吸附质。吸附作用实际是吸附剂对吸附质质点的吸引作用。吸附剂是能有效地从气体或液体中吸附其中某些成分的物质。吸附剂一般有以下特点:大的比表面、适宜的孔结构和表面结构,对吸附质有强烈的吸附能力,一般不与吸附质和介质发生化学反应,制造方便,容易再生,有良好的机械强度等。吸附剂可按孔径大小、颗粒形状、化学成分以及表面极性等分类,如粗孔和细孔吸附剂,粉状、粒状、条状吸附剂,碳质和氧化物吸附剂,极性和非极性吸附剂等。电气设备常用的吸附剂有金属、非金属氧化物类吸附剂(如活性氧化铝、分子筛、天然黏土等)[8,9]。

　　吸附剂之所以具有吸附性质是因为分布在表面的质点同内部的质点所处的情况不同。内部的质点同周围各个方面的相邻的质点都有联系,因而它们之间的一切作用力都互相平衡,而表面上的质点作用力没有达到平衡而保留自由的力场,所以物质的表面层就能够把同它接触的液体或气体的质点吸住。根据吸附质与吸附剂表面分子间结合力的性质,吸附过程可分为物理吸附和化学吸附。

　　物理吸附由吸附质与吸附剂分子间引力所引起,以分子间作用力相吸引,结合力较弱,吸附热比较小,容易脱附。如活性炭对许多气体的吸附就是属于这一类,被吸附的气体很容易解脱出来,而不发生性质上的变化,所以物理吸附是可逆过程。在化工生产中,吸附专指用固体吸附剂处理流体混合物,将其中所含的一种或几种组分吸附在固体表面上,从而使混合物组分分离,它是一种属于传质分离过程的单元操作,所涉及的主要是物理吸附。吸附分离广泛应用于化工、石油、食品、轻工和环境保护等部门。

　　化学吸附则由吸附质与吸附剂间的化学键所引起,犹如化学反应,吸附过程常是不可逆的,吸附热通常较大。例如,许多催化剂对气体的吸附(如镍对 H_2 的吸附)就是属于这一类。被吸附的气体往往需要在很高的温度下才能解脱,而且在性状上有变化,所以化学吸附大都是不可逆过程。

　　物理吸附和化学吸附并不是孤立的,往往相伴发生。同一物质,可能在低温下进行物理吸附,而在高温下为化学吸附,或者两者同时兼有。在污水处理技术中,大部分的吸附往往是几种吸附综合作用的结果。由于吸附质、吸附剂以及其他因素的影响,在吸附过程中,可能是某种吸附起主导作用。

　　为了说明吸附质的吸附能力,用平衡吸附量来表征,即单位质量吸附剂在达到吸附平衡时所吸附吸附质的质量。也就是说,当液体或气体混合物与吸附剂长时间充分接触后,达到一种动态平衡,吸附质的平衡吸附量取决于吸附剂的化学组成和物理结构,同时与系统的温度和压力以及该吸附质的浓度或分压有关。对于只含一种吸附质的混合物,在一定温度下,吸附质的平衡吸附量与其浓度或分压间的函数关系图线,称为吸附等温线。对于压力不太高的气体混合物,惰性组分对吸附等温线基本无影响,而液体混合物的溶剂通常对吸附等温线有影响。同一体系的吸附等温线随温度而改变,温度越高,平衡吸附量越小。当混合物中含有几种吸附质时,各组分的平衡吸附量不同,被吸附的各组分浓度之比,一般不同于原混合物各组分浓度之比,即分离因子不等于 1。吸附剂的选择性越好,越有利于吸附分离。在工业需求和科学实验上,常利用吸附和解吸作用来干燥或分离某种气体混合物,提纯物质[8,9]。

活性氧化铝和 13X 分子筛吸附剂对 CF$_4$、CO$_2$、SO$_2$F$_2$、H$_2$O、SO$_2$、SO$_2$F$_{10}$ 等组分的吸附均为物理吸附,且是单子层吸附,表面各处的吸附能力相同。而对 SOF$_4$ 和 SOF$_2$ 组分的吸附为化学吸附与物理吸附并存[10],反应如下:

$$3SOF_4 + Al_2O_3 \longrightarrow 2AlF_3 + 3SO_2F_2 \tag{8.1}$$

$$3SOF_2 + Al_2O_3 \longrightarrow 2AlF_3 + 3SO_2 \tag{8.2}$$

$$2SOF_2 + SiO_2 \longrightarrow SiF_4 + 2SO_2 \tag{8.3}$$

当 SF$_6$ 气体绝缘设备气室中有微量的 H$_2$O 存在时,吸附在分子筛表面的水分子对 SOF$_2$ 组分化学吸附过程的影响为

$$3SOF_2 + 3H_2O \longrightarrow 3SO_2 + 6HF \tag{8.4}$$

$$6HF + Al_2O_3 \longrightarrow 3H_2O + 2AlF_3 \tag{8.5}$$

其综合反应为

$$3SOF_2 + Al_2O_3 \longrightarrow 3SO_2 + 2AlF_3 \tag{8.6}$$

上述反应式中,水分对 SOF$_2$ 组分的水解反应起催化作用,使其快速水解成 SO$_2$ 组分,整个过程中,水分含量不变,而生成的 SO$_2$ 组分又在吸附剂表面发生物理吸附。同时,有水分时 SOF$_4$ 组分的化学吸附过程为

$$3SOF_4 + 3H_2O \longrightarrow 3SO_2F_2 + 6HF \tag{8.7}$$

$$6HF + Al_2O_3 \longrightarrow 3H_2O + 2AlF_3 \tag{8.8}$$

$$3SOF_4 + Al_2O_3 \longrightarrow 3SO_2F_2 + 2AlF_3 \tag{8.9}$$

同样,由 SOF$_4$ 组分化学吸附生成的 SO$_2$F$_2$ 组分也在进行着物理吸附。综上,吸附剂对 SOF$_2$ 和 SOF$_4$ 组分的吸附过程中化学吸附和物理吸附同时进行。

吸附剂对高浓度高气压强度的 SF$_6$ 早已达到吸附饱和,对整个实验过程不会产生影响,而且 SF$_6$ 在吸附剂表面的吸附位与上述分解组分不同,因而,可忽略背景气体 SF$_6$ 对分解组分吸附过程的影响。

8.3　吸附剂对 SF$_6$ 分解组分的吸附特性

目前,为了保障 SF$_6$ 气体的绝缘强度,国内外有关吸附剂的吸附性能衡量,至

今也没有一个硬性指标说明吸附剂的吸附效果,而且在吸附剂对 SF$_6$ 分解特征组分吸附特性以及对在利用分解特征组分诊断 SF$_6$ 气体绝缘设备内部绝缘缺陷方面,应如何考虑吸附剂影响尚待进一步研究。目前,SF$_6$ 气体绝缘设备所用吸附剂种类很多,国内常用活性氧化铝和 kdhF-03 型分子筛两种吸附剂,前者是传统的化工产品,可用于吸附、催化和净水等,后者是人工合成并改性的有强大吸附比表面积、专用于高压电气设备的分子筛。因此,本章主要讨论活性氧化铝和 kdhF-03 型分子筛这两种吸附剂对 SF$_6$ 分解特征组分的吸附性能。几种主要 SF$_6$ 分解特征组分的分子结构及特性如表 8.1 所示。

表 8.1　四种 SF$_6$ 主要分解组分的分子结构和特性

特性＼组分结构	CF$_4$	CO$_2$	SO$_2$F$_2$	SOF$_2$
分子结构	正四面体	线型	不对称四面体	三面体
极性	非极性	非极性	极性	极性
性质	中性	酸性	酸性	酸性
四极矩	无	有	有	有

8.3.1　不同类型吸附剂对特征组分的吸附特性

1. 活性氧化铝和 kdhF-03 型分子筛对 CF$_4$ 组分的吸附特性

为了解活性氧化铝和 kdhF-03 型分子筛两种吸附剂对 CF$_4$ 组分的吸附能力,选用浓度为 $1800\mu L/L$ 的 CF$_4$ 标气进行吸附实验,用气相色谱法对样气进行定量测定,得到 CF$_4$ 组分含量随吸附时间的变化曲线如图 8.1 所示。可以看出,随着吸附时间的增加,CF$_4$ 组分的含量没有明显的变化,说明这两种吸附剂对 CF$_4$ 组分几乎无吸附能力。

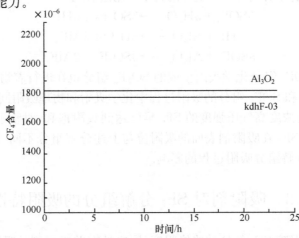

图 8.1　吸附剂对 CF$_4$ 组分的吸附特性(25℃、0.2MPa)

由于 CF_4 组分为正四面体结构的非极性分子,分子表面四极矩和永久偶极矩为零,而吸附质的永久偶极矩和四极矩,决定了分子筛对其的吸附能力,所以 kdhF-03 型分子筛和活性氧化铝对于呈中性的 CF_4 组分均难以吸附[11]。

2. 活性氧化铝和 kdhF-03 型分子筛对 CO_2 的吸附特性

活性氧化铝和 kdhF-03 型分子筛两种吸附剂对 CO_2 组分的吸附特性如图 8.2 所示。可以看出,这两种吸附剂对 CO_2 组分均有一定的吸附能力,但随着吸附时间的增加,吸附剂逐渐出现吸附饱和现象。具体为:在前 7h 内对 CO_2 组分含量快速吸附,7h 后吸附逐渐趋于饱和,加之整个过程并无新物质产生,据此可证明活性氧化铝和 kdhF-03 型分子筛两种吸附剂对 CO_2 组分的吸附属于物理吸附。

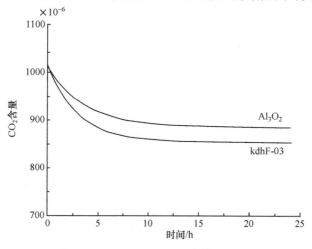

图 8.2　吸附剂对 CO_2 组分的吸附特性(25℃、0.2MPa)

在活性氧化铝工程制备过程中,由于含有一定量的钠,而 Na_2O 的质量分数大约为 3%,同时,相对于酸性气体 CO_2 组分,活性氧化铝具有相对较高的碱含量,可以吸附少量的 CO_2 组分。而 kdhF-03 型分子筛吸附 CO_2 组分的原因在于 CO_2 表面偶极矩不为零,且分子较小,成直线型的结构更易被孔隙结构的分子筛吸附。加上 kdhF-03 型分子筛的比表面积大于活性氧化铝,吸附效果更为明显。因此,在相同温度、体积和浓度下,kdhF-03 型分子筛对 CO_2 组分的吸附效果要优于活性氧化铝,即达到吸附平衡状态时,kdhF-03 型分子筛下 CO_2 组分的平衡浓度比活性氧化铝更低[11]。

3. 活性氧化铝和 kdhF-03 型分子筛对 SO_2F_2 的吸附特性

由图 8.3 所示吸附曲线可知,活性氧化铝和 kdhF-03 型分子筛两种吸附剂对 SO_2F_2 组分均可吸附,且整个过程无新物质产生,即对 SO_2F_2 组分的吸附属于物理吸附。在相同温度和体积的 SO_2F_2 组分起始浓度下，kdhF-03 型分子筛在 3h 内达到吸附平衡，而活性氧化铝则需要在 7h 左右才能达到吸附平衡状态，说明 kdhF-03 型分子筛的吸附速率较活性氧化铝更快。当最终达到吸附平衡状态时，kdhF-03 型分子筛吸附 SO_2F_2 组分平衡浓度较低，即 kdhF-03 型分子筛吸附 SO_2F_2 组分的吸附效率比活性氧化铝好。

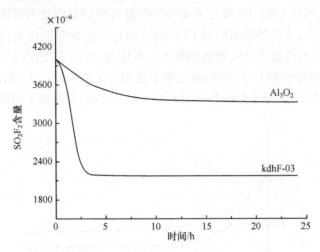

图 8.3　吸附剂对 SO_2F_2 组分的吸附特性（25℃、0.2MPa）

　　这主要是由于作为氟氧化物的 SO_2F_2 组分酸性比 CO_2 组分强，且 S 为最高价，故两种吸附剂均可吸附。同时，活性氧化铝可吸附 SO_2F_2 组分是由于它有一定的碱含量，可用于脱除酸性气体。然而 kdhF-03 型分子筛具有强大的比表面积，且表面极性强，对极性分子 SO_2F_2 组分表现出较强的吸附能力[11]。

　　4.活性氧化铝和 kdhF-03 型分子筛对 SOF_2 组分的吸附特性

　　活性氧化铝对 SOF_2 组分的吸附特性如图 8.4 所示，其中 GC 为气相色谱仪测量结果，GC/MS 为色谱质谱联用仪的测量结果。在活性氧化铝吸附 SOF_2 组分的过程中，与前面 3 种分解组分的吸附过程有本质区别的是化学吸附和物理吸附并存，这是因为活性氧化铝表面有 Lewis 酸性位点[1]，可以吸附自由 H_2O，且一部分被吸附的 H_2O 使活性氧化铝表面带羟基，致使其自由微量 H_2O 与 SOF_2 组分反应可生成 SO_2 组分，该过程所涉及的化学反应方程式如下：

$$SOF_2 + H_2O \longrightarrow SO_2 + 2HF \tag{8.10}$$

　　在化学吸附进行的同时，物理吸附也在进行，即经 SOF_2 组分水解生成的一部分 SO_2 组分也被吸附在分子筛的表面。在化学吸附过程中，$SOF_2 + SO_2$ 组分的总量是不变的。然而由于物理吸附的存在，总量在前 20h 内也在减少，之后物理吸附达到平衡状态，$SOF_2 + SO_2$ 组分的总量保持不变。

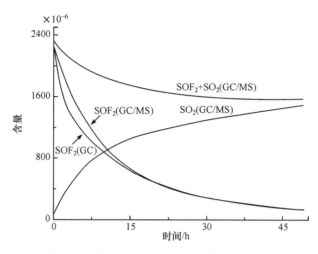

图 8.4　活性氧化铝对 SOF_2 组分的吸附特性

在反应(8.10)发生的同时,反应(8.11)也在同时进行,即水解生成的 HF 与氧化铝反应再度生成 H_2O,使得 H_2O 可以循环利用,化学吸附得以持续进行,整个过程中的 H_2O 含量不变,充当了 SOF_2 组分转变为 SO_2 组分的催化剂,导致 SOF_2 组分含量不断减少,而 SO_2 组分含量则逐渐增加:

$$6HF + Al_2O_3 \longrightarrow 2AlF_3 + 3H_2O \tag{8.11}$$

kdhF-03 型分子筛对 SOF_2 组分的吸附特性如图 8.5 所示。同活性氧化铝一样,kdhF-03 型分子筛吸附 SOF_2 组分的过程也是化学吸附和物理吸附并存。首先,分子筛上有自由羟基 OH 和吸附在其表面的自由 H_2O,这两者共同催化 SOF_2 组分转变成 SO_2 组分。其次,随着 SOF_2 组分的减少,SO_2 组分的含量也在逐步增加,在化学吸附进行的同时,物理吸附也在进行,水解生成的 SO_2 组分也被吸附在分子筛的表面,$SOF_2 + SO_2$ 组分的总量在前 5h 内也在减少。当物理吸附达到平衡状态时,$SOF_2 + SO_2$ 组分的总量保持不变。与活性氧化铝相比,kdhF-03 型分子筛由于比表面积大,致使 kdhF-03 型分子筛达到平衡时所需的时间大大减少,即对 SOF_2 组分具有更高的吸附速率[11]。

与活性氧化铝化学吸附过程不一样的是经改性后的 kdhF-03 型分子筛中,除有 Al_2O_3 分子外,还有 SiO_2、Fe_2O_3 和 MgO 等分子的存在,这些氧化物均会与 SOF_2 组分水解反应中生成的 HF 分子发生如下反应:

$$SiO_2 + 4HF \longrightarrow SiF_4 + 2H_2O \tag{8.12}$$

$$2MgO + 4HF \longrightarrow 2MgF_2 + 2H_2O \tag{8.13}$$

$$Fe_2O_3 + 6HF \longrightarrow 2FeF_3 + 3H_2O \tag{8.14}$$

上述反应又进一步生成 H_2O,生成的微量 H_2O 又进一步催化 SOF_2 组分转变为 SO_2 组分,而生成的 SO_2 组分又被 kdhF-03 型分子筛发生物理吸附。因此,相

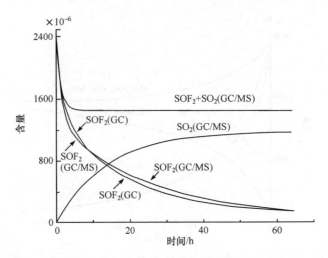

图 8.5　kdhF-03 型分子筛对 SOF_2 的吸附特性(25℃、0.2MPa)

比活性氧化铝吸附 SOF_2 组分而言,除了 kdhF-03 型分子筛具有更大的比表面积之外,经加入 SiO_2、Fe_2O_3 和 MgO 等物质改性后,也在一定程度上促进了 kdhF-03 型分子筛快速吸附 SOF_2 组分的能力[11]。

8.3.2　吸附剂对特征分解组分吸附量的分析

为了更客观地描述活性氧化铝和 kdhF-03 型分子筛两种吸附剂对四种气体组分的吸附能力,本节引入吸附量作为吸附能力的定量描述,即吸附达平衡后,单位质量吸附剂吸附物质的量或吸附气体的体积(273.15K 和 101.325kPa 标准状况体积),其数学表达式为

$$N = n/m \qquad (8.15)$$

式中,N 为吸附量;m 为吸附剂质量;n 为吸附达平衡被吸附气体物质的量(用标准状况体积 V 表示),可由理想气体方程算出:

$$n = \frac{PV}{RT} = \frac{P(\text{Pa})V(\text{m}^3)}{R(\text{J}/(\text{mol} \cdot \text{K}))T(\text{K})} \qquad (8.16)$$

依据以上公式可算出达到平衡状态时各吸附质的吸附量如表 8.2 所示。分析表 8.2 中的数据发现,kdhF-03 型分子筛对四种 SF_6 分解组分的吸附能力均高于活性氧化铝,且 SOF_2 组分最易被吸附,SO_2F_2 组分次之,少量 CO_2 组分被吸附,CF_4 组分几乎不吸附。吸附量也证实了两种吸附剂对 CF_4 和 CO_2 组分影响不大。因此,选择 CF_4 和 CO_2 组分作为分解特征组分来判定设备内有机绝缘材料或金属材料中是否发生 PD 是可行的,而两种吸附剂对 SOF_2 组分的影响最大,结合之前的分析,应选用 $SOF_2 + SO_2$ 组分比单选 SOF_2 组分作为一个特征组分更能保证识别绝缘缺陷的准确率,而两种吸附剂对 SO_2F_2 组分的吸附能力有较大差异。

表 8.2 两种吸附剂对四种分解组分的吸附量

吸附剂类型 组分种类	吸附量/(mol/kg)	
	kdhF-03 型	Al₂O₃
CF₄	0	0
CO₂	0.01	0.007
SO₂F₂	0.63	0.16
SOF₂	1.39	0.94

8.4 吸附剂对 SF₆ 局放分解的影响特性

在 8.3 节中详细探讨了活性氧化铝和 kdhF-03 型分子筛两种典型吸附剂对单一分解组分的吸附特性,但没有考虑到 PD 实际下,SF₆ 分解与吸附并存的情况以及多种分解组分存在时的交叉影响。因此,本节以针-板电极放电模拟金属突出物缺陷产生稳定的 PD 情况,通过在放电气室内放置不同用量的吸附剂,探讨吸附剂对 PD 条件下使 SF₆ 发生分解生成不同组分的影响特性,并结合吸附剂几乎不影响 CF₄ 和 CO₂ 组分的初步结果[11],重点分析吸附剂对 SOF₄、SO₂F₂、SOF₂ 和 SO₂组分的吸附特性。为此,选取了 5 个吸附剂用量梯度,在 PD 下分别进行了 120h 的 SF₆ 分解实验,利用 GC/MS 定时检测 SOF₄、SO₂F₂、SOF₂ 和 SO₂ 四种分解组分的含量,得到了在有吸附剂存在时更适合表征 SF₆ 气体绝缘设备在线监测和故障诊断的特征组分比值。

8.4.1 实验方法

实验在如图 8.6 所示的放电气室内进行[12],气室内充入 0.2MPa 的高纯度 SF₆ 气体,采用针-板电极来模拟实际 GIS 中的金属突出物缺陷,电极材料为不锈钢,针尖的曲率半径为 0.3mm,板电极直径为 120mm,针-板电极间距为 10mm。通过高压套管将实验电压施加到针电极使之产生稳定的 PD。气室容积为 100L,为模拟现场吸附罐的放置,实验用 500mL 的烧杯盛装吸附剂用量,并将其放在气室底部距针尖位置 40cm 处。依据实际 SF₆ 气体绝缘设备中吸附剂的用量比[13],选用 0%、0.5%、2%、3% 和 10% 五个吸附剂用量梯度进行实验(吸附剂用量为气室内 SF₆ 总质量的百分数),所有实验均在相同强度的 PD(约 150pC)强度下进行。气室内起始微量 H₂O 和 O₂ 含量分别控制在 50μL/L 和 2000μL/L 以内,在连续 120h PD 下,每隔 12h 采集 SF₆ 气体分解组分样气,用岛津 QP 2010 Plus GC/MS 对其进行定性定量分析。

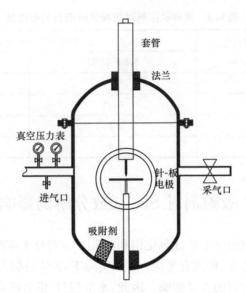

图 8.6　实验平台之 SF₆ 分解气室

实验按照以下步骤进行。

（1）将所需吸附剂称重后放入真空干燥箱中，依据对吸附剂使用前的加热处理条件，在 150℃下连续烘干 12h，以除去吸附剂上残余的水分等杂质，对吸附剂进行彻底活化，充分还原其吸附性能。

（2）将已经干燥好的吸附剂放置在气室底部后，对放电气室抽真空，注入 SF₆ 新气后再将其抽真空，对该过程经过 4 次反复，以保证对放电气室的充分清洗。

（3）经上述过程清洗后，对真空状态下的放电气室重新注入 0.2MPa 的 SF₆ 新气，充气完成后使用 DMP-10 精密露点仪检测气室中的微水含量，按行业标准 DL/T 596—1996《电力设备预防性试验规程》的要求，将每次实验的起始微水含量都控制在 50μL/L 以内。同时，用 HY-YF 氧气分析仪（分辨率为 0.1%）检测气室中的微氧含量，将每次实验的起始微氧含量控制在 2000μL/L 以内。

（4）对针-板电极施加 30kV 实验电压，利用回路无感电阻监测针-板电极产生的 PD 幅值和放电量，保证缺陷模型产生稳定持续的 PD。

（5）每隔 12h 采集 1 次实验样气，利用气质联用仪检测相关分解组分含量，120h 实验结束，准备下组实验。

8.4.2　不同吸附剂用量下各特征分解组分含量的变化规律

1. SOF₄ 组分含量的变化规律

在不同吸附剂用量下，SOF₄ 组分含量随 PD 时间的变化趋势如图 8.7 所示。由此看出，在相同放电能量（视在放电量）PD 的作用下，不管气室内是否含有吸附

剂,SOF$_4$ 组分含量的增长速率都会随 PD 的持续作用逐步降低,最终使得气室内
SOF$_4$ 组分的含量出现动态饱和平衡。

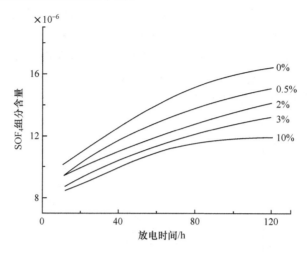

图 8.7　不同吸附剂用量下 SOF$_4$ 组分含量随时间的变化规律

　　加入吸附剂与没有吸附剂相比,在同一放电时刻,SOF$_4$ 组分的含量会降低,
并且含量多少随着吸附剂用量的增加而降低。产生的原因是在 PD 辉光放电区内
高能电子(束)的作用下,SF$_6$ 分子发生分解而生成大量的 SF$_x$($x=1,2,\cdots,5$),同
时微量 H$_2$O 等杂质在高能电子的碰撞下,生成了 OH 原子团和 O 原子,逸出辉光
放电区后,SF$_x$ 与 O 原子和 OH 原子团结合会生成大量的 SOF$_4$ 组分,在无吸附剂
时,气室内微量 H$_2$O 等杂质相对供应充足,有利于 SOF$_4$ 组分的生成,因此 SOF$_4$
组分含量随着时间的延长仍然呈线性增加[14]。然而,加入吸附剂后,由于吸附剂
吸附了气室内的微量 H$_2$O 等杂质,一方面使得主气室内微量 H$_2$O 含量等减少,降
低了 SOF$_4$ 组分的生成速率,并使 SOF$_4$ 组分的最终含量大大降低;另一方面,吸
附剂吸附了气室内的微量 H$_2$O 后,会在其表面存在大量的自由羟基和自由水分
子,这也会催化促使 SOF$_4$ 组分按照式(2.18)进行反应而生成 SO$_2$F$_2$ 组分,这进一
步降低了主气室内 SOF$_4$ 组分的含量。由于放电的持续进行,SOF$_4$ 组分仍不断生
成,其生成速率仍然高于化学吸附消耗速率,最终含量仍不断增长。但随着 PD 和
吸附作用的持续进行,气室内微量 H$_2$O 等杂质不断被消耗,SOF$_4$ 组分的生成速
率逐步减缓,越来越接近其吸附消耗速率,直到主气室内 SOF$_4$ 组分的最终含量达
到动态饱和平衡状态。当加大吸附剂用量时,一方面,气室内被吸附的微量 H$_2$O
增加,SOF$_4$ 组分的生成速率降低;另一方面,SOF$_4$ 组分的吸附消耗速率也随着吸
附剂含量的增加而增加,使得主气室内 SOF$_4$ 组分含量达到动态饱和平衡所需的
时间随吸附剂用量的增加而缩短[15]。

2. SO_2F_2 组分含量的变化规律

在不同吸附剂用量下,SO_2F_2 组分含量随 PD 时间的变化趋势如图 8.8 所示。SF_6 分解最终产物 SO_2F_2 组分的主要来源有两个:一是来源于 SOF_4 组分的水解;二是来源于 SF_2 与 O_2 的化合反应。经过大量实验发现 kdhF-03 型分子筛对微量 O_2 无明显吸附效应,因此,kdhF-03 型分子筛对主气室内 SO_2F_2 组分含量的影响规律可以不考虑对 O_2 的吸附作用。

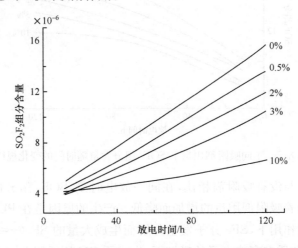

图 8.8　不同吸附剂用量下 SO_2F_2 组分含量随时间的变化规律

当没有放入吸附剂时,气室内微量 H_2O 供应充足,使得 SO_2F_2 组分含量随放电持续时间的增加几乎呈线性增长趋势。但是,伴随吸附剂用量的增加,SO_2F_2 组分产气速率和产气量逐渐降低,增长趋势减缓。这是由于 kdhF-03 型分子筛有强大的比表面积,且表面极性强,可以吸附弱极性分子的 SO_2F_2 组分。由于 kdhF-03 型分子筛是物理吸附,吸附方式为单子层吸附,因此吸附需要在一定的时间内才能完成[12]。SO_2F_2 组分的最终含量是由 SF_2 与 O_2 化合、SOF_4 组分的水解以及被少量吸附所决定。伴随着吸附剂用量的增加,被吸附的 SO_2F_2 组分含量也会增加,同时吸附剂会吸附气室内的微量 H_2O,使得 SOF_4 组分的生成速率也降低,进一步影响 SOF_4 组分在主气室内水解生成 SO_2F_2 组分的速率,虽然 SOF_4 组分被吸附剂化学吸附时会生成 SO_2F_2 组分,但是由于该过程是在吸附剂表面进行的,所生成的 SO_2F_2 组分含量较少,且会被吸附剂所吸附。所以,这些因素同时作用的结果是 SO_2F_2 组分的最终产量降低。

3. SOF_2 组分含量的变化规律

当没有放入吸附剂时,SOF_2 组分含量随放电持续时间增加几乎呈线性增长。

随着吸附剂用量的增加,SOF$_2$ 组分含量与放电时间仍呈一定的线性增长,但其增长趋势减缓,如图 8.9 所示。SOF$_2$ 组分的这一生成规律主要是由 SF$_6$ 初期的 SF$_4$ 分解组分在放电辉光区与气室内的微量 H$_2$O 等杂质电离生成的 O 原子和 OH 原子团反应生成的。在没有放入吸附剂时,放电气室内微量 H$_2$O 供应充足,使得 SOF$_2$ 组分含量随放电持续时间增加几乎呈线性增长,当放入吸附剂后,气室内 SOF$_2$ 组分的最终产气速率应是 SF$_6$ 分解产生 SOF$_2$ 的速率与其被吸附消耗的速率之差。吸附剂的作用有两个方面:一方面,可以吸附气室内的微量 H$_2$O,减少了生成 SOF$_2$ 组分所需的 H$_2$O,从而降低了 SOF$_2$ 组分的产气速率;另一方面,吸附剂对 SOF$_2$ 组分产生了物理吸附和化学吸附,其表面所存在的自由羟基等催化 SOF$_2$ 组分生成 SO$_2$ 组分,使主气室内的 SOF$_2$ 组分含量减少[12,15]。因此,当主气室内存在吸附剂时,在这两方面的共同作用下,SOF$_2$ 组分的最终含量及最终产气速率均降低。

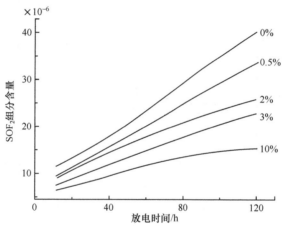

图 8.9　不同吸附剂用量下 SOF$_2$ 组分含量随时间的变化

4. SO$_2$ 组分含量的变化规律

当没有放入吸附剂时,实验发现,前 60h 内 SO$_2$ 组分含量几乎不变,后 60h SO$_2$ 组分含量略有增加,如图 8.10 所示。SO$_2$ 组分的主要来源是 SOF$_2$ 组分的水解,其主要生成途径有两个:一是主气室当中的 SOF$_2$ 组分直接通过水解反应而来,另外一个途径则是 SOF$_2$ 组分被 kdhF-03 型分子筛通过反应式(8.10)进行化学吸附后产生[11,12]。因此,SO$_2$ 组分是 SF$_6$ 在 PD 作用下分解生成的三级产物,其生成速率取决于 SOF$_2$ 组分和微量 H$_2$O 的含量。而 PD 能量有限,前 60h SOF$_2$ 组分的生成量也较低,水解反应生成 SO$_2$ 组分的含量增加不明显。在 60h 后,主气室和被吸附到吸附剂表面的 SOF$_2$ 组分的含量均有所提高,促进了水解反应的进行,使得 SO_2 组分含量也有所增加。但是,加入少量吸附剂后,主气室内的微量 H_2O 含量降低,抑制了主气室内 SOF_2 组分水解生成 SO_2 组分的反应速率,致使 SO_2 组分含量增长趋势伴随吸附剂的用量增加而有所减缓,直到吸附剂用量为 2% 时,SO_2 组分含量越来越低。但是,伴随着吸附剂用量的逐步加大,被吸附到吸附剂表面的 SOF_2 组分和微量 H_2O 的含量也越大,吸附剂表面的自由羟基等催化 SOF_2 组分水解的速率也越强,致使生成 SO_2 组分的速率也随之增大。同时,由于 kdhF-03 型分子筛对 SO_2 组分是物理吸附[12],待其表面吸附量达到一定程度(吸附饱和)后,kdhF-03 型分子筛不再吸附 SO_2 组分,此时 SO_2 组分将溢出到主气室中,使得主气室当中的 SO_2 组分含量进一步加大并最终超过没有吸附剂时的 SO_2 组分含量[15]。

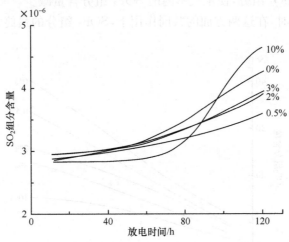

图 8.10   不同吸附剂用量下 SO_2 组分含量随时间的变化

8.4.3   吸附剂对主要组分特征量的影响

结合之前的分析,可以选用 $c(SO_2F_2)/c(SOF_2)$ 组分作为表征 PD 能量大小的特征比值,然而,在有吸附剂存在时,相同 PD 强度下的能量特征比值大小随 PD 持续时间延长的变化结果如图 8.11 所示。不同吸附剂用量下,特征组分比值 $c(SO_2F_2)/c(SOF_2)$ 数值大小有交叉,无明显变化范围与趋势,分散性较大,且随着吸附剂用量的增加,没有明显的变化规律或明显特征。究其原因是由于吸附剂对两种分解组分的吸附性质不同所致,即吸附剂吸附 SOF_2 组分的过程为化学与物理吸附并存,即 SOF_2 组分先被吸附到吸附剂表面,然后快速水解生成 SO_2 组分;而对 SO_2F_2 组分为物理吸附,过程比较缓慢,且易达到吸附平衡,导致不同吸附剂用量下 $c(SO_2F_2)/c(SOF_2)$ 比值的大小较为分散。因此,当有吸附剂存在时,如果仍然选用 $c(SO_2F_2)/c(SOF_2)$ 比值作为故障诊断的特征量,在判定 SF₆ 气体绝缘设备的绝缘状态时,会大大增加误判的几率[15]。

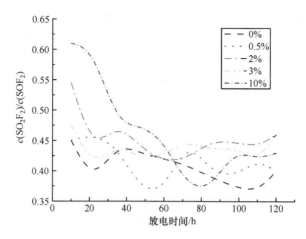

图 8.11　不同吸附剂用量下 $c(SO_2F_2)/c(SOF_2)$ 组分比值随时间的变化

由于 SO$_2$ 组分是 SF$_6$ 在 PD 下发生分解的三级产物,主要由 SOF$_2$ 组分水解而来,而 SOF$_2$ 组分又主要是由 SF$_4$ 等低氟化物捕捉 O 原子和 OH 原子团反应生成,因此 $c(SOF_2+SO_2)$ 组分主要源于 SF$_4$ 等低氟化物;而 SO$_2$F$_2$ 组分主要来源于主气室内 SF$_2$ 与 O$_2$ 的化合以及 SOF$_4$ 组分的水解,SOF$_4$ 组分则是直接来源于 SF$_5$,所以 $c(SOF_4+SO_2F_2)$ 组分主要来源于 SF$_5$ 和 SF$_2$[14]。由于 SF$_4$ 为对称性分子结构,其分子结构稳定,当放电能量较高(如电弧放电)时,SF$_4$ 主导了 SF$_6$ 气体的一次分解,此时最终稳定分解组分是 SOF$_2$。而在 PD 作用下,由于能量较低会产生大量的 SF$_5$,且辉光放电区内电子的多次撞击会产生 SF$_2$,此时则会有 SOF$_4$ 和 SO$_2$F$_2$ 组分的出现[16]。随着放电能量的降低,在 SF$_6$ 一次分解中,SF$_5$ 所占比例逐渐增加,检测到最终分解组分 SOF$_4$ 和 SO$_2$F$_2$ 的含量也随之增加,所占比例也越来越高,所以 $c(SOF_4+SO_2F_2)$ 整体更适合用于表征放电能量的高低。另外,当有吸附剂存在时,首先会对 SOF$_4$ 和 SOF$_2$ 组分进行物理吸附,然后吸附在 kdhF-03 型分子筛表面的自由 H$_2$O 和羟基等会催化 SOF$_4$ 和 SOF$_2$ 组分的水解生成 SO$_2$F$_2$ 和 SO$_2$ 组分,而 SO$_2$F$_2$ 和 SO$_2$ 组分的吸附过程仅为物理吸附。所以,用 $c(SO_2F_2+SOF_4)/c(SOF_2+SO_2)$ 即可描述 SF$_6$ 在放电下的分解特性,又可减小吸附剂对用于故障诊断特征量的影响[15]。

在不同吸附剂用量下,$c(SOF_4+SO_2F_2)$ 和 $c(SOF_2+SO_2)$ 混合组分以及 $c(SO_2F_2+SOF_4)/c(SOF_2+SO_2)$ 组分特征比值的特性分别如图 8.12 和图 8.13 所示。由此看出,在放电持续进行且同一吸附剂用量下,$c(SOF_4+SO_2F_2)$ 和 $c(SOF_2+SO_2)$ 组分含量均随 PD 持续时间的延长而不断增长。在同一放电时间下,随着吸附剂用量的增加,两者含量均降低。这证实了吸附剂对分解组分的吸附效果,即无吸附剂时,早期分解组分含量随放电的持续呈线性增长趋势,但随着放电的进一步持续,主气室内的微量 H_2O 等反应物逐步被消耗,各分解组分的生成速率也逐步降低,最终达到动态平衡状态。当放入吸附剂后,吸附剂一方面可以吸附微量 H_2O 等反应物,减少了分解组分的生成来源;另一方面也会吸附分解组分,使得达到饱和状态所需时间大大缩短,最终含量也有所减少。

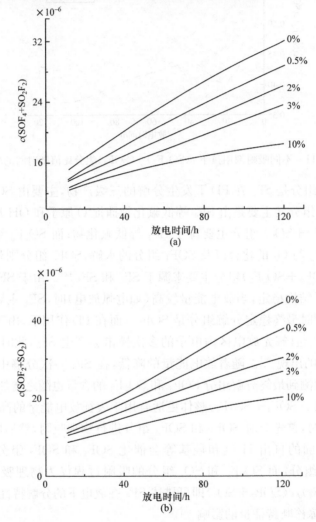

图 8.12　不同吸附剂用量下 $c(SOF_4+SO_2F_2)$ 和 $c(SOF_2+SO_2)$ 组分含量随时间的变化

在有吸附剂存在的情况下,选用 $c(SOF_4+SO_2F_2)/c(SOF_2+SO_2)$ 组分比值来表征放电能量的高低,比单纯采用 $c(SO_2F_2)/c(SOF_2)$ 组分比值更合理。但是,SF_6 在 PD 作用下的分解过程和吸附剂对特征分解组分吸附过程的复杂性和多样性,使得在同一吸附剂用量下,$c(SOF_4+SO_2F_2)/c(SOF_2+SO_2)$ 组分比值随放电时间的增加呈递减趋势,即 $c(SOF_2+SO_2)$ 组分分解物所占比例不断增加。为了更明确描述出吸附剂对该组分比值的影响,图 8.14 给出了组分比值 $c(SOF_4 + SO_2F_2)/c(SOF_2 + SO_2)$ 随吸附剂用量增加时比值大小的变化关系,纵坐标为每组吸附剂用量下的特征比值,选用的是每组实验 120h 内采集到该吸附剂用量下所有特征比值的平均值。

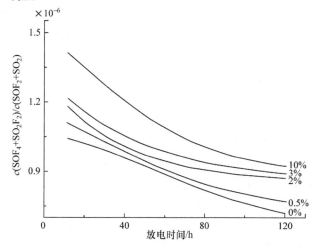

图 8.13　不同吸附剂用量下 $c(SOF_4 + SO_2F_2)/c(SOF_2 + SO_2)$ 组分比值随时间的变化

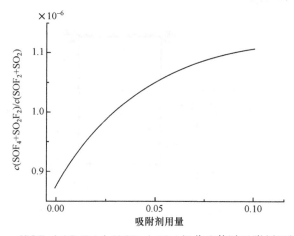

图 8.14　$c(SOF_4 + SO_2F_2)/c(SOF_2 + SO_2)$ 组分比值随吸附剂用量的变化

还可明显地发现,$c(SOF_4 + SO_2F_2)/c(SOF_2 + SO_2)$ 组分比值随着吸附剂用量的增加而增大,说明吸附剂对 $c(SOF_2 + SO_2)$ 组分含量的影响较大。尽管吸附剂对 $c(SOF_4 + SO_2F_2)/c(SOF_2 + SO_2)$ 组分比值大小有一定影响,但整体变化趋势是一致的。因此,在利用比值法识别绝缘缺陷时,选用 $c(SOF_4 + SO_2F_2)/c(SOF_2 + SO_2)$ 替代 $c(SO_2F_2)/c(SOF_2)$ 作为特征比值可降低吸附剂的影响,但若要保证识别的精确率,仍需对吸附剂这一因素的影响给予修正。

8.5 吸附剂对 SF$_6$ 局部过热分解的影响特性

像 SF$_6$ 在 PD 条件下的分解过程一样,在 POF 作用下,吸附剂不仅会吸附气室内的微量 H$_2$O 而影响 SF$_6$ 气体绝缘介质的过热分解过程,还会对 SF$_6$ 过热分解特征组分产生不同程度的吸附作用,使利用 SF$_6$ 故障分解原理诊断气体绝缘装备内部绝缘故障变得更加复杂。为此,本节通过大量实验来探讨吸附剂对 SF$_6$ 局部过热分解特性的影响规律。

8.5.1 实验方法

吸附剂对 POF 下 SF$_6$ 分解特征组分的吸附研究实验平台如图 8.15 所示[17]。仍然选用针对高压气体绝缘设备所研制的 kdhF-03 型分子筛来进行实验研究。依据现场吸附罐的放置,本实验采用 300mL 的烧杯称装经活化后的吸附剂置于罐体底部距离上方发热体约 20cm 处。罐体气室容积约为 15L,实验时将气室充入 0.4MPa 高纯 SF$_6$ 气体(纯度为 99.9995%),参照实际 SF$_6$ 气体绝缘装备中吸附剂的用量比[18],并考虑实验可行性,本书选用 10%、5%、3%、2%、0% 五个不同吸附剂用量比进行吸附实验[19]。

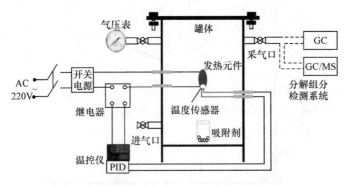

图 8.15 吸附剂对 SF$_6$ 过热分解影响的实验平台

经过前期大量实验,发现 SF$_6$ 在过热故障温度为 400℃时的分解速率适中,能够代表 SF$_6$ 在过热故障下的分解情况,因此,本书所有实验均是在局部过热温度为 400℃的条件下进行的。为保证各组实验具有重复性和可比性,本书所有实验均在实验环境温度为(20±1)℃、相对湿度为 60% 的条件下进行,具体实验步骤如下。

(1) 称取实验所需重量的吸附剂放入真空干燥箱中,依据文献[20]中对吸附剂的活化处理方法,在 300℃的温度下对吸附剂持续干燥 12h,除去因长时间暴露于空气中吸附的水分和气体杂质,使其吸附性能还原至最佳状态。

（2）将活化后的吸附剂和发热元件放入放电气室,并将放电气室抽真空后,充入 1 个大气压的 SF₆ 新气（纯度为 99.9995%）,然后将其抽真空,重复此过程 3 次,以排除气室内的残留杂质。

（3）最后 1 次抽真空后,在放电气室内充入 0.45MPa 的 SF₆ 实验用新气,并检测气室内 H₂O 和 O₂ 含量是否达到 IEC 60480—2005[21] 和 IEC 60376—2005[22] 标准（H₂O 和 O₂ 含量分别不高于 200μL/L 和 2000μL/L）,如果 H₂O 和 O₂ 含量达标,则将气压调至 0.4MPa,并进行下一步实验,否则,重新洗气。

（4）接通电源,设置温控仪至所需模拟故障温度值 400℃,开始 POT 分解实验。

（5）为获取各分解组分的动态和稳态吸附特性,实验前期每隔 1.5h 采集 1 次样气进行分析,实验后期每隔 12h 采集 SF₆ 过热分解气样,由 GC/MS 进行定量分析（每次采气量不超过 100mL）。

（6）经过 60h 实验后,断开电源,取出发热元件和吸附剂,并放入专用密封袋保存,然后将气室抽真空后,静置 24h,准备下一组实验。

8.5.2　不同吸附剂用量下主要过热特征分解组分含量的变化规律

1. SO₂ 组分含量的变化规律

在上述实验条件下,无吸附剂时 SO₂ 组分的体积分数随着 POT 时间的持续有急剧增长的变化趋势,如图 8.16 所示。经过 12h,SO₂ 组分的体积分数可以达

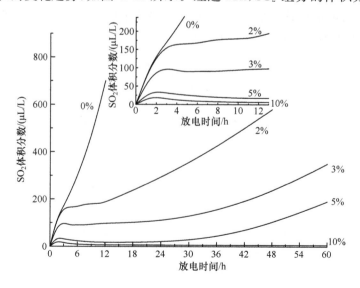

图 8.16　不同吸附剂用量下 SO₂ 浓度随时间的变化

到 $700\mu L/L$，且没有饱和的趋势，12h 之后由于质谱检测器饱和，相应 SO_2 组分的体积分数无法测得。在放入吸附剂后，SO_2 组分的体积分数随着 POT 时间增长的趋势明显减缓，且随着吸附剂用量的增加，SO_2 组分的体积分数在相同的时间点有不同程度的降低，当吸附剂用量达到 10% 时，SO_2 组分的体积分数一直保持在 $10\mu L/L$ 以下，说明吸附剂对 SO_2 组分具有很强的吸附作用。

由于 SO_2 组分作为 SF_6 分解的三级产物，主要由 SOF_2 组分的水解反应产生，在无吸附剂时，分散在主气室中的微量 H_2O 和 SOF_2 组分的供应充足，使得 SO_2 组分生成速率较快，近似为一个常数，如图 8.16 所示，SO_2 组分的体积分数随时间的变化近似为上升很快的直线。当放入吸附剂后，由于吸附剂对微量 H_2O 和 SOF_2 组分都有很强的吸附能力，并且可以直接吸附一定量的 SO_2 组分，反应物和生成物均被吸附这两种效果的叠加导致了 SO_2 组分的体积分数出现了图中增长趋势明显变缓的结果。在吸附剂用量达到 10% 时，在 POT 发生的前 60h 内，吸附剂对 SO_2 组分的吸附速率一直大于其生成速率，致使 SO_2 组分的体积分数一直维持在很低的水平。

2. SOF_2 组分含量的变化规律

由图 8.17 可知，在无吸附剂存在的情况下，SOF_2 组分的体积分数呈现明显的增长趋势，经过 12h，体积分数可以达到 $500\mu L/L$，12h 之后，由于质谱检测器饱和，无法测得 SOF_2 组分的体积分数。当放入吸附剂后，在前 12h 内，SOF_2 组分的体积分数先急剧增长后急剧下降，在 60h 内整体呈增长趋势，但增长速率明显减缓，且随着吸附剂用量的增加，减缓程度增加。

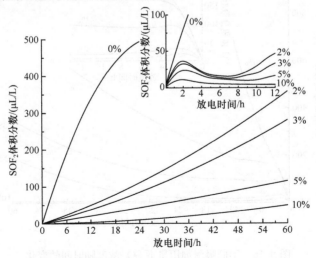

图 8.17　不同吸附剂用量下 SOF_2 浓度随时间的变化

由于 SOF$_2$ 组分主要由 SF$_4$ 水解产生,而 SOF$_2$ 组分自身也很容易水解生成 SO$_2$ 组分,在没有吸附剂的情况下,POT 高温会促使 SF$_6$ 分解产生大量 SF$_4$,使得 SF$_4$ 水解生成 SOF$_2$ 组分的速率远大于 SOF$_2$ 组分自身水解生成 SO$_2$ 组分的速率,所以 SOF$_2$ 组分的体积分数增长速率很快。当加入吸附剂后,由于吸附剂位于气室底部,距离采气口一定的距离,前期吸附剂对采气口附近的分解气体吸附作用不明显,致使前 1.5h 内 SOF$_2$ 组分的生成速率比没有吸附剂时下降很多,但随着放电气室内气体扩散作用的进行,吸附剂对 SOF$_2$ 组分具有很强的吸附性能,导致 SOF$_2$ 组分的体积分数在前 12h 内又迅速下降。同时,吸附剂可以吸附气室内微量 H$_2$O 和中间产物 SF$_4$,对生成物和反应物的双重吸附使得 60h 内 SOF$_2$ 组分增长趋势明显变缓。

3. SO$_2$F$_2$ 组分含量的变化规律

由图 8.18 可知,在没有吸附剂存在的情况下,SO$_2$F$_2$ 组分的体积分数随 POT 时间持续而增长,且有趋向饱和的趋势。随着吸附剂用量的增加,SO$_2$F$_2$ 组分的体积分数有不同程度的降低,增长趋势也逐渐减缓。

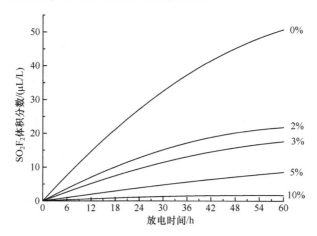

图 8.18　不同吸附剂用量下 SO$_2$F$_2$ 浓度随时间的变化

POT 生成的 SO$_2$F$_2$ 组分,主要由 SF$_2$ 和 O$_2$ 化合得来。在没有吸附剂时,POT 初期放电气室内,由 SF$_6$ 高温分解出来的 SF$_2$ 和微量 O$_2$ 充足,SO$_2$F$_2$ 组分的体积分数几乎呈线性增长趋势,POT 后期随着微量 O$_2$ 被消耗,SO$_2$F$_2$ 组分的产气速率略有降低。经过大量实验发现,kdhF-03 型分子筛吸附剂对微量 O$_2$ 并没有明显的吸附效应,但对 SO$_2$F$_2$ 组分有一定的吸附能力。随着吸附剂用量的增加,被吸附的 SO$_2$F$_2$ 组分也会增加,致使 SO$_2$F$_2$ 组分的体积分数增长趋势变缓。

4. CS_2 组分含量的变化规律

由图 8.19 可知,在没有吸附剂时,CS_2 组分的体积分数随 POT 时间的持续而增长,但产气量较小,经过 60h 后,最高也只有 1.3μL/L,且有趋向饱和的趋势。随着吸附剂用量的增加,CS_2 组分的体积分数有不同程度的降低,增长趋势也逐渐减缓。

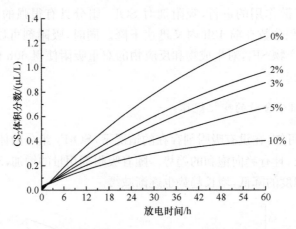

图 8.19　不同吸附剂用量下 CS_2 组分浓度随时间的变化特性

CS_2 组分是由不锈钢发热体或固体绝缘材料在高温下释放出的 C 原子和 SF_6 热解出的 S 原子结合生成,要从 SF_6 失去 6 个 F 原子而获得 S 原子,需要的能量较高,所以放电气室内的 S 原子并不是很多,加上放电气室内 C 原子会优先与 O 原子结合生成 CO_2 组分,所以 CS_2 组分的产气量并不是很多,远低于 CO_2 组分的产气量。同时,吸附剂可以吸附 CS_2 组分,所以吸附剂用量增加会导致 CS_2 组分的体积分数增长趋势逐渐变缓。

综上所述,吸附剂对 SF_6 分解组分吸附机制和特性的差异,致使随吸附剂用量的增加,SO_2、SOF_2、CO_2、SO_2F_2 和 CS_2 等分解组分随 POT 持续时间的变化规律各不相同,吸附剂对 SOF_2 和 SO_2 的吸附作用明显,对 SO_2F_2 和 CS_2 有一定的吸附作用,对 CO_2 吸附能力最小。

参 考 文 献

[1] 李泰军,王章启,张挺,等. SF_6 气体水分管理标准的探讨及密度与湿度监测的研究. 中国电机工程学报,2003,23(10):169-174.

[2] DL/T 596—1996. 电力设备预防性试验规程. 北京:中国电力出版社,1996.

[3] Piemontesi M, Pietsch R, Zaengl W. Analysis of decomposition products of sulfur hexafluoride in negative dc corona with special emphasis on content of H_2O and O_2. International

Symposium on Electrical Insulation,1994,1:499-503.

[4] 唐炬,梁鑫,姚强,等. 微水微氧对 PD 下 SF$_6$ 分解特征组分比值的影响规律. 中国电机工程学报,2012,32(31):78-84.

[5] Beyer C,Jenett H,Klockow D. Influence of reactive SF$_x$ gases on electrode surfaces after electrical discharges under SF$_6$ atmosphere. IEEE Transactions on Dielectrics and Electrical Insulation,2000,7(2):234-240.

[6] IEEE Std 1125—1993. IEEE guide for moisture measurement and control in SF$_6$ gas-insulated equipment,1993.

[7] Leeds W M,Browne T E,Strom A P. The use of SF$_6$ for high-power arc quenching. Transactions of the American Institute of Electrical Engineers. Part III:Power Apparatus and Systems,1957,3(76):906-909.

[8] 马丽萍,宁平,田森林,等. 吸附剂的原理与应用. 北京:高等教育出版社,2010:140-144.

[9] 徐如人,庞文琴,霍启升,等. 分子筛与多孔材料化学. 北京:科学出版社,2004:145-155.

[10] Piemontesi M,Niemeyer L. Sorption of SF$_6$ and SF$_6$ decomposition products by activated alumina and molecular sieve 13X. Conference Record of the 1996 IEEE International Symposium on Electrical Insulation,1996,2:828-838.

[11] 唐炬,曾福平,梁鑫,等. 两种吸附剂对 SF$_6$ 分解特征组分吸附的试验与分析. 中国电机工程学报,2013,33(31):211-219.

[12] 姚强,伏进,唐炬,等. 一种六氟化硫分解实验系统. CN103592582A,2014.

[13] 邱毓昌. GIS 装置及其绝缘技术. 北京:水利水电出版社,1994.

[14] Tang J,Zeng F P,Zhang X X,et al. Relationship between decomposition gas ratios and partial discharge energy in GIS,and the influence of residual water and oxygen. IEEE Transactions on Dielectrics and Electrical Insulation,2014,21(3):1226-1234.

[15] 唐炬,曾福平,梁鑫,等. 吸附剂对局部放电下 SF$_6$ 分解特征组分的吸附研究. 中国电机工程学报,2014,3:021.

[16] Chu F Y. SF$_6$ decomposition in gas-insulated equipment. IEEE Transactions on Electrical Insulation,1986,21(5):693-725.

[17] 曾福平,唐炬,姚强,等. 六氟化硫气体绝缘介质电-热结合的分解模拟实验方法. CN104375071A,2015.

[18] 苏镇西,赵也. 设备吸附剂对 SF$_6$ 气体分解产物检测结果影响的试验研究. 高压电器,2013,6:006.

[19] 唐炬,王立强,张潮海,等. 吸附剂对局部过热性故障下 SF$_6$ 分解特征组分的吸附特性. 高电压技术,2015,11:003.

[20] 许洪春. SF$_6$ 电气设备中吸附剂的性能及使用方法探讨. 电工技术,2014,(4):51-52.

[21] IEC 60480—2005. Guidelines for the checking and treatment of sulfur hexafluoride(SF$_6$) taken from electrical equipment and specification for its re-use,2005.

[22] IEC 60376—2005. Specification of technical grade sulfur hexafluoride(SF$_6$)for use in electrical equipment,2005.

第 9 章　影响 SF_6 分解组分特性的其他因素

如前所述,SF_6 气体绝缘介质在 PD 或者 POT 的作用下,会发生分解生成一系列低氟硫化物 SF_x(如 SF_5、SF_4、SF_3、SF_2 和 SF)及 F 原子,这些分解物若遇微量 H_2O 和 O_2 等杂质气体还会发生一系列更为复杂的化学反应,生成 SOF_2、SO_2F_2、SOF_4、SO_2、CF_4、CO_2、HF 和 H_2S 等产物。

然而,SF_6 气体绝缘介质在 PD 或者 POT 作用下发生分解所涉及的物理与化学机制等十分复杂,对其分解的每一过程,至今仍没有比较认同的说法。同时,影响复杂分解过程的因素很多,如气体压强、电极材料、气室中氧气和水分含量以及不同固体绝缘材料等。在前几章中,已经详细讨论了微量氧气、微量水分和吸附剂对 SF_6 局放分解的影响及其作用机制。本章主要探讨金属电极材料、气体压强和有机固体绝缘材料对 SF_6 分解特性的影响规律。

9.1　金属材料对 SF_6 分解特性的影响规律

目前关于金属材料对 SF_6 分解特性的影响研究,主要集中在电弧放电条件下,Boudene 等[1]、Kulsetas 等[2]、Kurte 等[3] 及 Chu 等[4],在研究功率电弧放电条件下 SF_6 分解特性与电极材料之间的关系时发现,不同材料的电极对 SF_6 分解组分特性影响很大,其中铝电极下分解产物的生成量最大,且铝电极和锌电极下的分解产物是银电极和铜电极的 100 倍左右。同时,Tominaga 等[5]、Hirooka 等[6] 及 Ashok 等[7],通过研究发现,电弧放电条件下触头气化产生的金属蒸汽也能与 SF_6 气体发生反应,并生成低氟硫化物及金属氟化物。

在 PD 作用下,SF_6 气体绝缘介质分解生成的 SF_x 具有很高的反应活性,特别容易与辉光放电区中的金属尤其是金属蒸汽发生反应,生成金属氟化物[8],进而影响 SF_6 在 PD 作用下的分解过程,最终影响利用 SF_6 分解特性进行绝缘状态监测及故障诊断的准确性。因此,研究 SF_6 在不同金属电极下产生 PD 时的分解特性,并获取金属材料对 SF_6 分解特性的影响规律,消除金属材料对利用分解特性进行诊断故障时所带来的不利影响,是需要解决的一个关键问题。

9.1.1　金属材料对 SF_6 分解的影响机制

以美国学者 van Brunt 等提出的"区域反应模型"[8]为基础,将 PD 区域划分为辉光放电区、离子扩散区和主气室三个区域,如图 2.4 所示。在针电极附近的辉光放电区内,SF$_6$ 分子在高能电子撞击作用下,发生电离,生成一系列的 SF$_x$。如果没有其他杂质气体,SF$_x$ 多数会很快重新复合还原成 SF$_6$ 分子,有少量 SF$_6$ 及其初级分解产物会与金属材料发生反应,生成更低级的低氟硫化物及金属氟化物,其主要反应过程为

$$e + SF_6 \longrightarrow SF_x + (6-x)F + e \tag{9.1}$$
$$x = 1, 2, \cdots, 5$$
$$e + SF_6 \longrightarrow SF_6^- \tag{9.2}$$
$$nSF_6 + 2M \longrightarrow nSF_4 + 2MF_n \tag{9.3}$$
$$nSF_5 + M \longrightarrow nSF_4 + MF_n \tag{9.4}$$
$$nSF_6 + 2M \longrightarrow nSF_2 + 2MF_n \tag{9.5}$$
$$2nSF_6 + 2M \longrightarrow nS_2F_2 + 2MF_n \tag{9.6}$$
$$M + nF^* \longrightarrow MF_n \tag{9.7}$$

式中,M 代表金属。离子扩散区内主要是带电离子与 SO$_2$、SOF$_4$ 与 SF$_6^-$ 发生反应,其主要反应过程为

$$SF_6^- + SF_4 \longrightarrow SF_5^- + SF_5 \tag{9.8}$$
$$SF_6^- + SOF_4 \longrightarrow SOF_5^- + SF_5 \tag{9.9}$$
$$SF_6^- + SO_2 \longrightarrow SO_2F^- + SF_5 \tag{9.10}$$

当 SF$_6$ 及其初级分解产物与金属材料反应生产的低氟硫化物 SF$_4$、SF$_2$ 以及 SOF$_4$,由离子扩散区扩散至主气室时,将与放电气室内存在的微量 H$_2$O 和 O$_2$ 进一步反应生成 SO$_2$F$_2$、SOF$_2$ 和 HF 等,其主要反应过程为

$$SF_2 + O_2 \longrightarrow SO_2F_2 \tag{9.11}$$
$$SF_4 + H_2O \longrightarrow SOF_2 + 2HF \tag{9.12}$$
$$SOF_4 + H_2O \longrightarrow SO_2F_2 + 2HF \tag{9.13}$$

综上所述,由于 SF$_6$ 分解产物具有极高的反应活性,会进一步与辉光放电区附近的金属材料反应,生成更低级的低氟硫化物及金属氟化物。在此反应过程中,金属材料反应活性的差异将会影响 SF$_6$ 及其初级分解产物与金属材料反应的速率,进一步影响 PD 下 SF$_6$ 的分解特性。

在实验室中,通过铝、铜和不锈钢材质的针电极及板电极,构建出针-板放电物理模型进行 PD 分解实验,得到不同金属材料电极在 PD 下的 SF$_6$ 分解特性,然后对 SF$_6$ 在不同金属材料电极的分解规律进行理化分析,可获取金属材料对主要分解特征组分的影响规律。本章所用针-板放电物理模型的 PD 起始放电电压调节为 23kV,综合考虑设备耐压及 SF$_6$ 分解速率等因素,确定实验电压为 37.5kV,同时采用 IEC 60270 推荐的脉冲电流法对 PD 量进行监测,如表 9.1 所示,对三种针电极材料均施加此实验电压进行 PD 分解实验,实验结果如图 9.1～图 9.4 所示。

表 9.1　不同材质针电极下的放电量

电极材料	不锈钢	铜	铝
放电量/pC	80.4	79.6	80.1

9.1.2　金属材料对 SF$_6$ 分解特征产物的影响

在 PD 作用下，SF$_6$ 气体绝缘介质分解生成的组分主要有 HF、CF$_4$、CO$_2$、SO$_2$F$_2$、SOF$_4$ 和 SOF$_2$ 等[9-14]，其中 HF 是强腐蚀性物质，极易与设备中的金属和固体绝缘等材料发生反应，其含量不随 PD 持续时间而增长。而 SOF$_4$ 组分极易水解。因此，HF 和 SOF$_4$ 不适宜作为 PD 下 SF$_6$ 分解组分检测的特征组分。SOF$_2$ 和 SO$_2$F$_2$ 性质相对稳定，CF$_4$ 和 CO$_2$ 与缺陷类型相关性较大。但是在本章所进行的针-板 PD 实验中，CF$_4$ 气体的含量均极小（<0.1×10^{-6}），且未表现出明显的增长趋势，因而，下面主要对不同针电极材料产生 PD 使 SF$_6$ 气体绝缘介质分解生成 CO$_2$、SO$_2$F$_2$ 和 SOF$_2$ 特征组分的特性进行研究。

1. CO$_2$ 组分的增长特性

在不同板电极材料下，CO$_2$ 组分的体积分数随放电时间的变化规律如图 9.1 所示。可以看出，三种板电极材料下，CO$_2$ 组分含量都会随着放电时间的延长而不断增加，但不同板电极材料对 CO$_2$ 组分含量的变化没有明显差异。CO$_2$ 组分主要是由不锈钢等含碳材料释放的活性 C 原子与放电气室内的 O 原子反应生成。由于针-板电极间的场强为极不均匀场，而针电极周围电场不均匀程度最大，而 C 原子的激发主要发生在针电极尖端周围，所以 CO$_2$ 组分与针电极材料有关，而三组实验采用的针电极为相同材料的电极，即 304 不锈钢材料。因此，不同板电极材料下，CO$_2$ 组分的体积分数几乎无差别。

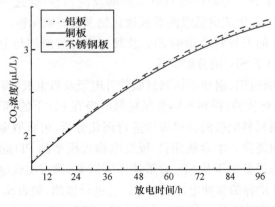

图 9.1　不同板电极材料下 CO$_2$ 组分随放电时间的增长特性

2. 主要含硫分解特征组分的变化特性

在 PD 作用下,SF_6 气体绝缘介质分解生成的稳定含硫特征产物主要有 SO_2F_2 和 SOF_2 组分,其随放电持续时间的变化趋势如图 9.2 和图 9.3 所示。在图 9.2 中,在三种金属材料的针电极产生的 PD 作用下,生成的 SOF_2 组分含量都近似呈线性增长的趋势。其中,在铝质针电极产生的 PD 作用下,整个实验周期内 SOF_2 组分含量的增长趋势最为明显;铜质针电极 PD 作用下,SOF_2 组分含量的增长速度略低于铝质针电极,不锈钢材质针电极 PD 下,SOF_2 组分含量的增长速度最为缓慢。

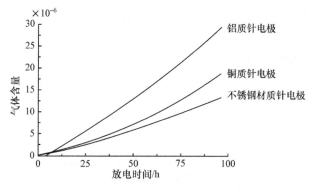

图 9.2　SOF_2 组分随放电时间的增长特性

其原因在于:PD 作用下的金属材料参与 SF_6 的分解反应,主要发生在金属材料与气态 SF_6 气体绝缘介质的接触面。由于 SF_6 气体绝缘介质的初级分解产物 SF_x 及 F 原子具有很强的反应活性,当这些初级分解产物扩散到金属材料表面时,会与金属材料发生一系列的化学反应,如反应式(9.3)~反应式(9.7)所示,生成金属氟化物及更低级的低氟硫化物,而相关的低氟硫化物如 SF_4 和 SF_2 等则进一步扩散至主气室,与微量 H_2O 和 O_2 发生如反应式(9.10)和反应式(9.11)所示的反应,生成主要特征分解组分 SOF_2 和 SO_2F_2。因此,在 PD 作用下,由于有金属材料的参与,打破了 SF_6 气体绝缘介质分解与复合的平衡状态,即会促进分解,削弱复合,从而进一步有利于相关特征分解产物的生成。

实验中,金属材料与 SF_6 气体绝缘介质及其初级分解产物之间的化学反应,主要发生在辉光区内针电极的表面,而影响化学反应速率的因素主要有反应物本身的性质、颗粒大小、接触面积、状态、温度、浓度、压强、催化剂及光等。综合考虑所有因素可知,在 PD 作用下,电极材料对 SF_6 气体绝缘介质分解特性(速率)的影响,主要取决于金属材料的化学活性,即在反应式(9.3)~反应式(9.7)所发生的反应中,金属材料的化学活性决定了反应速率的大小,反应活性高的金属与 SF_6 气体绝缘介质反应速率更大,分解产物的生成量更多。

实验中所采用的针电极材料为 304 不锈钢,其含铁元素约 74%,铬元素约 18%,镍元素约 8%。由于含有大量的铬元素和镍元素,常温下会形成奥氏体结构,发生金属钝化,使得不锈钢的化学活动性明显变弱,因而三种金属材料中金属铝的化学活性最高,铜次之,不锈钢最低。金属材料的化学活性越高,与 SF_6 反应的速率就越大,从而使 SF_6 气体绝缘介质分解产物的生成量越大,故铝质针电极下 SF_6 分解速率最高[9]。

在图 9.3 中,三种金属材质针电极产生的 PD 使 SO_2F_2 组分含量均很低,且都随放电时间的延长而趋于饱和,达到饱和后的含量相差不大,但其趋于饱和的速率有较大差异,铝电极趋于饱和的时间最短,不锈钢电极趋于饱和的时间最长,铜电极趋于饱和的时间介于其中。由图还可以看出,在铝质和铜质针电极产生的 PD 下,实验初期,SO_2F_2 组分含量呈现出较高的增长趋势,且铝质针电极下的增长速率要高于铜质针电极,随着放电持续时间的延长,铝质和铜质针电极下,SO_2F_2 组分的含量依次趋于饱和,不锈钢材质针电极下,SO_2F_2 组分的含量在实验后期才逐渐趋于饱和。

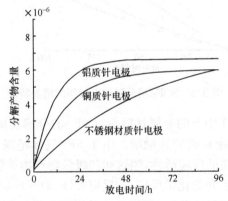

图 9.3　SO_2F_2 的体积分数随放电时间的变化曲线

一方面,由于所生成的金属氟化物呈固体状态,绝大多数会直接附着在电极表面,形成致密层,从而降低了反应的速率,甚至会阻止反应的进一步进行。另一方面,SF_2 与 O_2 直接反应能生成 SO_2F_2 组分,SF_5 与 O_2 反应生成的 SOF_4 组分水解后,也会生成 SO_2F_2 组分;SF_4 与 H_2O 反应生成 SOF_2 组分,因而 SO_2F_2 和 SOF_2 组分的生成与微量 H_2O 和 O_2 含量均密切相关,而实验过程中,主气室内微量 H_2O 和 O_2 含量大致相同且有限,当微量 H_2O 或 O_2 消耗到一定程度后,SO_2F_2 组分的生成将趋于动态饱和平衡状态。由于 SO_2F_2 组分的含量主要取决于 O_2 的含量,而在所有实验中,主气室内微量 O_2 含量均很低,且差别很小。当主气室内 O_2 消耗到一定程度后,SO_2F_2 组分的含量将进入动态饱和平衡状态。总之,由于金属表面钝化及主气室内微量 O_2 含量的影响,在三种金属材料产生 PD 作用下,

SO$_2$F$_2$ 组分在实验中呈现出动态饱和平衡状态的趋势,且达到饱和后的含量相差不大。同时,由于金属材料的化学活性决定了其与 SF$_6$ 及其初级分解产物的反应速率,金属活动性越强的材料将与 PD 产生的低氟硫化物发生反应生成更多的 SF$_2$,进而促使产生更多的 SO$_2$F$_2$ 组分,但是同时由于微量 O$_2$ 含量有限,金属活动性越高,则 O$_2$ 消耗速率越大,从而也使得 SO$_2$F$_2$ 组分更早达到饱和平衡,即铝质针电极下 SO$_2$F$_2$ 组分含量首先达到饱和平衡,铜针电极次之,不锈钢针电极最后[15]。

　　SO$_2$ 的体积分数随放电时间的变化情况如图 9.4 所示。可以看出三组实验下 SO$_2$ 的体积分数都会随着放电时间的延长而不断增加。随着板金属电极材料化学活动性的增强(铝>铜>不锈钢),相同放电时间下 SO$_2$ 的体积分数增大。SO$_2$ 的化学性质比较稳定,是 SOF$_2$ 与 H$_2$O 继续反应的产物。板金属电极材料的化学活动性越大,SOF$_2$ 的体积分数就越大,进而使 SO$_2$ 的体积分数也越大。

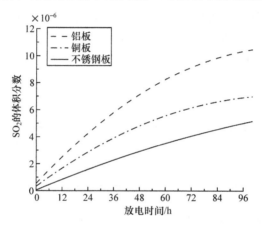

图 9.4　不同板电极材料下 SO$_2$ 的体积分数随放电时间的变化

　　综上所述,在不同金属材料电极产生的 PD 作用下,SF$_6$ 气体绝缘介质的分解情况存在差异。金属材料的化学活性越强,与 SF$_6$ 气体绝缘介质初级分解物发生反应的速率就越快,对 SF$_6$ 气体绝缘介质分解的促进作用越强,进而使得 SO$_2$F$_2$ 和 SOF$_2$ 等主要稳定含硫分解组分的生成量更大。

9.2　气压对 SF$_6$ 分解特性的影响规律

　　GIS 设备气室的气压会随着环境温度的改变而发生一定变化,且不同电压等级的 SF$_6$ 气体绝缘设备,工作运行气压也存在差异,一般气压为 0.2~0.6MPa。当 SF$_6$ 气体绝缘设备内部出现 PD 时,促使 SF$_6$ 气体绝缘介质发生分解的直接原因是电效应,即高能电子与 SF$_6$ 气体绝缘介质发生碰撞引起分子电离,从而生成一系列低氟化物 SF$_x$($x=1,2,\cdots,5$)。由分子动力学理论[16]可知,气体的压强是由大量分子频繁运动产生的,气体分子的平均动能和分子的密集程度都会影响气体的压强,并且发生在 SF_6 气体绝缘设备主气室中的 PD 过程是高气压下的不均匀电场放电,属于巴申 U 放电特性曲线的右半支[17]。那么在相同场强下,气室的体积与环境温度都不改变时,气体的压强越大,电子的平均自由行程就越小,电子在二次碰撞之间所累积的能量就相对减小,因而减小了碰撞电离的概率。所以,如果 SF_6 气体绝缘介质的气压不同,电子在平均自由行程内所累积的平均动能也就不同,则电子与 SF_6 发生碰撞电离生成 SF_x 的程度也就不同,进一步影响 SF_x 与微量 H_2O 和 O_2 发生反应生成 SOF_2、SOF_4、SO_2F_2 和 SO_2 等组分。为此,在实验室通过不同气压下大量的 PD 实验,获取 SF_6 气体绝缘介质的分解特性,探讨气压对分解特征组分含量比值的影响规律,为利用 SF_6 分解组分法来评估 GIS 绝缘状态、识别 GIS 绝缘故障奠定理论和实验基础。

根据 SF_6 气体绝缘设备实际运行下的工作气压,选择五组气压值(0.2MPa、0.25MPa、0.3MPa、0.35MPa 和 0.4MPa)进行实验[11]。由气体放电理论可知,在不同气压下,如果针-板电极距离不变,要保持实验中平均 PD 放电量基本一致,外施 PD 的实验电压应有所不同,因此五组实验对应的放电量平均值基本一致所需的外施电压值如表 9.2 所示。

表 9.2　不同气压下针-板电极上的外施电压值

试验电压/kV	12.5	14.0	16.5	18.0	19.0
平均 PD 量/pC	86.2	85.8	85.6	85.2	85.2

1. 对 CO_2 组分的影响特性

CO_2 组分的体积分数与放电时间和气压的关联曲线如图 9.5 和图 9.6 所示。随着放电持续时间的延长,CO_2 组分的体积分数不断增加;而随着气压增高,CO_2 组分的体积分数不断降低。放电气室内针-板模型周围不存在有机绝缘材料,所以生成的 CO_2 组分中 C 元素主要来自不锈钢针-板电极。实验采用的针-板电极材料为 304 不锈钢电极,电极材料内 C 元素含量较低,由于高能电子撞击,少量 C 元素会从电极材料中释放出来,与气室中的 O 原子结合生成 CO_2 组分。而撞击不锈钢电极的高能电子能量与放电气室内气体压强密切相关,在实验中,放电气室的容积和内部温度等条件保持基本不变,气体压强越低,电子的平均自由程就会越大,电子在电场中的加速距离就会越大,致使电子在电场中获得的能量也越大,从而撞击 304 不锈钢电极使之释放 C 元素的几率也越大,进一步促进了 C 原子与 O 原子的反应,最终使得 CO_2 组分的生成速率增大。所以,气压越大,CO_2 组分含量越小,气压对 CO_2 组分的影响规律明显。

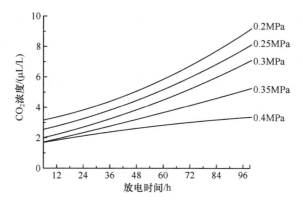

图 9.5　不同气压下 CO_2 组分随放电时间变化特性

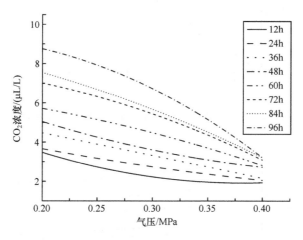

图 9.6　CO_2 组分含量随气压高低的变化特性

2. 对 SO_2F_2 组分的影响特性

SO_2F_2 组分随放电时间的变化情况如图 9.7 所示,而随气压的变化规律如图 9.8 所示。随着放电持续时间的延长,SO_2F_2 组分的体积分数明显增加,到实验结束时无明显饱和趋势。而从图 9.8 可以看出,SO_2F_2 组分含量随着气压的增加稍微有所下降,相同放电量下 SO_2F_2 组分含量随气压变化不明显。

一方面,SF_3 和 SF_2 两种低氟化物与微量 O_2 反应都会生成 SO_2F_2 组分,而 SF_3 不稳定,很容易复合还原为 SF_6,所以 SO_2F_2 组分主要是由 SF_2 与 O_2 反应生成。另外,SF_6 分解成 SF_2 所需的能量比分解成 SF_5、SF_4 和 SF_3 的能量更高,而针-板电极产生的 PD 一般属于低能电晕放电,即使随着气压的减小,分子间的平均自由程增大,电子获得的能量相对较大,但获得的能量还不足以使 SF_6 分解成大量的 SF_2,所以在不同气压下的 SO_2F_2 组分含量相差不大。另一方面,SOF_4 组

分与微量 H_2O 反应也会生成 SO_2F_2 组分,而气室内的 SF_6 气体是相对干燥的,没有特意加入超量 H_2O,参与反应的 H_2O 主要是气室内壁吸附的微量 H_2O,随着气体压强的增大,H_2O 相对于 SF_6 气体的比例有所下降,SOF_4 组分水解反应更不容易发生,所以随着气压下降,生成 SO_2F_2 组分含量的体积分数也略有增加[18]。

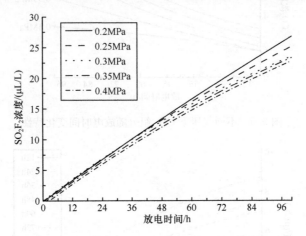

图 9.7　不同气压下 SO_2F_2 组分随放电时间的变化特性

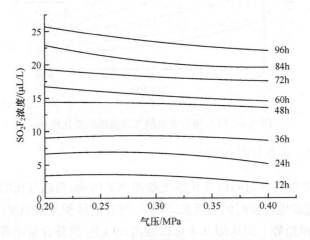

图 9.8　SO_2F_2 组分含量随气压高低的变化特性

3. 对 SOF_2 组分的影响特性

图 9.9 所示为 SOF_2 组分含量随放电持续时间的变化特性。图 9.10 显示了不同放电时间下 SOF_2 组分含量随气压高低的变化特性。可以看出,SOF_2 组分含量随放电持续时间的延长不断增加,且在实验时间为 96h 内,SOF_2 组分没有明显的饱和趋势。而随着气压的增加,SOF_2 组分含量不断降低,且放电持续时间越

长,降低的趋势越明显。由于气室体积较大,气室内微量 O$_2$ 等杂质气体参与反应的量较为充足,所以到实验结束时也没有呈现明显的饱和趋势。而随着气压的增加,SOF$_2$ 组分含量降低,主要是由于 SOF$_2$ 组分是由 SF$_4$ 组分与微量 H$_2$O 反应生成的,SF$_6$ 分解为 SF$_4$ 组分所需的能量比生成 SF$_2$ 和 SF$_3$ 组分所需的能量低。随着气压的降低,分子间的平均自由程增大,电子获得的能量增大,SF$_6$ 分解成 SF$_4$ 组分的比例增大,因此生成 SOF$_2$ 组分含量也越大[11]。

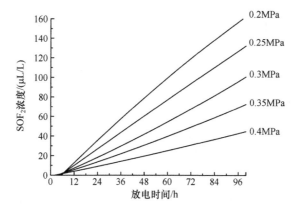

图 9.9　不同气压下 SOF$_2$ 组分随放电时间的变化特性

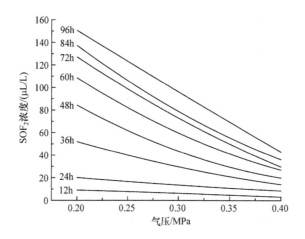

图 9.10　SOF$_2$ 组分含量随气压高低的变化特性

4. 对 SO$_2$ 组分的影响特性

SO$_2$ 组分随放电持续时间的变化特性如图 9.11 所示,而随气压高低的变化特性如图 9.12 所示。可以看出,随着放电时间的增加,SO$_2$ 组分的体积分数也有所增加,且 SO$_2$ 组分的产气速率随着放电持续时间的延长呈现增长的趋势,而随着气压的增加,相同放电时间下,SO_2 组分的体积分数不断降低。SO_2 组分的化学性质比较稳定,是 SOF_2 组分与微量 H_2O 继续反应的生成产物。由前面的分析可知,由于气压降低,分子的平均自由行程增大,进而使电子在电场的作用下可以获得足够的能量,并与 SF_6 分子发生碰撞电离,使 SF_4 组分的生成量增加,进而促使 SOF_2 组分的生成,最终使 SO_2 组分的生成速率随着气压的降低而增大。

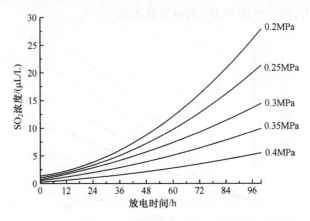

图 9.11 不同气压下 SO_2 组分随放电时间的变化特性

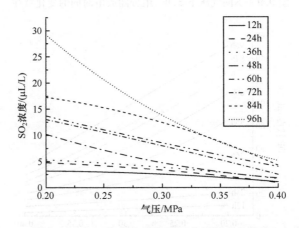

图 9.12 SO_2 组分含量随气压高低的变化特性

综上所述,不同气压下,PD 使得 SF_6 发生分解生成的组分种类基本一样,但由于气压高低会影响 SF_4 等初级分解产物的生成,进而使各分解组分含量的大小存在差异,即随着气压减小,SOF_2、SO_2 和 CO_2 组分含量有明显的增长趋势,而 SO_2F_2 组分含量随气压的增大略有下降。

9.3　有机固体绝缘材料对 SF$_6$ 分解特性的影响规律

由于有机固体绝缘材料当中含有大量的 C、H 和 O 元素,如果在这些部位发生 PD 或者 POT,不仅会导致 SF$_6$ 气体绝缘介质发生分解,还会使故障区域内部的有机绝缘材料发生劣化,其内部的大量 C、H 和 O 元素会参与到 SF$_6$ 气体绝缘介质的分解过程当中,进而影响相关特征分解产物的生成[19-22]。本节以第 5 章中所述 SF$_6$ 气体绝缘介质在涉及有机固体绝缘材料时 POT 作用下的分解特性为例,来探讨有机固体绝缘材料对 SF$_6$ 气体绝缘介质分解特性的影响规律,涉及 5.2.3 节的内容就不再赘述。

图 9.13 和图 9.14 所示为 POT 作用下有无涉及有机固体绝缘材料时,各分解组分在总分解量中所占的比例关系。对比可得如下结论。①不管 POT 作用下是否涉及有机固体绝缘材料,SOF$_4$ 和 SO$_2$F$_2$ 这两分解组分的比例都维持在较低的水平(1.0%左右)。②虽然 POT 可能涉及有机固体绝缘材料,SOF$_2$ 和 SO$_2$ 这两种分解组分都是 SF$_6$ 在 POT 作用下发生分解所生成的主要特征组分,所占的比例与 POT 温度之间的关系与 POT 未涉及有机固体绝缘材料时的情况大相径庭。SOF$_2$ 组分所占比例随着 POT 温度的升高而不断下降,SO$_2$ 组分的比例先随着 POT 温度的提高而升高,但随着 POT 温度的持续上升,其比例有所回落。另外,SOF$_2$ 和 SO$_2$ 这两种分解组分在所有组分中的比例,并不是 POT 未涉及有机固体绝缘材料时的"马鞍形"和"倒马鞍形"规律。③当有有机固体绝缘材料存在时,H$_2$S 在所有生成组分中所占比例有所提高,而且随着 POT 温度的上升,其所占比

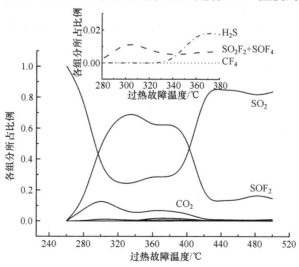

图 9.13　POT 未涉及有机固体绝缘材料时各分解组分所占比例

例在不断提高。原因为实验采用的有机固体绝缘材料是氯环氧丙烷(C_3H_5ClO)和酚甲烷($C_{15}H_{16}O_2$)合成的环氧树脂,除了含有大量的 C 元素外,还有大量的 H 元素,在 POT 的高温作用下,C—H 和 H—OH 键发生了断裂,游离出活化态的 H 原子,为生成 H_2S 创造了有利的条件[12]。

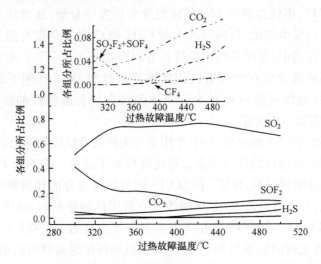

图 9.14　POT 涉及有机固体绝缘材料时各分解组分所占比例

更为重要的是,由于有机固体绝缘材料中含有大量的 C、H 和 O 元素,为 CO_2、CF_4 以及 H_2S 的生成提供极为有利的条件。当 POT 涉及有机固体绝缘材料时,会产生大量的 CO_2、CF_4 和 H_2S 等特征分解产物,特别是 CO_2 和 CF_4 这两种含碳分解产物的产量和所占比例会大大提高。图 9.15 和图 9.16 所示为 POT 有无涉及有机固体绝缘材料时含碳分解产物在总分解量中所占的比例与故障严重程度之间的关系。

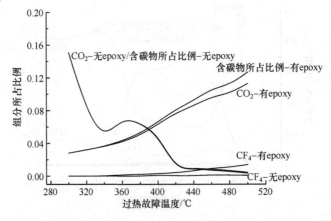

图 9.15　两种 POT 故障状态下含碳分解产物所占比例对比图

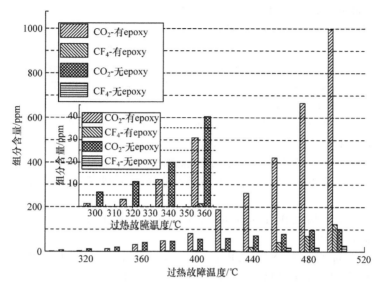

图 9.16　两种 POT 故障状态下含碳分解产物对比图

从图 9.15 和图 9.16 对比可知,当 POT 涉及有机固体绝缘材料时,CO_2 和 CF_4 及其共同构成的含碳分解组分在所有产物中所占的比例均高于未涉及有机固体绝缘材料时的情况,而且随着 POT 温度的升高,CO_2、CF_4 以及含碳分解产物所占的比例在不断上升。因此,可以将 CO_2 和 CF_4 这两种含碳分解特征组分作为表征 POT 涉及有机固体绝缘材料时的分解特征组分,其生成量或生成速率能够直接描述在 POT 作用下有机固体绝缘材料发生劣化的程度[19]。

参 考 文 献

[1] Boudene C, Cluet J L, Keib G, et al. Identification and study of some properties of compounds resulting from the decomposition of SF_6 under the effect of electrical arcing in circuitbreakers. Revue Generale Electricite,1974,1:45-78.

[2] Kulsetas J,Rein A,Holt P A. Arcing in SF_6 insulated equipment,decomposition products and pressure rise. Proceedings Nordic Insulation Symposium,1979,1:25-29.

[3] Kurte R,Beyer C,Heise H,et al. Application of infrared spectroscopy to monitoring gas insulated high-voltage equipment:electrode material-dependent SF_6 decomposition. Analytical and Bioanalytical Chemistry,2002,373(7):639-646.

[4] Chu F Y,Stuckless H A,Braun J M. Generation and effects of low level contamination in SF_6 insulated equipment. Fourth International Symposium on Gaseous Dielectris, 1984, 1: 462-472.

[5] Tominaga S,Kuwahara H,Hirooka K,et al. SF_6 gas analysis techniques and its application for evaluation of internal conditions in SF_6 Gas equipment. IEEE Transactions on Power Ap-

paratus and Systems,1981,PAS-100(9):4196-4206.

[6] Hirooka K,Kuwahara H,Noshiro M,et al. Decomposition products of SF_6 gas by high current arc and their reaction mechanism. Electrical Engineering in Japan,1975,95(6):14-19.

[7] Ashok K. The nature of metal-electrodes/SF_6 reactions in SF_6 decomposition due to direct-current interruption under simulated circuit-breaker conditions. IEEE Transactions on Electrical Insulation,1976,EI-11(4):157-160.

[8] van Brunt R J,Herron J T. Plasma chemical-model for decomposition of SF_6 in a negative glow corona discharge. Physica Scripta,1994,T53:9-29.

[9] 肖燕,郁惟镛. GIS 中局部放电在线监测研究的现状与展望. 高电压技术,2005,01:47-49.

[10] 张晓星,姚尧,唐炬,等. SF_6 放电分解气体组分分析的现状和发展. 高电压技术,2008,34(4):664-669.

[11] IEEE Std 1125—1993. IEEE guide for moisture measurement and control in SF_6 gas insulated equipment,1993.

[12] Zhang X,Yang B,Wang X,et al. Effect of plasma treatment on multi-walled carbon-nanotubes for the detection of H_2S and SO_2. Sensors,2012,12(7):9375-9385.

[13] Zhang X,Meng F,Wang Z,et al. Gas-sensing simulation of single-walled carbon nanotubes applied to detect gas decomposition products of SF_6 in PD. Electrical Insulation Conference (EIC),New York,2011:132-135.

[14] 唐炬,范敏,谭志红,等. SF_6 局部放电分解组分光声检测信号交叉响应处理技术. 高电压技术,2013,39(2):257-264.

[15] 唐炬,曾福平,孙慧娟,等. 电极材料对 SF_6 局放分解特征组分生成的影响,高电压技术,2015,41(1):100-105.

[16] 陈建华,马春玉. 无机化学. 北京:科学出版社,2009.

[17] 杨津基. 气体放电. 北京:科学出版社,1993.

[18] 唐炬,胡瑶,姚强,等. 不同气压下 SF_6 的局部放电分解特性研究,高电压技术,2014,40(8):2257-2263.

[19] 曾福平. SF_6 气体绝缘介质局部过热分解特性及微水影响机制研究. 重庆:重庆大学博士学位论文,2014.

[20] Zeng F,Tang J,Fan Q,et al. Decomposition characteristics of SF_6 under thermal fault for temperature below 400℃. IEEE Transactions on Dielectrics and Electrical Insulation,2014,21(3):995-1004.

[21] 唐炬,潘建宇,姚强,等. SF_6 在故障温度为 300~400℃时的分解特性研究. 中国电机工程学报,2013,31:026.

[22] Tang J,Zeng F,Pan J,et al. Correlation analysis between formation process of SF_6 decomposed components and partial discharge qualities. IEEE Transactions on Dielectrics and Electrical Insulation,2013,20(3):864-875.

第 10 章　基于 DCA 故障诊断的影响因素校正

由前述可知,在 PD 和 POT 作用下,SF_6 气体绝缘介质分解特征组分的产生过程中需要有不同含量的 H_2O 和 O_2 等物质参与,使得分解组分的含量会在一定程度上会受到微量 H_2O 和 O_2、SF_6 气体绝缘介质所处的气压高低、故障区域处金属材料、有机固体绝缘材料等的影响,而且实际运行的 SF_6 气体绝缘设备中还有吸附剂(干燥剂)的使用,都会导致分解组分的浓度发生变化,从而使利用分解组分分析法辨识绝缘故障的结果出现偏差,为此必须对影响绝缘故障诊断的主要因素进行消除。

在前面讨论了这些主要影响因素对 SF_6 分解过程的影响规律,但是,除了获取不同影响因素对不同故障状态下 SF_6 气体绝缘介质分解过程的影响规律和机制之外,给出一种适用于不同影响因素的校正理论与方法,建立不同影响因素对其影响的数学修正模型,即将不同(量)吸附剂、H_2O 或 O_2 含量下所得的分解组分生成特性,校正到一种可相互比较的标准状态。

要建立用于状态校正的数学模型,传统办法是根据实验数据的变化趋势,加上一定原因分析,用观察出的相似函数曲线进行最小二乘误差拟合,得出拟合数学解析表达式,即所谓的校正数学模型。这样的构建过程缺乏科学性,具有一定的盲目性,甚至可能是不正确的。因为,如果获得的实验数据有较大的分散性或不准确,而又不能加以正确分析和判断,采用观察实验曲线变化趋势的办法,给出一个认定的相似函数,直接对实验数据进行最小二乘拟合,得到数学解析表达式,不能够客观地反映出各影响因素与 SF_6 在不同故障状态下的组分特征比值对应的物理化学联系,原因是不同影响因素对不同故障状态下 SF_6 分解的影响机制不同,而且各影响因素之间还存在着耦合效应,如果简单地采用统一校正方法来对不同影响因素的影响规律进行校正,势必会给诊断结果带来偏差[1]。所以,在建立各影响因素对 SF_6 分解组分比值特性的影响数学模型时,必须要从各影响因素对 SF_6 故障分解的作用机制出发,对生成物机理与影响因子引起的变化规律进行理论分析,推导出影响因子作用函数的物理表达式,再用实验数据来确定函数中的未知常数,最后用实验结果加以验证,建立起适合描述不同影响因素作用于 SF_6 分解组分含量特征比值的数学模型。因此,在 PD、POT、火花甚至电弧放电情况下,不仅要弄清各种影响因素作用于 SF_6 分解的机制及规律,还要结合各影响因素的作用机制,研究相关影响因素作用于 SF_6 分解特性的校正理论,给出一种适用于不同影响因素的修正法则或方法,以提高利用分解组分诊断绝缘故障的泛化能力。

本章利用金属突出物缺陷发生 PD 时 SF_6 分解产物的实验数据,并结合化学反应动力学理论来讨论主要影响因素的校正理论与方法。

10.1　化学反应动力学理论

化学动力学是研究化学反应速率以及各种因素对反应速率影响规律的一门学科[2],其中包括化学物质结构与反应性能的关系,探寻能够解释化学反应速率规律的机理,为能够有效地控制化学反应提供理论参考依据,找出决定化学反应速率的关键因素,使化学反应能够按照所需要的方向进行,从而得到人们所希望的结果。

化学动力学采用宏观与微观并用的方法。宏观方法是通过实验测定化学反应的浓度、温度、时间等宏观量,分析这些宏观量之间的关系,研究基元反应和复合反应的速率。微观方法是考察物质的微观特性,如几何结构、分子尺寸以及分子和电子的运动,以此来分析和研究基元反应的速率[3]。

式(10.1)为一般的化学反应方程式,其化学反应速率可表示为式(10.2),其中 c_Y、c_Z、c_G、c_H 分别表示各种反应物和生成物的浓度,其单位为 mol/L,r 表示化学反应的速率,其单位为 (mol/L)/s:

$$yY+zZ=gG+hH \tag{10.1}$$

$$r=-\frac{1}{y}\frac{dc_Y}{dt}=-\frac{1}{z}\frac{dc_Z}{dt}=-\frac{1}{g}\frac{dc_G}{dt}=-\frac{1}{h}\frac{dc_H}{dt} \tag{10.2}$$

反应速率与反应物浓度的关系可以写成式(10.3)所示的形式,该式即为化学反应的速率方程或化学反应动力学方程,它是一个经验公式,式中的未知参数 n_Y、n_Z 分别为物质 Y、Z 的分级数,k 为化学反应速率常数,这些参数可以通过实验测量得到。

$$r=kc_Y^{n_Y}c_Z^{n_Z} \tag{10.3}$$

所有分级数之和称为反应的总级数,又称反应级数,以 n 表示,如式(10.4)所示。反应级数是反应速率方程中反应物的物质的量浓度的幂指数,它的大小表示反应物的物质量浓度对反应速率影响的程度。指数越高,表明浓度对反应速率的影响越强烈,反应级数可以为整数或者分数。

$$n=n_Y+n_Z \tag{10.4}$$

速率常数是指定温度下各有关浓度为单位量时的反应速率,也就是速率方程的比例系数,速率常数的大小可以用来表示反应的快慢和难易,它是一个有量纲的量,不同级数的化学反应,其速率常数的单位是不同的,对于反应级数为 n 的化学反应,其速率常数的单位为 $(mol/L)^{1-n}/s$。常见的化学反应有零级反应、一级反应和二级反应,对于反应物只有一种物质的反应,它们的反应速率通常与反应物浓度的零次方、一次方和二次方成正比。

10.1.1　零级反应

对于式(10.5)所示的化学反应,若反应速率与反应物 A 的浓度零次方成正比,则该反应就是零级反应:

$$A \longrightarrow B \tag{10.5}$$

许多表面催化反应都属于零级反应,如式(10.6)所示的氨气在钨丝上的分解反应,式(10.7)所示的氧化亚氮在铝丝上的分解反应。这类零级反应大都是在催化剂表面上发生的,在给定的气体浓度下,催化剂表面已被反应物气体分子所饱和,再增加气体浓度,并不能改变催化剂表面上反应物的浓度,当表面反应为速率控制步骤时,总的反应速率并不再依赖于反应物在气相的浓度,因此反应在宏观上必然遵循零级反应的规律:

$$2NH_3 \longrightarrow N_2 + 3H_2 \tag{10.6}$$

$$2N_2O \longrightarrow 2N_2 + O_2 \tag{10.7}$$

零级反应的速率方程为

$$-\frac{dc_A}{dt} = k_A c_A^0 = k_A \tag{10.8}$$

两边积分可以得到

$$\int_{c_{A0}}^{c_{At}} (-dc_A) = \int_0^t k_A dt \tag{10.9}$$

式中, c_{A0}、c_{At} 分别为反应物 A 的起始浓度和时刻 t 的浓度,求解式(10.9)得

$$c_{A0} - c_{At} = k_A t \tag{10.10}$$

零级反应具有以下特点。

(1) 反应掉的物质的量 $c_{A0} - c_{At}$ 与时间 t 呈线性关系,斜率为 k_A。

(2) k_A 的单位为 $(mol/L)/s$。

(3) 半衰期为反应物反应一半所需的时间,用 $t_{1/2}$ 表示,可以根据半衰期来确定速率方程。零级反应的半衰期如式(10.11)所示。对于零级反应,半衰期与反应物初始浓度成正比,与速率常数成反比:

$$t_{1/2} = \frac{c_{A0} - \frac{1}{2}c_{A0}}{k_A} = \frac{c_{A0}}{2k_A} \tag{10.11}$$

10.1.2　一级反应

对于式(10.5)所示的化学反应,若反应速率与反应物 A 浓度的一次方成正比,则该反应就是一级反应。一级反应的速率方程为

$$-\frac{dc_A}{dt} = k_A c_A \tag{10.12}$$

　　属于一级反应的通常有大多数热分解反应、放射元素的蜕变反应、分子重排反应和水解反应等,例如,式(10.13)所示的镭放射性蜕变反应和式(10.14)所示的碘热分解反应:

$$_{88}\text{Ra}^{226} \longrightarrow {}_{86}\text{Rn}^{222} + {}_2\text{He}^4 \tag{10.13}$$

$$\text{I}_2 \longrightarrow 2\text{I} \tag{10.14}$$

将其分离变量可得

$$-\frac{\mathrm{d}c_A}{c_A} = k_A \mathrm{d}t \tag{10.15}$$

假设时间为 0 时反应物 A 的浓度为 c_{A0},时间为 t 时反应物浓度为 c_{At},对式(10.15)积分可得

$$-\int_{c_{A0}}^{c_{At}} \frac{\mathrm{d}c_A}{c_A} = \int_0^t k_A \mathrm{d}t \tag{10.16}$$

解之可得

$$\ln c_{At} = -k_A t + \ln c_{A0} \tag{10.17}$$

或者

$$c_{At} = c_{A0} \mathrm{e}^{(-k_A t)} \tag{10.18}$$

　　一级反应具有以下特点。

　　(1) 从式(10.17)可以看出,$\ln c_{At}$ 与 t 呈线性关系。

　　(2) 对于一级反应,其速率常数 k_A 的单位为 s^{-1}。

　　(3) 一级反应的半衰期为

$$t_{1/2} = \frac{\ln 2}{k_A} \tag{10.19}$$

将 $c_{At} = \dfrac{c_{A0}}{2}$ 代入式(10.18)可得

$$k_A = \frac{\ln 2}{t_{1/2}} \text{或} \ t_{1/2} = \frac{0.693}{k_A} \tag{10.20}$$

即速率常数与半衰期成反比,半衰期与反应物的真实浓度无关。

10.1.3　二级反应

　　凡是反应速率与反应物浓度二次方成正比的化学反应就定义为二级反应[4,5]。二级反应是最常见的化学反应。例如,碘化氢的加热分解和碘蒸气的化合,乙烯、丙烯和异丁烯的二聚作用,以及乙酸酯和碱的皂化反应等都是二级反应。

　　二级反应有两种形式,一种是只有一种反应物的化学反应,第二种是有两种反应物的化学反应。下面分别加以讨论。

1. 只有一种反应物

这种形式的化学反应方程式可写成如式(10.21)所示的形式。若实验确定反应物 A 的消耗速率与反应物 B 的含量浓度呈二次方关系,则总反应级数为二级:

$$A \longrightarrow B + \cdots \tag{10.21}$$

其速率方程的微分形式为

$$-\frac{dc_A}{dt} = k_A c_A^2, \quad n = 2 \tag{10.22}$$

两边积分可得

$$-\int_{c_{A0}}^{c_A} \frac{dc_A}{c_A^2} = k_A \int_0^t dt \tag{10.23}$$

解之可得

$$\frac{1}{c_{At}} - \frac{1}{c_{A0}} = k_A t \tag{10.24}$$

将 $c_{At} = \dfrac{c_{A0}}{2}$ 代入式(10.24)可得半衰期为

$$t_{1/2} = \frac{1}{k_A c_{A0}} \tag{10.25}$$

此种形式的二级反应具有以下特点。

(1) 二级反应的速率常数 k_A 的单位为 $L/(mol \cdot s)$。

(2) 二级反应的半衰期与反应物 A 的初始浓度的量浓度成反比。

(3) $1/c_A$ 与 t 呈线性关系,直线的斜率即为速率常数。

2. 有两种反应物

这种情况下的化学反应形式可以写成式(10.26),若实验确定,反应物 A 的消耗速率与反应物 A 及 B 的含量浓度之积呈一次方关系,则总反应级数为二级:

$$aA + bB \longrightarrow C + \cdots \tag{10.26}$$

对于这种形式的二级反应,其微分形式的速率方程可以表述为

$$-\frac{dc_A}{dt} = k c_A c_B \tag{10.27}$$

对式(10.27)积分可能出现以下几种情况。

(1) 当 $a = b$ 时,若 $c_{A0} = c_{B0}$,则由于反应物 A 和 B 在任一时刻 $c_A = c_B$,于是有

$$-\frac{dc_A}{dt} = k c_A^2 \tag{10.28}$$

积分结果与只有一种反应物的情况相同。

(2) 当 $a \neq b$ 时,若 $\dfrac{c_{A0}}{c_{B0}} = \dfrac{a}{b}$,则由于反应物 A 和 B 在任一时刻均应按计量数的

比例反应,从而 $\dfrac{c_A}{c_B} = \dfrac{a}{b}$,于是式(10.28)可简化为

$$-\frac{\mathrm{d}c_A}{\mathrm{d}t} = kc_A c_B = kc_A \left(c_A \frac{b}{a} \right) = k' c_A^2 \tag{10.29}$$

式中,$k' = k\dfrac{b}{a}$,积分结果同式(10.24),即与之有一种反应物的情况类似。但求得的是反应级数而非分级数。

(3) 当 $a = b$ 时,若 $\dfrac{c_{A0}}{c_{B0}} \neq \dfrac{a}{b}$,经反应时间 t 后,浓度消耗为 y,则

$$-\frac{\mathrm{d}c_A}{\mathrm{d}t} = -\frac{\mathrm{d}(c_{A0} - y)}{\mathrm{d}t} = \frac{\mathrm{d}y}{\mathrm{d}t} = k(c_{A0} - y)(c_{B0} - y) \tag{10.30}$$

$$\int_0^y \frac{\mathrm{d}y}{(c_{A0} - y)(c_{B0} - y)} = \int_0^y kt\,\mathrm{d}t \tag{10.31}$$

$$\int_0^y \frac{1}{c_{A0} - c_{B0}} \left(\frac{\mathrm{d}y}{c_{B0} - y} - \frac{\mathrm{d}y}{c_{A0} - y} \right) = \frac{1}{c_{A0} - c_{B0}} \left(\int_0^y \frac{\mathrm{d}y}{c_{B0} - y} - \int_0^y \frac{\mathrm{d}y}{c_{A0} - y} \right) = \int_0^y kt\,\mathrm{d}t \tag{10.32}$$

$$\frac{1}{c_{A0} - c_{B0}} \ln \frac{c_{B0}(c_{A0} - y)}{c_{A0}(c_{B0} - y)} = kt \tag{10.33}$$

10.2 微水微氧对特征组分含量比值影响的化学动力学分析

在 PD 或 POT 作用下,虽然 SF$_6$ 气体绝缘介质的分解反应是一个比较复杂的过程,但总体反应过程可以分成两个步骤:第一步是 SF$_6$、O$_2$ 及 H$_2$O 等原始反应物被高能电子撞击发生电离,第二步是分解生成的各种原子、离子以及 O$_2$ 和 H$_2$O 相互反应,生成最终产物。

10.2.1 PD 作用下 SF$_6$ 分解的化学反应级数

不考虑反应的具体步骤,那么 SOF$_2$ 和 SO$_2$F$_2$ 特征组分的生成过程可以简单地概括为反应式(10.34)~反应式(10.37):

$$e + SF_6 + H_2O \longrightarrow SO_2F_2 + e \tag{10.34}$$

$$e + SF_6 + H_2O \longrightarrow SOF_2 + e \tag{10.35}$$

$$e + SF_6 + O_2 \longrightarrow SO_2F_2 + e \tag{10.36}$$

$$e + SF_6 + O_2 \longrightarrow SOF_2 + e \tag{10.37}$$

从第 2 章中关于 SF$_6$ 在 PD 作用下的分解反应可知,基元反应式(2.1)~反应

式(2.3)均为一级反应,而反应式(2.4)~反应式(2.19)均为二级反应,由此可以推断出反应式(10.34)~反应式(10.37)也为二级反应,即反应速率与反应物的浓度之积成正比。

在放电区内,当有机绝缘材料(如环氧树脂 epoxy)或者不锈钢金属电极存在时,其中含有的 C 原子会与 SF_6 分解释放出的 F 原子结合生成 CF_4 组分,同时 C 原子也会与微量 H_2O 和 O_2 释放出来的 O 原子结合生成 CO_2 组分,反应如式(10.38)和式(10.39)所示,依据反应的具体过程可以推断出这两个反应也为二级反应[6,7]。

$$e+C+SF_6 \longrightarrow CF_4+e \tag{10.38}$$

$$e+C+O_2 \longrightarrow CO_2+e \tag{10.39}$$

从上述分析可以看出,SOF_2、SO_2F_2、CO_2 和 CF 四种特征分解组分的生成过程可以写成统一的形式,如式(10.40)所示,其中 A 和 B 代表反应物,C 代表生成的特征分解组分,a、b、c 为化学计量数,且该反应为二级反应[6,7]:

$$aA+bB \longrightarrow cC \tag{10.40}$$

10.2.2　组分浓度与反应物初始浓度之间的关系

根据化学反应动力学理论,对于一个二级反应,其反应速率与两个反应物浓度的乘积成正比,对于(10.40)所示的化学反应,其反应速率 r 为

$$r=-\frac{\mathrm{d}[A]}{\mathrm{d}t}=k[A][B] \tag{10.41}$$

式中,$[A]$ 和 $[B]$ 分别表示反应物 A、B 的浓度;k 是反应的速率常数。假设 t 时刻反应物 A 和 B 反应消耗的浓度为 aX 和 bX,那么 t 时刻反应物 A、B 的浓度分别为 $[A]_t=[A]_0-aX$ 和 $[B]_t=[B]_0-bX$。代入式(10.41)有

$$r=-\frac{\mathrm{d}[A]}{\mathrm{d}t}=\frac{\mathrm{d}X}{\mathrm{d}t}=k([A]_0-aX)([B]_0-bX) \tag{10.42}$$

对式(10.42)进行定积分:

$$\int_0^X \frac{\mathrm{d}X}{([A]_0-aX)([B]_0-bX)}=k\int_0^t \mathrm{d}t \tag{10.43}$$

利用部分分式积分法求解,可得到

$$\ln\frac{[A]_0-aX}{[B]_0-bX}=\left(\frac{b}{a}[A]_0-[B]_0\right)kt+\ln\frac{[A]_0}{[B]_0} \tag{10.44}$$

$$\frac{[A]_0-aX}{[B]_0-bX}=\mathrm{e}^{\left(\frac{b}{a}[A]_0-[B]_0\right)kt+\ln\frac{[A]_0}{[B]_0}} \tag{10.45}$$

$$X=\frac{[B]_0}{b}+\frac{[A]_0 b-[B]_0 a}{ab-b^2 \mathrm{e}^{\left(\frac{b}{a}[A]_0-[B]_0\right)kt+\ln\frac{[A]_0}{[B]_0}}} \tag{10.46}$$

当时间 t 足够长时,有

$$X=\frac{[B]_0}{b}+\varepsilon \tag{10.47}$$

式中,ε 是远小于 $[B]_0$ 的常数。因此当反应时间足够长时,反应生成物 C 的浓度可表示为

$$[C]=cX=\frac{c}{b}[B]_0+c\varepsilon \tag{10.48}$$

10.2.3　特征组分含量比值与初始微水微氧浓度之间的关系

根据式(10.48)可得出:当微量 O_2 含量一定时,特征分解组分的浓度与放电气室内起始微量 H_2O 含量的关系为

$$[F]=i[H_2O]_0+\varepsilon_1 \tag{10.49}$$

当微量 H_2O 含量一定时,特征分解组分的浓度与放电气室内起始微量 O_2 含量的关系为

$$[F]=j[O_2]_0+\varepsilon_2 \tag{10.50}$$

式中,F 表示与微量 H_2O 和 O_2 含量有关的特征分解组分 SO_2F_2、SOF_2 或 CO_2;i、j 都是常数;ε_1 和 ε_2 是远小于 $[H_2O]_0$ 和 $[O_2]_0$ 的常数;特征分解组分 CF_4 含量与微量 H_2O 和 O_2 无关,用常数 λ 来表示,为此,可得出微量 H_2O 含量与特征组分含量比值的关系如式(10.51)~式(10.53)所示,微量 O_2 含量与特征组分比值的关系如式(10.54)~式(10.56)所示[6,7]:

$$\frac{[SO_2F_2]}{[SOF_2]}=\frac{i_{11}[H_2O]_0+\varepsilon_{11}}{i_{12}[H_2O]_0+\varepsilon_{12}} \tag{10.51}$$

$$\frac{[CF_4]}{[CO_2]}=\frac{\lambda}{i_{13}[H_2O]_0+\varepsilon_{13}} \tag{10.52}$$

$$\frac{[CF_4]+[CO_2]}{[SO_2F_2]+[SOF_2]}=\frac{\lambda+i_{13}[H_2O]_0+\varepsilon_{13}}{i_{11}[H_2O]_0+\varepsilon_{11}+i_{12}[H_2O]_0+\varepsilon_{12}} \tag{10.53}$$

$$\frac{[SO_2F_2]}{[SOF_2]}=\frac{j_{21}[O_2]_0+\varepsilon_{21}}{j_{22}[O_2]_0+\varepsilon_{22}} \tag{10.54}$$

$$\frac{[CF_4]}{[CO_2]}=\frac{\lambda}{j_{23}[O_2]_0+\varepsilon_{23}} \tag{10.55}$$

$$\frac{[CF_4]+[CO_2]}{[SO_2F_2]+[SOF_2]}=\frac{\lambda+j_{23}[O_2]_0+\varepsilon_{23}}{j_{21}[O_2]_0+\varepsilon_{21}+j_{22}[O_2]_0+\varepsilon_{22}} \tag{10.56}$$

10.3　微水微氧对特征组分比值影响规律的数学模型

10.3.1　数学模型的形式

微量 H_2O 含量与特征组分比值的关系可以通过式(10.51)~式(10.53)转换

为式(10.57)～式(10.59)所示的形式。微量 O_2 含量与特征组分比值的关系可以通过式(10.54)～式(10.56)转换为式(10.60)～式(10.62)所示的形式。式(10.57)～式(10.62)都可以写成式(10.63)统一的形式,即特征组分含量比值与初始微量 H_2O 和 O_2 含量之间的关系都可以用幂函数来表达[6-8]:

$$\frac{[SO_2F_2]}{[SOF_2]}=\frac{\dfrac{1}{i_{12}}\left(\varepsilon_{11}-\dfrac{i_{11}}{i_{12}}\varepsilon_{12}\right)}{[H_2O]_0+\dfrac{\varepsilon_{12}}{i_{12}}}+\frac{i_{11}}{i_{12}} \tag{10.57}$$

$$\frac{[CF_4]}{[CO_2]}=\frac{\dfrac{1}{i_{13}}\lambda}{[H_2O]_0+\dfrac{\varepsilon_{13}}{i_{13}}} \tag{10.58}$$

$$\frac{[CF_4]+[CO_2]}{[SO_2F_2]+[SOF_2]}=\frac{\dfrac{1}{i_{11}+i_{12}}\left[\lambda+\varepsilon_{13}-\dfrac{i_{13}}{i_{11}+i_{12}}(\varepsilon_{11}+\varepsilon_{12})\right]}{[H_2O]_0+\dfrac{\varepsilon_{11}+\varepsilon_{12}}{i_{11}+i_{12}}}+\frac{i_{13}}{i_{11}+i_{12}} \tag{10.59}$$

$$\frac{[SO_2F_2]}{[SOF_2]}=\frac{\dfrac{1}{j_{22}}\left(\varepsilon_{21}-\dfrac{j_{21}}{j_{22}}\varepsilon_{22}\right)}{[O_2]_0+\dfrac{\varepsilon_{22}}{j_{22}}}+\frac{j_{21}}{j_{22}} \tag{10.60}$$

$$\frac{[CF_4]}{[CO_2]}=\frac{\dfrac{1}{j_{23}}\lambda}{[O_2]_0+\dfrac{\varepsilon_{23}}{j_{23}}} \tag{10.61}$$

$$\frac{[CF_4]+[CO_2]}{[SO_2F_2]+[SOF_2]}=\frac{\dfrac{1}{j_{21}+j_{22}}\left[\lambda+\varepsilon_{23}-\dfrac{j_{23}}{j_{21}+j_{22}}(\varepsilon_{21}+\varepsilon_{22})\right]}{[O_2]_0+\dfrac{\varepsilon_{21}+\varepsilon_{22}}{j_{21}+j_{22}}}+\frac{j_{23}}{j_{21}+j_{22}} \tag{10.62}$$

$$f(x)=\frac{\alpha}{x+\beta}+\gamma \tag{10.63}$$

式中,x 表示微水初始值 $[H_2O]_0$ 或微氧初始值 $[O_2]_0$;$f(x)$ 表示特征组分比值大小;α、β 和 γ 为常数,可通过获取的实验数据拟合得到。

经上述理论推导可知,微量 H_2O 和 O_2 对三组特征组分含量比值 $c(SO_2F_2)/c(SOF_2)$、$c(CF_4+CO_2)/c(SO_2F_2+SOF_2)$ 和 $c(CF_4)/c(CO_2)$ 的影响规律都符合幂

函数的关系,这与上述实验得到的数据在变化趋势上相吻合。

10.3.2　数学模型参数确定

为构建微量 H_2O 和 O_2 对三组特征组分含量比值影响规律的数学模型,选用如式(10.63)所示的幂函数作为拟合函数,结合之前所得到的不同微量 H_2O 和 O_2 下的特征组分含量比值实验数据,用最小二乘拟合,可求出式中 α、β 和 γ 三个系数的值,从而分别获得对应三组特征组分含量比值影响规律的具体数学模型表达式:

$$g_1(y) = 410.4/(y+1011) + 0.2467 \tag{10.64}$$

$$g_2(y) = 322.7/(y+2337) + 0.0411 \tag{10.65}$$

$$g_3(y) = 120.5/(y+1189) + 0.0306 \tag{10.66}$$

式(10.64)~式(10.66)分别为微量 H_2O 和 O_2 对三组特征组分含量比值 $c(SO_2F_2)/c(SOF_2)$、$c(CF_4+CO_2)/c(SO_2F_2+SOF_2)$ 和 $c(CF_4)/c(CO_2)$ 和影响规律的数学模型表达式,这些数学模型的曲线如图 10.1 所示,式中 y 表示初始微量 H_2O 的含量 $[H_2O]_0$[4,5]:

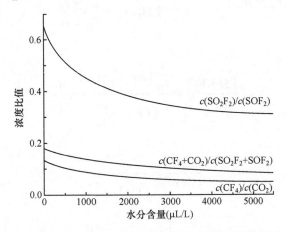

图 10.1　微量 H_2O 对特征比值影响的数学模型曲线

式(10.67)~式(10.69)分别为微量 O_2 对三组特征组分含量比值 $c(SO_2F_2)/c(SOF_2)$、$c(CF_4+CO_2)/c(SO_2F_2+SOF_2)$ 和 $c(CF_4)/c(CO_2)$ 的影响规律的数学模型表达式,这些数学模型的曲线如图 10.2 所示,式中 z 表示初始微氧的含量 $[O_2]_0$[4,5]:

$$g_4(z) = 1110/(z+8108) + 0.284 \tag{10.67}$$

$$g_5(z) = 255.8/(z+2032) + 0.111 \tag{10.68}$$

$$g_6(z) = 49.8/(z+446.1) + 0.036 \tag{10.69}$$

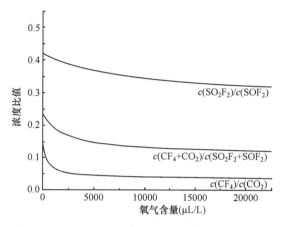

图 10.2　微量 O_2 对特征比值影响的数学模型曲线

10.4　微水微氧对特征组分比值影响的耦合校正

IEC 60376—2005 和我国电力行业标准 DL/T 596—1996 均明确规定了投运的 SF_6 气体绝缘设备主气室中微量 H_2O 最大不能超过 500ppm,空气含量最大不超过 1‰(约合 $2000\mu L/L$ 的微量 O_2),同时,不同设备内部的微量 H_2O 和 O_2 也不尽相同,因此实际运行中的 SF_6 气体绝缘设备内部存在的微量 H_2O 和 O_2 含量不是无限的。在利用 SF_6 分解组分对气体绝缘设备进行故障诊断或状态评估时,需要将含不同微量 H_2O 和 O_2 下的分解特性校正到一个可以相互比较的标准状态,然后根据校正后的标准分解特性去诊断 SF_6 气体绝缘设备的绝缘故障,以解决检测条件不一致带来的诊断误差问题。同时,微量 H_2O 和 O_2 对 SF_6 的分解过程还存在着耦合效应,目前还没有一个规定的统一"标准状态",为此,作者就以 IEC 60376—2005 和我国电力行业标准 DL/T 596—1996 中规定的设备内部微量 H_2O 和 O_2 最大含量值作为此标准状态,对微水微氧含量的不同进行耦合校正。

上述微水校正曲线是在微量 O_2 含量为 $2000\mu L/L$ 时得到的,但对微水校正时,所要校正的数据不一定是在该微量 O_2 含量下测得的,因此需要得到不同微量 O_2 含量下的微水校正曲线。同样,在对微氧校正时,也需要得到不同微量 H_2O 含量下的微氧校正曲线。在此,假设不同微量 O_2 含量下的微水校正曲线具有相同的变化趋势,不同微量 H_2O 含量下的微氧校正曲线也具有相同的变化趋势,所不同的只是在纵轴上的偏移量,这样就可以得到不同微量 O_2 含量下的微水校正曲线如式(10.70)所示,以及不同微量 H_2O 含量下的微氧校正曲线如式(10.71)所示。$g(y,z)$ 代表微水含量为 y、微氧含量为 z 时的特征组分含量比值,α_1、β_1 为微水校正曲线中的系数,从式(10.64)~式(10.66)中获得,α_2、β_2 为微氧校正曲线中的系数,从式(10.67)～式(10.69)中获得,l_{x1}、l_{x2} 为校正曲线在纵轴上的偏移量[4,5]:

$$g(y,z)=\alpha_1/(y+\beta_1)+l_{x1} \tag{10.70}$$

$$g(y,z)=\alpha_2/(z+\beta_2)+l_{x2} \tag{10.71}$$

10.4.1 微水影响校正

假设在微量 H_2O 含量为 $y=y_n$,微量 O_2 含量为 $z=z_n$ 时,测得一组特征组分含量比值数据 $g(y_n,z_n)$,不需要校正微氧,只需要将微水校正至 $y=y_0$,可以采用先将数据代入式(10.70)求出 l_{x1},如式(10.72)所示[6-8]:

$$l_{x1}=g(y_n,z_n)-\alpha_1/(y_n+\beta_1) \tag{10.72}$$

然后,将 l_{x1} 代入式(10.70)便得到微氧含量 $z=z_n$ 时的微水校正曲线,如式(10.73)所示:

$$g(y,z_n)=\alpha_1/(y+\beta_1)+g(y_n,z_n)-\alpha_1/(y_n+\beta_1) \tag{10.73}$$

然后,将微水含量 $y=y_0$ 代入式(10.73),便可得到微水校正后的特征组分含量比值数据,如式(10.74)所示:

$$g(y_0,z_n)=\alpha_1/(y_0+\beta_1)+g(y_n,z_n)-\alpha_1/(y_n+\beta_1) \tag{10.74}$$

10.4.2 微氧影响校正

假设在微量 H_2O 含量为 $y=y_n$,微量 O_2 含量为 $z=z_n$ 时,测得一组特征组分含量比值数据 $g(y_n,z_n)$,不需要校正微水,只需要将微氧校正至 $z=z_0$,可以采用先将数据代入式(10.71)求出 l_{x2},如式(10.75)所示[6-8]:

$$l_{x2}=g(y_n,z_n)-\alpha_2/(z_n+\beta_2) \tag{10.75}$$

再将 l_{x2} 代入式(10.71)便得到微水含量 $y=y_n$ 时的微氧校正曲线,如式(10.76)所示:

$$g(y_n,z)=\alpha_2/(z+\beta_2)+g(y_n,z_n)-\alpha_2/(z_n+\beta_2) \tag{10.76}$$

然后,将 $z=z_0$ 代入式(10.76),便可得到微氧校正后的特征组分含量比值数据,如式(10.77)所示:

$$g(y_n,z_0)=\alpha_2/(z_0+\beta_2)+g(y_n,z_n)-\alpha_2/(z_n+\beta_2) \tag{10.77}$$

10.4.3 微水微氧影响耦合校正

假设在微量 H_2O 含量为 $y=y_n$,微量 O_2 含量为 $z=z_n$ 时,测得一组特征组分比值数据 $g(y_n,z_n)$,微水微氧均需校正,微水需要被校正至 $y=y_0$,微氧需要被校正至 $z=z_0$。理论上可以有两种方法,一种是先对微水进行校正,再对微氧进行校正;另一种是先对微氧进行校正,再对微水进行校正[6,7]。下面分别介绍两种校正过程。

(1) 如果先校正微水,再进行微氧校正。由于式(10.74)是微水校正后的结果,在此基础上再进行微氧校正,需先将式(10.74)代入式(10.71)求出 l_{x2},如式(10.78)所示:

$$l_{x2} = \alpha_1/(y_0 + \beta_1) + g(y_n, z_n) - \alpha_1/(y_n + \beta_1) - \alpha_2/(z_n + \beta_2) \qquad (10.78)$$

再将式(10.78)代入式(10.71)即可得到微水为 $y = y_0$ 时的微氧校正曲线,如式(10.79)所示:

$$\begin{aligned} g(y_0, z) = {} & \alpha_2/(z + \beta_2) + \alpha_1/(y_0 + \beta_1) \\ & + g(y_n, z_n) - \alpha_1/(y_n + \beta_1) - \alpha_2/(z_n + \beta_2) \end{aligned} \qquad (10.79)$$

然后,将 $z = z_0$ 代入式(10.79),即可得到校正到 (y_0, z_0) 时的数据,如式(10.80)所示:

$$\begin{aligned} g(y_0, z_0) = {} & g(y_n, z_n) + \alpha_1/(y_0 + \beta_1) - \alpha_1/(y_n + \beta_1) \\ & + \alpha_2/(z_0 + \beta_2) - \alpha_2/(z_n + \beta_2) \end{aligned} \qquad (10.80)$$

(2) 如果先校正微氧,再进行微水校正。由于式(10.77)是微氧校正后的结果,在此基础上再进行微水校正,需先将式(10.77)代入式(10.70)求出 l_{x1},如式(10.81)所示:

$$l_{x1} = \alpha_2/(z_0 + \beta_2) + g(y_n, z_n) - \alpha_2/(z_n + \beta_2) - \alpha_1/(y_n + \beta_1) \qquad (10.81)$$

再将式(10.81)代入式(10.71)即可得到微氧为 $z = z_0$ 时的微水校正曲线,如式(10.82)所示:

$$\begin{aligned} g(y, z_0) = {} & \alpha_1/(y + \beta_1) + \alpha_2/(z_0 + \beta_2) \\ & + g(y_n, z_n) - \alpha_2/(z_n + \beta_2) - \alpha_1/(y_n + \beta_1) \end{aligned} \qquad (10.82)$$

然后,将 $y = y_0$ 代入式(10.82),即可得到校正到 (y_0, z_0) 时的数据,如式(10.83)所示:

$$\begin{aligned} g(y_0, z_0) = {} & g(y_n, z_n) + \alpha_1/(y_0 + \beta_1) - \alpha_1/(y_n + \beta_1) \\ & + \alpha_2/(z_0 + \beta_2) - \alpha_2/(z_n + \beta_2) \end{aligned} \qquad (10.83)$$

对比式(10.80)和式(10.83)可以发现,它们是相同的。这表明,对于一组数据,无论采用先校正微水再校正微氧,还是先校正微氧再校正微水,所得到的结果都是相同的。因此,可将式(10.83)作为特征组分含量比值从微水微氧为 (y_n, z_n) 校正到微水微氧为 (y_0, z_0) 时的校正公式。

10.4.4　微水微氧校正实例

表 10.1 为一组特征组分含量比值数据。实验时,气室中的微水含量控制在 $2000\mu L/L$,微氧含量为 $8000\mu L/L$,实验持续 96h,每 12h 采集数据[6,7]。

表 10.1　校正前特征组分含量比值

| 时间/h | 特征组分含量比值，$c(H_2O)=2000\mu L/L, c(O_2)=8000\mu L/L$ | | |
	$c(SO_2F_2)/c(SOF_2)$	$c(CF_4+CO_2)/c(SO_2F_2+SOF_2)$	$c(CF_4)/c(CO_2)$
12	0.041	0.078	0.01
24	0.04	0.072	0.046
36	0.075	0.051	0.065
48	0.081	0.039	0.086
60	0.118	0.029	0.134
72	0.117	0.027	0.029
84	0.123	0.028	0.102
96	0.117	0.018	0.09

若需要对上述数据进行微水校正，将其校正至微水含量为 $500\mu L/L$，先不需要对微氧进行校正，可依照式（10.74）进行，此时式中 y_n 为 $2000\mu L/L$，y_0 为 $500\mu L/L$，z_n 为 $8000\mu L/L$。首先进行 $c(SO_2F_2)/c(SOF_2)$ 的校正，参照式（10.64）可以确定式（10.74）中的参数，代入后可得式（10.84），将表 10.1 中 $c(SO_2F_2)/c(SOF_2)$ 的值代入，即可求得微水校正后的数据，如表 10.2 所示；然后进行 $c(CF_4+CO_2)/c(SO_2F_2+SOF_2)$ 的校正，参照式（10.65）可以确定式（10.74）中的参数，代入后可得式（10.86），将表 10.1 中 $c(CF_4+CO_2)/c(SO_2F_2+SOF_2)$ 的值代入，即可求得微水校正后的数据，如表 10.2 所示；最后进行 $c(CF_4)/c(CO_2)$ 的校正，参照式（10.66）可以确定式（10.74）中的参数，代入后可得式（10.86），将表 10.1 中 $c(CF_4)/c(CO_2)$ 的值代入，即可求得微水校正后的数据，如表 10.2 表示。

$$g_1(500,8000)=410.4/(500+1011)+g(2000,8000)$$
$$-410.4/(2000+1011)$$
$$=g_1(2000,8000)+0.1353 \tag{10.84}$$

$$g_2(500,8000)=322.7/(500+2337)+g(2000,8000)$$
$$-322.7/(2000+2337)$$
$$=g_2(2000,8000)+0.0393 \tag{10.85}$$

$$g_3(500,8000)=120.5/(500+1189)+g(2000,8000)$$
$$-120.5/(2000+1189)$$
$$=g_3(2000,8000)+0.0336 \tag{10.86}$$

表 10.2　微水校正后的特征组分含量比值

时间/h	特征组分含量比值，$c(H_2O)=500\mu L/L$，$c(O_2)=8000\mu L/L$		
	$c(SO_2F_2)/c(SOF_2)$	$c(CF_4+CO_2)/c(SO_2F_2+SOF_2)$	$c(CF_4)/c(CO_2)$
12	0.1763	0.1173	0.0436
24	0.1753	0.1113	0.0796
36	0.2103	0.0903	0.0986
48	0.2163	0.0783	0.1196
60	0.2533	0.0683	0.1676
72	0.2523	0.0663	0.0626
84	0.2583	0.0673	0.1356
96	0.2523	0.0573	0.1236

若需要对上述数据进行微氧校正，将其校正至微氧含量为 $2000\mu L/L$，不需要对微水进行校正，可依照式（10.77）进行，此时，式中 y_n 为 $2000\mu L/L$，z_0 为 $2000\mu L/L$，z_n 为 $8000\mu L/L$。首先进行 $c(SO_2F_2)/c(SOF_2)$ 的校正，参照式（10.67）可以确定式（10.77）中的参数，代入后可得式（10.87），将表 10.1 中 $c(SO_2F_2)/c(SOF_2)$ 的值代入，即可求得微氧校正后的数据，如表 10.3 所示。然后进行 $c(CF_4+CO_2)/c(SO_2F_2+SOF_2)$ 的校正，参照式（10.68）可以确定式（10.77）中的参数，代入后可得（10.88），将表 10.1 中 $c(CF_4+CO_2)/c(SO_2F_2+SOF_2)$ 的值代入，即可求得微氧校正后的数据，如表 10.3 所示。最后进行 $c(CF_4)/c(CO_2)$ 的校正，参照式（10.69）可以确定式（10.77）中的参数，代入后可得式（10.89），将表 10.1 中 $c(CF_4)/c(CO_2)$ 的值代入，即可求得微氧校正后的数据，如表 10.3 所示。

$$\begin{aligned} g_4(2000,2000) &= 1110/(2000+8108)+g(2000,8000) \\ &\quad -1110/(8000+8108) \\ &= g_4(2000,8000)+0.0409 \end{aligned} \tag{10.87}$$

$$\begin{aligned} g_5(2000,2000) &= 255.8/(2000+2032)+g(2000,8000) \\ &\quad -255.8/(8000+2032) \\ &= g_5(2000,8000)+0.0379 \end{aligned} \tag{10.88}$$

$$\begin{aligned} g_6(2000,2000) &= 49.8/(2000+446.1)+g(2000,8000) \\ &\quad -49.8/(8000+446.1) \\ &= g_6(2000,8000)+0.0145 \end{aligned} \tag{10.89}$$

表 10.3　微氧校正后的特征组分含量比值

时间/h	特征组分含量比值,$c(H_2O)=2000\mu L/L$,$c(O_2)=2000\mu L/L$		
	$c(SO_2F_2)/c(SOF_2)$	$c(CF_4+CO_2)/c(SO_2F_2+SOF_2)$	$c(CF_4)/c(CO_2)$
12	0.0819	0.1553	0.058
24	0.0809	0.1493	0.094
36	0.1159	0.1283	0.113
48	0.1219	0.1163	0.134
60	0.1589	0.1063	0.182
72	0.1579	0.1043	0.077
84	0.1639	0.1053	0.15
96	0.1579	0.0953	0.138

　　若需要对上述数据同时进行微水微氧校正,将其校正至微水含量为$500\mu L/L$、微氧含量为$2000\mu L/L$,可依照式(10.83)进行,此时,式中 y_n 为 $2000\mu L/L$,y_0 为 $500\mu L/L$,z_n 为 $8000\mu L/L$,z_0 为 $2000\mu L/L$。首先进行 $c(SO_2F_2)/c(SOF_2)$ 的校正,参照式(10.64)和式(10.67)可以确定式(10.83)中的参数,代入后可得式(10.90),将表 10.1 中 $c(SO_2F_2)/c(SOF_2)$ 的值代入,即可求得微氧校正后的数据,如表 10.4 所示。然后进行 $c(CF_4+CO_2)/c(SO_2F_2+SOF_2)$ 的校正,参照式(10.65)和式(10.68)可以确定式(10.83)中的参数,代入后可得式(10.91),将表 10.1 中 $c(CF_4+CO_2)/c(SO_2F_2+SOF_2)$ 的值代入,即可求得微氧校正后的数据,如表 10.4 所示。最后进行 $c(CF_4)/c(CO_2)$ 的校正,参照式(10.66)和式(10.69)可以确定式(10.83)中的参数,代入后可得式(10.92),将表 10.1 中 $c(CF_4)/c(CO_2)$ 的值代入,即可求得微氧校正后的数据,如表 10.4 所示。

表 10.4　微水微氧校正后的特征组分含量比值

时间/h	特征组分含量比值,$c(H_2O)=500\mu L/L$,$c(O_2)=2000\mu L/L$		
	$c(SO_2F_2)/c(SOF_2)$	$c(CF_4+CO_2)/c(SO_2F_2+SOF_2)$	$c(CF_4)/c(CO_2)$
12	0.2172	0.2326	0.106
24	0.2162	0.2266	0.142
36	0.2512	0.2056	0.161
48	0.2572	0.1936	0.182
60	0.2942	0.1836	0.23
72	0.2932	0.1816	0.125
84	0.2992	0.1826	0.198
96	0.2932	0.1726	0.186

$$
\begin{aligned}
g_7(500,2000) &= g(2000,8000) + 410.4/(500+1011) \\
&\quad -410.4/(2000+1011) + 1110/(2000+8108) \\
&\quad -1110/(8000+8108) \\
&= g_7(2000,8000) + 0.1762
\end{aligned}
\tag{10.90}
$$

$$
\begin{aligned}
g_8(500,2000) &= g(2000,8000) + 322.7/(500+2337) \\
&\quad -322.7/(2000+2337) + 255.8/(2000+2032) \\
&\quad -255.8/(8000+2032) \\
&= g_8(2000,8000) + 0.0773
\end{aligned}
\tag{10.91}
$$

$$
\begin{aligned}
g_9(500,2000) &= g(2000,8000) + 120.5/(500+1189) \\
&\quad -120.5/(2000+1189) + 49.8/(2000+446.1) \\
&\quad -49.8/(8000+446.1) \\
&= g_9(2000,8000) + 0.0480
\end{aligned}
\tag{10.92}
$$

对于特征组分含量比值 $c(SO_2F_2)/c(SOF_2)$ 在校正前、微水校正后、微氧校正后以及微水微氧校正后的对比特性曲线如图 10.3 所示。

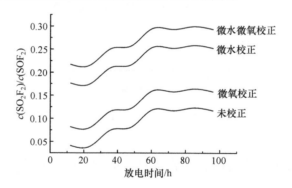

图 10.3　$c(SO_2F_2)/c(SOF_2)$ 比值校正前后对比

特征组分含量比值 $c(CF_4+CO_2)/c(SO_2F_2+SOF_2)$ 在校正前、微水校正后、微氧校正后以及微水微氧校正后的对比特性曲线如图 10.4 所示。

特征组分含量比值 $c(CF_4)/c(CO_2)$ 在校正前、微水校正后、微氧校正后以及微水微氧耦合校正后的对比特性曲线如图 10.5 所示。

从上述图中可以看出,对特征组分含量比值进行校正,其实是对校正前的数据在纵轴上作一个平移,对微水和微氧同时校正时的平移量要大于对单一影响因素的校正。在本例中,所有的平移都是移向纵轴的上方,这是因为校正后的微水微氧含量要小于校正前的微水微氧含量,当校正后的微水微氧含量低于校正之前时,校正后的曲线是向下平移的。这是由于三种特征组分含量比值都是随着微水和微氧含量的增加而减小的。

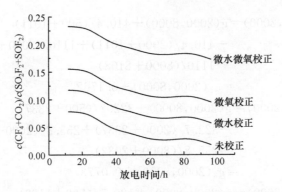

图 10.4　$c(CF_4+CO_2)/c(SO_2F_2+SOF_2)$ 比值校正前后对比

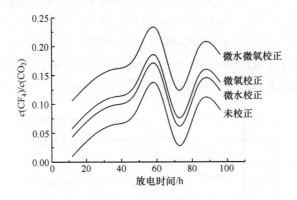

图 10.5　$c(CF_4)/c(CO_2)$ 比值校正前后对比

10.5　微水微氧校正在局部放电模式识别中的应用

将突出物、微粒、污秽、气隙四种缺陷下的 $c(SO_2F_2)/c(SOF_2)$、$c(CF_4)/c(CO_2)$ 和 $c(CO_2+CF_4)/c(SOF_2+SO_2F_2)$ 三个组分含量比值作为特征量,以支持向量机作为分类器,采用粒子群优化算法对参数进行优化,用建立的基于 SF₆ 分解组分比值的 PD 模式识别系统,对其微水微氧影响因素校正前后的正确识别率进行对比。

首先采用微水约为 $500\mu L/L$、微氧约为 $2000\mu L/L$ 时 144 个测试样本的数据作为训练数据,对建立的 PD 模式识别系统进行训练,然后采用另一组微水约为 $500\mu L/L$、微氧约为 $2000\mu L/L$ 时的测试数据来测试识别系统的性能。接着以微水约为 $2000\mu L/L$、微氧约为 $8000\mu L/L$ 时的数据输入识别系统,得到没有经过微水微氧校正时的识别结果,最后将微水约为 $2000\mu L/L$、微氧约为 $8000\mu L/L$ 时的数据,采用微水微氧校正方法校正到微水为 $500\mu L/L$、微氧为 $2000\mu L/L$,再输入识别系统得到识别结果,通过对比微水微氧校正前和校正后的识别结果就可知道校正方法的效果[6,7]。

从表 10.5 中可以看出,对微水微氧进行校正后,识别率得到了显著提升,从不能(错误)识别(识别率 0%),提高到正确识别率为 81.25%,这表明本书提出的微水微氧校正方法具有良好的效果。

表 10.5　校正微水微氧影响后的 PD 模式识别效果

参量	数据类型			
	训练	测试	校正前	校正后
微水含量/(μL/L)	500	500	2000	500
微氧含量/(μL/L)	2000	2000	8000	2000
样本数量	144	144	32	32
正确识别	—	140	0	26
识别率/%	—	97.2	0	81.25

参 考 文 献

[1] Tang J,Zeng F,Zhang X,et al. Influence regularity of trace O_2 on SF_6 decomposition characteristics and its mathematical amendment under partial discharge. IEEE Transactions on Dielectrics and Electrical Insulation,2014,21(1):105-115.

[2] 韩德刚,高执棣,高盘良. 物理化学. 北京:高等教育出版社,2009.

[3] Paul L. Houston,Chemical Kinetics and Reaction Dynamics. North Chelinsford:Courier Corporation,2012.

[4] Henriksen N E,Hansen F Y. Theories of molecular reaction dynamics. The Microscopic Foundation of Chemical Kinetics,2008.

[5] 傅献彩,等. 物理化学. 北京:高等教育出版社,2006:154-170.

[6] 刘帆. 局部放电下六氟化硫分解特性与放电类型辨识及影响因素校正. 重庆:重庆大学博士学位论文,2013.

[7] Liu F,Tang J,Liu Y. Mathematical model of influence of oxygen and moisture on feature concentration ratios of SF_6 decomposition products. Power and Energy Society General Meeting,New York,2012:1-5.

[8] 唐炬,梁鑫,姚强,等. 微水微氧对 PD 下 SF_6 分解特征组分比值的影响规律. 中国电机工程学报,2012,32(31):78-84.

第 11 章　分解组分含量为特征量的故障诊断

通过前面章节的叙述可知,当 SF_6 气体绝缘设备内部发生 PD 或者 POT 时,只要当 PD 或者 POT 的能量达到一定程度时,就可能使 SF_6 气体发生分解而生成各种低氟硫化物 SF_x,然后与混杂在气体中的微量 H_2O 和 O_2 等杂质发生反应生成各种分解特征产物,如 SO_2F_2、SOF_2、SOF_4、SO_2、CO_2、CF_4 和 H_2S 等。在设备正常运行的情况下,SF_6 气体是不会发生分解的,然而大量的研究报道[1-18]表明,SF_6 气体绝缘设备内部如果存在绝缘缺陷,并发展到一定程度而由此产生 PD 或者 POT,就会使 SF_6 气体发生分解,进而生成各种分解特征产物。这些特征分解产物往往又与诱发绝缘缺陷类型和程度有着密切的关联关系。同时,这一关联关系还与设备气室内部 SF_6 气体绝缘介质的气压、微量 H_2O、微量 O_2 和吸附剂等因素具有紧密的关系。因此,通过检测 SF_6 气体中的特征分解产物及其影响因素,就可以对运行中的 SF_6 气体绝缘设备的绝缘状态做出科学的判断,即判断运行中的设备是否有必要检修,或者什么时候检修。本章将根据现有相关标准、现场检修规程以及实验数据,介绍目前 SF_6 气体绝缘性能的常规检测方法和不同性质故障的特征分解组分诊断方法。

11.1　SF_6 气体绝缘性能的常规检测

11.1.1　SF_6 气体泄漏检测

SF_6 气体绝缘设备在电力系统中的应用越来越广泛。SF_6 气体是一种温室气体,不能随意排放,因此其泄漏问题也受到人们的广泛关注。作为 SF_6 气体绝缘设备内部主要的绝缘介质,SF_6 气体的泄漏不仅会对 SF_6 气体绝缘设备的安全运行造成威胁,也会因为 SF_6 气体本身及其放电分解形成的有毒组分泄漏造成现场工作人员的身体伤害及大气环境破坏,所以运行规程要求必须对运行中的 SF_6 气体绝缘设备进行有效的泄漏检测。

造成 SF_6 气体泄漏主要有如下原因[19]。

(1) 设备在制造过程中自身存在缺陷。

(2) 设备在安装时因安装工艺不合格等造成的密封不严。

(3) SF_6 设备运行过程中产生振动,使密封处出现缝隙等。

(4) 随着运行年限的延长,设备密封结构的自然老化造成泄漏。

(5) 在例行检修时,采集分析样气,测量气室内水分氧气含量等操作都会使气

室内的 SF_6 气体有少量外泄。

SF_6 气体泄漏带来以下主要问题[19]。

(1) SF_6 气体在电弧、火花、PD 以及 POT 等因素的作用下，会分解为 SF_x ($x=1,2,\cdots,5$)低氟化物。当气室中存在微量 H_2O 和 O_2 等杂质时，SF_x 低氟化物就会与这些杂质进一步发生反应，生成如 HF、CO_2、CH_4、SOF_2、SOF_4、SO_2F_2、CF_4 和 SO_2 等复杂组分[20]，其中，HF、SO_2、SOF_2、SOF_4 和 SO_2F_2 等分解物会损伤人体的呼吸系统。如果这些分解物泄漏到大气环境中，将会危害运行维护人员的身体健康。

(2) 气室内 SF_6 气体的泄漏会降低气室的压力，严重时会影响 SF_6 气体绝缘设备的绝缘耐受性能。

(3) 研究表明：SF_6 温室效应的潜在值（global warming potential，GWP）是 CO_2 的 23900 倍，而且 SF_6 是一种极其稳定的气体，在大气中的自然降解速度非常缓慢（大约需要 3200 年）[21]，因此在 1997 年签订的《京都议定书》中已将 SF_6 气体列为六种限制性使用的温室气体之一。如果泄漏排放大量的 SF_6 气体，将会对大气环境造成严重的破坏。

(4) SF_6 气体的价格比较贵，市场价格约为 80 元/kg，SF_6 气体长期泄漏也会造成巨大的经济损失。

目前，检测 SF_6 气体泄漏的方法很多，根据国内外学者的研究总结，主要方法有气体红外吸收成像、高度绝缘法、紫外线电离法、肥皂泡法和包扎法等[19,22]。

气体红外吸收成像：利用 SF_6 气体对 $10.5514\mu m$ 波段红外光具有强烈的吸收特性来进行检测的方法。一般选用可调低功率的 CO_2 激光器作为红外激光发射光源，激光经过背景反射形成反射光，穿过待测气体区域后进入成像系统。如果入射激光遭遇泄漏的 SF_6 气体，其能量会被 SF_6 气体吸收一部分，并在成像系统内形成肉眼可见的暗区，进而发现泄漏点。其优点是反应速度快，缺点是成本高，结构复杂，且易受外界复杂环境变化的影响[23,24]。

高度绝缘法：利用 SF_6 气体的高度绝缘特性来进行检测的方法。采用高压电晕放电技术制成的气体检漏仪，能定性地检测出环境中的 SF_6 气体泄漏。但该仪器在使用前必须在无 SF_6 气体的清洁空气中标定，否则即使在高浓度 SF_6 气体环境中，它也不会报警。

紫外线电离法：通过利用 SF_6 的吸附特性来进行检测的方法。检测精度较高，但不适合在线检测 SF_6 泄漏，另外，量程非常窄，一般检测范围只有百万分之几十。因此，国内外一般用在体积分数在 $30\mu L/L$ 以下的 SF_6 定量检测中。

肥皂泡法：此方法用于设备漏气时确定漏点。操作方式是将肥皂泡用刷子涂在可能出现泄漏的密封环节，出现向外鼓泡的地方就是漏点。此方法简单易行，但是灵敏度不高，大体只能发现 $0.1mL/min$ 以上程度的漏气量，且检测过程中容易遗漏。

包扎法:操作方式是采用柔性材料制成的密封带将设备可能泄漏的环节包扎起来,待一段时间后,泄漏的气体会使密封布向外鼓出,鼓出程度大致可以反映出气体泄漏的速度。这种方法操作简便,同时不受设备表面粗糙度的限制,可以大致评估泄漏速度,但是其测量精度极低,主要进行定性判断。

11.1.2 SF₆ 杂质成分检测

SF₆ 气体是由法国化学家 Moissan 和 Lebeau 于 1900 年首次合成,至今仍未在自然界找到它的天然产物。化工行业制造六氟化硫气体的方法主要是采用单质硫与过量气态氟直接化合反应而成,即 $S + 3F_2 \longrightarrow SF_6 + Q$(放出热量)。在合成中含有多种杂质,其杂质的成分和含量受原材料的纯度、工艺和条件等因素影响,有很大差异,主要杂质有 Air、CF_4、C_3F_8、SO_2F_2、SOF_2 和 $S_2F_{10}O$ 等[25]。如前所述,SF₆ 气体绝缘设备在制造、运输、安装和检修过程中会不可避免地会含有微量 H_2O 和 O_2 等杂质气体。当 SF₆ 气体绝缘设备气室内部出现各种放电(如电弧放电、火花放电、电晕放电、PD 或 POT)时,SF₆ 气体都会发生不同程度的分解,生成 SF_x 低氟化物,SF_x 会与气室中的微量 H_2O 和 O_2 等杂质发生复杂的化学反应,生成如 SOF_2、SO_2F_2、SOF_4、SO_2、CF_4、CO_2、HF 和 H_2S 等众多的组分[26,27]。当设备中 SF₆ 杂质和各种生成物达到一定量时,还会影响设备内部的绝缘性能。为了保证 SF₆ 气体的质量(或纯度),国际电工委员会和国家标准都对 SF₆ 气体产品的质量制定有标准,如表 11.1 所示。

表 11.1 SF₆ 新气质量的国家标准与 IEC 标准的比较

指标名称	GB/T 12022—2006	IEC 60376—2005
四氟化碳(CF₄)/%	≤0.04	≤0.2
空气(N₂+O₂)/%	≤0.04	≤0.24
湿度(×10⁻⁶,质量分数)	≤5	≤25
酸度(×10⁻⁶,以 HF 为质量分数)	≤0.2	≤1
可水解氟化物(×10⁻⁶,以 HF 表示)	≤1	—
矿物油(×10⁻⁶)	≤4	≤10
纯度(SF₆)/%	≥99.9	≥99.7(液态时测试)
毒性实验	无毒	无毒

对于运行中的 SF₆ 设备要求,我国还制定了电力行业标准 DL/T 596—2005《电力设备预防性试验规程》。具体的 SF₆ 气体试验项目和指标要求如表 11.2 所示。

表 11. 2 运行中 SF$_6$ 气体的试验项目和要求

项目	指标要求
四氟化碳(CF$_4$)/%	大修后≤0.05;运行中≤0.1
空气/%	大修后≤0.05;运行中≤0.2
湿度(20℃)(×10^{-6},体积分数)	灭弧气室大修后≤150,运行中≤300; 其他气室大修后≤250,运行中≤500
酸度(×10^{-6},以 HF 为质量分数)	≤0.3
可水解氟化物(×10^{-6},质量分数)	≤1.0
矿物油(×10^{-6},质量分数)	≤10

下面就 SF$_6$ 中各种杂质成分常用的检测方法进行具体介绍。

1. SF$_6$ 气体中微量 H$_2$O 含量检测

根据国家标准 GB 11605—2005《湿度测量方法》,湿度测量共有七种方法,但目前国内外监测 SF$_6$ 气体中微水含量所用的主要方法有重量法、电解法、振动频率法、阻容法和冷镜法等五种[28]。

(1)重量法。它是一种经典的测量方法,由 IEC 标准推荐。该方法是让 SF$_6$ 样气流经干燥剂,通过测量干燥剂吸收的水分量,与 SF$_6$ 样气体积进行换算,进而得到 SF$_6$ 样气的湿度。其优点是精度高,最大允许误差可达 0.1%。缺点是具体操作较困难,尤其是对于低湿度气体,同时浪费大量气体。因而只适合于测量露点高于−32℃的 SF$_6$ 气体检测。实际上单纯利用该方法测量湿度的仪器很少,仪器操作烦琐,且对实验条件和实验人员技能要求较高。

(2)电解法。它将干燥剂吸收的水分经电解池电解成氢气和氧气排出,电解电流的大小与水分含量成正比,通过检测电解电流进而可测得 SF$_6$ 样气的湿度。该方法弥补了重量法的缺点,且精度较好,价格便宜。缺点是电解电池气路需要在使用前干燥很长时间,且对气体的腐蚀性及清洁性要求较高。

(3)振动频率法。它将重量法中的干燥剂换用一种吸湿性的石英晶体,根据该晶体吸收水分质量不同时振动频率不同的特点进行测量,具体是让待测 SF$_6$ 气体和标准干燥气体流经该晶体,会产生不同的振动频率,计算两个频率之差即可得到 SF$_6$ 样气的湿度。该方法具有电解法一样的优点,且使用前无须干燥[28]。

(4)阻容法。它是一种不断完善的湿度测量方法,其基本原理是利用一个高纯铝棒,表面氧化成一层超薄的氧化铝薄膜,其外镀一层多孔的网状金膜,金膜与铝棒之间形成电容。氧化铝薄膜的吸水特性,导致电容值随 SF$_6$ 样气中水分的含量而改变,通过测量电容值即可测得 SF$_6$ 样气的湿度。该方法的主要优点是测量量程可更低,响应速度非常快,因而多用于现场和快速测量场合。这种方法精度较差,不确定度多达±2～±3℃[29],不是 IEC 推荐的方法。

(5) 冷镜法(也称为露点法)。它也是一种经典的测量方法,基本原理是让 SF_6 气体流经冷凝镜,通过等压制冷,使得 SF_6 气体达到饱和结露状态,即直到镜面上隐现露滴(或冰晶)的瞬间,通过光学探测系统测出镜面的平均温度,该温度即为该 SF_6 气体的露(霜)点温度,然后通过露点与 H_2O 含量的换算公式即可得到 SF_6 气体的微量 H_2O 含量。其主要优点是精度高,尤其在采用半导体制冷和光电检测技术后,不确定度可达 0.1℃。这种方法使用方便,测量精度高、重复性好,国际 IEC 和国家标准共同推荐使用,所以被广泛地应用于 SF_6 气体微水含量的检测。但该方法需要光洁度很高的镜面、精度很高的温控系统,以及灵敏度很高的露滴(冰晶)的光学探测系统。使用时必须使吸入样本 SF_6 气体的管道保持清洁,否则管道内的杂质将吸收或放出水分造成测量误差。

2. SF_6 气体中微量 O_2 含量的检测

SF_6 气体中微量 O_2 的含量可以直接通过氧气分析仪测量。目前,测量 SF_6 气体含氧量应用比较广泛的是采用电化学传感器法测量,测量 SF_6 气体含氧量的主流电化学传感器是燃料池氧传感器。燃料池氧传感器主要由高活性的氧电极和铅电极构成,电解液为 KOH。在阴极,O_2 被还原成氢氧根离子,而在阳极铅被氧化。电解液与外界由一层高分子薄膜隔开,SF_6 样气不直接进入传感器,因而电解液与铅电极不需要定期清洗或更换。SF_6 样气中的 O_2 通过高分子薄膜扩散到氧电极中进行电化学反应,电化学反应中产生的电流决定于扩散到氧电极的 O_2 分子数,而 O_2 的扩散速率又正比于 SF_6 样气中的氧含量。传感器输出的信号大小只与 SF_6 样气中的氧含量相关,而与通过传感器的气体总量无关。通过外部电路反应传感器上的电荷转移,即电流大小与 SF_6 样气中的氧含量成正比例关系。

3. SF_6 气体中微量分解产物含量检测

CF_4、CO_2 以及 SF_6 放电分解组分 SOF_2、SO_2F_2、SOF_4、SO_2 和 HF 等的检测方法主要有检测管法、红外吸收光谱法、离子色谱法、气相色谱法以及气体传感器法等。前四种方法是标准 IEC 60480—2004 推荐的检测方法[30]。这些检测方法的基本原理在第 3 章中已有详细介绍,在此只做简述归纳。

检测管法所使用的气体测定管是一种以多孔粒状固体为载体,在内壁涂上特定的化学试剂,再将其装入均匀的细玻璃管中制成的气体测定装置。将 SF_6 样品气体通过该管,被测成分就会与试剂发生化学反应并显色。根据颜色的深浅程度或显色部分的延伸长度来确定样品中待测组分的浓度。该方法主要是针对 SO_2、SOF_2 或 HF 进行检测,简单易行,但对其他主要分解气体没有检测作用,不能全面反映 SF_6 故障分解气体组分的情况[31]。

　　红外吸收光谱法是利用红外光穿过 SF_6 样品物质时,由于样品的吸收而被削弱,吸收量与该气体浓度之间呈线性关系。透过的光与发射的光的比值对波长的函数就构成了样品物质的红外吸收光谱,特定气体的红外吸收光谱将在该气体的吸收波长处表现出尖峰[32]。这种方法能够检测到 $\mu L/L$ 级的 CF_4、SO_2F_2、SOF_2、SF_4、SO_2、SOF_4 等气体。但是由于 SF_6 具有很强的吸收特性而影响其他气体的吸收峰,引起吸收峰的重叠,因此必须使用标准气体得到参考图谱对分析结果进行校正。

　　离子色谱法是基于离子交换柱的检测方法。它能够用于检测 SO_2、SO_2F_2、SOF_2、SF_4 和 HF[33]。目前,国内外很少使用这种方法检测 SF_6 放电分解气体的组分。

　　气体传感器法主要是利用当被测气体被吸附到气敏半导体表面时,其电阻值会发生变化的原理制成[34]。这种方法具有检测速度快,效率高,可以与计算机配合使用从而实现自动在线检测诊断等突出优点。目前,国内外用气体传感器法可以检测的气体主要是 SO_2、HF 和 H_2S。这种方法检测气体组分单一,还不能检测 SO_2F_2、SOF_2、SF_4、SOF_4、CF_4 等重要气体组分。同时,它还存在组分间相互干扰的问题,如 H_2S 传感器会对 SO_2 有响应。

　　气相色谱法是利用不同物质在两相中具有不同的分配系数(或吸附系数、渗透性),当两相做相对运动时,这些物质在两相中进行多次反复分配而实现分离,并先后从色谱柱中流出,经过检测器和记录器,这些被分开的组分成为一个个的色谱峰。气相色谱法具有检测组分多,检测灵敏度高,精度高等优点。气相色谱仪可以同时检测低至 $\mu L/L$ 级的 CF_4、SO_2F_2、SOF_2、SO_2、CO_2、H_2S 和 HF 等气体组分。气相色谱法可以对各气体组分进行直接标定,也可以进行间接标定。目前,气相色谱法是用于 SF_6 放电分解气体组分检测最常用的方法,也是 IEC 60480—2004 和 GB/T 18867—2002 标准共同推荐的方法。

11.2　PD 故障的特征组分

11.2.1　PD 导致 SF_6 分解生成特征产物的过程

　　SF_6 在 PD 故障作用下的分解过程极为复杂,涉及诸多物理化学反应,还受 PD 强度、缺陷类型、氧气含量、水分含量和电极材料等众多因素的影响。目前,国内外对 SF_6 气体绝缘设备主要绝缘介质 SF_6 绝缘性能监测,还没有形成像变压器油中溶解气体分析那样成熟而具体的检修标准或导则,仅有 IEC 60376—2005 和 IEC 60480—2004 分别对 SF_6 新气和可回收再利用 SF_6 气体做了一个初步概略性的规定,具体见表 11.3。造成这个现状的最根本原因是没有掌握 SF_6 分解特征气体种类及其含量变化规律与 SF_6 气体绝缘设备绝缘缺陷状态之间的关联关系,无

法建立表征 SF_6 气体绝缘设备绝缘状态的分解组分特征量体系。

　　根据 IEC 60480—2004，SF_6 分解组分的生成主要可划分为两个主要的阶段。首先是 SF_6 分子裂解生成多类低氟化物，其次为这些低氟化物与 SF_6 中的杂质气体及电极材料、绝缘材料发生复杂反应生成多种类型的化合物。在 SF_6 气体绝缘电器设备中，绝缘缺陷引起的 PD 能量相对较低，引起 PD 区域附近温度变化不大[35]，因此可认为 SF_6 气体分解的主要原因是电效应（即常温下的 SF_6 气体放电分解），即常温下在陡脉冲强电场激发的高能电子碰撞下引起 SF_6 气体分解。

表 11.3　现有 IEC 标准对 SF_6 气体杂质含量的规定

IEC 60376—2005		IEC 60480—2004		
组分	最大允许值	组分	最大允许值	
Air	1%（体积分数）	Air 和/或 CF_4	3%（体积分数）	3%（体积分数）
CF_4	4000μL/L	H_2O	750μL/L	200μL/L
H_2O	200μL/L	相关分解产物总量	50μL/L（总量）或 12μL/L（SO_2＋SOF_2）或 25μL/L（HF）	

11.2.2　SF_6 分解特征产物与 PD 能量的关系

　　由于 SF_5 的生成只需 PD 产生的电子流在撞击 SF_6 分子时断裂 1 个 S—F 键，需要的电子流能量较低，大约为 420kJ/mol[36]。而生成 SF_4 需要 SF_6 同时断裂 2 个 S—F 键，相对需要的能量比生成 SF_5 所需电子流能量高。依次类推，生成 SF_3、SF_2、SF、S 的能量将依次增大。因此，低能量的 PD 通过促使 SF_5—F 断裂生成 SF_5。随着 PD 能量增大，高能电子流撞击 SF_6 分子的深度增强，促使单个 SF_6 分子中更多的 S—F 键断裂，依次形成 SF_4、SF_3、SF_2、SF 等，但 SF、SF_3、SF_5 分子结构不对称，使得其化学性质极不稳定[37]，极易与游离的 F 原子结合生成 SF_2、SF_4 和 SF_6。在极高能量 PD 作用下，有可能使 SF_6 分子同时断裂所有 S—F 键而产生单质硫或者高能电子在撞击完 SF_6 分子后，由于能量的损失而附着在 S 上面形成 S^{-2}，S^{-2} 再与 H^+ 结合生产 H_2S。

　　虽然 SF_6 在 PD 作用下形成的低氟硫化物或者分子碎片不可避免地会在 PD 辉光区内发生二次电离，但是，各低氟硫化物发生二次电离生成其他低氟硫化物的概率和速率几乎一致，具体如表 11.4 所示。换句话说，即使各低氟硫化物在辉光放电区内存在二次电离，但其电离速率和概率相当，因此所生成的最终低氟硫化物的种类及其含量主要取决于 SF_6 在 PD 作用下发生的首次电离。同时，van Brunt 等通过研究发现，低氟硫化物发生二次或多次电离对最终分解产物的影响甚微，可忽略不计[37]。因此，SF_4、SF_2、S 和 H_2S 的产率就直接反映出 PD 能量的大小，成为揭示 PD 能量大小的特征组分，特别是 H_2S 是高能 PD 的特征产物，如果在 GIS 中检测到

H_2S,则说明设备处于非常严重的绝缘故障状态,应采取相应的检修措施。

表 11.4 SF_x 在 PD 作用下的二次电离速率[37]

反应过程	反应速率常数/(cm^3/s)
$SF_5 \longrightarrow SF_4 + F$	$K_1 = 6.5 \times 10^{-9}$
$SF_4 \longrightarrow SF_3 + F$	$K_2 = 6.5 \times 10^{-9}$
$SF_3 \longrightarrow SF_2 + F$	$K_3 = 8.8 \times 10^{-9}$
$SF_2 \longrightarrow SF + F$	$K_4 = 5.5 \times 10^{-9}$

由于 SF_4 和 SF_2 主要存在于辉光区,S 为固体颗粒,这三种物质均不利于取样和检测。但是,当 SF_4 和 SF_2 通过扩散作用进入主气室后,SF_4 极易与 H_2O 发生水解反应生成 SOF_2。同时,SF_2 也易与 O_2 反应,生成 SO_2F_2。因此,SOF_2 和 SO_2F_2 的产率能够在一定程度上间接地反映出 PD 能量的大小,即产生 SOF_2 所需的 PD 能量比 SO_2F_2 低。同时,SOF_2 和 SO_2F_2 主要存在于主气室,更加便于采样和检测。故可利用 SO_2F_2 和 SOF_2 作为间接表征 PD 能量的特征组分。

为了验证上述分析,在如图 4.16 所示的实验系统上进行了实验验证。利用耦合电容 C_k 将绝缘缺陷产生的 PD 脉冲电流耦合到无感检测阻抗 Z_m 上,并通过 Z_m 将 PD 产生的脉冲电流信号转换成相应的脉冲电压信号由电缆输入 WavePro 7100XL 数字存储示波器(模拟频带为 1GHz,采样率为 20GHz,存储深度为 48MB),以实现对 PD 的实时监测,并采用 IEC 60270 所推荐的脉冲电流法对 PD 视在放电量进行定量标定。采用不锈钢针-板电极进行实验,针-板电极间距 $d=10mm$,$P_{SF_6}=0.2MPa$,设备固有起始放电电压 $U_s=45kV$,针-板电极起始放电电压 $U_0=15kV$,气室内 H_2O 的含量控制在 $150\mu L/L$ 左右,O_2 含量小于 $100\mu L/L$,环境相对湿度为 50%,温度 $T=20℃$。通过给不锈钢针-板电极施加不同的电压(具体如表 11.5 所示)来产生不同的 PD 能量,并使 SF_6 气体在同一放电能量作用下放电分解 96h,每隔 12h 采集样品气体进行组分含量分析。

利用 Varian CP-3800 气相色谱仪对分解组分进行定量测定,其能够有效地检测 CF_4、CO_2、SO_2F_2、SOF_2 和 H_2S 等放电分解产物。色谱分析仪以 99.999% 的高纯 He 作为载气,采用填充柱(Porapak QS)和特制毛细柱(CP Sil 5 CB 60mtr × 0.32mm)并联工作方式,其工作条件为:流速 2mL/min、柱温恒温 40℃、进样量 1mL 和分流比 10:1,并配备双脉冲式 He 离子检测器(PDHID,检测精度为 $0.01\mu L/L$)。

表 11.5 不同电压作用下的放电量

实验电压/kV	18	20	22	24
放电量/pC	13	29	69	106

图 4.28 为不同 PD 能量下 SOF_2 和 SO_2F_2 的产率随时间的变化关系。从中可知,SO_2F_2 和 SOF_2 的产率均随着放电能量的增高而增大,并且两种气体的绝对产气速率均随着 PD 能量的增大而增大,所以 SO_2F_2 和 SOF_2 是能够作为表征 PD 能量大小的特征气体。

综上所述,SF_6 分解特征组分与故障处 PD 能量之间有密切的关系,H_2S 能够直接反映出 PD 能量的大小,SOF_2 和 SO_2F_2 能够间接地从一定程度上表征 PD 能量的大小,且在 PD 条件下,产生 SOF_2 所需的能量比 SO_2F_2 低,可将它们作为表征 PD 能量的特征组分,尤其是 H_2S 可作为高能 PD 的特征气体。因此,可以气体绝缘设备中的特征分解组分 SOF_2、SO_2F_2 和 H_2S 的含量或者产率来诊断设备中故障 PD 的严重程度[38]。

11.3　高能放电性故障(火花放电、电弧放电)的特征组分

高能放电性故障包含电弧放电故障和火花放电故障,其为内部绝缘故障发展到一定阶段后所表现出来的一种对设备内部绝缘破坏性极强的放电现象,并极有可能危及设备的安全运行。总体来说,电弧放电的能量高,其特点是 SF_6 分解特征组分的产气速率急剧增加而且量大,一般难以预测,最终以突发性绝缘事故暴露出来。火花放电是一种间隙性放电故障,放电能量比 PD 高,SF_6 在火花放电故障作用下的分解速率也比在 PD 下快,但要低于电弧放电故障。

国外学者对电弧放电下 SF_6 的分解特性进行了大量研究,而国内学者在这方面的研究相对较少。从目前大多数学者的研究结果来看,SF_6 在电弧放电故障作用下的主要分解产物是 SF_4、SOF_2、WF_6、AlF_3 和 FeF_3,其次会有少量的 SO_2F_2。如果当电弧涉及有机固体绝缘材料时,不仅会伴随产生大量的 CF_4、CO_2 和 CO,而且因为电弧放电的能量密度高,在电场力作用下会产生高速电子流和大量的等离子体,同时还会释放大量的热量和光子,这些因素共同作用于固体绝缘材料,会使固体绝缘材料受到严重的破坏[39-41]。因此,若不及时对电弧放电故障进行处理,严重时可能会造成 SF_6 气体绝缘设备的重大损坏或爆炸事故。

SF_6 气体绝缘设备内部发生火花放电故障时,由于其故障能量较高,同样会使 SF_6 气体绝缘介质发生分解。与 SF_6 在电弧放电故障作用下的分解现象类似,国内学者对其研究较为少见,但国外学者对其有较多研究。在火花放电故障作用下,SF_6 气体绝缘介质发生分解所生成的主要分解产物是 SOF_2、SO_2F_2、SOF_4,同时与电弧放电和 PD 故障不同的是,在火花放电故障作用下,SF_6 的分解产物中还有一定量的 S_2F_{10} 和 $S_2F_{10}O$。同样地,当火花放电故障涉及设备内部的有机固体绝缘材料时,也会伴随产生大量的 CF_4、CO_2 和 CO,即火花放电故障不仅会使 SF_6 气体绝缘介质发生劣化,还会使其内部的固体绝缘介质发生劣化[39,42-45]。

11.4　局部过热性故障的特征组分

如第 5 章所述,SF$_6$ 气体绝缘设备中大量使用的接头常常因制造工艺问题而出现镀银不均、脱落或者形成氧化层等问题,导致因接头有效接触面积减小或接触不良造成接触电阻过大而引发 POT 性故障。另外,当 GIT 铁心因过载、设计不合理等出现磁路饱和或者铁心间绝缘受损引起磁短路时,也会因铁损过大产生过热性故障,不同类型过热性故障的具体故障部位和故障原因如表 11.6、图 11.1 和图 11.2 所示[46]。当 SF$_6$ 气体绝缘设备内部出现 POT 性故障时,若早期不及时诊断和排除,这些故障会逐渐发展,最终演变成重大事故。

表 11.6　常见过热性故障类型及其诱发原因

故障类型	故障原因	常见故障部位
接触不良	(1) 有效接触面积减小:触头表面镀银不均、镀银层脱落;触头表面被电烧蚀;装配不当。 (2) 电阻率变大:触头表面氧化或有异物。 (3) 设计不合理:选配设备容量过小或不匹配,使设备长期处于过载状态	GIS,GIL 和 GIT 中的母线接头、刀闸触头、设备出线接头、断路器动静触头等
磁路故障	(1) 磁饱和:设计不合理,形成局部漏磁或磁密取值太高,使铁心工作在磁饱和状态,致使涡流损耗增大而发热;电网高次谐波引起过励磁。 (2) 磁短路:矽钢片绝缘受损造成局部磁短路;设备多点接地	GIT 的铁心
介质电导率过大	(1) 绝缘受潮:GIS 的盆式绝缘子表面受潮;GIT 绕组表面受潮。 (2) 绝缘子表面污秽	GIS 盆式绝缘子、GIT 绕组
放电	(1) 绝缘破损:GIT 中绕组匝间绝缘破损形成 PD 或电弧放电等。 (2) 绝缘缺陷导致 PD 等	GIS,GIT 和 GIL 中常见的绝缘缺陷

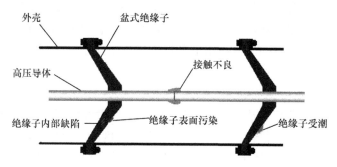

图 11.1　SF$_6$ 气体绝缘开关设备中常见的过热性故障类型及故障部位

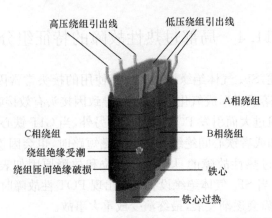

图 11.2　SF₆ 气体绝缘变压器中的过热性故障类型及常见故障部位

　　由表 11.6 分析可知,在各类过热性故障当中,由接触不良导致过热性故障时,不会涉及有机固体绝缘材料。而由于绝缘介质电导率过大、磁路故障和放电致热时,往往要涉及有机固体绝缘材料,在高温作用下,有机固体绝缘材料要参与到SF₆ 的分解过程中,并最终形成大量的 CF₄ 和 CO₂ 等特征分解产物。图 5.20 所示为当 POT 故障点处有无有机固体绝缘材料时,各含碳特征组分的生成情况。同时,磁路故障一般只发生在 GIT 中,却很难在 GIS 和 GIL 中产生。在以上的过热性故障中,均会导致 SF₆ 气体发生分解,并会产生 SOF₂、SO₂、SO₂F₂、SOF₄ 和CO₂ 等特征产物,且故障温度达到一定程度(高于 340℃)后,会伴随生成一定量的H₂S;当故障涉及有机固体绝缘材料时,还会同时产生大量的 CF₄。

　　由前面分析可知,SF₆ 在 POT 的作用下发生分解所形成的分解特征产物众多,而形成的这些分解产物所需要的能量是不同的,这主要取决于 POT 故障点处的能量。根据第 5 章中所得的 SF₆ 在 POT 作用下的分解特性可知,在 POT 作用下,SF₆ 发生分解所形成的含硫特征分解产物的出现顺序是 SO₂→SOF₂→SOF₄＋SO₂F₂→H₂S,含碳分解产物的出现顺序为 CO₂→CF₄。根据化学反应热力动力学中的阿伦尼乌斯定律可知,化学反应速率取决于温度、浓度和催化剂,其中温度是关键。图 11.3 所示为在 POT 作用下各特征产物生成量(取对数)与故障温度之间的关系曲线。

　　从图 11.3 清晰可见,SO₂ 和 SOF₂ 的生成量大,且与温度相关性强。SOF₄＋SO₂F₂ 与温度相关性较好,明显可见的是 H₂S 在故障温度高于 340℃ 时才会生成,而且与温度具有极强的依赖性。CO₂ 要在故障温度为 300℃ 时才会开始生成,而CF₄ 在 POT 涉及有机固体绝缘材料时大约在 360℃ 时开始生成,而没有有机固体绝缘材料时大约要在 400℃ 时才会产生,二者对温度都有一定的相关性。对比图 5.17 和图 5.18 中两种 POT 故障状态下 SF₆ 的分解特性可知,SOF₂ 和 SO₂ 是

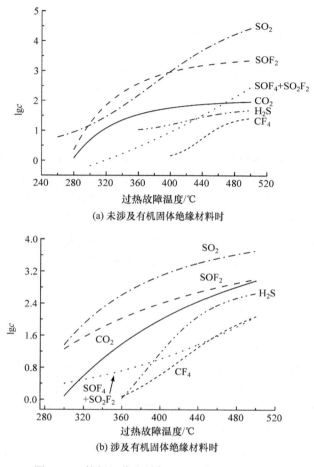

图 11.3　特征组分含量与 POT 严重程度的关系

SF_6 在 POT 作用下发生分解所生成的主要特征分解产物,其产物含量所占比例为 90％左右,这两种主要分解产物的含量能够在很大程度上表征 SF_6 在 POT 作用下的劣化程度。SO_2F_2 和 SOF_4 是 SF_6 在 POT 作用下发生分解生成的两种重要分解产物,其在总分解产物中所占的比例基本维持在 1.0％左右。H_2S 是故障达到一定程度(故障温度高于 340℃)后才会产生的一种分解特征产物,其可作为 POT 故障性质跃变的一个标志性分解产物,在进行故障检修时必须要高度重视。CO_2 和 CF_4 是区分 POT 是否涉及有机固体绝缘材料的标志性特征产物,其生成量和生成速率直接表征了有机固体绝缘材料劣化的程度。CO_2 还可作为表征 SF_6 气体绝缘设备中含碳金属材料在 POT 作用下的劣化程度[46]。

11.5　以分解特征组分为特征量的诊断实例分析

目前,国内外现有的报道中,还没有成功地利用 SF_6 分解组分来诊断 SF_6 气体绝缘设备故障的实例,本节将结合作者长期研究的结果和前面的论述,来阐述如何利用 SF_6 分解组分诊断设备故障。

案例 11.1　某 500kV GIL 盆式绝缘子沿面闪络。

2011 年 9 月 8 日,某电网公司 500kV 变电站 3 号主变与 5021 号和 5022 号开关连接的引线 SF_6 管母线(以下简称 GIL)设备,发生 C 相内部闪络放电,引起 5021 号和 5022 号开关跳闸,3 号主变跳闸,检查发现此次故障是由于 C7 气室内金属微粒掉落到盆式绝缘子表面,在电场的作用下产生飘移、聚集,引起局部电场畸变产生 PD 并逐步发展,最终导致盆式绝缘子发生沿面闪络故障。

设备基本情况:3 号主变 500kV 侧 GIL 设备为某设备厂生产制造的 ZF15-550 型组合电器,该设备于 2009 年 6 月正式投入运行,2010 年 5 月对 3 号主变及三侧回路设备进行首检,实验结果无异常。

具体诊断过程如下。

2011 年 9 月 8 日,某电网公司电力科学实验研究院在对该公司所属某 500kV 变电站的 3 号主变与 5021 号和 5022 号开关连接的引线 GIL 设备中各间隔气室进行例行气体成分检测时发现,C2 间隔气室气体成分中有 HF、CF_4、SO_2 和 SOF_2 存在,具体检测数据如表 11.7 所示,初步判断 C2 间隔气室可能存在绝缘故障,其余间隔气室无异常。另外,该 GIL 各气室的微量 H_2O 含量如表 11.8 所示。某电网公司生技部立即召开会议决定对 C 相 GIL 设备 C2 间隔气室进行解体检查处理。

表 11.7　C2 气室气体成分检测结果　　　　　　　　(单位:μL/L)

HF	CF_4	CO_2	SO_2	SOF_2
35	47	16	4	742

表 11.8　该 GIL 各气室微水检测结果　　　　　　　　(单位:μL/L)

C1	C2	C3	C4	C5	C6	C7
171	92	97	96	107	95	95

9 月 11 日,厂家和某电网公司工作人员对 3 号主变 GIL 母线 C 相的 C2 和 C3 气室进行解体开盖检查,发现 C2 间隔气室未见明显放电迹象,但发现一处可疑点:C2 气室 1 节与 2 节之间的盆式绝缘子上有一微小黑色杂质,其对应气室内壁有一小处发黄印记,现场由厂家人员对其进行了清洁处理。

　　在 C2 气室解体检查未发现明显问题后,9 月 12 日检修分公司与厂家人员将 C1~C7 气室逐一进行气体检查,发现 C7 气室气体气味异常(有臭鸡蛋味),立即报知了某电网公司生技部,通知电力科学实验研究院立即对 C 相 GIL 设备其余未拆除气室气体进行复检。电力科学实验研究院人员对 C 相 GIL 设备其余未拆除气室重新进行了 SF_6 气体成分检测,发现 C7 间隔气室气体成分严重异常,并检测到了 H_2S,具体如表 11.9 所示,各组分明显高于 IEC 60480—2004 中有关 SF_6 回收气的标准,分析其内部存在严重故障。立即决定对 C7 间隔气室进行气体回收,并从出线套管部分进行开盖检查,并根据检查结果确定处理方案。

表 11.9　C7 气室气体成分检测结果　　　　　　　　(单位:μL/L)

HF	CF_4	CO_2	SO_2	SOF_2	H_2S
189	225	335	14	5116	59

　　对 C7 间隔气室出线套管部分开盖检查后发现套管底部有闪络放电产生的粉尘,初步判定,本次故障就发生在 C7 间隔气室内。吊出出线套管后发现导电杆下触头发黑,其对应的盆式绝缘子表面及短罐体外壳内壁灼黑,判定为 C7 间隔气室内出线套管下端水平盆式绝缘子表面发生了闪络放电。经解体仔细检查后发现:出线套管下端水平布置的盆式绝缘子沿面发生了闪络放电,气室内部存在大量粉尘,盆式绝缘子表面及外壳内壁被灼黑,安装于盆式绝缘子上的静触头屏蔽罩根部放电部位被烧出直径为 50mm 左右的孔洞,盆式绝缘子表面有明显的放电通道痕迹,如图 11.4 所示。

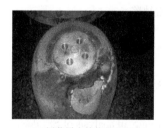 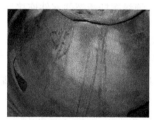 

(a) 屏蔽罩上灼烧的孔洞　　　(b) 盆式绝缘子的放电通道痕迹　　　(c) 盆式绝缘子及罐体

图 11.4　某 500kV GIL 盆式绝缘子沿面闪络

案例 11.2　某 252kV GIS 绝缘螺杆断裂。

　　某电网公司电力科学实验研究院,在设备隐患排查中利用便携式色谱分析检测发现某 252kV 变电站 GIS 设备 251 间隔 C 相 PT 气室 SF_6 分解组分存在异常,如表 11.10 所示,但未检出 SO_2F_2、SOF_2、SO_2 和 H_2S 等特征产物,推断该气室可能存在轻度潜伏性绝缘故障,可认为该故障涉及绝缘材料,且 CF_4 含量较稳定,表明故障未进一步发展。

表 11.10　设备绝缘故障的色谱分析结果

序号	气室名称	$CF_4/(\mu L/L)$	$CO_2/(\mu L/L)$	$CO/(\mu L/L)$
2009 年 3 月 11 日	251PT C 相	436	251	5
2009 年 3 月 26 日	251PT C 相	431	238	6
2009 年 4 月 13 日	251PT C 相	418	242	8
2009 年 5 月 8 日	251PT C 相	412	243	6

于是对该设备中 SF₆ 气体分解特征气体含量进行了近 2 个月的跟踪监测,连续检测中发现 CF₄ 比正常运行(100~200μL/L)和新气均增加较多,推测设备可能发生了绝缘故障。对 GIS 设备停电进行解体检查发现,室壁上的绝缘螺杆断裂,如图 11.5 所示,若未及时处理可能酿成事故。

(a) 螺杆断裂　　　　　　　　　　　　　　　(b) 螺杆断裂处

图 11.5　绝缘螺杆断裂的零件连接异常缺陷

参 考 文 献

[1] 张晓星,姚尧,唐炬,等. SF₆ 放电分解气体组分分析的现状和发展. 高电压技术,2008,34(4):664-669.

[2] Tang J, Liu F, Zhang X, et al. Partial discharge recognition through an analysis of SF₆ decomposition products part 1:decomposition characteristics of SF₆ under four different partial discharges. IEEE Transactions on Dielectrics & Electrical Insulation,2012,19(1):29-36.

[3] Tang J, Liu F, Meng Q, et al. Partial discharge recognition through an analysis of SF₆ decomposition products part 2:feature extraction and decision tree-based pattern recognition. IEEE Transactions on Dielectrics and Electrical Insulation,2012,19(1):37-44.

[4] Zeng F, Tang J, Sun H, et al. Quantitative analysis of the influence of regularity of SF₆ decomposition characteristics with trace O₂ under partial discharge. IEEE Transactions on Dielectrics and Electrical Insulation,2014,21(4):1462-1470.

[5] Zeng F, Tang J, Fan Q, et al. Decomposition characteristics of SF₆ under thermal fault for

temperatures below 400℃. IEEE Transactions on Dielectrics and Electrical Insulation, 2014, 21(3): 995-1004.

[6] Tang J, Zeng F, Zhang X, et al. Relationship between decomposition gas ratios and partial discharge energy in GIS, and the influence of residual water and oxygen. IEEE Transactions on Dielectrics and Electrical Insulation, 2014, 21(3): 1226-1234.

[7] Tang J, Zeng F, Pan J, et al. Correlation analysis between formation process of SF_6 decomposed components and partial discharge qualities. IEEE Transactions on Dielectrics and Electrical Insulation, 2013, 20(3): 864-875.

[8] Tang J, Zeng F, Zhang X, et al. Influence regularity of trace O_6 on SF_6 decomposition characteristics and its mathematical amendment under partial discharge. IEEE Transactions on Dielectrics and Electrical Insulation, 2014, 21(1): 105-115.

[9] Zeng F, Tang J, Zhang X, et al. Influence regularity of trace H_2O on SF_6 decomposition characteristics under partial discharge of needle-plate electrode. IEEE Transactions on Dielectrics and Electrical Insulation, 2015, 22(1): 287-295.

[10] Zeng F, Tang J, Zhang X, et al. Study on the influence mechanism of trace H_2O on SF_6 thermal decomposition characteristic components. IEEE Transactions on Dielectrics and Electrical Insulation, 2015, 22(2): 766-774.

[11] Zeng F, Tang J, Huang L, et al. A semi-definite relaxation approach for partial discharge source location in transformers. IEEE Transactions on Dielectrics and Electrical Insulation, 2015, 22(2): 1097-1103.

[12] 刘帆. 局部放电下六氟化硫分解特性与放电类型辨识及影响因素校正. 重庆: 重庆大学博士学位论文, 2013.

[13] 唐炬, 任晓龙, 张晓星, 等. 气隙缺陷下不同局部放电强度的 SF_6 分解特性. 电网技术, 2012, 36(3): 40-45.

[14] 唐炬, 梁鑫, 姚强, 等. 微水微氧对 PD 下 SF_6 分解特征组分比值的影响规律. 中国电机工程学报, 2012, 32(31): 78-84.

[15] Tang J, Liu F, Zhang X, et al. Characteristics of the concentration ratio of SO_2F_2 to SOF_2 as the decomposition products of SF_6 under corona discharge. IEEE Transactions on Plasma Science, 2012, 40(1): 56-62.

[16] Tang J, Liu F, Zhang X, et al. Partial discharge recognition based on SF_6 decomposition products and support vector machine. IET Science, Measurement and Technology, 2012, 6(4): 198-204.

[17] 唐炬, 陈长杰, 刘帆, 等. 局部放电下 SF_6 分解组分检测与绝缘缺陷编码识别. 电网技术, 2011, 35(1): 110-116.

[18] 唐炬, 陈长杰, 张晓星, 等. 微氧对 SF_6 局部放电分解特征组分的影响. 高电压技术, 2011, 37(1): 8-14.

[19] 袁仕奇, 代洲, 陈芳, 等. 高压电气设备 SF_6 气体泄漏检测方法比较. 高电压技术, 2013, 7(2): 54-58.

[20] van Brunt R J, Herron J T. Fundamentalprocesses of SF_6 decomposition and oxidation in glow and corona discharges. IEEE Transactions on Electrical Insulation, 1990, 25(1): 75-94.

[21] Vondrak J, Sedlarikova M, Liedermann K. Sulfur hexafluoride, its properties and use. Chemicke. Listy, 2001, 95(12): 791-795.

[22] 吴亚珍. SF_6 气体泄漏检测方法及报警技术. 电工技术, 2007, (4): 19-20.

[23] 吴波, 王库, 王生明, 等. 基于红外图像处理的 SF_6 气体检测方法. CN 103217397 A, 2013.

[24] 中国科学院长春光学精密机械与物理研究所. 一种 SF_6 泄漏的红外探测显示系统. CN201110261087.4, 2012.

[25] 彭伟. 我国 SF_6 气体标准与 IEC 相关标准的应用比较. 电力设备, 2008, 9(8): 61-63.

[26] Edelson D, et al. Electrical decomposition of sulfur hexafluoride. Industrial and Engineering Chemistry, 1953, 45(19): 2094-2096.

[27] 任晓龙. 不同绝缘缺陷下放电量与 SF_6 分解组分关联特性研究. 重庆: 重庆大学硕士学位论文, 2012.

[28] 陈长杰. 微氧和微水对针板电晕放电下 SF_6 分解特性的影响研究. 重庆: 重庆大学硕士学位论文, 2011.

[29] 胡晓光, 孙来军. SF_6 断路器在线绝缘监测方法研究. 电力自动化设备, 2006, 26(4): 1-3.

[30] Wu G, Xu D, Xie H, et al. software system for large generator fault discharge on-line monitoring. High Voltage Technology, 1999, 25(4): 38-42.

[31] Chu F Y. Novel low-cost SF_6 arcing byproduct detectors for field use in gas-insulated switchgear. IEEE Transactions on Power Delivery, 1986, 1(2): 81-86.

[32] Kurte R, Beyer C, Heise H M, et al. Application of infrared spectroscopy to monitoring gas insulated high-voltage equipment: electrode material-dependent SF_6 decomposition. Analytical and Bioanalytical Chemistry, 2002, 373 : 639-646.

[33] IEC 60480—2004. Guidelines for the checking and treatment of sulfur hexafluoride(SF_6) taken from electrical equipment and specification for its reuse, 2004.

[34] Junya S, Zhou G, Masanori H. Detection of partial discharge in SF_6 gas using a carbon nanotube-based gas sensor. Sensors and Actuators B, 2005, 105: 164-169.

[35] Chen C L, Chantry P J. Photo-enhanced dissociative electron attachment in SF_6 and its isotopic selectivity. Chemical Physics, 1979, 71(10): 38-97.

[36] Tsang W, Herron J T. Kinetics and thermodynamics of the reaction $SF_6 \rightleftharpoons SF_5 + F$. The Journal of Chemical Physics, 1992, 96(6): 4272-4282.

[37] van Brunt R J, Herron J T. Plasma chemical model for decomposition of SF_6 in a negative glow corona discharge. Physica Scripta, 1994, 1994(T53): 9.

[38] Tang J, Zeng F, Zhang X, et al. Relationship between decomposition gas ratios and partial discharge energy in GIS, and the influence of residual water and oxygen. IEEE Transactions on Dielectrics and Electrical Insulation, 2014, 21(3): 1226-1234.

[39] Chu F Y. SF_6 decomposition in gas-insulated equipment. IEEE Transactions on Electrical

Insulation,1986,(5):693-725.

[40] Gleizes A,Casanovas A M,Coll I. Ablation in SF₆ Circuit-Breaker Arcs:Plasma Properties and By-Products Formation. Gaseous Dielectrics IX. Springer US, New York, 2001: 393-402.

[41] Kurte R,Beyer C,Heise H,et al. Application of infrared spectroscopy to monitoring gas insulated high-voltage equipment:electrode material-dependent SF₆ decomposition. Analytical and Bioanalytical Chemistry,2002,373(7):639-646.

[42] Casanovas A M,Diaz J,Casanovas J. Spark decomposition of SF₆,SF₆/N₂(10:90 and 5:95) mixtures in the presence of solid additives (polyethylene,polypropylene or Teflon),gaseous additives (methane,ethylene,octofluoropropane,carbon monoxide or dioxide),water or oxygen. Journal of Physics D:Applied Physics,2002,35(20):2558.

[43] Sauers I. By-product formation in spark breakdown of SF₆/O₂ mixtures. Plasma Chemistry and Plasma Processing,1988,8(2):247-262.

[44] Sauers I,Mahajan S M. Detection of S2F10 produced by a single-spark discharge in SF₆. Journal of Applied Physics,1993,74(3):2103-2105.

[45] Sauers I,Mahajan S M,Cacheiro R A. Production of S₂F₁₀,S₂OF₁₀,and S₂O₂F₁₀ by spark discharges in SF₆. Gaseous Dielectrics VII. Springer US,New York,1994:423-431.

[46] 曾福平. SF₆气体绝缘介质局部过热分解特性及微水影响机制研究. 重庆:重庆大学博士学位论文,2014.

第 12 章 以分解组分比值为特征量的故障诊断

运行中的 SF_6 气体绝缘装备需要长期承受工作电场甚至正常发热温度作用,当设备因绝缘缺陷引发初期故障时,故障源处的绝缘介质就将承受异常的高电场或者发热温度,在一定程度下将使 SF_6 气体绝缘介质发生分解生成各种分解特征产物。SF_6 分解生成的特征气体组分含量反映了故障导致的 SF_6 气体绝缘介质、金属构件以及固体绝缘材料等劣化的本质,也在一定程度上反映了故障的属性,但是,还不能完全揭示气体绝缘设备内部故障的性质和状态。同时,目前国内外还没有建立基于 DCA 法来对 SF_6 气体绝缘设备进行故障诊断的原理和技术,更没有相应的故障诊断标准。为此,本章主要论述以 SF_6 分解特征组分比值诊断故障的原理及方法。必须指出,只有当根据 SF_6 分解组分含量或气体含量增长速率的注意值来判断气体绝缘设备内部可能存在故障时分解组分比值法才具有实际的意义。

12.1 比值法的基本原理

通常的比值诊断法是利用油中溶解气体分析手段,对大型电力变压器等充油电气设备进行故障诊断的长期工程实践经验,并结合油纸绝缘在故障状态下的分解理论而提出的一种故障诊断方法。其基本原理为:当充油电力变压器内部存在绝缘缺陷时,随着故障点放电能量的增加或者温度的升高,油纸绝缘会将依次按照 $CH_4 \rightarrow C_2H_6 \rightarrow C_2H_4 \rightarrow C_2H_2$ 的顺序裂解产生烃类气体,同时伴有大量的 H_2 生成,这些组分气体含量能够有效表征故障点放电能量的大小和温度的高低,即故障严重程度,甚至故障的性质。基于油气分解理论和条件,结合充油电气设备内部油纸绝缘在故障下裂解产生众多气体组分含量大小和相对浓度与故障严重程度的关联特性,经过不断的总结和改良,从五种特征气体中选用两种溶解度和扩散系数相近的特征气体组分构成用于故障诊断的特征比值,即以 CH_4/H_2、C_2H_6/CH_4、C_2H_4/C_2H_6、C_2H_2/C_2H_4 比值为基础的四比值法。由于 4 个比值中,C_2H_6/CH_4 的比值只能有限地反映热分解的温度范围,IEC 将其删去而推荐采用三比值法。在大量应用三比值法的基础上,IEC 又对与编码相应的比值范围、编码组合及故障类别做了改良,得到目前推荐的改良三比值法(即现在通常所说的三比值法,也是我国现行 DL/T 722—2014《变压器油中溶解气体分析和判断导则》推荐的诊断方法)。这种方法消除了油的体积效应,是目前判断充油电气设备绝缘故障的主要方法[1]。

与电力变压器等充油电气设备类似,SF$_6$ 气体绝缘设备在装配和运行过程中内部也不可避免地出现一些绝缘缺陷。在运行电压作用下,绝缘缺陷会逐渐发展,到一定程度后会产生 PD 或 POT 等故障,致使 SF$_6$ 气体绝缘介质发生分解,生成各种低氟硫化物 SF$_x$,SF$_x$ 再与混入气室中的微量 H$_2$O 和 O$_2$ 等杂质发生反应,进一步生成如 HF、SO$_2$F$_2$、SOF$_2$ 和 SO$_2$ 等特征组分。由第 2 章 SF$_6$ 分解的机制可知,导致 SF$_6$ 发生分解的关键因素是 PD 或 POT 等故障所激发的高能电子或局部高温使 SF$_6$ 气体绝缘介质裂解为 SF$_x$,而生成 SF$_x$ 的过程在统计意义上是一个逐步反应的过程,即需要遵循 SF$_6$→SF$_5$→SF$_4$→SF$_3$→SF$_2$→SF→S 的顺序逐步形成,能量越高,形成的 SF$_x$ 中 F 原子的个数越少,最终形成的稳定产物也会随之不同。

同时,当故障点附近存在有机固体绝缘材料时,由于有机固体绝缘材料中含有大量的 C、H 和 O 元素,为 CO$_2$、CF$_4$ 以及 H$_2$S 的生成提供极为有利的条件,当 PD或者 POT 涉及有机固体绝缘材料时,会产生大量的 CO$_2$、CF$_4$ 和 H$_2$S 等特征分解产物,特别是 CO$_2$ 和 CF$_4$ 这两种含碳分解产物的产量和所占比例会大大地提高。因此,CO$_2$ 和 CF$_4$ 是区分 PD 或 POT 等故障是否涉及有机固体绝缘材料的标志性特征产物,其生成量和生成速率直接表征了在 PD 或 POT 等故障作用下有机固体绝缘材料劣化的程度,此外,CO$_2$ 还可作为表征 SF$_6$ 气体绝缘装备中含碳金属材料在 PD 或 POT 等故障作用下的劣化程度[2]。

由此可见,可以根据 SF$_6$ 气体绝缘介质在不同故障下所产生的分解特征气体组分含量的相对浓度与故障类型、性质及程度等存在的相互依赖关系,并从众多特征气体中选取能够有效表征 SF$_6$ 气体绝缘设备故障类型及其严重程度的组分特征比值,作为故障诊断的特征量,按其规则进行编码,即可以不同的编码数字来对应 SF$_6$ 气体绝缘设备内部绝缘故障类型及其故障状态,这就是所谓基于分解组分分析的故障诊断方法。

12.2 SF$_6$ 分解特征组分比值的构建及其物理意义

由 SF$_6$ 在 PD 和 POT 等故障作用下的分解特性可知,在各类故障中,均会导致 SF$_6$ 气体发生分解,并产生 SOF$_2$、SO$_2$、SO$_2$F$_2$、SOF$_4$ 和 CO$_2$ 等特征产物,且故障达到一定程度(如故障温度高于 340℃ 或者发生火花、闪络等高能放电)后,会伴随生成一定量的 H$_2$S;当故障涉及有机固体绝缘材料时,还会产生大量的 CF$_4$。所以,可以根据 SF$_6$ 分解物理化学机制和条件,构造具有明确物理含义的相关组分特征比值,用于诊断绝缘故障类型、严重程度及其发展趋势。

由于众多的特征组分可构成多组比值,而有的比值又不适合作为特征量。因此,为方便识别过程,提高识别效率,必须选择具有特性稳定、物理含义明确的比值作为特征量,而且还要考虑实际工程应用中的现实意义[2,3]。

通过分析各种比值对不同绝缘缺陷的区分度以及所代表的物理含义,选择 $c(SO_2F_2)/c(SOF_2)$、$c(CF_4)/c(CO_2)$ 和 $c(SOF_2+SO_2F_2)/c(CO_2+CF_4)$ 三组组分特征比值作为识别绝缘故障类型及其严重程度的特征量,不仅在大小上有明显的区分度,且具有鲜明的物理含义。下面分别对其物理含义进行解读。

12.2.1　$c(SO_2F_2)/c(SOF_2)$ 的物理意义

从 PD 或 POT 故障导致 SF_6 分解的机理可知,故障产生的能量越高,致使 SF_6 分子发生裂解的程度也将随之增大,即 SF_6 分子在一次有效电子撞击下平均失去的 F 原子个数将增多。例如,SF_5 的生成只需 SF_6 分子在故障产生的能量作用下断裂 1 个 S—F 键,需要的能量较低,大约为 420kJ/mol[4];而生成 SF_4 需要 SF_6 同时断裂 2 个 S—F 键,相对需要的能量比生成 SF_5 所需能量高,依次类推,生成 SF_3、SF_2、SF、S 的能量将依次增大。因此,低能量下的故障只能促使 SF_5—F 断裂生成 SF_5,随着故障能量的增大,高能电子等撞击 SF_6 的深度将增强,促使单个 SF_6 分子中更多的 S—F 键断裂,依次形成 SF_4、SF_3、SF_2、SF 等,但 SF、SF_3、SF_5 分子结构不对称,其化学性质极不稳定,极易与游离的 F 原子结合生成 SF_2、SF_4、SF_6[5];在极高能量故障作用下,有可能使 SF_6 分子同时断裂所有 S—F 键而产生单质硫 S 或者高能电子在撞击 SF_6 分子后由于能量的损失而附着在 S 上面形成 S^{2-},S^{2-} 再与 H^+ 结合生产 H_2S,其反应过程如下:

$$SF_6+2e \longrightarrow S^{2-}+6F \tag{12.1}$$

$$S^{2-}+2H^+ \longrightarrow H_2S \tag{12.2}$$

因此,SF_4、SF_2、S 和 H_2S 的生成率就直接反映出故障能量的大小,成为揭示 PD 或 POT 故障能量大小的特征组分,特别是 H_2S 是高能故障的特征产物,如果在 GIS 中检测到 H_2S,则说明设备内部存在高能放电或高温烧蚀故障,绝缘能力受到严重的威胁,应及时采取相应的检修措施。

但是,由于 SF_4 极易与 H_2O 发生水解反应生成 SOF_2。同时,SF_2 也易与 O_2 反应,生成 SO_2F_2。因此,在一定程度上,SOF_2 和 SO_2F_2 的产率能够间接反映 PD 或 POT 的能量大小,即产生 SOF_2 所需 PD 或 POT 的能量比 SO_2F_2 低。虽然,H_2S 也是一种可以表征故障能量的特征分解产物,但是,其只有在故障极其严重的情况(如高能放电或高温烧蚀)下才会产生,而不管是在低能 PD 或 POT 早期故障情况,还是在严重故障情况下,SOF_2 和 SO_2F_2 这两种分解特征产物均会产生。从特征分解产物的通用性来讲,H_2S 并不适合作为通用特征产物。所以,可以将 SO_2F_2 和 SOF_2 作为间接表征 PD 或 POT 程度的特征组分。

SO_2F_2 的主要来源是 SF_2,SOF_2 的主要来源是 SF_4,而 SF_2 的产生需要 SF_6 同时断裂 4 个 S—F 键,而 SF_4 却只需 SF_6 同时断裂 2 个 S—F 键,故生成 SF_2 所

需的能量要大于产生 SF_4 所需能量,即生成 SO_2F_2 所需故障能量要比生成 SOF_2 的高。尽管 SOF_2 和 SO_2F_2 的含量与 PD 和 POT 故障能量有着密切关系,但仅根据 SOF_2 和 SO_2F_2 含量的大小或产气速率来对 SF_6 气体绝缘设备进行故障诊断仍然是有局限的。借鉴比值法的原理,采用 $c(SO_2F_2)/c(SOF_2)$ 作为揭示 SF_6 气体绝缘电气设备中故障源处故障严重程度的能量特征比值(energy ratio,ER),ER 比单独依靠特征组分含量或者其绝对产气速率更为合理。因为,该比值不但结合了 SF_6 绝缘介质在故障状态下分解生成分解特征产物含量的相对浓度与故障点能量的相互依赖关系,而且消除了分解气室的体积效应,可以得出对故障状态较为可靠的诊断依据。很显然,$c(SO_2F_2)/c(SOF_2)$ 越大,说明 PD 和 POT 故障产生的高能电子流在轰击 SF_6 分子时使其断裂的 S—F 键越多,裂解所生成的低氟硫化物中 SF_2 与 SF_4 较接近甚至超过 SF_4 的含量,故 SO_2F_2 的含量与 SOF_2 的含量接近甚至超过 SOF_2 的含量,即设备内部故障越严重,反之亦然[6-8]。图 12.1 为不同故障严重程度下的特征能量比值。

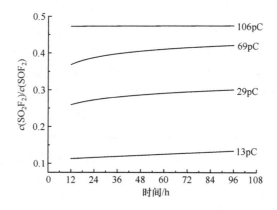

图 12.1　表征能量的特征比值与放电量之间的关系

12.2.2　$c(CF_4)/c(CO_2)$ 的物理意义

在故障未涉及有机固体绝缘材料或者含碳金属材料时,没有生成特征组分 CF_4 和 CO_2 所必需的 C,因此无法生成或者很难生成这两种特征分解产物。但是,一旦当故障涉及设备内部有机固体绝缘材料或者含碳金属材料后,如图 12.2 所示,在故障区域中含碳材料中的 C 会在故障作用下被激发出来变成激发态的 C^*,然后与附近的 O_2 或者分解生成的游离态的 F^* 发生反应而生成大量的 CO_2 和 CF_4。具体为:对于放电性故障,在辉光放电区由 PD 轰击 SF_6 生成的 F 原子与有机固体绝缘材料表面被激发出的游离态 C 原子发生化合反应产生 CF_4,同时,被故障激发出的游离态 C 原子与 O_2 也会发生反应而生成大量的 CO_2。对于 POT 而言,在 POT 涉及有机固体绝缘材料和含碳金属构件时,当 POT 故障达到一定程度后,其内部原本处于稳态的 C 原子会获取一定能量而变成激发态,然后与附着在其表面的 O$_2$ 和 F 原子结合,形成 CO$_2$ 和 CF$_4$。

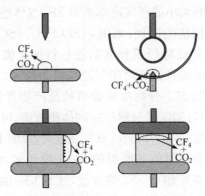

图 12.2　典型绝缘缺陷下产生 CF$_4$ 和 CO$_2$ 的部位

在 POT 涉及有机固体绝缘材料和含碳金属构件时,当 POT 故障达到一定程度后,其内部原本处于稳态的 C 原子会获取一定能量而变成激发态,然后与附着在其表面的 O$_2$ 和 F 原子结合,也会形成 CO$_2$ 和 CF$_4$。由前面的分析可知,相对于 C 原子,F 原子更容易与故障区域中的金属材料形成金属氟化物 MF$_n$(n 随金属价态而定),进而使得 CF$_4$ 的生成条件比 CO$_2$ 更为苛刻,或者说生成 CF$_4$ 的能量要比 CO$_2$ 所需的能量要高;但是,一旦设备内部发生涉及有机固体绝缘材料的故障时,由于含有 C 原子而变得相对充足,对于 CF$_4$ 和 CO$_2$ 的形成来说极为有利。此时,CF$_4$ 和 CO$_2$ 的生成速率将会大大提高,反过来讲,有机固体绝缘材料的劣化程度也将大大提高,图 12.3 所示为 POT 故障在有/无涉及有机绝缘材料时,CF$_4$ 和 CO$_2$ 的生成速率与故障严重程度之间的关系。如前所述,当 POT 涉及有机固体绝缘材料时,C、O 元素暂时变得充足,使得生成 CO$_2$ 和 CF$_4$ 的反应式(12.3)和反应式(12.4)的反应速率得到加强,表现在 $R_{RMS}(CO_2)$ 和 $R_{RMS}(CF_4)$ 上就是其随着故障的加剧而急速变大,如图 12.4 所示。从这一角度来讲,$R_{RMS}(CO_2)$ 和 $R_{RMS}(CF_4)$ 也可以在某种程度上表征 POT 是否涉及有机固体绝缘材料。

$$C+O_2 \xrightarrow{\text{高温}} CO_2 \tag{12.3}$$

$$C+4F^* \xrightarrow{\text{高温}} CF_4 \tag{12.4}$$

同样,为了消除不同设备之间体积效应的影响,提出采用 $c(CF_4)/c(CO_2)$ 作为表征有机固体绝缘材料劣化程度的特征比值。如前所述,由于生成 CF$_4$ 的生成条件比 CO$_2$ 更为苛刻,或者说生成 CF$_4$ 的能量要比 CO$_2$ 所需的能量要高,因此,该比值越大,说明故障程度越高,有机固体绝缘材料的劣化就越严重,反之亦然。POT 涉及有机固体绝缘材料时,特征比值与故障严重程度之间的关系曲线如

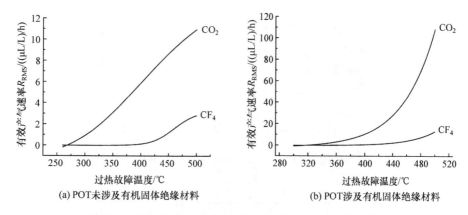

图 12.3　CO_2 和 CF_4 组分有效产气速率与故障温度的关系

图 12.4 所示。当 POT 故障程度一定时,该比值基本恒定或者波动性较小,说明该比值能够较好地定量刻画有机固体绝缘材料在 POT 作用下的劣化程度。

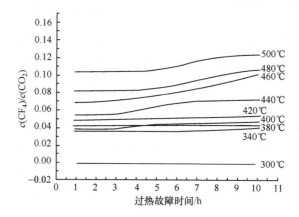

图12.4　$c(CF_4)/c(CO_2)$ 特征比值与 POT 严重程度的关系

12.2.3　$c(SOF_2+SO_2F_2)/c(CO_2+CF_4)$ 的物理意义

从前面的分析可知,在没有涉及有机固体绝缘材料或者含碳金属材料时,因 PD 或 POT 故障状态,SF_6 分解是不会产生大量的 CF_4 和 CO_2 等含碳分解产物的,特别是 CF_4 几乎不会生成。一旦故障状态涉及有机固体绝缘材料,便会生成大量的以 CF_4 和 CO_2 为代表的含碳分解特征产物,如图 12.5 所示,此图为 POT 在有/无涉及有机固体绝缘材料时生成的含碳分解产物对比图。

在含碳金属构件和有机固体绝缘材料等环境下,因 PD 或者 POT 等故障状态,SF_6 气体分解生成的一系列特征产物中,含 S 的化合物 SOF_2、SO_2、SO_2F_2、SOF_4 和 H_2S 来源于中心反应区 SF_6 分解生成的低氟硫化物与气室中 O_2 和 H_2O

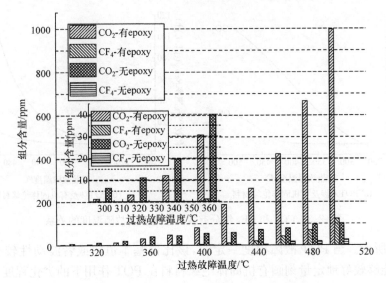

图 12.5　POT 状态下生成含碳分解产物的对比

反应所生成,其生成量与 SF_6 的分解速率直接相关,特别是 SOF_2 和 SO_2F_2 的生成总量,反映了 SF_6 气体的分解量或者劣化程度。SF_6 分解生成的含 C 化合物主要有 CO_2 和 CF_4,二者分别由 C 原子与 F 和 O_2 反应生成,而生成 CO_2 和 CF_4 所需要的 C 原子来源于有机绝缘材料或金属材料,故 CO_2 和 CF_4 则与含碳金属构件和有机固体绝缘材料的劣化直接相关,而且,当 POT 等故障涉及有机固体绝缘材料时,CF_4 和 CO_2 的产量会急剧变大,二者生成的总量可说明含碳金属构件和有机固体绝缘的劣化程度。因此,可用 $c(CO_2+CF_4)/c(SO_2F_2+SOF_2)$ 比值作为反映 PD 或 POT 故障是否涉及有机固体绝缘材料和含碳金属构件的特征量。CO_2+CF_4 的含量多少与含碳金属构件和有机固体绝缘有关,因此该特征比值越大,说明含碳金属或固体绝缘材料受损越严重。

　　从第 5 章分析发现,在 POT 未涉及有机固体绝缘材料时,CO_2 和 CF_4 的生成量远低于各种含硫特征产物的生成量,大约相差 1～2 个数量级,而当涉及有机固体绝缘材料后,虽然 CO_2 和 CF_4 的生成量有了很大提升,但是,相比于各种含硫分解产物增长而言,其生成量还是偏低。因此,为便于数据比较,将特征比值 $c(CO_2+CF_4)/c(SO_2F_2+SOF_2)$ 稍作变化,改为 $c(CO_2+CF_4)/\lg c(SO_2F_2+SOF_2)$ 作为特征比值,$c(CO_2+CF_4)/\lg c(SO_2F_2+SOF_2)$ 在不同故障温度下的变化曲线如图 12.6 所示。

　　对比图 12.6(a)和图 12.6(b)可知,无论 POT 是否涉及有机固体绝缘材料,特征比值 $c(CO_2+CF_4)/\lg c(SO_2F_2+SOF_2)$ 都会随着 POT 温度的升高(故障加剧)而变大。当 POT 没有涉及有机固体绝缘材料时,其与故障温度的关系只是存在

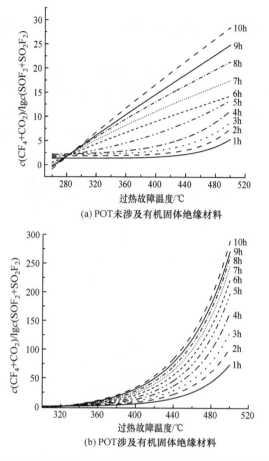

(a) POT 未涉及有机固体绝缘材料

(b) POT 涉及有机固体绝缘材料

图 12.6　$c(CO_2 + CF_4)/\lg c(SO_2F_2 + SOF_2)$ 特征比值与故障严重程度的关系

着一个正相关性,即 POT 加剧将会加速含碳金属构件的劣化,且其值普遍较小(未超过 30),整体规律性不强,不宜将 $c(CO_2 + CF_4)/\lg c(SO_2F_2 + SOF_2)$ 特征比值作为判断 POT 故障严重程度的定量指标。但是,当 POT 涉及有机固体绝缘材料时,该特征比值要明显高于同一故障温度下未涉及有机固体绝缘材料时的值,同时随着 POT 故障的加剧,特征比值以指数的形式随着故障温度的提高而增大,在 POT 故障温度达到 500℃时,比值已到了 300 左右,而当 POT 未涉及有机固体绝缘材料时,同样条件下的特征比值值仅为 30 左右。因此,用 $c(CO_2 + CF_4)/c(SO_2F_2 + SOF_2)$ 作为特征比值,可以有效地反映过 PD 或者 POT 故障是否涉及有机固体绝缘材料和含碳金属构件,而且在 POT 故障作用于有机固体绝缘材料时,该特征比值越大,说明有机固体绝缘材料劣化越严重。

12.3　基于 SF_6 分解特征组分比值的编码树故障诊断方法

12.2 节已介绍了具有物理意义鲜明的特征组分比值,本节主要以四种典型绝缘缺陷产生的 PD 使 SF_6 气体发生分解为例,来阐述如何利用组分特征比值对 SF_6 气体绝缘设备进行故障诊断。结合第 4 章所述典型绝缘缺陷 PD 故障下的分解特性,得到了表 12.1 所示的四种典型绝缘缺陷 PD 故障作用下各特征比值的变化规律。

表 12.1　四种典型绝缘缺陷特征组分比较

特征组分比值	放电时间/h	N 类缺陷	P 类缺陷	M 类缺陷	G 类缺陷
$c(SO_2F_2)/c(SOF_2)$	12	0.68	0.14	0.46	3.03
	24	0.59	0.07	0.45	2.94
	36	0.52	0.09	0.45	2.86
	48	0.48	0.07	0.42	2.70
	60	0.45	0.07	0.39	2.63
	72	0.45	0.07	0.36	2.78
	84	0.43	0.07	0.36	2.70
	96	0.42	0.07	0.35	2.04
$c(CF_4)/c(CO_2)$	12	0.80	4.59	1.33	0.12
	24	0.04	2.60	1.39	0.25
	36	0.12	1.38	1.89	0.12
	48	0.04	2.38	1.62	0.22
	60	0.02	2.49	1.43	0.20
	72	0.13	1.92	3.34	0.21
	84	0.11	2.26	3.80	0.26
	96	0.03	1.97	2.84	0.16
$c(CO_2+CF_4)/$ $c(SO_2F_2+SOF_2)$	12	0.03	0.24	0.15	0.52
	24	0.04	0.24	0.12	0.43
	36	0.07	0.33	0.10	0.37
	48	0.07	0.19	0.11	0.42
	60	0.07	0.19	0.13	0.40
	72	0.08	0.20	0.11	0.41
	84	0.09	0.19	0.13	0.46
	96	0.08	0.19	0.14	0.65

对于 N 类绝缘缺陷,由于位置固定不变,一旦引发 PD,会长期稳定存在,致使 SF_6 的分解速率最高,SOF_2 和 SO_2F_2 增长规律性强,$c(SO_2F_2)/c(SOF_2)$ 的比值基本维持为 0.4~1,同时,CO_2 含量高于 CF_4,$c(CF_4)/c(CO_2)$ 比值基本维持为 0~1。但是,由于该类绝缘缺陷并未涉及有机固体绝缘材料,因此,表征故障涉及有机固体绝缘材料的含碳化合物 CO_2 和 CF_4 的生成量就很少,相对于表征 SF_6 气体绝缘介质劣化程度的含硫特征产物 SOF_2 和 SO_2F_2 的生成量要小得多,所以,导致在该类绝缘缺陷 PD 故障作用下,特征比值 $c(CO_2+CF_4)/c(SO_2F_2+SOF_2)$ 就很小,大致低于 0.1。

对于 P 类绝缘缺陷,由于微粒位置相对自由,PD 存在不稳定性,较高的单次脉冲强度使得 SOF_2 和 SO_2F_2 的生成含量差距较大,致使 $c(SO_2F_2)/c(SOF_2)$ 统计数据有分散性,但总体比值较低,小于 0.3,同时 CO_2 含量低于 CF_4,$c(CO_2+CF_4)/c(SO_2F_2+SOF_2)$ 特征比值为 0.15~0.4。

对于 M 类绝缘缺陷,与 N 类绝缘缺陷有一定的相似性,产生的 PD 较为稳定,但由于放电强度较低,$c(SO_2F_2)/c(SOF_2)$ 特征比值为 0.3~0.5。此外,由于该类缺陷涉及有机固体绝缘材料,放电引起绝缘材料释放的 C 原子与 SF_6 分解出的 F 原子和气室中的 O 原子易结合生成 CF_4 和 CO_2,使得含碳化合物 CO_2 和 CF_4 的生成量较高。同时,该类故障的 PD 能量较低,使得表征 SF_6 气体绝缘介质劣化程度的含硫特征产物 SOF_2 和 SO_2F_2 的生成量较少,二者共同导致 $c(CO_2+CF_4)/c(SO_2F_2+SOF_2)$ 特征比值为 0.1~0.15。

对于 G 类绝缘缺陷,虽然产生的 PD 的频率较低,但其放电幅值较高,单次放电强度较大,致使放电初期检测到 $c(SO_2F_2)/c(SOF_2)$ 的特征比值较高,是四种典型绝缘缺陷中最大的,基本维持在 1.0 以上;同时,由于该类绝缘缺陷也涉及有机固体绝缘材料,而且单次放电强度较高,使得 $c(CO_2+CF_4)/c(SO_2F_2+SOF_2)$ 特征比值较高,高于 0.4。

由上述分析可知,结合 DGA 故障诊断法常用的编码识别法,我们根据所得的分解组分含量的比值范围来定义相应编码,再根据不同的编码组合可对四种典型绝缘缺陷类型进行识别[9]。作者对表 12.1 所示的 3 个特征组分比值按其大小范围进行编码,如表 12.2 所示。

表 12.2　特征比值编码

组分比值	$c(CF_4)/c(CO_2)$		$c(SO_2F_2)/c(SOF_2)$			$c(CO_2+CF_4)/c(SOF_2+SO_2F_2)$			
	<1	>1	<0.2	0.2~1	>1	0~0.1	0.1~0.15	0.15~0.4	>0.4
编码	0	1	0	1	2	0	1	2	3

研究发现,四种典型绝缘缺陷类型与编码组合存在一定的对应关系,为此,作者建立了识别绝缘缺陷类型的编码树,如图 12.7 所示。编码树的第 1 层编码由 $c(CF_4)/c(CO_2)$ 比值编码确定,第 2 层编码由 $c(SO_2F_2)/c(SOF_2)$ 比值编码确定,第 3 层编码由 $c(CO_2+CF_4)/c(SOF_2+SO_2F_2)$ 比值编码确定,最后可得到识别绝

缘陷类型的编码组合,即 N、P、M、G 类绝缘缺陷识别的编码组合分别为 010、102、111、023。

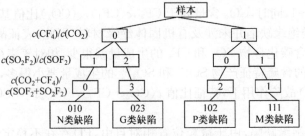

图 12.7　绝缘缺陷识别编码树

　　用该编码树识别绝缘缺陷的准确性,取决于组分含量检测和编码的准确性。组分含量的准确检测可以由实验保证,但对于组分含量处于编码的交叉处,如何进行有效编码往往因人而异,如果编码不当,会出现错误的判断,因此,当组分含量编码处于交叉时,可借助某些核心组分含量大小及变化规律来确定最终的编码,以减小误判率。此外,利用上述建立编码树的方法,可以采用更多的特征组分参与编码,以进一步提高对四种或更多绝缘缺陷类型的准确识别。

参 考 文 献

[1] 孙才新,陈伟根,李俭,等. 电气设备油中气体在线监测与故障诊断技术. 北京:科学出版社,2003.

[2] 曾福平. SF_6 气体绝缘介质局部过热分解特性及微水影响机制研究. 重庆:重庆大学博士学位论文,2014.

[3] 刘帆. 局部放电下六氟化硫分解特性与放电类型辨识及影响因素校正. 重庆:重庆大学博士学位论文,2013.

[4] Tsang W, Herron J T. Kinetics and thermodynamics of the reaction $SF_6 \rightleftharpoons SF_5 + F$. The Journal of Chemical Physics,1992,96(6):4272-4282.

[5] van Brunt R J, Herron J T. Plasma chemical model for decomposition of SF_6 in a negative glow corona discharge. Physica Scripta,1994,1994(T53):9.

[6] Tang J, Zeng F, Zhang X,et al. Relationship between decomposition gas ratios and partial discharge energy in GIS,and the influence of residual water and oxygen. IEEE Transactions on Dielectrics and Electrical Insulation,2014,21(3):1226-1234.

[7] Tang J, Zeng F, Pan J,et al. Correlation analysis between formation process of SF_6 decomposed components and partial discharge qualities. IEEE Transactions on Dielectrics and Electrical Insulation,2013,20(3):864-875.

[8] Tang J, Liu F, Zhang X,et al. Characteristics of the concentration ratio of SO_2F_2 to SOF_2 as the decomposition products of SF_6 under corona discharge. IEEE Transactions on Plasma Science,2012,40(1):56-62.

[9] 唐炬,陈长杰,刘帆,等. 局部放电下 SF_6 分解组分检测与绝缘缺陷编码识别. 电网技术,2011,35(1):110-116.

第 13 章　以分解组分含量及比值为特征量的决策树故障诊断

决策树理论最早产生于 20 世纪 60 年代中期,Quinlan 于 1986 年提出的 ID3 算法[1]是决策树理论计算的典型代表,它以信息增益作为选择扩展属性的标准。由于决策树结构简单,计算量小,适用于大规模数据集学习问题,有较高的分类精度且对噪声数据有很好的健壮性,故成为机器学习领域最具代表性的算法之一,已经被成功地应用到计算机辅助医疗诊断、数据挖掘、风险评估等领域[2]。本章在第12 章提出的比值特征量的基础上,采用决策树算法来对 SF_6 气体绝缘设备内部的典型绝缘故障进行诊断。

13.1　决策树理论

决策树学习算法包含建树和预测两步。建树就是从一个样例集合中归纳出一棵决策树,这棵决策树表示从这个样例集合中学习到的知识,通常理解为一组规则。预测是利用学习到的决策树对未见的实例进行类别判定,这个是决策树学习的最终目的。预测的性能常用分类精度来表示,分类精度=正确分类的实例个数/实例总数。决策树学习中,具有最少叶子节点的决策树通常被认为是最优的,但构造一棵最优决策树已被证明是 NP 难问题。所以需要引入启发式来诱导产生一棵规模相对较小的决策树。常用的启发式包括信息增益、Gini 指数和分类错误率等。下面介绍用信息增益作为启发式的 ID3 算法[3]。

ID3 算法是一种自顶向下的贪心算法,以递归方式产生决策树,用样例属性作为节点,用属性的取值作为分支。首先,从原样例集合中找出最具判别率的属性,该属性把样例集划分为多个子集。然后,从每个子集中选择最有判断力的属性进行划分。ID3 算法的基本原理是运用信息熵理论,在各级节点选择属性时,先计算当前样本集中各个属性的信息增益值,然后选择信息增益值最大的属性作为测试属性,由该属性的不同取值建立分支,直到所有子集中仅含有相同类别的数据为止,最后得到一棵识别对象的决策树。

ID3 算法使用信息增益来衡量,下面介绍信息熵和信息增益。

设样例集合 S 是 s 个数据样本的集合,这些样本属于 m 个不同的类 $C_i(i=1,\cdots,m)$。设 s_i 为 C_i 类的样本数量,对于一个已知样本,其总的信息熵值计算方

法为

$$I(s_1, s_2, \cdots, s_m) = -\sum_{i=1}^{m} p_i \log_2 p_i \tag{13.1}$$

式中，p_i 是任意样本属于 C_i 的概率，并用 s_i/s 估计。设 A 为样本的一个属性，属性 A 具有 v 个不同值 $\{a_1, a_2, \cdots, a_v\}$。可用属性 A 将 S 划分为 v 个子集 $\{S_1, S_2, \cdots, S_v\}$，$S_j$ 是 S 中属性 A 的值为 a_j 的样本集。如果选择 A 作为测试属性，则这些子集就是从样本集 S 的节点生长出来的分支。设 S_{ij} 是子集 S_j 中属于类 C_i 的样本数。根据属性 A 划分成的子集的熵 (entropy) 为

$$E(A) = \sum_{j=1}^{v} \frac{s_{1j} + s_{2j} + \cdots + s_{mj}}{s} I(s_{1j}, s_{2j}, \cdots, s_{mj}) \tag{13.2}$$

式中，$\dfrac{s_{1j} + s_{2j} + \cdots + s_{mj}}{s}$ 为子集 S_j 的权，并且等于子集 S_j 中的样本个数除以 S 的总样本数。信息熵度量了集合中样例类别的混乱程度，熵值越大表示类别越混乱；熵值越小，子集划分的纯度越高。$I(s_{1j}, s_{2j}, \cdots, s_{mj})$ 为子集 S_j 的熵：

$$I(s_{1j}, s_{2j}, \cdots, s_{mj}) = -\sum_{i=1}^{m} p_{ij} \log_2 p_{ij} \tag{13.3}$$

式中，$p_{ij} = \dfrac{s_{ij}}{|S_j|}$ 是 S_j 中的样本属于类 C_i 的概率。最后，用属性 A 划分样本集 S 后所得的信息增益值为

$$\text{Gain}(S, A) = I(s_1, s_2, \cdots, s_m) - E(A) \tag{13.4}$$

ID3 算法以信息增益作为扩展属性的选择标准，ID3 算法由以下三步构成[1-3]。

第一步：选择扩展属性。

(1) 对于每一个属性 A，计算 A 的信息增益。

(2) 选择信息增益最大的属性 A^* 作为扩展属性(根节点)。

第二步：划分样例集。

(1) 根据 A^* 的取值，将 S 划分为若干个子集。

(2) 对于每个样例子集，如果该子集中所含样例属于同一类，则将其标记为叶子节点；否则，重复上述过程。最终生成决策树。

第三步：生成分类规则。

每一条从根节点到叶子节点的路径可转换为一条分类规则，故叶子节点数即为分类规则数。

由 ID3 算法的原理可知，它对每个节点都选择信息增益 $\text{Gain}(S, A)$ 最大的属性作为测试属性。这种做法的优点是算法的学习能力较强，具有坚实的理论基础且生成方法简单。但 ID3 算法有如下不足。

（1）ID3 算法每次分支时都倾向于选择取值较多的属性,但取值较多的属性在大多数情况下并不一定是最优的属性。

（2）用信息增益作为属性选择标准存在一个假设,即训练集中的数据分布与数据的真实分布相同,但一般情况下,这种一致性难以保证。

（3）ID3 算法在建树时,每个节点仅含一个属性,是一种单变元算法,属性间的相关性强调不够。虽然它将多个属性用一棵树连在一起,但联系还是松散的。

（4）ID3 算法对噪声比较敏感,它对比较小的数据集效果较好,当训练数据集变大时,ID3 算法构建的决策树会随之改变。在建树过程中,各属性的信息增益会随着样例的增加而改变,从而使决策树也发生变化。这对增量学习(即训练例子不断增加)是不实用的。

最常用的 PD 模式识别方法有神经网络[4]和支持向量机[5],这些方法在 PD 模式识别中取得了良好的效果,已被广大学者广泛采用。但这些方法从根本上来说是一种类似于"黑匣子"的方法,使用者只知道输入量和输出量,并不知道识别器具体的结构和识别过程明确的物理意义。基于决策树原理构造的识别器内部结构明确,通过决策树分类可以清楚地看到模式识别的整个过程,便于更好地理解输入量与输出量之间的关系,虽然在对复杂对象的识别中,决策树识别的能力不一定优于神经网络和支持向量机,但在很多的情况下,可以达到与之相同的效果,且结构和使用更加简单,适用于工业现场使用者掌握[6]。

13.2 　 决策树的生成和剪枝

为了解决 ID3 算法的不足,本书采用 C4.5 算法生成决策树[2]。C4.5 算法是目前使用最广泛的决策树算法之一。它是在 20 世纪 90 年代年提出的 ID3 算法基础上,保留了 ID3 算法的全部优点,并对 ID3 算法进行了一系列改进,大大提高了该算法的性能。

C4.5 算法对 ID3 算法做了一系列的改进。首先,它可以把连续属性的值分割为离散的区间集合,从而实现对连续属性信号进行处理,其基本思想是,若 A 是连续属性,首先将训练集 S 中的样本按照属性 A 的值从小到大排序。假设训练样本集中 A 有 v 个不同的取值,则排好序后 A 属性的取值序列为 $\{a_1, a_2, \cdots, a_v\}$,按顺序逐一取相邻值的平均值作为分割点,则共有 $v-1$ 个分割点,分别计算每个分割点的信息增益率,选择具有最大信息增益率的分割点作为局部阈值,然后在序列 $\{a_1, a_2, \cdots, a_v\}$ 中找到不超过但又最接近局部阈值的取值 $v_{\max}$ 作为属性 A 的分割阈值。其次,C4.5 算法在选择测试属性时采用的是基于信息增益率的方法,信息增益率的计算公式如式(13.5)所示,它是信息增益与分割信息熵的比值,用 A 对 S 进行划分的信息增益率为

$$\text{GainRatio}(A) = \frac{\text{Gain}(A)}{\text{Split}I(A)}$$

(13.5)

$$\text{Split}I(A) = -\sum_{j=1}^{m} p_j \log_2 p_j$$

用上述方法求出当前样本所有属性的信息增益率,通过对比找出信息增益率最大的属性作为当前的测试属性,用该属性把样本集划分为若干子样本集,然后对每个子样本采用上述相同的方法继续分割,直到不可分割或达到终止条件为止。

在决策树的构建过程中,一个重要的问题就是调整决策树的精确性与其复杂性,并不是越复杂的决策树其精确性越高。因为通常决策树越复杂,每个节点所包含的训练样本就越少,即支持每个节点的假设实例也越少,这就导致了识别的错误率会增大,但也不是越简单的决策树其精确性越高,这就需要在决策树的复杂程度与精确性之间找到一个平衡点,使决策树的识别正确率达到最大,也即要对决策树进行剪枝。

决策树的剪枝主要有前期剪枝和后期剪枝两种方法。前期剪枝发生在决策树建立的过程中,当节点满足预先设定的剪枝条件时,如信息增益率超过某个预先设定的阈值,则该节点不再继续分裂,该节点成为一个叶子节点,叶子节点的标识取数据集中出现次数最多的类,前期剪枝的缺点在于会引起决策树过早停止生长,即决策树在不该停止生长时停止生长,而且阈值选取的难度很大,较低的阈值会使树简化得过少,而较高的阈值又会导致树被过分简化。后期剪枝是先生成一个完整的决策树,然后进行剪枝,修剪时一些子树将被转化为叶子节点。与前期剪枝不同的是,后期剪枝直接采用默认的同质暂停规则,而没有使用一个消除细节的函数。如果决策树的冗余度较大,后期剪枝会大大提高决策树的精确度,后期剪枝可以借助多种评价函数来计算修剪一个节点是削弱还是增强了事例集。恰当的修剪对于提高分类的精确度是非常有益的,特别是当训练集噪声水平较高时,修剪效果非常明显。

后期剪枝算法是由下向上搜索的,即搜索是从决策树最底层的内部节点开始的,通过判定,将符合修剪规则的节点减掉,因此修剪过程可能会从新生成的最底层节点重新开始,修剪持续进行,直到所有节点都不满足修剪规则时停止,如果按照某个规则节点的子树不应被修剪,则由上向下的搜索规则将避免该节点被修剪。与由下向上相对的是由上向下的搜索策略,即从决策树的根节点开始第一次修剪,直到无法修剪为止。这种搜索策略的风险在于,如果某个节点按照某种规则被减掉,则其子类也会同时被减掉。

C4.5 算法采用后期剪枝法进行修剪,即先建立整个树,然后对其修剪。其修剪原则是如果分枝后子树的根节点估计错分率比分枝前叶子的估计错分率要大,就执行修剪,否则不修剪。叶子节点的估计错分率的计算式为

$$e = \frac{f + \dfrac{z^2}{2N} + z\sqrt{\dfrac{f}{N} - \dfrac{f^2}{N} + \dfrac{z^2}{4N^2}}}{1 + \dfrac{z^2}{N}} \tag{13.6}$$

式中，f 为通常意义上的错分率，$f = E/N$，E 为叶子节点中错分的样本个数，N 为当前叶子样本的总数；z 为置信极限，通常在置信度为 0.25 时，z 为 0.69，子树根节点的估计错分率为各叶子节点估计错分率的加权平均和，即

$$e_T = \sum_{i=1}^{k} \frac{N_i}{N} e_i \tag{13.7}$$

式中，k 为分枝的个数；N_i 为第 i 个分枝中所分到的样本的个数。

13.3　基于特征组分比值的决策树建立

以 $c(SOF_2)/c(SO_2F_2)$、$c(CF_4)/c(CO_2)$ 和 $c(SOF_2 + SO_2F_2)/c(CF_4 + CO_2)$ 三组组分比值作为特征量，按照前述的实验方法，将得到的四种 PD 下的 32 组 SF_6 分解组分数据作为训练样本，利用上述原理建立并修剪决策树[7-11]，节点最低样本数设置为 2，置信因子设为 0.25，采用十折交叉验证来衡量该决策树的分类准确性，生成决策树的程序流程如图 13.1 所示。利用该算法生成的决策树如图 13.1 所示。交叉验证的结果显示，该决策树可正确分类的样本数为 29 组，自身交叉验证的正确分类率达到 29/32＝90.63％。由决策树生成结果可知，在输入的 3 个特征量中，最终形成的决策树只使用了 $c(SOF_2)/c(SO_2F_2)$ 和 $c(CF_4)/c(CO_2)$ 两个特征量，这说明实验数据具有较好的区分度，只需要两个特征量便可对四种缺陷进行识别，C4.5 算法根据信息增益率最大的原则，选取了 $c(SOF_2)/c(SO_2F_2)$ 和 $c(CF_4)/c(CO_2)$ 两个特征量，而舍去了 $c(SOF_2 + SO_2F_2)/c(CF_4 + CO_2)$，即对决策树进行了剪枝。

13.4　基于决策树的绝缘缺陷辨识

对于图 13.2 所得的决策树，采用另外一组实验数据作为测试样本，以验证其分类性能，测试样本为四种缺陷下的 32 组 SF_6 分解组分数据，其识别结果如表 13.1所示。由识别结果可以看出，综合识别率达到 87.50％，取得了较为良好的识别效果。除突出物缺陷能全部正确识别外，其他缺陷都存在被错分的样本。表 13.2 给出了识别结果的混淆矩阵，微粒缺陷有 2 组被混淆为突出物缺陷，污秽缺陷有 1 组被混淆为微粒缺陷，气隙缺陷有 1 组被混淆为突出物缺陷。如果将这些错分样本标注在如图 13.3 所示的坐标中(其中样本 1 和 2 为微粒，样本 3 为污秽，样本 4 为气隙)，可以看出，识别错误的样本均位于两种缺陷类型的边界附近，这是由于决策树的分类边界是线性的，容易导致在边界附近的对象被错误识别。

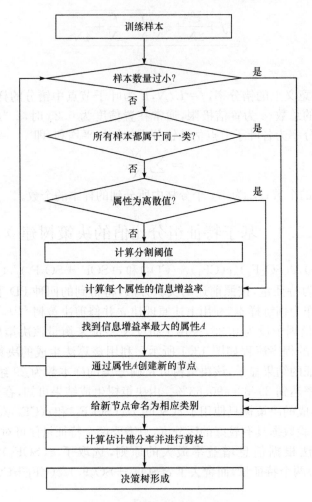

图 13.1　决策树构造算法流程图

表 13.1　决策树识别结果

数量	绝缘缺陷类型				总计
	金属突出物	金属微粒	绝缘污秽	绝缘气隙	
样本数	8	8	8	8	32
识别数	8	6	7	7	28
识别率/%	100	75.0	87.5	87.5	87.5

　　为了更正这种错误,可采取增加特征量的办法。这里选用在构建决策树时被舍弃的特征量 $c(\mathrm{SOF_2+SO_2F_2})/c(\mathrm{CO_2+CF_4})$ 来辅助识别边界上的样本。当样本位于边界附近时,可以将决策树识别的结果与利用辅助特征量 $c(\mathrm{SOF_2+SO_2F_2})/$

$c(CO_2 + CF_4)$ 的识别结果进行对比,若两者有冲突,则以 $c(SOF_2 + SO_2F_2)/c(CO_2 + CF_4)$ 识别的结果作为最终结果。训练样本中辅助特征量 $c(SOF_2 + SO_2F_2)/c(CO_2 + CF_4)$ 的分布范围如表 13.3 所示,而被错分的样本 1、2、3 和 4 的 $c(SOF_2 + SO_2F_2)/c(CO_2 + CF_4)$ 特征量的值分别为 3.05、5.0、6.94 和 1.53,按照上述表格其分别应该属于 P 类、P 类、M 类和 G 类,它与 4 个样本的实际类别相吻合,即利用辅助特征量可以进一步提高对样本的识别率。

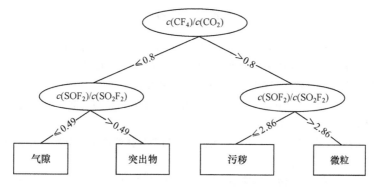

图 13.2　用于绝缘缺陷辨识的决策树

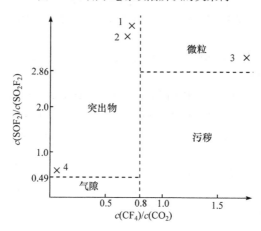

图 13.3　错分样本分布

表 13.2　识别结果的错误混淆矩阵

真实类别	绝缘缺陷类型			
	金属突出物	金属微粒	绝缘污秽	绝缘气隙
金属突出物	8	0	0	0
金属微粒	2	6	0	0
绝缘污秽	0	1	7	0
绝缘气隙	1	0	0	7

表 13.3　各缺陷下 $c(SOF_2+SO_2F_2)/c(CO_2+CF_4)$ 值的分布范围

比值类比	比值范围			
	N 类	P 类	M 类	G 类
$c(SOF_2+SO_2F_2)/$ $c(CO_2+CF_4)$	11.05~38.07	3.05~5.36	6.53~9.95	1.53~2.7

参 考 文 献

[1] Quinlan J R. Induction on decision tree. Machine Learning,1986,1(1):81-106.

[2] 王熙照,翟俊海. 基于不确定性的决策树归纳. 北京:科学出版社,2012.

[3] 杨明,张载鸿. 决策树学习算法 ID3 的研究. 微机发展,2002,12(5):6-9.

[4] 王国利,郑毅,沈篙,等. AGA-BP 神经网络用于变压器超高频局部放电模式识别. 电工电能新技术,2003,22(2):6-9.

[5] 弓艳朋,刘有为,吴立远. 采用分形和支持向量机的气体绝缘组合电器局部放电类型识别. 电网技术,2011,35(3):135-139.

[6] 卢东标. 基于决策树的数据挖掘算法研究与应用. 武汉:武汉理工大学硕士学位论文,2008.

[7] 杨志民,刘广利. 不确定性支持向量机. 北京:科学出版社,2012.

[8] 刘帆. 局部放电下六氟化硫分解特性与放电类型辨识及影响因素校正. 重庆:重庆大学博士学位论文,2013.

[9] 唐炬,陈长杰,刘帆,等. 局部放电下 SF₆ 分解组分检测与绝缘缺陷编码识别. 电网技术,2011,35(1):110-116.

[10] Tang J,Liu F,Zhang X,et al. Partial discharge recognition through an analysis of SF₆ decomposition products part 1: decomposition characteristics of SF₆ under four different partial discharges. IEEE Transactions on Dielectrics & Electrical Insulation,2012,19(1):29-36.

[11] Tang J,Liu F,Meng Q,et al. Partial discharge recognition through an analysis of SF₆ decomposition products part 2: feature extraction and decision tree-based pattern recognition. IEEE Transactions on Dielectrics and Electrical Insulation,2012,19(1):37-44.

第 14 章　以分解组分含量及比值为特征量的模糊聚类故障诊断

在目前用于气体绝缘设备故障诊断的各种规程或导则中,一般只给出一个判定边界的描述,难以确切反映故障与表现特征之间的客观规律。这种"判断边界的描述"有的以确定的数值形式给出,有的以歧义性很大的语言描述。用分解组分及其比值对气体绝缘设备进行故障诊断时,气体组分含量用"高""较高""低"等含糊字样描述,具有不确定性,同时,用气体组分比值进行故障类型的诊断也具有模糊性。因此,在故障诊断中用传统的精确数学理论难以描述其间的关系,很难诊断出气体绝缘设备的真实绝缘故障及其原因。模糊数学是描述模糊现象的数学,它是对人类模糊思维和模糊语言加以定量分析,寻找适合于计算机仿效人脑进行模糊判断的数学工具[1]。

数学上把用一组特征参数表示的样本群按照一定的标准进行分类的过程称为聚类。由于实际问题中经常伴随着模糊性,即考虑的不是有无关系,而是关系的深浅问题。因此,根据事物特性指标的模糊性,应用模糊数学的方法确定样本的亲疏程度来实现分类的方法称为模糊聚类分析法[2]。

当用模糊聚类分析技术对电气设备进行故障诊断时,首先要对样本所发生的故障进行合理的诊断分类,然后采用模式识别技术,对被诊断对象在前面的分类结果中寻找最相类似,才能进行故障诊断[3-5]。本章将以 SF_6 气体绝缘设备中的 SF_6 分解组分含量及其比值作为特征量,采用两类模糊聚类方法来进行故障诊断:一类是基于模糊关系的动态聚类算法,另一类是基于目标函数的模糊聚类方法。

14.1　模糊聚类的基本原理及方法

14.1.1　模糊关系的聚类

1. 动态聚类的基本原理[6,7]

模糊集合给聚类分析提供了多种方法,其中最简单的一种方法是将距离函数 d 解释为满足自反公理和对称性公理的模糊关系 $R \subseteq X \times X$。

定义 14.1　称映射

$$f:U \to F(T) \tag{14.1}$$

为从 U 到 V 的模糊映射,记作

$$f : u \rightarrow v \tag{14.2}$$

由定义 14.1 可知,模糊映射 f 把 U 中一个元素 u 映射为 V 的一个模糊子集。

定义 14.2 设论域 U、V,称 $U \times V$ 的一个模糊子集 $R \in F(U \times V)$ 为从 U 到 V 的模糊关系,记为 $U \xrightarrow{R} V$,其隶属函数为映射

$$
\begin{aligned}
R : U \times V &\rightarrow [0,1] \\
(u,v) &\mapsto R(u,v)
\end{aligned} \tag{14.3}
$$

其隶属度 $R(u,v)$ 表示 u 与 v 具有关系 R 的程度。

当 U 与 V 都是有限集合时,R 可用一矩阵表示,这样的矩阵(元素介于 0,1 之间的实数)称为模糊矩阵,也记为 $\boldsymbol{R}$。

定义 14.3 设 $\boldsymbol{R} = (r_{ij})$ 是 $n \times m$ 阶模糊矩阵,$\boldsymbol{S} = (s_{jk})$ 是 $m \times r$ 阶模糊矩阵,称 $\boldsymbol{R} \circ \boldsymbol{S} = (t_{ik})_{n \times r}$ 为 $\boldsymbol{R}$ 与 $\boldsymbol{S}$ 的合成,其中,$t_{ik} = \bigvee\limits_{j=1}^{m} (r_{ij} \wedge s_{jk})$,即

$$\boldsymbol{T} = \boldsymbol{R} \circ \boldsymbol{S} \Leftrightarrow t_{ik} = \bigvee_{j=1}^{m} (r_{ij} \wedge s_{jk}) \tag{14.4}$$

定义 14.4 设论域 U 上的模糊矩阵 $\boldsymbol{A} = (a_{ij})_{n \times m}$,对于任意的 $\lambda \in [0,1]$,称 $\boldsymbol{A}_\lambda = (a_{ij}(\lambda))_{n \times m}$ 为 $\boldsymbol{A}$ 的 λ 截矩阵,其中,

$$a_{ij}(\lambda) = \begin{cases} 1, & a_{ij} \geqslant \lambda \\ 0, & a_{ij} < \lambda \end{cases} \tag{14.5}$$

λ 称为阈值或置信水平。显然,截矩阵 $\boldsymbol{A}$ 为布尔矩阵。

定义 14.5 设 $\boldsymbol{R}$ 是 U 上的一个模糊关系矩阵,若满足:

(1) 自反性:$\boldsymbol{R} \supseteq I$ 或者 $R(u,u) = 1$;

(2) 对称性:$\boldsymbol{R}^{\mathrm{T}} = \boldsymbol{R}$ 或 $R(u,v) = R(v,u)$;

(3) 传递性:$\boldsymbol{R} \supseteq \boldsymbol{R}^2$。

则称 $\boldsymbol{R}$ 为 U 上的 F 等价关系。

容易证明,若 $\boldsymbol{R}$ 是 U 上的一个模糊关系,则 $\boldsymbol{R}$ 的任意水平截集 $\boldsymbol{R}_\lambda$ 都是 U 上的一个普通等价关系。因等价关系是可以分类的,所以当 λ 在 $[0,1]$ 上变动时,由 $\boldsymbol{R}_\lambda$ 得到不同的分类。这些分类之间的联系则由定理 14.1 给出。

定理 14.1 设 $\boldsymbol{R} \in u_{n \times n}$,$\boldsymbol{R}_\lambda$ 表示按 $\boldsymbol{R}_\lambda$ 分成的类,则当 $\lambda < u$ 时,$\boldsymbol{R}_u \subseteq \boldsymbol{R}_\lambda$,其中,$\lambda, u \in [0,1]$。

该定理说明,如果 i、j 按 $\boldsymbol{R}_u$ 分在一类,则按 $\boldsymbol{R}_\lambda$ 也必分在一类,即 $\boldsymbol{R}_u$ 所决定的分类中的每个类是 $\boldsymbol{R}_\lambda$ 决定的分类中的某个类的子类。也就是说,当 $\lambda < u$ 时,$\boldsymbol{R}_u$ 的分类是 $\boldsymbol{R}_\lambda$ 分类的加细。因此,当 λ 由 1 变为 0 时,$\boldsymbol{R}_\lambda$ 的分类由细变粗,逐渐归类,形成一个动态的聚类图。

定义 14.6 设 $\boldsymbol{R} \in \mathscr{F}(U \times U)$,如果具有自反和对称关系,则称 $\boldsymbol{R}$ 为 U 上的一个 F 相似关系。

定理 14.2　相似矩阵 $R \in u_{n \times n}$ 的传递闭包是等价矩阵,且 $\hat{R} = R^n$。

2. 基于 F 等价矩阵模糊聚类分析的一般步骤

1) 数据标准化

(1) 数据矩阵。设论域 $U = \{x_1, x_2, \cdots, x_n\}$ 为被分类对象,每个对象又由 m 个指标表示其特征: $x_i = \{x_{i1}, x_{i2}, \cdots, x_{im}\}, i = 1, 2, \cdots, n$。于是,得到原始数据矩阵 X 为

$$X = \begin{bmatrix} x_{11} & x_{12} & \cdots & x_{1m} \\ x_{21} & x_{22} & \cdots & x_{2m} \\ \vdots & \vdots & & \vdots \\ x_{n1} & x_{n2} & \cdots & x_{nm} \end{bmatrix}$$

(2) 数据标准化。根据 F 矩阵的要求,一般将数据压缩到区间 $[0, 1]$ 上,可采用下面方法实现。

① 标准差变换。

$$x'_{ij} = \frac{x_{ij} - \overline{x}_j}{s_j}, \quad i = 1, 2, \cdots, n; j = 1, 2, \cdots, m \tag{14.6}$$

式中

$$\overline{x}_j = \frac{1}{n} \sum_{i=1}^{n} x_{ij}, \quad s_j = \sqrt{\frac{1}{n} \sum_{i=1}^{n} (x_{ij} - \overline{x}_j)^2} \tag{14.7}$$

② 极差变换。

$$x'_{ij} = \frac{x_{ij} - \min\{x_{ij} \mid 1 \leqslant i \leqslant n\}}{\max\{x_{ij} \mid 1 \leqslant i \leqslant n\} - \min\{x_{ij} \mid 1 \leqslant i \leqslant n\}} \tag{14.8}$$

变换后,数据都落入 $[0, 1]$ 范围内。

③ 均值规格化。

$$x'_{ik} = \frac{x_{ik}}{\overline{x}_k}, \quad \overline{x}_k = \frac{1}{n} \sum_{i=1}^{n} x_{ik} \tag{14.9}$$

2) 建立 F 相似关系

得到标准化矩阵后,要求出被分类对象间相似程度的统计量 r_{ij} $(1 \leqslant i, j \leqslant n)$,从而确定出相似矩阵 R,即

$$R = (r_{ij})_{n \times n} \tag{14.10}$$

确定相似系数 r_{ij} 的方法很多,我们可以按照实际情况,选其中一种来求取。

(1) 数量积法。

$$r_{ij} = \begin{cases} 1, & i = j \\ \dfrac{1}{M} \sum_{k=1}^{m} x_{i_k} \cdot x_{j_k}, & i \neq j \end{cases} \tag{14.11}$$

式中，M 为一适当选择的正数，满足

$$M \geqslant \max_{i,j}\left(\sum_{k=1}^{m} x_{i_k} \cdot x_{j_k}\right)$$

（2）相关系数法。

$$r_{ij} = \frac{\sum_{k=1}^{m} |x_{i_k} - \overline{x}_i| |x_{j_k} - \overline{x}_j|}{\sqrt{\sum_{k=1}^{m} (x_{i_k} - \overline{x}_i)^2} \cdot \sqrt{\sum_{k=1}^{m} (x_{j_k} - \overline{x}_j)^2}} \tag{14.12}$$

式中，$\overline{x}_i = \dfrac{1}{m}\sum\limits_{k=1}^{m} x_{i_k}$；$\overline{x}_j = \dfrac{1}{m}\sum\limits_{k=1}^{m} x_{j_k}$。

（3）最大最小法。

$$r_{ij} = \frac{\sum_{k=1}^{m} \min(x_{i_k}, x_{j_k})}{\sum_{k=1}^{m} \max(x_{i_k}, x_{j_k})} \tag{14.13}$$

（4）算术平均最小法。

$$r_{ij} = \frac{\sum_{k=1}^{m} \min(x_{i_k}, x_{j_k})}{0.5\sum_{k=1}^{m} (x_{i_k} + x_{j_k})} \tag{14.14}$$

（5）夹角余弦法。

$$r_{ij} = \frac{\sum_{k=1}^{m} x_{ik} \cdot x_{jk}}{\sqrt{\sum_{k=1}^{m} x_{ik}^2} \cdot \sqrt{\sum_{k=1}^{m} x_{ik}^2}} \tag{14.15}$$

（6）绝对值减数法。

$$r = \begin{cases} 1, & i = j \\ 1 - c\sum_{k=1}^{m} |x_{i_k} - x_{j_k}|, & i \neq j \end{cases} \tag{14.16}$$

式中，c 适当选取，使 $0 \leqslant r_{ij} \leqslant 1$。

除上述外，还有许多其他方法，如多位专家打分，再平均取值，这里不再赘述。选择上述哪一个方法，要按实际情况而定。在实际应用时，最好采用多种方法，选取分类最符合实际的结果。

3）改造相似关系为等价关系

由第二步得到的矩阵 $\boldsymbol{R}$ 一般只满足自反性和对称性，即 $\boldsymbol{R}$ 是相似矩阵，需将

它改造成 F 等价矩阵。为此,采用平方法求出 $\boldsymbol{R}$ 的传递闭包 $\hat{\boldsymbol{R}}$,$\hat{\boldsymbol{R}}$ 便是所求的 F 等价矩阵。

4）聚类

此时得到的 $\hat{\boldsymbol{R}}$ 是模糊等价关系,便可对 U 中的元素在任意水平 λ 上进行分类,分类的原则:在 λ 水平下,x_i 与 x_j 同类 $\Leftrightarrow r_{ij}(\lambda) = 1$。当 λ 从 1 降到 0 时,得到一个动态聚类图,有了聚类图,需要分成几类就从图上取一适当的置信水平,得到所需要的分类。

14.1.2　目标函数的模糊聚类

在数学规划中,需要在一定条件下求极小化或极大化的函数,该函数称为目标函数。在聚类分析中,用目标函数来测度聚类的效果,最佳函数对应于求取目标函数的极值。这类算法的基础是对有限数据集合的模糊 c 划分,主要有模糊 c 均值算法[8-10],简称 FCM 算法。

1. FCM 算法原理

令 $X = \{x_1, x_2, \cdots, x_n\} \subseteq \mathbf{R}^n$ 是特征空间 $\mathbf{R}^n$ 上的一个有限数据集合(即样本集合),其中,$x_j = (x_{j1}, x_{j2}, \cdots, x_{jm})^{\mathrm{T}} \in \mathbf{R}^n$,$c$ 是类数,$2 \leqslant c \leqslant n$,$\mathbf{R}^{c \times n}$ 是所有 $c \times n$ 实矩阵集合,模糊分类将特征空间 $X = \{x_1, x_2, \cdots, x_n\}$ 的 n 个特征点分为 c 类,即将 X 分为 c 个非空子集 $\{A_i \mid i = 1, 2, \cdots, c\}$。任意一个特征点 $(x_k \in \mathbf{R}^n)$ 几乎不可能被严格地划分给某一类,它属于第 i 类的程度为 u_{ik}($0 \leqslant u_{ik} \leqslant 1$)。特征空间 X 的模糊 c 划分用模糊矩阵 $\boldsymbol{u} = (u_{ik}) \in \mathbf{R}^{c \times n}$ 表示,其元素满足

$$u_{ik} \in [0,1], 1 \leqslant i \leqslant c;\ 1 \leqslant k \leqslant n \tag{14.17}$$

$$\sum_{i=1}^{c} u_{ik} = 1, \quad 1 \leqslant k \leqslant n \tag{14.18}$$

$$0 < \sum_{k=1}^{n} u_{ik} \leqslant n, \quad 1 \leqslant i \leqslant n \tag{14.19}$$

以 M_{fcn} 表示模糊分类矩阵的集合,即

$$M_{fcn} = \left\{ U \in \mathbf{R}^{c \times n} \middle| u_{ik} \in [0,1], \forall i, k; \sum_{i=1}^{c} u_{ik} = 1, \forall k; \sum_{k=1}^{n} u_{ik} > 0, \forall i \right\} \tag{14.20}$$

模糊 c 均值的目标函数为

$$J_m : M_{fcn} \times \mathbf{R}^{c \times n} \rightarrow \mathbf{R}^{+}$$

其定义为

$$J_m(\boldsymbol{U}, \boldsymbol{V}) = \sum_{k=1}^{n} \sum_{i=1}^{c} (u_{ik})^m \cdot (d_{ik})^2 \tag{14.21}$$

式中，$U = (u_{ik}) \in M_{fcn}$，为 X 的模糊 c 划分矩阵；$V = (v_1, v_2, \cdots, v_c)^{\mathrm{T}} \in \mathbf{R}^{c \times n}$，为类中心矢量，称为聚类中心；$d_{ik} = \parallel x_k - v_i \parallel$，为数据 x_k 与第 i 类中心 v_i 之间的距离，也为 L_p 范数，即

$$d_{ik} = \left(\sum_{j=1}^{m} | x_{kj} - v_{ij} |^p \right)^{1/p}, \quad 1 \leqslant p < \infty$$

$m \in [1, +\infty)$ 为加权指数。

因目标函数 $J_m(U, V)$ 为样本 x_k 与各个聚类中心 v_i 的加权距离平方和，其权重为 x_k 属于类 A_i 的隶属度 u_{ik} 的 m 次方，所以 J_m 是平方误差聚类准则，故样本集合 X 的最佳模糊 c 划分应是 J_m 的最小方差稳定点 (U, V)。这可由条件：

$$\min_{M_{fcn} \times \mathbf{R}^{c \times n}} \{ J_m(U, V) \} \tag{14.22}$$

来决定，其约束条件为

$$\begin{cases} 0 \leqslant u_{ik} \leqslant 1, & \forall k, i \\ \sum_{i=1}^{c} u_{ik} = 1, & \forall k \end{cases} \tag{14.23}$$

利用拉格朗日乘子法，可得最优解，即

$$\begin{cases} u_{ik}^* = \left[\sum_{k=1}^{c} \left(\dfrac{d_{ij}}{d_{jk}} \right)^{\frac{2}{m-1}} \right]^{-1}, & d_{ij} \neq 0; 1 \leqslant i \leqslant c; 1 \leqslant k \leqslant n \\ u_{ik}^* = 1, & \exists d_{ij} = 0 \\ u_{ik}^* = 0, & \exists t \neq i, d_{ik} = 0 \end{cases} \tag{14.24}$$

$$v_i^* = \sum_{k=1}^{n} (u_{ik}^*)^m x_k / \sum_{k=1}^{n} (u_{ik}^*)^m \stackrel{\text{def}}{=} m_{fi}, \quad 1 \leqslant i \leqslant c \tag{14.25}$$

常称 m_{fi} 为类 A_i 的模糊均值。

2. FCM 算法的基本步骤

根据式(14.24)和式(14.25)，可得 FCM 迭代算法的基本步骤如下。

(1) 确定聚类类别数 $c(2 \leqslant c \leqslant n)$，$n$ 是样本个数；确定加权指数 $m(1 \leqslant m \leqslant +\infty)$，$b = 0$。

(2) 任意确定初始模糊分类矩阵 $U^{(0)} \in M_{fcn}$。

(3) 根据 $U^{(0)}$ 和式(14.25)，计算 $V_i^{(b)} (i = 1, 2, \cdots, c)$。

(4) 利用式(14.24)及 $V_i^{(b)}$，更新 $U^{(b)}$ 为 $U^{(b+1)}$。

(5) 给定任意小的正数 ε，检查条件 $\parallel U^{(b+1)} - U^{(b)} \parallel < \varepsilon$ 是否满足，若 $\parallel U^{(b+1)} - U^{(b)} \parallel < \varepsilon$，则停止迭代，否则，置 $b = b + 1$，并返回(3)。

得到了最优模糊分类矩阵 U^* 和聚类中心 v_i^*，则可以利用下列方法确定每个样本的归属，得到分类。

$\forall x_k \in X$,若 $\| x_k - v_i \| = \min\limits_{1 \leqslant j \leqslant c} \| x_k - v_j \|$,则将 x_k 归为第 i 类,即按与中心最近原则。

$\forall x_k \in X$,若 $u_{ik}^* = \max\limits_{1 \leqslant j \leqslant c} \{ u_{jk}^* \}$,则将 x_k 归入第 i 类,即最大隶属度原则。

14.2 模糊聚类故障诊断模型与方法

在以 SF_6 气体绝缘设备分解组分含量和比值分析设备故障的研究中,在被诊断对象的征兆与故障间的关系尚不清楚的情况下,必须对获取的表征故障的特征数据进行分类识别。当仅考察正常工作模式与状态故障模式两类问题时,诊断分类的准确率都比较高。但是当进一步考察状态故障的类别时,需要判断的类别将显著增多,传统的各种非此即彼的判别分类方法不可避免地面临准确率下降的问题。事实上,类别增多时,相邻类之间的边界不很明确,利用模糊聚类分析技术方法可以很好地解决这些问题,从而使得结果显得更为客观、灵活和自然。

在 SF_6 气体绝缘设备气室中,气体分解组分主要包括 CO_2、SOF_2、SO_2F_2、CF_4、SO_2、HF 和 H_2S 等,由于 CO_2、SOF_2、SO_2F_2、CF_4 这四种气体稳定且腐蚀性较小(便于测量),常常以这几种气体的含量或者比值作为特征量进行故障的识别和判断。

本节以 GIS 模拟装置中气体分解组分含量作为样本数据[11-14],样本数为 n,记为 $X = \{ x_1, x_2, \cdots, x_n \}$,每个样本有 4 个指标,$x_i = (x_{i1}, x_{i2}, x_{i3}, x_{i4})$,其分别表示 CO_2、SOF_2、SO_2F_2、CF_4 的组分含量,它们分别是在高压导体突出物绝缘缺陷(N 类)、自由导电微粒绝缘缺陷(P 类)、绝缘子金属污染绝缘缺陷(M 类)、绝缘子外气隙缺陷(G_E 类)四种绝缘缺陷产生的。表 14.1 为 12 组气体分解组分含量样本数据。

表 14.1 12 组气体分解组分含量样本数据[3]

序号	1	2	3	4	5	6	7	8	9	10	11	12
CO_2	4.14	1.56	47.82	9.61	74.61	11.69	1.01	2.23	1.12	2.63	2.32	3.30
SOF_2	168.80	31.96	472.2	63.76	724.60	196.40	10.49	1.22	22.26	2.07	31.36	2.73
SO_2F_2	114.80	4.59	243.2	5.99	327.50	13.81	4.86	3.75	9.98	5.88	12.30	7.25
CF_4	3.31	7.16	5.73	13.25	1.29	29.14	1.34	0.27	2.12	0.31	3.32	0.65
故障类型	N 类	P 类	N 类	P 类	N 类	P 类	M 类	G_E 类	M 类	G_E 类	M 类	G_E 类

注:N 类代表高压导体突出物绝缘缺陷,P 类代表自由导电微粒绝缘缺陷,M 类代表绝缘子金属污染绝缘缺陷,G_E 类代表绝缘子外气隙缺陷。

14.2.1 基于模糊关系的模糊聚类故障诊断模型及方法步骤

基于模糊关系的 SF_6 气体绝缘设备故障诊断模糊聚类分析方法,依据诊断对象间故障和征兆的特征、亲疏程度和相似性,通过建立模糊相似关系对诊断对象进行故障分类和诊断的数学方法,其建模过程和方法如下。

1) 数据规格化

在 SF$_6$ 气体绝缘设备等气体绝缘电气设备的绝缘故障中,不同故障类型产生的气体分解组分含量在数值上存在很大差异,导致以气体分解组分含量作为样本的变异性较大,因此,需要进行规格化处理。采用前面提到的均值规格化,变换后的数据特征实现了无量纲化、各指标分辨力不变的要求。

2) 建立模糊相似矩阵

表 14.2　根据表 14.1 中数据求得的模糊等价矩阵 R^*

序号	1	2	3	4	5	6	7	8	9	10	11	12
1	1	0.97	0.99	0.97	0.99	0.97	0.99	0.76	0.99	0.76	0.99	0.76
2	0.97	1	0.97	0.99	0.97	0.99	0.97	0.76	0.97	0.76	0.97	0.76
3	0.99	0.97	1	0.97	1	0.97	1	0.76	1	0.76	1	0.76
4	0.97	0.99	0.97	1	0.97	1	0.97	0.76	0.97	0.76	0.97	0.76
5	0.99	0.97	1	0.97	1	0.97	1	0.76	1	0.76	1	0.76
6	0.97	0.99	0.97	1	0.97	1	0.97	0.76	0.97	0.76	0.97	0.76
7	0.99	0.97	1	0.97	1	0.97	1	0.76	1	0.76	1	0.76
8	0.76	0.76	0.76	0.76	0.76	0.76	0.76	1	0.76	0.99	0.76	0.99
9	0.99	0.97	1	0.97	1	0.97	1	0.76	1	0.76	1	0.76
10	0.76	0.76	0.76	0.76	0.76	0.76	0.76	0.99	0.76	1	0.76	1
11	0.99	0.97	1	0.97	1	0.97	1	0.76	1	0.76	1	0.76
12	0.76	0.76	0.76	0.76	0.76	0.76	0.76	0.99	0.76	1	0.76	1

模糊聚类中有十几种常用的样本间相似性度量方法,因而对于同一种问题,可以形成许多种计算结果。一些实际应用表明,由于采用不同的计算方法,可以得到明显不同的分类结果,因此如何选择计算方法,也就成为聚类分析不可回避的问题。通过对这些众多方法的分析,具有比例相似性特征的夹角余弦法可使两个各指标值差异很大的样本具有较高的相似性。由于在实际情况中,即使是属于同一种故障类型的分解组分含量数据,其原始数据相互间的差异性也可能较大,因此采用夹角余弦法处理后会出现将两个明显不同的样本分为一类的情况,符合实际故障诊断分类情况。

对表 14.1 的原始数据经均值规格化处理后,采用夹角余弦法计算相似程度 r_{ij},求得模糊相似矩阵 R,由 R 计算 $R^2, R^4, \cdots, R^{2k}$,最后得到如表 14.2 所示的模糊等价矩阵 R^*。

3) 聚类

根据表 14.2 中的数据进行分类,当取不同的 λ 值,得到的不同的 R_λ,从而实现不同的聚类,得到如图 14.1 所示的动态聚类图。从图中可以看出,当 λ 值过大时,分类过细,当 λ 值过小时,分类又过粗。当 $\lambda=1$ 时,样本被分为 12 类,此时每一样本为一类;而当 $\lambda \leqslant 0.76$ 时,又将 12 个样本分为了一类。当 $\lambda=0.98$ 时,分类比较合理,样本被分为 $\{x_1,x_3,x_5,x_7,x_9,x_{11}\}$,$\{x_2,x_4,x_6\}$,$\{x_8,x_{10},x_{12}\}$ 共 3 类,可见已将 P 类、G_E 类的情况进行正确分类,但对 N 类和 M 类的分类效果不好。分析其原因,可能是由相似矩阵计算相似等价矩阵的过程中经过了一系列的非恒等变换,不可避免地增加了许多不属于 R 的噪声,所以按得到的相似等价矩阵进行分类不一定符合 R 所反映的实际情况,因而可能导致聚类失真、分类效果不佳,上述例子便是如此。同时,上述自乘的方法求模糊矩阵的传递闭包时,传递算法所需的时间更多、空间更大。为了减少不利影响,国内外学者给出了一些聚类方法,如直接聚类法、编网法、最大树法。

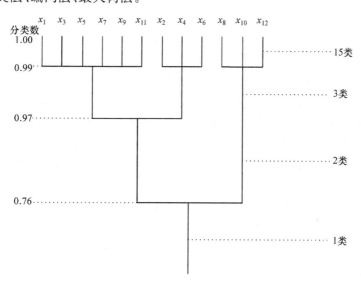

图 14.1　12 组样本的动态聚类图

14.2.2　基于目标函数的模糊聚类故障诊断模型及方法步骤

模糊 c 均值算法即 FCM 算法是基于目标函数的模糊聚类方法中最重要的一种。它是基于模糊划分的思想,利用迭代方法,在泛函极值意义下,不断修正聚类中心的局部优化算法。在 SF_6 气体绝缘设备绝缘故障诊断的过程中,我们可以利用其对所测得的样本集合进行分类,从而提高故障诊断的准确性和可靠性。

1. 影响 FCM 聚类的几个因素

1) 距离范数对聚类的影响

$J_m(\boldsymbol{U}, \boldsymbol{V})$ 的值越小,表示各类中样本依附于它们的聚类中心越紧密,但我们必须注意距离范数对聚类结果的影响。究竟选择哪一种范数,需要根据实际问题而定,这也是聚类分析能否运用成功的关键之一。欧氏距离(L_2 范数)的等距离点是一个球面,比较适合于样本在空间呈团状分布的情况,若样本在空间呈超线状或超椭球壳状分布,宜采用 $L_p(p \neq 1, 2, \infty)$ 范数。这里针对 GIS 气体绝缘设备中绝缘故障进行模糊分类,宜采用欧氏距离。

2) 加权指数对聚类的影响

由于

$$\frac{\partial J_m}{\partial m} = \sum_{k=1}^{n} \sum_{i=1}^{c} (u_{ik})^m \lg(u_{ik})(d_{ik})^2 = \sum_{k=1}^{n} \sum_{i=1}^{c} [u_{ik} \lg(u_{ik})][(u_{ik})^{m-1}(d_{ik})^2]$$

(14.26)

由此可见,J_m 将随 m 的增加而单调减小,m 越大,u_{ik} 越模糊。$m \to +\infty$ 时,$u_{ik} \to 1/c$ 为常数,导致 $v_1 = v_2 = \cdots = v_c$,FCM 算法失去划分特性;$m \to 1$ 时,$u_{ik} \to [0, 1]$,模糊聚类 FCM 算法退化为硬聚类算法。因此,m 的数值必然会对模糊聚类的性能产生重要的影响,控制着模糊类间的分享程度。国内外一些学者对加权指数 m 的优选作了较深入的研究,提出了基于模糊决策理论思想和基于目标函数拐点的定量优化方法,得出了实际应用中 m 的最佳取值范围为 $1.5 \leqslant m \leqslant 2.5$,这与许多关于聚类有效性方面实验研究的结果相吻合。这里我们取加权指数 $m = 2$。

3) 原始数据对聚类的影响

FCM 算法可以看作从原始聚类中心到聚类结果的映射,当初值确定后,聚类结果被唯一确定。初值影响收敛速度和最终分类的好坏,而且 FCM 本质上是一种局部搜索寻优技术,对初值极为敏感,更易陷入局部极小值,而得不到全局最优解,在聚类比较大的情况下,这一缺点尤为明显。聚类初值的确定方法有多种,可以与基于模糊关系的聚类分析方法混合使用。从由模糊关系聚类图中选择一个最佳值,以对应该 λ 值的分类作为初值,用 FCM 方法加以修正。

4) 聚类数 c 对聚类的影响

FCM 算法需要余弦设定分类数 c,但通常 c 是未知的。因此,找出最优的分类数非常重要,而且一个好的聚类结果应当是划分成合适数目 c^* 个聚类从而使类间具有较好的分离度,此时的分类结果对应于较大的分类确定性和较小的模糊性。下面介绍一种确定最佳聚类数 c^* 的选取方法。

对于 n 个样本组成的样本集 $X = \{x_1, x_2, \cdots, x_n\}$,$x_i = \{x_{i1}, x_{i2}, \cdots, x_{is}\}$,$X$ 的一个模糊 c 划分 $U = (u_{ij})$,v_i 为第 i 聚类中心,则"Fuzzy 类间"离散性矩阵 $\boldsymbol{S}_{BF}$,

"Fuzzy 类内"离散性矩阵 $\boldsymbol{S}_{\mathrm{WF}}$ 定义如下：

$$\boldsymbol{S}_{\mathrm{BF}} = \sum_{i=1}^{c}\sum_{k=1}^{n} u_{ik}^{m}\boldsymbol{v}_i\boldsymbol{v}_i^{\mathrm{T}} \tag{14.27}$$

$$\boldsymbol{S}_{\mathrm{WF}} = \sum_{i=1}^{c}\sum_{k=1}^{n} u_{ik}^{m}(\boldsymbol{x}_k-\boldsymbol{v}_i)(\boldsymbol{x}_k-\boldsymbol{v}_i)^{\mathrm{T}} \tag{14.28}$$

称

$$\mathrm{mixed}-F(c)=\frac{\mathrm{tr}(\boldsymbol{S}_{\mathrm{BF}})(n-c)}{\mathrm{tr}(\boldsymbol{S}_{\mathrm{WF}})(c-1)} \tag{14.29}$$

为模糊 c 划分的混合 F 统计量。

理论上可以证明,式(14.29)定义的混合 F 统计量服从自由度为 $(c-1,n-c)$ 的 F 分布,mixed-$F(c)$ 是一个综合反映每个变量的类内紧密程度与类间的分散程度的统计量。

将 c 值固定,由式(14.29)可知,较小的 $\mathrm{tr}(\boldsymbol{S}_{\mathrm{WF}})$ 可导致较大的 mixed-F 值。将 c 值增大,$\mathrm{tr}(\boldsymbol{S}_{\mathrm{WF}})$ 总是趋于下降,$\mathrm{tr}(\boldsymbol{S}_{\mathrm{BF}})$ 总是趋于上升,但这并不能使 mixed-F 值始终上升。因为随着分类数的增大,比值 $(n-c)/(c-1)$ 不断下降。因此,可以预知,mixed-F 值可能在某一 c 值呈现最大值,而使 mixed-F 值达到最大的 c 值正是需要寻找的最佳分类数 c^*。从而,最佳分类数为

$$c^*=\arg\{\max_{\forall c}\{\mathrm{mixed}\text{-}F(c)\}\} \tag{14.30}$$

2. 基于目标函数的 SF_6 气体绝缘设备模糊聚类故障诊断模型和计算步骤

1) 故障诊断

故障诊断实质上是一个模式识别的问题,就是对待诊断的变压器样本 x（新样本）,选取或寻找适当的判别准则,判断 x 和 p_j 中哪一个类特征最近,而确定出电力变压器的故障。为此,我们定义模式 x 关于属性集 p_j 的属性测度为

$$u_j=(1+B\cdot\|x-v_j\|^2)^{-1},\quad j=1,2,\cdots,c \tag{14.31}$$

式中,B 为属性调节因子;v_j 为第 j 类属性集的聚类中心。

分类准则如下。若

$$u_q=\max_{1\leqslant j\leqslant c}\{u_j\} \tag{14.32}$$

则判断 x 属于第 q 类。

2) 基于目标函数的模糊聚类故障诊断的计算步骤

(1) 这里我们依然以表 14.1 中的样本数据为例,概述基于目标函数的故障诊断模糊聚类模型和计算步骤[11-13]。

① 输入待诊断样本 $x=(x_1,x_2,x_3,x_4)$,x_i 依次表示 CO_2、SOF_2、SO_2F_2、CF_4 组分的含量。

② 样本 x 比例规格化:$x_i=x_i/(x_1+x_2+x_3+x_4)(i=1,2,3,4)$。

③ 调用典型样本集 X 的模糊聚类子程序得结果 $P_1, P_2, \cdots, P_c$ 及 $v_1, v_2, \cdots,$ v_c，按式(14.31)计算 $u_j (j = 1, 2, \cdots, c)$。

④ 按式(14.32)判断 x 隶属的类别，输出诊断结果，诊断结束。

(2) 模糊聚类子程序步骤如下。

① 建立典型样本库，$X = \{x_1, x_2, \cdots, x_n\}$，$x_i = (x_{i1}, x_{i2}, x_{i3}, x_{i4})$，$x_{ij}$ 依次表示 CO_2、SOF_2、SO_2F_2、CF_4 组分的含量。

② 按比例规格化方法将各样本数据规格化处理，形成样本规格化矩阵 $\boldsymbol{X} = (x_{ij})_{n \times 5}$。

③ 输入样本数 n，加权数 m(取 2)及 ε(取 10^{-3})。

④ 调用计算最优分类数 c 和聚类中心初始值 $v_l^{(0)}$ 子程序，取得 c，$v_l^{(0)} (l = 1, 2, \cdots, c)$。

⑤ 取 $k = 1$。

⑥ 按式(14.24)及 $v_l^{(k-1)}$ 计算 $u_{ij}^{(k)}$，$1 \leqslant l \leqslant c, 1 \leqslant j \leqslant n$。

⑦ 按式(14.25)计算 $v_l^{(k)} (l = 1, 2, \cdots, c)$。

⑧ 若 $\| v_l^{(k)} - v_l^{(k-1)} \| < \varepsilon (l = 1, 2, \cdots, c)$，转步骤⑨；否则，置 $k = k + 1$，转步骤⑥。

⑨ 若 $u_{ik}^* = \max\limits_{1 \leqslant j \leqslant c} \{u_{jk}^*\}$，则将 x_k 归入第 i 类，得最优分类集 $p_1, p_2, \cdots, p_c$。输出最优划分阵 $\boldsymbol{U} = (u_{ij})_{c \times n}$ 及聚类中心 $v_i = v_l^{(k)} (1 \leqslant i \leqslant c)$，结束。

(3) 最优分类数 c 和聚类中心初值 $v_l^{(0)}$ 的子程序计算步骤。

① 输入样本典型置信度阈值 t_d(取 0.9)，$2 < c \leqslant c_{\max}$，置 $k = 1$。

② $v_l^{(k-1)} = x_l (1 \leqslant l \leqslant c)$。

③ 按式(14.24)及 $v_l^{(k-1)} (1 \leqslant l \leqslant c)$，计算 $u_{ij}^{(k)} (1 \leqslant i \leqslant c, 1 \leqslant j \leqslant n)$。

④ 按式(14.25)计算 $v_l^{(k)} (1 \leqslant l \leqslant c)$。

⑤ 按式(14.29)计算 mixed-$F(c)$。

⑥ 如果 $c \leqslant c_{\max}$，则令 $c = c + 1, k = k + 1$，转步骤②；否则，计算 $\max \{\text{mixed-}F(l), 1 \leqslant l \leqslant c\}$ 和对应的 c^*，转向⑦。

⑦ $c = c^*, v_l^{(0)} = v_l^k (1 \leqslant l \leqslant c)$，输出 mixed-$F(c)$、$c$，结束。

14.3　案例及分析

本节依然以表 14.1 中的数据为样本来构成典型样本库，对其分类，然后进行典型案例的模糊聚类故障诊断。

14.3.1　以分解组分含量为特征量的模糊聚类法案例分析

1. 典型样本库求解

以表 14.1 中模拟 SF$_6$ 气体绝缘设备中四种气体分解组分含量为特征量，构成

12 个样本作为典型样本库,对其分类。经分析计算,最佳分类数 c 为 4。计算结果见表 14.3～表 14.5。

表 14.3　最优划分矩阵

矩阵向量	u_{i1}	u_{i2}	u_{i3}	u_{i4}	u_{i5}	u_{i6}	u_{i7}	u_{i8}	u_{i9}	u_{i10}	u_{i11}	u_{i12}
u_1	0.03	0.93	0.01	0.91	0.03	0.91	0.02	0	0.01	0	0.02	0
u_2	0.77	0.02	0.86	0.03	0.53	0.03	0.11	0.01	0.05	0	0.06	0
u_3	0.02	0	0	0.01	0.01	0.01	0	0.98	0	0.99	0	0.99
u_4	0.19	0.04	0.13	0.05	0.43	0.05	0.87	0.01	0.94	0	0.93	0

表 14.4　最优聚类中心

聚类中心向量	v_{i1}	v_{i2}	v_{i3}	v_{i4}
v_1	0.0613	0.7245	0.0742	0.1393
v_2	0.0460	0.6074	0.3379	0.0086
v_3	0.2586	0.1833	0.5210	0.0368
v_4	0.0456	0.6213	0.2709	0.0620

表 14.5　分类结果表

类别	第一类	第二类	第三类	第四类
样本号	x_2, x_4, x_6	x_1, x_3, x_5	x_8, x_{10}, x_{12}	x_7, x_9, x_{11}

从上述对 12 组模拟 SF_6 气体绝缘设备实验样本进行的模糊聚类分析可以看出,12 个样本分类完全正确,聚类效果明显比基于模糊关系的模糊聚类方法好。

2. 案例及分析

这里,作者取 110kV 真型 SF_6 气体绝缘设备中四组绝缘缺陷下的组分数据(如表 14.6 所示)进行模糊聚类故障诊断,利用前面所得的表 14.4 及式(14.31)和式(14.32),可以得出第一组数据属于第二类,第二组数据属于第一类,第三组数据属于第四类,第四组数据属于第三类,即它们分别属于 N 类、P 类、M 类、G_E 类绝缘缺陷故障,达到了模糊聚类故障诊断的目的。

表 14.6　真型 SF_6 气体绝缘设备四组绝缘缺陷样本数据

故障类型	CO_2	SOF_2	SO_2F_2	CF_4
N 类	65.58	627.59	302.6	2.80
P 类	11.69	196.35	13.81	29.14
M 类	2.32	31.36	12.30	3.32
G_E 类	3.30	2.73	7.25	0.65

14.3.2　以分解组分含量比值为特征量的模糊聚类法案例分析

1. 典型样本库求解

文献[11]表明,以分解组分含量比值作为特征量进行模糊聚类故障诊断,对不同缺陷的区分度更高,也能反映一定的物理含义。为此,作者根据文献[11]~文献[14]提出的 $c(\mathrm{SOF_2})/c(\mathrm{SO_2F_2})$、$c(\mathrm{CF_4})/c(\mathrm{CO_2})$ 和 $c(\mathrm{SOF_2+SO_2F_2})/c(\mathrm{CF_4+CO_2})$ 三组组分含量比值作为识别 4 种绝缘缺陷的特征量,依然用表 14.1 的方法进行数据处理,得到表 14.7 中 3 组组分含量比值数据样本。以表 14.7 中数据作为典型样本库,对其进行分类,经分析计算之后得到最佳分类数 c 为 4,计算结果见表 14.7~表 14.10。

表 14.7　三组组分含量比值数据样本

序号	1	2	3	4	5	6	7	8	9	10	11	12
$c(\mathrm{SOF_2})/c(\mathrm{SO_2F_2})$	1.5	7.0	2.0	11.0	2.2	14.0	2.2	0.3	2.2	0.4	2.6	0.4
$c(\mathrm{CF_4})/c(\mathrm{CO_2})$	0.8	4.6	0.1	1.4	0	2.5	1.3	0.1	1.9	0.1	1.4	0.2
$c(\mathrm{SOF_2+SO_2F_2})/$ $c(\mathrm{CF_4+CO_2})$	38.0	4.2	130	3.1	14.0	5.2	6.5	2.0	10.0	2.7	7.7	2.5
实际故障类型	P 类	N 类	P 类	N 类	P 类	N 类	M 类	G$_E$ 类	M 类	G$_E$ 类	M 类	G$_E$ 类

表 14.8　最优划分矩阵

矩阵向量	u_{i1}	u_{i2}	u_{i3}	u_{i4}	u_{i5}	u_{i6}	u_{i7}	u_{i8}	u_{i9}	u_{i10}	u_{i11}	u_{i12}
u_1	0.01	0.74	0	0	0	0.87	0	0	0.01	0	0	0
u_2	0.84	0.04	0.98	0	0.97	0.02	0.01	0.91	0.07	1.00	0.01	0.89
u_3	0.04	0.15	0	1.00	0.01	0.08	0.01	0.01	0.03	0	0.01	0.02
u_4	0.10	0.08	0.01	0	0.02	0.03	0.98	0.07	0.89	0	0.98	0.09

从上述对 12 组模拟 GIS 实验样本进行模糊聚类实验,可以看出,12 个样本分类完全正确。因此,采用分解组分含量比值作为特征量进行模糊聚类故障诊断是可行的。

表 14.9　最优聚类中心

聚类中心向量	v_{i1}	v_{i2}	v_{i3}
v_1	0.562496825	0.188784425	0.248760799
v_2	0.114436803	0.029115912	0.856398771
v_3	0.412730411	0.05892913	0.528342427
v_4	0.199131142	0.128984088	0.671855288

表 14.10   分类结果表

类别	第一类	第二类	第三类	第四类
样本号	x_2, x_4, x_6	x_1, x_3, x_5	x_8, x_{10}, x_{12}	x_7, x_9, x_{11}

2. 案例及分析

这里作者依然取真型 GIS 实验装置中四组绝缘缺陷下的数据(表 14.6)进行模糊聚类故障诊断,利用所得的表 14.9 及式(14.31)和式(14.32),可以得出这 4 个测试样本分别属于 N 类、P 类、M 类和 G_E 类绝缘缺陷故障,达到了模糊聚类故障诊断的目的。

参 考 文 献

[1] 贺仲雄. 模糊数学及其应用. 天津:天津科技出版社,1981.

[2] 杨纶标,高英仪,凌未新. 模糊数学原理及应用. 广州:华南理工大学出版社,2011.

[3] 李俭,孙才新,陈伟根,等. 灰色聚类与模糊聚类集成诊断变压器内部故障的方法研究. 中国电机工程学报,2003,23(2):112-115.

[4] 陈铁华,陈启卷. 模糊聚类分析在水电机组振动故障诊断中的应用. 中国电机工程学报, 2002,22(3):43-47.

[5] 阳国庆. 基于模糊聚类理论的局部放电模式识别方法与实验研究. 哈尔滨:哈尔滨理工大学硕士学位论文,2006.

[6] 熊浩,张晓星,廖瑞金,等. 基于动态聚类的电力变压器故障诊断. 仪器仪表学报,2007, 28(3):456-459.

[7] 朱红霞,沈炯,李益国,等. 一种新的动态聚类算法及其在热工过程模糊建模中的应用. 中国电机工程学报,2005,25(7):34-40.

[8] 曾博,张建华,丁蓝,等. 改进自适应模糊 C 均值算法在负荷特性分类的应用. 电力系统自动化,2011,35(12):42-46.

[9] 王淳,高元海. 采用最优模糊 C 均值聚类和改进化学反应算法的配电网络动态重构. 中国电机工程学报,2014,10:022.

[10] 周开乐,杨善林. 基于改进模糊 C 均值算法的电力负荷特性分类. 电力系统保护与控制, 2012,40(22):58-63.

[11] 刘帆. 局部放电下六氟化硫分解特性与放电类型辨识及影响因素校正. 重庆:重庆大学博士学位论文,2013.

[12] Tang J, Liu F, Zhang X, et al. Partial discharge recognition through an analysis of SF_6 decomposition products part 1:decomposition characteristics of SF_6 under four different partial discharges. IEEE Transactions on Dielectrics & Electrical Insulation, 2012, 19(1): 29-36.

[13] Tang J, Liu F, Meng Q, et al. Partial discharge recognition through an analysis of SF$_6$ decomposition products part 2: feature extraction and decision tree-based pattern recognition. IEEE Transactions on Dielectrics and Electrical Insulation, 2012, 19(1): 37-44.

[14] 孟庆红. 不同绝缘缺陷局部放电下 SF$_6$ 分解特性与特征组分检测研究. 重庆: 重庆大学硕士学位论文, 2010.

第15章 以分解组分含量及比值为特征量的支持向量机故障诊断

支持向量机(support vector machine,SVM)于1995年由Vapnik[1]提出,它是建立在统计学习理论的VC维理论和结构风险最小原理基础上的一类专门研究小样本情况下机器学习规律的理论。国际权威学术组织The IEEE International Conference on Data Mining(ICDM)2006年12月评选出数据挖掘领域的十大经典算法中,SVM算法位居第三,在处理小样本、非线性及高维模式识别问题中,表现出良好的泛化能力和优秀的表达力,广泛应用于统计模式识别及回归分析中。模式识别问题是机器学习问题的一种,其本质是如何最大限度地利用已知样本集对未知样本尽可能准确地进行分类,即运用已知样本集尽可能准确地进行统计推理。传统的方法,如神经网络等分类方法是基于经验风险最小化原则来训练分类器,所谓经验风险是指分类器对训练样本的风险,显然,这种风险不能够表征分类器对未知样本的分类风险,因此,采用传统方法得到的分类器容易出现训练不足或过拟合现象。与传统机器学习方法不同,基于统计学习理论的SVM理论采用结构风险最小化理论来训练分类器,结构风险既包括了经验风险,也包括了泛化误差的上界部分,这种思想是对传统机器学习方法的一种革命性改进。SVM能够根据给定的训练样本,寻找出最大化间隔的超平面,通过间隔的最大化,来实现分类器的精确鉴别能力。

现有的SVM算法主要用于解决分类问题和回归问题,主要包括:齐次决策函数SVM、限定SVM、最小二乘SVM、中心SVM和ν-SVM等算法。在电力系统的负荷预测、自然灾害预测、绝缘故障诊断以及绝缘故障状态评估等领域中得到了一定的应用[2-5]。然而,在以SF_6分解组分及比值为特征量的GIS故障诊断中还鲜有应用。因此,本章主要讨论利用SVM技术来实现以分解组分及比值为特征量的GIS绝缘故障诊断。

15.1 支持向量机的基本原理及方法

SVM理论最初来自对两类数据分类问题的处理,其基本思想是在数据组成的特征空间中,将数据样本映射到一个更高维的空间里,在这个空间里考虑寻找一个超平面。在此超平面的两边,建立两个互相平行的超平面,并约束这两个超平面的法方向,使得两个超平面间的间距最大化。不同类别的训练样本正好位于超平面的两侧,并且分类的最终目的是使这些样本到该超平面的距离尽可能远,即构建一个超平面,使其两侧的空白区域最大化,其平行超平面间的距离或差距越大,分类器的总误差越小。

对于 SVM 线性可分的二分类问题,给定两类训练样本$\{(\boldsymbol{x}_i,y_i),i=1,2,\cdots,l,\boldsymbol{x}_i\in\mathbf{R}^n,y_i\in(-1,+1)\}$,其中 l 表示训练样本的大小。如果 $\boldsymbol{x}_i$ 属于第一类,则标记为正($y_i=1$),如果 $\boldsymbol{x}_i$ 属于第二类,则标记为负($y_i=-1$)。假设已寻找到一个平面 $F:(\boldsymbol{\omega}\cdot\boldsymbol{x}_i)+b=0$($\boldsymbol{\omega}$ 为超平面的法向量,b 为偏移量,$\boldsymbol{\omega}$ 和 b 是非零参数)把 $\mathbf{R}^n$ 空间分成两部分,并且使得训练样本正好位于该超平面的两侧,如图 15.1 所示。图中实心圆圈和空心圆圈分别表示两类训练样本,在 F_1 和 F_2 各类样本中距离分类超平面 F 最近且平行于超平面的点,被称为支持向量(support vector, SV)。

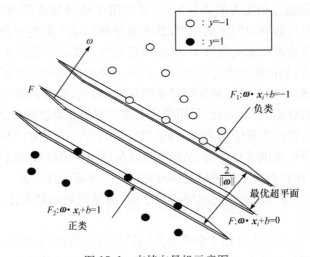

图 15.1　支持向量机示意图

显然,有许多超平面能将上述两类样本正确分开,而最优分类超平面就是要求超平面不但要将两类训练样本无错误地分开,而且还要使两类的分类间隔最大。接下来探讨如何寻找最优超平面。

首先假定划分超平面 $(\boldsymbol{\omega}\cdot\boldsymbol{x}_i)+b=0$ 的法方向 $\boldsymbol{\omega}$ 已经给定,如图 15.1 中的方向 $\boldsymbol{\omega}$。这时平面 F 就是一个以 $\boldsymbol{\omega}$ 为法方向且能够正确划分两类样本的超平面。显然,这样的超平面并不唯一,还可以平行地向右上方或左下方推移超平面 F_1,直到碰到某个训练样本。这样就得到了两个极端的超平面 F_1 和 F_2,这两个超平面称为支持超平面。在支持超平面 F_1 和 F_2 之间的平行超平面都能正确划分两类样本,它们都可以作为候选划分最优超平面。如果恰好位于 F_1 和 F_2 超平面中间的那个超平面划分效果最优,即两个超平面间的间距最大。以上分析给出了在已知法方向 $\boldsymbol{\omega}$ 的情况下构造最优超平面的方法,而一般情况下 $\boldsymbol{\omega}$ 未知。余下的问题就是如何寻求法方向 $\boldsymbol{\omega}$。

根据上述间隔最大化思想,把寻求划分最优超平面 $(\boldsymbol{\omega} \cdot \boldsymbol{x}_i)+b=0$ 的问题转化为对 $\boldsymbol{\omega}$、b 的最优化问题。超平面间的间隔可用 F_1 上的支持向量 x_s 到 F 的距离来定义,即

$$d(F_1,F)=|(\boldsymbol{\omega} \cdot \boldsymbol{x}_s)+b|/\parallel \omega \parallel =1/\parallel \omega \parallel \tag{15.1}$$

同理,可得 F_2 到 F 的距离也为 $1/\parallel \omega \parallel$,从而分类间隔($F_1$ 和 F_2 之间的距离)为

$$d(F_1,F_2)=d(F_1,F)+d(F_2,F)=2/\parallel \omega \parallel \tag{15.2}$$

由统计学理论的内容可知实际风险的上界由经验风险和置信范围决定,而置信范围的大小则同函数集的 VC 维及训练样本的数量有关,即函数集的 VC 维越低,置信范围就越小,从而在保持经验风险一定的情况下,使得实际风险的上界越小。理论证明,要使分类间隔最大等价于使 $\parallel \boldsymbol{\omega} \parallel^2$ 最小就可以使 VC 维的上界最小,则满足 SVM 正确分类的所有样本可转化为求解如下二次规划问题:

$$\begin{cases} \max \dfrac{2}{\parallel \boldsymbol{\omega} \parallel} \\ \text{s. t.} \quad y_i(\boldsymbol{\omega} \cdot \boldsymbol{x}_i+b) \geqslant 1 \end{cases} \Rightarrow \begin{cases} \min \dfrac{1}{2} \parallel \boldsymbol{\omega} \parallel^2 \\ \text{s. t.} \quad y_i(\boldsymbol{\omega} \cdot \boldsymbol{x}_i+b) \geqslant 1 \end{cases} \tag{15.3}$$

对于线性可分问题,可"硬性"地选择能够完全正确划分训练样本的超平面。而实际训练样本往往是呈非线性分布的,如果继续坚持用上述超平面进行划分,那么必须"软化"对划分超平面的要求,即允许有不满足约束条件 $y_i(\boldsymbol{\omega} \cdot \boldsymbol{x}_i+b) \geqslant 1$ 的训练样本存在。通过引入松弛变量:

$$\zeta_i \geqslant 0, \quad i=1,2,\cdots,l \tag{15.4}$$

可得"软化"后的约束条件为

$$\text{s. t.} \quad y_i(\boldsymbol{\omega} \cdot \boldsymbol{x}_i+b) \geqslant 1-\zeta_i \tag{15.5}$$

当 ζ_i 充分大时,训练样本 $(\boldsymbol{x}_i,y_i)$ 总可以满足上述约束条件,但 ζ_i 充分大会导致分类效果差,因此应该避免 ζ_i 取太大的值。为此,在目标函数中加入含有 $\sum \zeta_i$ 的一项,将式(15.3)二次规划问题改为原始最优化问题:

$$\begin{cases} \min \dfrac{1}{2} \parallel \boldsymbol{\omega} \parallel^2 + C \sum_{i}^{l} \zeta_i \\ \text{s. t.} \quad y_i(\boldsymbol{\omega} \cdot \boldsymbol{x}_i+b) \geqslant 1-\zeta_i, \quad i=1,\cdots,l; \zeta_i \geqslant 0 \end{cases} \tag{15.6}$$

式中,$C>0$ 是一个惩罚参数。目标函数中的两项意味着既要最小化 $\parallel \boldsymbol{\omega} \parallel^2$(最大化间隔),又要最小化 $\sum \zeta_i$(最小化约束条件的破坏程度),这里参数 C 的大小体现了对二者重视程度的权衡。

一般地,求解原始问题的复杂程度与约束条件个数和求解变量个数有关。若将 Lagrange 对偶理论运用到数学模型中,减少原始问题中约束条件或者变量的个数,则可以大大降低原始问题的求解难度。为导出原始问题的对偶问题,引入 Lagrange 乘子 α_i,将优化问题转化成 Lagrange 极值问题,则拉格朗日函数 $L(\boldsymbol{\omega}, b, \alpha_i)$ 可表示为

$$\begin{cases} L(\boldsymbol{\omega}, b, \alpha) = \dfrac{1}{2} \parallel \boldsymbol{\omega} \parallel^2 - \sum_{i=1}^{l} \alpha_i y_i [(\boldsymbol{\omega} \cdot \boldsymbol{x}_i) + b] + \sum_{i=1}^{l} \alpha_i \\ \text{s. t.} \quad \alpha_i \geqslant 0, \quad i = 1, 2, \cdots, l \end{cases} \tag{15.7}$$

根据文献[6]中介绍的 KKT 条件,为求以上函数的最值,分别对 $\boldsymbol{\omega}$、b 和 α_i 求偏微分并令其等于 0,于是有

$$\begin{cases} \dfrac{\partial L(\boldsymbol{\omega}, b, \alpha)}{\partial \boldsymbol{\omega}} = 0 \\ \dfrac{\partial L(\boldsymbol{\omega}, b, \alpha)}{\partial b} = 0 \Rightarrow \\ \dfrac{\partial L(\boldsymbol{\omega}, b, \alpha)}{\partial \alpha} = 0 \end{cases} \begin{cases} \boldsymbol{\omega} = \sum_{i=1}^{l} \alpha_i y_i \boldsymbol{x}_i \\ \sum_{i=1}^{l} \alpha_i y_i = 0 \\ \alpha_i [y_i (\boldsymbol{\omega} \cdot \boldsymbol{x}_i + b)] = 0 \end{cases} \tag{15.8}$$

将式(15.8)代入原始 L 函数,并根据原规划问题的约束条件,可得到原二次规划问题的对偶问题,即

$$\begin{cases} \min \left\{ \dfrac{1}{2} \sum_{i=1}^{l} \sum_{j=1}^{l} \alpha_i \alpha_j y_i y_j (\boldsymbol{x}_i \cdot \boldsymbol{x}_j) - \sum_{i=1}^{l} \alpha_i \right\} \\ \text{s. t.} \quad \alpha_i \geqslant 0, \quad i = 1, 2, \cdots, l \\ \sum_{i=1}^{l} \alpha_i y_i = 0 \end{cases} \tag{15.9}$$

寻求最优超平面即最佳 $\boldsymbol{\omega}$ 和 b 系数的过程变为上述二次函数寻优问题,并且文献[7]证明了该寻优问题存在唯一解。若 α_i^* 为最优解,则有

$$\boldsymbol{\omega}^* = \sum_{i=1}^{l} \alpha_i^* y_i \boldsymbol{x}_i \tag{15.10}$$

式中,大部分 α_i^* 等于 0,对应 F_1 和 F_2 超平面两侧的两类样本,而少量 α_i^* 为零的样本对应 F_1 和 F_2 超平面上的样本,即支持向量。b^* 是分类阈值,可由约束条件 $\alpha_i^* [y_i (\boldsymbol{\omega}^* \cdot \boldsymbol{x}_i) + b^*] = 0$ 得到。最优分类超平面的权系数向量是支持向量的线性组合,则最优判别函数表达式为

$$F(\boldsymbol{x}_k) = \text{sgn} \left[\sum y_i \alpha_i^* (\boldsymbol{x}_i \cdot \boldsymbol{x}_k) + b^* \right] \tag{15.11}$$

15.2 支持向量机优化

15.2.1 支持向量机核函数

在实际 GIS 设备的 PD 检测中,由于绝缘缺陷放电模型、放电电压和放电量等不同而导致绝缘缺陷对应的特征量分布是重叠的、非线性的和复杂的,致使上述 SVM 无法处理这一非线性问题。为了提高 SVM 算法的泛化能力,有效地识别缺陷放电类型,可以引入核函数来解决非线性问题。通过选择函数 $K(\cdot,\cdot)$,将 PD 样本 x 所对应的原始空间(低维空间)映射到另一个高维空间。然后,在高维空间中寻找相应的最小超平面,使原始空间的非线性问题转化为高维空间的线性问题。由于核函数是以映射函数的内积形式出现的,所以不需要求得显式的映射函数,这就相当于直接在输入空间解决了非线性问题。依据 Vapnik 提出的理论,可用符合 Mercer 条件的核函数 $K(\cdot,\cdot)$ 替代式(15.9)中的内积运算 $(\boldsymbol{x}_i \cdot \boldsymbol{x}_j)$。从而得到

$$\min\left\{\frac{1}{2}\sum_{i=1}^{l}\sum_{j=1}^{l}\alpha_i\alpha_j y_i y_j K(\boldsymbol{x}_i \cdot \boldsymbol{x}_j) - \sum_{i=1}^{l}\alpha_i\right\} \tag{15.12}$$

对式(15.12)进行最优化求解即可得到分类最优超平面的支持向量,并最终得到决策函数,鉴别两类样本。

核函数是由分类器决策函数的平滑度假设决定的。如果目标样本输入空间的平滑度由先验知识可知,那么作者可以利用这些先验知识来选择一个性能优良的核函数。本书将核函数用于支持向机,可构造不同的分类器。

1) 基于多项式函数的支持向量机

将多项式核函数用于 SVM,构造的判别函数为

$$\begin{cases} K(\boldsymbol{x}_i,\boldsymbol{x}_j) = \left[a(\boldsymbol{x}_i,\boldsymbol{x}_j)+b\right]^d \\ F(\boldsymbol{x}_k) = \mathrm{sgn}\left\{\sum y_i\alpha_i^* \left[a(\boldsymbol{x}_i,\boldsymbol{x}_k)+b\right]^d + b^*\right\} \end{cases} \tag{15.13}$$

多项式核函数是一种典型的全局性核函数,其特点是泛化能力强,但学习能力较差。在实际应用中,多项式核函数虽然善于提取样本全局特性,但插值能力比较弱,表现出一定的局限性。

2) 基于 Sigmoid 函数的支持向量机

将 Sigmoid 函数用于 SVM,构造的判别函数为

$$\begin{cases} K(\boldsymbol{x}_i,\boldsymbol{x}_j) = \tanh\left[v(\boldsymbol{x}_i \cdot \boldsymbol{x}_j)+a\right] \\ F(\boldsymbol{x}_k) = \mathrm{sgn}\left\{\sum y_i\alpha_i^* \tanh\left[v(\boldsymbol{x}_i \cdot \boldsymbol{x}_k)+a\right] + b^*\right\} \end{cases} \tag{15.14}$$

Sigmoid 核函数仅当 v 和 a 取适当值时才能满足 Mercer 条件,并且确定两个参数的同时将会使参数优化变得复杂。

3) 基于高斯径向基函数的支持向量机

将高斯径向基函数用于 SVM,构造的判别函数为

$$\begin{cases} K(\boldsymbol{x}_i, \boldsymbol{x}_j) = \exp\left(-\dfrac{\mid \boldsymbol{x}_i - \boldsymbol{x}_j \mid^2}{\sigma^2}\right) \\ F(\boldsymbol{x}_k) = \mathrm{sgn}\left[\sum y_i \alpha_i^* \exp\left(-\dfrac{\mid \boldsymbol{x}_k - \boldsymbol{x}_i \mid^2}{\sigma^2}\right) + b^*\right] \end{cases} \tag{15.15}$$

高斯径向基函数是在解决实际问题中经常用到的一个核函数,并对应无穷维的特征空间。因此,对于有限的非线性不同类别的 PD 样本,在该特征空间中一定可以线性划分。由于只需要确定一个参数,而多项式核函数和 Sigmoid 核函数中分别有两个参数需要确定,将会使参数优化变得复杂。文献[7]已经证明,采用高斯径向基核函数的训练结果优于采用多项式核函数和 Sigmoid 核函数。考虑到上述特点,选用高斯核函数优化 SVM 算法比较合理。

15.2.2 多分类支持向量机

SVM 本质上是二分类算法,而 PD 类型识别是典型的多分类问题。按照前面所述,该算法只能识别两类绝缘缺陷,因此需要将算法延伸到多分类识别。

目前,有两类途径可以解决 SVM 多分类问题。一类途径是在考虑所有类别的同时直接在公式中优化参数;另一类途径是通过构造多个 SVM 二分类器,然后将它们组合起来实现多类分类。前者尽管思路简洁,但是在最优化问题求解过程中的变量远多于第二类方法,训练速度远不及第二类方法,而且在分类精度上也不占优势。鉴于第二类途径多分类思想,用于识别多类电气设备绝缘缺陷的分类方法有以下三种,即"一对一""一对多"和"二叉树"。

1. "一对一"多分类算法

"一对一"多分类算法(one-against-one,1-V-1)最早由 Kressel 提出。当需要识别电气设备中存在的 M 种绝缘缺陷时,该算法在 M 类 PD 训练样本中构造所有可能的二元分类器,共需要 $M(M-1)/2$ 个分类器,每次对其中的两类缺陷进行训练,组合这些分类器并使用投票法,累计各类别的得分,得票最多的类为样本点所属的缺陷类别。该算法的优点在于:由于每个分类器只考虑两类样本,而且决策边界简单,所以单个分类器训练速度较快。但此方法存在误分和不可分区域问题,导致推广误差无解,当分类器数量增加时,决策速度变慢。

2. "一对多"多分类算法

"一对多"多分类算法(one-against-rest,1-V-R)由 Vapnik 提出。当需要识别电气设备中存在的 M 种绝缘缺陷时,该算法将其中一个缺陷样本作为一类,其他

不属于该缺陷的样本作为另一类,依次进行训练,需要 M 个与缺陷类别对应的分类器。对于未知的 PD 样本,该方法依次使用上述构造的分类器,通过判别函数寻找该样本对应的分类器,诊断该样本放点类型。该算法的优点是只需要训练 M 个二值分类器,因此有较快的分类速度。缺点是每个子分类器的构造都是将全部 M 类样本数据作为训练数据。随着样本数量的增加,每个 SVM 的训练速度明显变慢。

3. "二叉树"多分类算法

为了识别 GIS 设备中存在的 M 种绝缘缺陷,"二叉树"算法把 M 类缺陷样本分成若干个二分类子集,其结构有两种形式:一种是每个分类器由一个放电样本与剩下的放电样本构造,即每次识别出一种绝缘缺陷;另一种是每个分类器由多个故障样本与剩下的样本构造,也称为不定向识别,如图 15.2 所示。基于二叉树多类SVM 在训练时,从树的根节点开始识别,根据判别函数辨识故障样本,如此下去,直到最后鉴别出 M 个放电样本。该算法需要 $M-1$ 个分类器,故分类速度比其他两种多分类算法快。

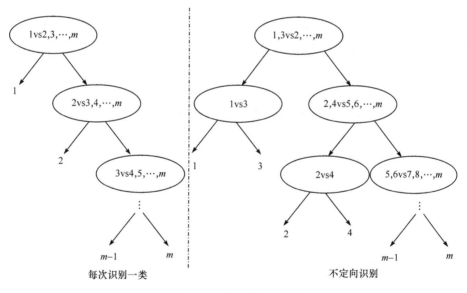

图 15.2　不同结构二叉树

15.2.3　支持向量机参数优化

从上述构建的 SVM 可以看出,有两个参数需要事先确定,即惩罚因子 C 和核函数参数 σ,C 和 σ 值对 SVM 的识别性能影响很大,如果选择不当,将大大降低

SVM 的分类正确率。本书通过粒子群优化(particle swarm optimization,PSO)算法来选择最优的 C 和 σ,使得 SVM 的分类性能最佳。

PSO 的基本原理是:设空间中有 m 个粒子在飞行,搜索空间为 D 维,每个粒子在搜索空间中的位置可表示为向量 $X_i = \{x_{i1}, x_{i2}, \cdots, x_{iD}\}$,每个位置就代表空间中一个可能的解,将位置向量代入适应度函数就可以得到该位置对应的适应度,根据适应度就可以评价位置的优劣,设第 i 个粒子过去所处的最优位置为 $P_i = \{p_{i1}, p_{i2}, \cdots, p_{iD}\}$,其中第 g 个粒子的过去最优位置 P_g 为所有 $P_i(i=1,2,\cdots,m)$ 中的最优,第 i 个粒子的飞行速度为向量 $V_i = \{v_{i1}, v_{i2}, \cdots, v_{iD}\}$。在搜寻最优位置的过程中,每个粒子根据自己所发现的最好位置和整个群体已找到的最好位置来更新当前的飞行速度和位置。粒子的位置和速度更新公式为

$$v_{id}(t+1) = w \times v_{id}(t) + c_1 \times r_1 \times [p_{id}(t) - x_{id}(t)] + c_2 \times r_2 \times [p_{gd}(t) - x_{id}(t)]$$
(15.16)

$$x_{id}(t+1) = x_{id}(t) + v_{id}(t+1), \quad 1 \leq i \leq n; 1 \leq d \leq D \quad (15.17)$$

式中,r_1、r_2 为 $[0,1]$ 内的随机数;c_1、c_2 称为加速因子,为正的常数;w 称为惯性因子,当 w 较大时,适用于对解空间进行大范围探查,较小的 w 适于进行小范围开挖。第 $d(1 \leq d \leq D)$ 维的位置变化范围为 $[-X_{dmax}, X_{dmax}]$,速度变化范围为 $[-V_{dmax}, V_{dmax}]$。迭代时若粒子的位置和速度超过所设定的边界范围则取边界值,粒子群初始速度和位置随机产生,然后按式(15.16)和式(15.17)进行迭代,直至找到满意的解。

15.3 支持向量机故障诊断模型与方法

在 GIS 设备故障诊断的模式识别研究中,由于不同类型绝缘故障对电力设备的危害程度不同,必须对获取的表征绝缘故障特征数据样本进行分类识别。这些特征数据全体构成了故障特征空间,由故障空间的紧支性原理,表征同一类型绝缘故障的特征数据占有故障特征空间的某一子空间,其子空间所表达的故障类都是有界的,而且该类中任一由上述特征数据构成的特征向量与本类中所有特征向量之间的距离小于其他各类所有或者大多数特征向量之间的距离。

显然,当仅考察正常工作模式类与状态故障模式类两类问题时,诊断分类的准确率都比较高。而当进一步考察状态故障的扩展过程时,待识别的类别将显著增多,传统的各种非此即彼的判别分类方法不可避免地面临准确率下降的问题,其原因是传统的分类方法(如三比值法的分类或者专家的经验分类等)缺乏对样本数据的科学分析,分类结构没有真实体现特征量数据的规律。

事实上,类别增多时,相邻类之间的边界不很明确,解决的途径可以通过增加子空间的维数来加以改善,但从实际特征数据的采集机分类计算来说都是难以完

全做到的。因而刻画和解决这类问题的 SVM 故障诊断方法，显得更为客观、灵活和自然。本书选择前述章节中提出的组分比值 $c(SOF_2)/c(SO_2F_2)$、$c(CF_4)/c(CO_2)$ 和 $c(SOF_2+SO_2F_2)/c(CF_4+CO_2)$ 作为识别 GIS 设备内部四种典型绝缘缺陷的特征量。

15.3.1　支持向量机故障诊断模型

基于 SVM 方法的 GIS 绝缘故障模式识别是依据诊断对象间故障和征兆的特征和故障在特征空间分布的紧致性，通过寻找最优划分超平面对诊断对象进行故障分类和诊断的数学方法，其建模过程和方法如下。

1. 特征量预处理

在每种 PD 下，测量了分解气体中 SO_2F_2、SOF_2、CO_2 和 CF_4 四种特征分解组分的含量，每种缺陷下采集 72 组数据，共得到了四种 PD 下 288 组 SF_6 分解组分含量数据，将其中 144 组数据用于分类器训练，另外 144 组用于测试分类器性能，数据集的构成如表 15.1 所示。

表 15.1　训练和测试样本

样本类型	样本数量			
	金属突出物	金属微粒	绝缘污秽	绝缘气隙
训练样本	36	36	36	36
测试样本	36	36	36	36

选用前述的 3 组特征组分含量比值作为特征量，在此将含量低的特征分解组分作为分子，含量高的组分作为分母，即以 $c(SO_2F_2)/c(SOF_2)$、$c(CF_4)/c(CO_2)$ 和 $c(CF_4+CO_2)/c(SO_2F_2+SOF_2)$ 作为输入量，等同于做归一化处理，有利于提高识别效果。

2. 多分类选择

由于需要对 GIS 设备中四种典型绝缘缺陷进行分类，三种多分类算法依次需要 6 个、4 个、3 个分类器，而分类器的个数会影响算法执行时间，个数越少，训练所需时间越短，所以不采用"一对一"算法。虽然"一对多"算法所需分类器个数少，分类器个数和二叉树差不多，但此算法存在识别结果不兼容问题，即识别器之间可能会出现互斥现象，需要进一步进行处理。"二叉树"虽然存在累积效应，但训练过程中样本数将随着训练过程逐渐减小，算法执行时间短，树枝越少，累积效应影响越小。故此处采用二叉树算法构建四类典型缺陷下的 PD 识别模型。

3. 支持向量机参数优化

训练时,采用 k-fold 交叉验证来衡量分类器的性能。根据样本的大小,本书取 $k=3$,即将训练样本等分为 3 组,其中两组作为训练集用于训练分类器,另外一组作为测试集用于测试分类器的分类正确率,然后更换测试集和训练集所对应的数据组,如此循环 3 次,直到每一组数据都曾作为测试集。训练分类器时,利用 POS 算法对 SVM 的惩罚因子 C 和核函数参数 σ 进行优化,将 (C,σ) 作为搜索空间,C 的搜索范围取 $[0.1,100]$,σ 的搜索范围取 $[0.1,100]$,适应度函数选择为 3-fold 交叉验证所得到的分类正确率,将每组 (C,σ) 下,交叉验证中 3 次测试所得到的最高正确率作为最佳适应度,所得到的 3 次正确率的平均值作为平均适应度。

4. 故障诊断

故障诊断实质上是一个模式识别问题,就是对待诊断的 GIS 设备绝缘缺陷样本 x_k(新样本),选取或寻找适当的判别准则(判别函数),判断 x_k 属于哪一个绝缘缺陷类别,从而诊断出 GIS 设备绝缘缺陷产生的故障。

用于识别 N 类绝缘缺陷与其他三类(即 M 类、P 类和 G 类)绝缘缺陷的拉格朗日乘子最优解为 α_{SVM1}^*;则决策函数 SVM₁ 的表达式为

$$F_{\text{SVM1}}(\boldsymbol{x}_k) = \text{sgn}\left[\sum y_i \alpha_{\text{SVM1}i}^* \exp\left(-\frac{|\boldsymbol{x}_k - \boldsymbol{x}_i|^2}{\sigma^2}\right) + b^*\right] \tag{15.18}$$

用于识别 M 类绝缘缺陷与剩余两类(即 P 类和 G 类)绝缘缺陷的决策函数 SVM₂ 的拉格朗日乘子最优解为 α_{SVM2}^*;则表达式为

$$F_{\text{SVM2}}(\boldsymbol{x}_k) = \text{sgn}\left[\sum y_i \alpha_{\text{SVM2}i}^* \exp\left(-\frac{|\boldsymbol{x}_k - \boldsymbol{x}_i|^2}{\sigma^2}\right) + b^*\right] \tag{15.19}$$

用于识别 P 类绝缘缺陷与 G 类绝缘缺陷的决策函数 SVM₃ 的拉格朗日乘子最优解为 α_{SVM3}^*;则表达式为

$$F_{\text{SVM3}}(\boldsymbol{x}_k) = \text{sgn}\left[\sum y_i \alpha_{\text{SVM3}i}^* \exp\left(-\frac{|\boldsymbol{x}_k - \boldsymbol{x}_i|^2}{\sigma^2}\right) + b^*\right] \tag{15.20}$$

15.3.2 支持向量机故障诊断步骤

用 SVM 进行绝缘故障诊断通常的步骤如下。

(1) 给定训练样本 $T = \{(\boldsymbol{x}_1, y_1), (\boldsymbol{x}_2, y_2), \cdots, (\boldsymbol{x}_n, y_n)\}$,其中 $x_i \in \mathbf{R}^n$,$y_i \in (-1, +1)$,$i = 1, 2, \cdots, n$。

(2) 通过 PSO 算法,选择适当的惩罚参数 C 和核函数参数 σ。

(3) 通过式(15.7)~式(15.9),构造并求解拉格朗日乘子;得最优解 $\boldsymbol{\alpha}^* = (\alpha_1^*, \cdots, \alpha_l^*)$,即寻找支持向量。

(4) 计算 b^*:选取位于开区间 $(0,C)$ 中的 $\boldsymbol{\alpha}^*$ 的分量 α_j^*,据此计算

$$b^* = y_j - \sum_{i=1}^{l} \alpha_i^* y_i (\boldsymbol{x}_i \cdot \boldsymbol{x}_j) \tag{15.21}$$

(5) 根据式(15.18)~式(15.20),构造最优判别函数。

通过最优判别函数,可以确定待测样本 $\boldsymbol{x}_k$ 的归属,以决策函数 SVM_1 为例。

若 $\sum y_i\alpha_i^* (\boldsymbol{x}_k \cdot \boldsymbol{x}_i) + b^* > 0$,则 $F_{SVM1}(\boldsymbol{x}_k) = \mathrm{sgn}\left[\sum y_i\alpha_{SVM1\,i}^* \exp(-|\boldsymbol{x}_k - \boldsymbol{x}_i|^2/\sigma^2) + b^*\right] = 1$,则将 x_k 为 N 类绝缘缺陷。

若 $\sum y_i\alpha_i^* (\boldsymbol{x}_k \cdot \boldsymbol{x}_i) + b^* < 0$,则 $F_{SVM1}(\boldsymbol{x}_k) = \mathrm{sgn}\left[\sum y_i\alpha_{SVM1\,i}^* \exp(-|\boldsymbol{x}_k - \boldsymbol{x}_i|^2/\sigma^2) + b^*\right] = -1$,则将 $\boldsymbol{x}_k$ 归为非 N 类,即其他三类绝缘缺陷中的一类。

若 $\sum y_i\alpha_i^* (\boldsymbol{x}_k \cdot \boldsymbol{x}_i) + b^* = 0$,则 $F_{SVM1}(\boldsymbol{x}_k) = \mathrm{sgn}\left[\sum y_i\alpha_{SVM1\,i}^* \exp(-|\boldsymbol{x}_k - \boldsymbol{x}_i|^2/\sigma^2) + b^*\right] = 0$。由于函数 $\mathrm{sgn}(x)$ 定义 $x = 0$ 时,函数无意义,故 $\boldsymbol{x}_k$ 无法归类,为待定样本,需要其他方法进一步处理。文献[8]已证明,只要合理选择惩罚参数 C 和松弛变量 ζ,就可以避免此问题。

15.4　绝缘故障诊断实例分析

以 GIS 设备中 SF_6 分解组分及比值为特征量,用于绝缘故障识别的样本数为 n,记为 $X = \{x_1, x_2, \cdots, x_n\}$,每个样本有 3 个指标,$x_i = \{x_{i1}, x_{i2}, x_{i3}\}$,$x_{i1}$、$x_{i2}$ 和 x_{i3} 分别表示 $c(SO_2F_2)/c(SOF_2)$、$c(CF_4)/c(CO_2)$ 和 $c(CF_4+CO_2)/c(SOF_2+SO_2F_2)$ 组分含量比值。表 15.2~表 15.5 为 GIS 中各类绝缘缺陷组分含量的样本数据[9-11]。

表 15.2　N 类绝缘缺陷组分含量

含量/(μL/L) 放电时间/h	CF_4	CO_2	SO_2F_2	SOF_2
0	0	0	0	0
12	3.31	4.14	114.82	168.81
24	0.90	23.07	216.31	364.44
36	5.73	47.82	243.23	472.22
48	2.80	65.58	302.60	627.59
60	1.29	74.61	327.48	724.56
72	11.68	89.08	404.15	906.56
84	12.43	111.96	413.15	961.17
96	3.42	124.75	471.20	1114.46

表 15.3 P 类绝缘缺陷组分含量

含量/($\mu L/L$) 放电时间/h	CF_4	CO_2	SO_2F_2	SOF_2
0	0	0	0	0
12	7.16	1.56	4.59	31.96
24	13.49	5.18	5.28	72.11
36	13.25	9.61	5.99	63.76
48	29.45	12.38	14.98	209.18
60	29.14	11.69	13.81	196.35
72	31.26	16.25	15.32	222.19
84	32.63	14.43	15.81	234.35
96	32.68	16.63	15.82	238.91

表 15.4 M 类绝缘缺陷组分含量

含量/($\mu L/L$) 放电时间/h	CF_4	CO_2	SO_2F_2	SOF_2
0	0	0	0	0
12	1.34	1.01	4.86	10.49
24	1.70	1.22	7.62	16.89
36	2.12	1.12	9.98	22.26
48	2.62	1.62	11.28	26.95
60	3.32	2.32	12.30	31.36
72	4.28	1.28	12.98	35.62
84	5.43	1.43	14.10	39.61
96	6.18	2.18	14.95	42.78

表 15.5 G 类绝缘缺陷组分含量

含量/($\mu L/L$) 放电时间/h	CF_4	CO_2	SO_2F_2	SOF_2
0	0	0	0	0
12	0.27	2.32	3.75	1.22
24	0.54	2.30	4.96	1.66
36	0.31	2.63	5.88	2.07
48	0.67	3.12	6.63	2.42
60	0.65	3.30	7.25	2.73
72	0.74	3.46	7.49	2.68
84	0.97	3.77	7.53	2.79
96	1.01	6.37	7.57	3.71

上述所用的分解组分含量比值数据,在以 $c(SOF_2)/c(SO_2F_2)$、$c(CF_4)/$

$c(CO_2)$ 和 $c(SOF_2+SO_2F_2)/c(CO_2+CF_4)$ 为坐标的三维坐标图中的分布情况如图 15.3 所示。由图可以看出,每一类缺陷下,分解组分含量比值数据的分布较为集中,但各类之间分解组分含量比值数据区别较大,这说明 $c(SOF_2)/c(SO_2F_2)$、$c(CF_4)/c(CO_2)$ 和 $c(SOF_2+SO_2F_2)/c(CO_2+CF_4)$ 三组分解组分含量比值能较好地表征各类绝缘缺陷间的差异,对绝缘缺陷具有较好的区分性,适合作为识别绝缘缺陷的特征量。

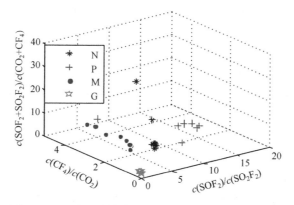

图 15.3　四种绝缘缺陷下 SF_6 分解组分浓度比值分布

对上述特征量进行优化处理,通过 PSO 算法得到惯性因子 $w=1$,加速因子 c_1、c_2 分别取为 1.5 和 1.7,迭代次数 $t=200$,优化过程中所得的适应度曲线如图 15.4 所示,最终优化结果为 $(C,\sigma)=(73.68,44.36)$,此时对应的最佳适应度为 88.89%。

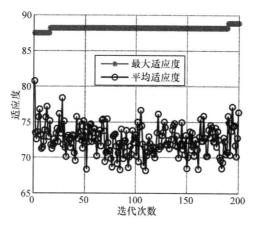

图 15.4　适应度曲线

利用 144 个测试样本,对上述所得到的 SVM 分类器进行测试,测试结果如

表 15.6 所示,可以看到整体分类正确率达到 94.44%。这表明,利用 SF_6 分解组分对不同的 PD 类型进行识别可以达到良好的识别效果。

表 15.6　分类结果

真实类别	分类结果			
	金属突出物	金属微粒	绝缘污秽	绝缘气隙
金属突出物	36	0	0	0
金属微粒	1	32	1	2
绝缘污秽	0	1	34	1
绝缘气隙	0	1	1	34
正确率	(36+34+32+34)/144=94.44%			

参 考 文 献

[1] Vapnik V N. The Nature of Statistical Learning Theory. Statistics for Engineering and Information Science. Berlin:Springer,1999.

[2] 谢宏,魏江平,刘鹤立. 短期负荷预测中支持向量机模型的参数选取和优化方法. 中国电机工程学报,2006,26(22):17-22.

[3] 郑蕊蕊,赵继印,赵婷婷,等. 基于遗传支持向量机和灰色人工免疫算法的电力变压器故障诊断. 中国电机工程学报,2011,31(7):56-63.

[4] 康守强,王玉静,杨广学,等. 基于经验模态分解和超球多类支持向量机的滚动轴承故障诊断方法. 中国电机工程学报,2011,31(14):124-128.

[5] 朱永利,申涛,李强. 基于支持向量机和 DGA 的变压器状态评估方法. 电力系统及其自动化学报,2008,20(6):111-115.

[6] 郑蕊蕊,赵继印,赵婷婷,等. 基于遗传支持向量机和灰色人工免疫算法的电力变压器故障诊断. 中国电机工程学报,2011,31(7):56-63.

[7] 邓乃扬,田英杰. 支持向量机——理论、算法与拓展. 北京:科学出版社,2009.

[8] 杨钟瑾. 核函数支持向量机. 计算机工程与应用,2008,44(33):1-6.

[9] 刘帆. 局部放电下六氟化硫分解特性与放电类型辨识及影响因素校正. 重庆:重庆大学博士学位论文,2013.

[10] Tang J,Liu F,Zhang X,et al. Partial discharge recognition through an analysis of SF_6 decomposition products part 1:decomposition characteristics of SF_6 under four different partial discharges. IEEE Transactions on Dielectrics & Electrical Insulation,2012,19(1):29-36.

[11] Tang J,Liu F,Meng Q,et al. Partial discharge recognition through an analysis of SF_6 decomposition products part 2:feature extraction and decision tree-based pattern recognition. IEEE Transactions on Dielectrics and Electrical Insulation,2012,19(1):37-44.

索　引